气象学与生活

（第 12 版）（修订版）

The Atmosphere: An Introduction to Meteorology
12th Edition

［美］ Frederick K. Lutgens　Edward J. Tarbuck　著

［美］　Dennis Tasa　绘

陈 星　黄 樱　等译

电子工业出版社

Publishing House of Electronics Industry

北京 · BEIJING

内 容 简 介

本书从科学探索的角度和物理学原理出发，详细介绍了气象学的基本概念和原理：地球主要组成圈层、大气组成、物理性质、空间结构、要素变化；大气运动各种过程的物理原因；地球上各种天气和气候现象、形形色色的云和降水的形成原因；气压和风、气团、气旋和锋面天气的形成；强对流、雷暴、龙卷风和飓风（台风）等灾害性天气；人工影响天气的各种途径、天气分析和预报的方法、卫星在天气预报中的应用；空气污染及其原因；气候变化与气候系统、人类对全球气候的影响、全球变暖的可能后果、世界气候和气候分类及大气中各种奇特的光学现象和形成的原理等。全书内容丰富、概念清楚、深入浅出、图文并茂，可读性强。

本书可作为对气象学感兴趣的人们学习了解大气变化奥秘的入门读物，也可作为高等院校非大气科学专业学生的通识课程参考教材，还可以供气象学相关专业人员作为参考书和工具书。

版权贸易合同登记号　图字：01-2014-7564

图书在版编目（CIP）数据

气象学与生活：第 12 版：修订版/（美）弗雷德里克·K. 鲁特更斯（Frederick K. Lutgens），（美）爱德华·J. 塔巴克（Edward J. Tarbuck）著；陈星等译.—北京：电子工业出版社，2022.7
书名原文：The Atmosphere: An Introduction to Meteorology, 12th Edition
ISBN 978-7-121-43888-2

Ⅰ．①气… Ⅱ．①弗… ②爱… ③陈… Ⅲ．①气象学—基本知识 Ⅳ．①P4

中国版本图书馆 CIP 数据核字（2022）第 118230 号

审图号：GS 京（2022）0647 号

责任编辑：谭海平
印　　刷：北京富诚彩色印刷有限公司
装　　订：北京富诚彩色印刷有限公司
出版发行：电子工业出版社
　　　　　北京市海淀区万寿路 173 信箱　　　邮编：100036
开　　本：787×1092　1/16　印张：27　字数：762 千字
版　　次：2016 年 10 月第 1 版（原著第 12 版）
　　　　　2022 年 7 月第 2 版
印　　次：2024 年 11 月第 5 次印刷
定　　价：129.00 元

凡所购买电子工业出版社图书有缺损问题，请向购买书店调换。若书店售缺，请与本社发行部联系，联系及邮购电话：（010）88254888，88258888。

质量投诉请发邮件至 zlts@phei.com.cn，盗版侵权举报请发邮件至 dbqq@phei.com.cn。

本书咨询联系方式：（010）88254552，tan02@phei.com.cn。

译　者　序

　　刚拿到本书第 12 版的原版书，就急切地浏览了目录和各章的内容。尽管这只是一本几乎没有任何数学公式的有关气象学的普通概论性教材，但是却让我爱不释手。我从事气象学相关教学已有 30 多年，虽见过国内外许多类似的教科书，自己也编写过教材，但是这本现译名为《气象学与生活》的书却让我耳目一新！

　　作为专业教材或科学专业图书，很容易出现描述太专业化、太深奥而让人感到枯燥乏味，进而令人望而却步的现象。因此，如何将专业性、趣味性、可读性很好地融合在一起，对科学专业书籍是否受人们的欢迎至关重要。由 Frederick K. Lutgens 和 Edward J. Tarbuck 合作编写，由 Dennis Tasa 承担绘图和美工设计的本书做到了这一点。30 多年来，本书先后修订了 12 版，畅销不衰，深受读者欢迎和好评。Frederick K. Lutgens 与 Edward J. Tarbuck 自 20 世纪 70 年代起就是好友和同事，已有 50 多年的教学和大学教材编写经历，并且是人们公认的杰出教授。1983 年，Dennis Tasa 加入了他们的团队。三人合作的本书不仅涵盖了所有气象学科学问题的详细信息和内容，而且包含了过去几十年来的重要天气事件信息、典型的灾害性天气事件和资料介绍，在译稿中我们将这些介绍分别归类为"极端灾害性天气"和"知识窗"，作为正文知识的补充。

　　气象学或大气科学是研究和探讨各类天气现象、气候变化及其成因的科学。如果你对这门学科感兴趣，那么本书就是为你开启这一科学大门的极佳读物。本书概念清楚、简捷明了，很容易理解，不需要太多的数学基础就能获得气象学问题的基本知识，进而初步了解天气和气候的形成与变化。

　　本书的作者从科学探索的角度和物理学原理出发，配以丰富且精美的图表，系统详细、深入浅出地介绍了气象学的基本概念和原理。作者不使用复杂的数学公式，就将各种天气过程和现象的物理原理讲得清清楚楚，并且文中穿插了人们发现天气现象成因的历史进程与故事，这无疑使得阅读更有趣味性。虽然书中使用的许多有关天气的例子和图表取自北美大陆，但是并不影响读者对科学概念的理解与认识，而且在讨论气候变化、空气污染等全球性问题时，作者引用了全球各地甚至我国的例子。全书章节和知识窗的安排逻辑性强，可以帮助读者理解相关的知识点；同时，各章的知识体系又相对完整。因此，在阅读本书时，既可以系统地从头到尾循序渐进地阅读，又可以作为工具书随意查阅某些知识点与资料；同时，"极端灾害性天气"和"知识窗"两个栏目还可作为资料卡片来阅读，以了解相关的概念和一些特殊天气事件。本书的另一个特点是，作者始终关注和强调人们与天气的关系：人们认识天气过程的目的是更好地预报天气，进而有效地减少异常恶劣天气和气候灾害给人们日常生活与活动带来的损失，充分利用气候资源（如太阳能、风能等）为人类服务。

　　近几十年来，越来越多的极端天气和气候事件给人们带来了巨大的生命和财产损失，全球气候变化问题越来越引发了人们的关注。人们常常谈论频繁的强台风肆虐、大暴雨带来的洪涝与城市内涝、极端严寒的冰冻和热浪、空气污染与雾霾，以及"千年极寒""微冰期"等，似乎这些年来天气和气候从来没有正常过。每当出现异常天气气候和极端灾害性天气事件，都会引发社会和媒体的极大关注：气候是不是异常？为什么会这样？是不是与全球气候变暖有关？亲朋好友也会提出各种有关天气和气候变化及空气污染的问题。此外，人们日常更关心的是天气预报准不准。可以看出，各行各业的人们越来越关心天气和气候变化，渴望了解天气和气候的变化原因。因此，了解和掌握气象和气候学的一些基本知识，可以帮助人们认识天气和气候变化的奥秘与原因，而本书就是一个很好的选择。读完本书，你就会更多地了解上述问题，甚至可能成为一名不错的业余气象专家。

在这里，我要感谢同事黄樱博士以及研究生惠画、王娜、于雪莹、孟翊星和陈澍，他们参与了本书部分章节的翻译工作。

面对变幻莫测的天气和不断变化的气候，人类需要不断地探索地球大气的奥秘，寻求与自然和谐相处之道。我相信，本书的翻译出版会使得更多的人对气象学产生兴趣，并在认识和了解大气与天气奥秘的过程中获得乐趣，进而让生活因气象万千而变得更加丰富多彩。

是为序。

陈　星

于南京仙林

前　言

在自然环境中，天气对人们的日常生活有着巨大的影响。各种媒体每天都会将大量的天气事件作为主要新闻加以报道，充分反映了人们对天气是多么感兴趣和多么好奇！

大气会影响人们的生活，人们对大气也会造成显著影响。人们通过改变大气成分减少了平流层的臭氧，进而减少了在全球城市和乡村造成的严重空气质量问题；此外，人类产生的排放很可能在全球气候变化中起重要作用，这正是人类在 21 世纪所面临的最严重的环境问题之一。

为了了解影响人们日常生活的天气现象及与大气有关的严重环境问题，拓展人们对气象学原理的认识十分重要。一本基础的气象学教科书，可让人们对天气产生极大的兴趣和好奇心，激发人们了解人类如何影响大气环境的愿望。

本书就是一本为满足有这种愿望的人们的需要的基础读物。我们希望本书介绍的知识能够激励更多的人积极投入环境改善，甚至由此而立志于气象学研究。同样重要的是，我们相信，对大气及其过程最基本的了解将使读者更多地去欣赏我们的地球，并由此让日常生活更加丰富多彩。

除了给出大量信息和新内容，本书还是一本非常有用的学习基本气象学原理和概念的工具书，因此非常适合初学者学习。

目录

CONTENTS

第1章 大气概述

地球大气是独一无二的。如我们所知，在太阳系中，还没有哪颗行星完全像地球那样，存在维持生命的由各种气体组成的大气或热量和水汽条件。组成地球大气的各种气体及特定的比例对人类的生存至关重要。本章介绍我们生存于其中的大气"海洋"。

2012 年 2 月 2 日，上千辆汽车因历史性的冬季暴雪而滞留在芝加哥湖畔的公路上

本章导读

- 区分天气与气候，定义天气与气候的基本要素。
- 列出几种重要的大气灾害，识别几种与风暴相关的大气灾害。
- 提出一个假设并区分科学假设与科学理论。
- 列出并描述地球的四个圈层。
- 定义系统，解释将地球视为系统的原因。
- 列出组成地球大气的主要气体，识别对气象最重要的组分。
- 解释臭氧耗竭为什么是一个重要的全球问题。
- 解释从地表到大气顶部的气压变化图。
- 画出并标记显示大气热结构的图形。
- 区分均质层和非均质层。

1.1 大气——天气和气候

天气影响人们日常的活动、工作、健康和舒适。很多人几乎不关心天气，除非天气给他们带来了麻烦，或者天气给他们带来了愉悦的户外活动。然而，在人们所处的物理环境中，人们统称为天气的现象对人们生活的影响是最大的。

1.1.1 美国的天气

美国的国土面积从热带一直延伸到北极圈，有长约 20000 千米的海岸线和远离海洋的广阔内陆，有山地，也有平原。这一广大地区的西海岸会受到太平洋风暴的袭击，而东边则受到大西洋和墨西哥湾天气事件的影响。中部地区的天气状况主要受到来自加拿大气团寒冷空气与来自墨西哥湾向北移动的热带气团交汇的影响。

天气是每天新闻中必有的内容，有关冷热旱涝、雾雪冰霜和大风等的报道与名词在报纸上是经常见到的（见图 1.1）。引人注目的天气事件在地球上无处不在。美国可能是世界上有着最多天气类型的国家。在美国，灾害性天气如龙卷风、山洪暴发、强雷暴及飓风和暴风雪等，可能要比任何其他国家更频繁、更有破坏性。除了对个体生命的直接影响，天气还通过影响农业、能源利用、水资源、交通和工业对经济产生严重影响。

图 1.1　没有什么自然环境比天气更能影响人们的日常生活。龙卷风是强烈和毁灭性的短时局地风暴，在美国平均每年造成 55 人死亡

天气对人们生活的影响非常大。然而，必须承认的是，人类对大气和大气行为的影响也很大

（见图 1.2）。现在和将来，重大的政治和科学决策都涉及这些影响，例如对空气污染及其控制和各种排放对全球气候的影响就是最好的例子。因此，我们需要更加关注和了解大气及其行为。

(a)   (b)

图 1.2 这些例子提醒我们，人类行为正在影响大气：(a)汽车是造成空气污染的重要原因，图中显示的是马来西亚首都吉隆坡的交通拥堵状况；(b)2008 年 6 月印度新德里的一家火电厂排出的浓烟

1.1.2 气象学、天气和气候

  气象学是研究大气及其现象（我们通常称之为天气）的科学。它与地质学、海洋学和天文学一样，是地球科学的组成部分，即试图认识地球的科学。应该指出的是，地球科学内没有严格的界限，在很多情况下它们是有重叠的。此外，地球科学还包括对来自物理学、化学和生物学的知识及原理的认识与应用。在气象学的学习中，我们可以看到许多这样的例子。

  受地球运动和来自太阳的能量的综合影响，包裹地球的、看不见的、变化无形的空气产生了无数变幻莫测的天气现象，形成了全球气候的基本形态。虽然不能完全确定，但天气和气候在很多方面是相关联的。

  天气总在变化，时时刻刻都在变化。因此，天气是表示大气在某个特定时间和空间的状态的术语。然而，天气的变化是连续的，有时甚至表现得很不稳定。不过，我们可以概括这些变化，这种对天气状况的综合概括描述被称为气候。这种综合基于几十年的观测资料。气候常被简单地定义为天气的"平均"，这是不恰当的。为了准确地描述气候这个术语，必须包括天气的变化和极端情况，以及异常情况的发生等。例如，农民需要知道生长季节的降水量，还需要知道极端湿润和极端干旱的年份。因此，气候是表示一个地区或区域的所有统计的天气信息的总和。

  图 1.3 所示是人们每天早上从报纸或电视上了解天气时都熟悉的一张图。这张天气图除了告诉我们当天最高温度的预报，还包括云量、降水和锋面等其他基本的天气信息。

  假如我们计划去某个不熟悉的地方度假，这时可能会想知道那里是什么天气。这类信息有助于我们准备携带的衣物，影响我们做出在度假期间参加什么活动的决定。遗憾的是，超过几天的天气预报非常不可靠。因此，我们不可能得到旅行期间最可能遇到的情况的可靠天气预报。

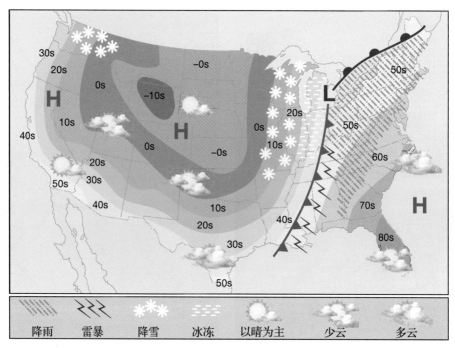

图 1.3 报纸上的典型天气图。这是 12 月下旬的某天，色带代表一天内最高温度的预报值（图中所用的是华氏温标，色带间隔是 10 华氏度；例如，50s 表示温度为 50～59 华氏度，以此类推）

作为一种补充，我们可以向熟悉当地情况的人了解可能出现的天气，如"经常有雷暴吗""夜间很冷吗""下午是晴天吗"等。我们询问的这些信息正是那里的气候情况。另一个有用的信息来源是各种气候图表。例如，图 1.4 告诉了我们美国本土 11 月份出现晴天的百分比，图 1.5 则告诉了我们纽约市一年内的平均最高/最低温度和出现过的极端最高/最低温度情况。

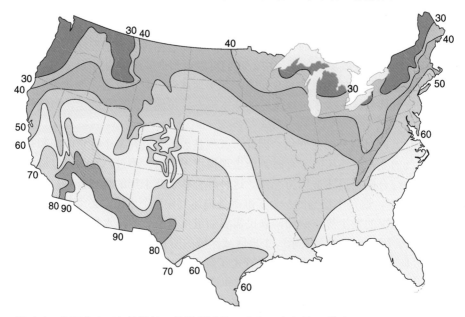

图 1.4 美国本土 11 月份的可能日照平均百分比。南部的亚利桑那州是日照最多的地区，靠近太平洋的西北地区的日照较少。这类气候图是根据多年资料得到的

毫无疑问，这类信息对我们的旅行计划是有帮助的。然而，重要的是，这些气候数据并不能预报具体的天气。同时，在计划的旅行期间，从气候上讲，目的地通常可能是温暖的、阳光灿烂的和不下雨的，而实际经历的可能是又冷又阴的天气，而且还下雨，正如人们所说"你在好气候的地方遇到了坏天气"。

天气和气候的本质都是用同样的常规观测的定量或定性的基本要素来表达的，其中最重要的要素包括：①气温，②空气湿度，③云型和云量，④降水类型和降水量，⑤气压，⑥风速和风向。这些要素构成了描述天气类型和气候分类的变量。下面我们开始学习这些要素，要记住它们彼此密切相关，一个要素的变化经常引发其他要素的变化。

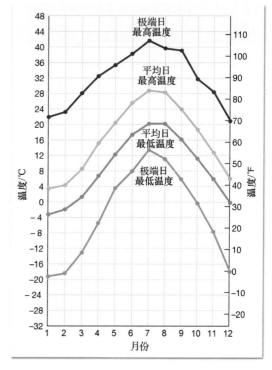

图 1.5　图中的曲线表示纽约市日温度变化，图中不但给出了各月的平均日最高温度（黄线）、日最低温度（绿线），而且给出了各月记录的极端最高温度（红线）和极端最低温度（蓝线）

问与答：气象学与流星有关吗？

答案是有关。许多人使用"流星"表示从太空进入地球且因与大气摩擦而燃烧的固体颗粒物。气象学一词始于公元前 340 年，当时希腊哲学家亚里士多德撰写了名为《气象》的书，其中解释了大气和大气现象。今天，我们区分了大气中的冰粒和被称为流星的地外物体。

概念回顾 1.1

1. 区分气象学、天气和气候。
2. 列出天气和气候的基本要素。

聚焦气象

这是亚利桑那州南部烛台掌国家保护区的场景。

问题 1　用两句话简要说明这幅图的持点：一句与天气相关，另一句与气候相关。

1.2 大气灾害：来自自然的袭击

地球上的自然灾害是我们生活的一部分。每天，自然灾害都会危害世界上数以百万计的人们并且造成巨大的破坏。有些自然灾害是地质灾害，如地震和火山爆发；而其他更多的自然灾害与大气有关。

恶劣天气远没有平常的天气看上去那么文静迷人，由灾害性雷暴引发的巨大闪电让人感到恐惧和害怕（见图 1.6a）。当然，飓风和龙卷风更引人注目。龙卷风或飓风可能造成数十亿美元的财产损失和大量人员的受灾与死亡。

当然，其他大气灾害也会给我们带来不利的影响。例如，与风暴有关的雪暴、冻雨等。还有一些灾害不直接由风暴引起，如热浪、寒潮、雾、野火和干旱等，它们都是很重要的大气灾害例子（见图 1.6b）。在有些年份，由各种天气事件形成的过热或过冷的天气都会造成人员死亡。此外，虽然强烈的风暴和洪水更常被人们关注，但是干旱也会造成毁灭性的灾害和更大的经济损失。

(a)　　　　　　　　　　　　　　　　　　(b)

图 1.6　(a)许多人认识不到天气的危险性及天气对人类生命的危害。例如，人们会因害怕飓风和龙卷风而设法应对（如每年春季的"龙卷风安全教育周"），却意识不到闪电和冬季风暴也有极大的危害性；(b)夏季的干燥天气伴随闪电和大风可能引发大火，但随之而来的大雨可能会加速枯死植被群落的风化，图中所示为 2010 年 10 月发生在科罗拉多州博尔德附近的大火

1980—2010 年，美国遭受了 99 个总损失超过 10 亿美元的与天气有关的灾害（见图 1.7），与这些灾害事件有关的费用超过了 7250 亿美元（按 2007 年价格算）。在从 1999 年至 2008 年的 10 年间，美国每年平均有 629 人直接因天气意外而死亡。在此期间，仅灾害性天气对美国高速公路系统带来的年平均损失就超过了 400 亿美元，而由天气原因引起的航班延误的年损失达 42 亿美元。

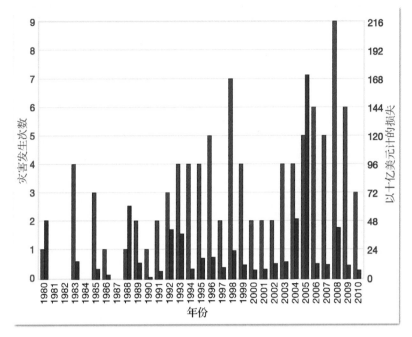

图 1.7　1980—2010 年美国遭受的天气灾害，每年灾害造成的损失都在 10 亿美元以上。柱状图中给出了每年发生的天气灾害次数及单位为 10 亿美元的损失（按 2007 年美元计）。全部 99 次灾害的总损失超过 7250 亿美元

　　本书的相关章节中将介绍更多的大气灾害，第 10 章和第 11 章几乎完全都是讲述灾害性天气的。此外，书中许多有趣的专栏将介绍广泛的有关恶劣和灾害性天气，如热浪、冬季风暴、洪水、沙尘暴、干旱、泥石流和闪电等。

　　地球每天都在遭受难以置信的大气袭击。因此，认识和了解这些重要的天气事件非常重要。

概念回顾 1.2

　　1. 至少列出与风暴相关的五种大气灾害。
　　2. 不与风暴直接相关的三种大气灾害是什么？

1.3　科学探索的本质

　　作为现代社会的成员，我们常被告知可由科学得到某些好处。但是，什么是科学探索的本质呢？本书的重要主题之一就是了解科学和科学家是怎么工作的。我们将探索获取资料的困难性，找到克服这些困难的某些独创性方法；我们将介绍提出假设、检验假设、形成理论的过程，并给出对应的例子。

　　科学史建立在如下假设之上：自然界按照一致且可预测的方式运行，可以通过仔细且系统的研究来认识。科学的最终目的是发现和揭示自然界中的存在形态，并应用这一知识去预测可能或不可能存在的某些事实和情景。例如，通过了解某种云型的形成过程和条件，气象学家通常可以预测这些云形成的大致时间和地区。

　　新科学知识的发展涉及某些被普遍接受的基本逻辑过程。为了确定自然界中正在发生什么，科学家通过观测和测量来收集科学事实。这些事实常被用来回答已有明确定义的自然界问题，譬如"为什么这个地方经常出现雾？"或"这类云是怎么形成雨的？"因为误差不可避免，所以特殊测量和观测的精度总存在问题。然而，这些数据对科学而言仍然是最基本的，且被用作发展科学理论的桥梁（知识窗 1.1）。

　　获得科学事实的途径有多种，如实验室实验、野外观测和测量等，卫星是另一种非常重要的数据来源。卫星图像可以展示许多传统资料难以获得的信息（见图 1.A），卫星上的许多高技术仪器可让科学家获得边远地区和资料稀少地区的信息。

图 1.A　2011 年 2 月 1 日一个巨大冬季风暴的卫星照片。冬季会出现多个破坏性很大的风暴，图中所示的风暴就是其中之一。这个直径约为 2000 千米的风暴使得美国本土约 2/3 的地区遭受了大雪、冰冻、冻雨和寒风的袭击。卫星可让我们监测主要天气系统的发展和移动过程

　　图 1.B 来自 NASA 的热带降雨观测卫星（Tropical Rainfall Measuring Mission，TRMM）。TRMM 是设计用于认识地球水（文）循环及其在气候变化中的作用的科学研究卫星，其观测范围是南北纬 35° 之间的区域，提供大量急需的有关降雨的潜热释放数据，具有多种测量和图像类型。TRMM 卫星上的仪器大大地提升了人们采集降水资料的能力。此外，该卫星除了提供陆地上的降雨数据记录，还提供海洋上的精确降雨数据。这一点极其重要，因为地球上大量的降水出现在热带海洋地区，而全球大量天气产生的能量来自降雨过程的热量交换。在 TRMM 卫星出现之前，人们对热带地区的降水强度和降水量情况知之甚少。这种资料对于认识和预测全球气候变化非常重要。

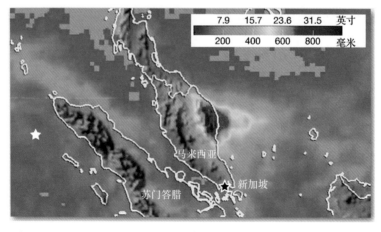

图 1.B　2004 年 12 月 7 日至 13 日马来西亚的降雨分布图，它由 TRMM 数据得出。半岛东部海岸（深红色区域）的降雨量超过了 800 毫米，强降雨造成了大范围的洪水，并且引发了许多泥石流

1.3.1 假设

得到事实且形成描述某种自然现象的原理后，研究人员就会试图解释这种现象。研究工作首先通常是提出一个未经检验的假设，这被称为科学假设。研究人员最好能够提出多个假设去解释所观测到的现象。当某位科学家无法提出多个假设时，同行就会提出不同的解释，从而出现激烈的科学争论，导致持相反假设意见的支持者开展更广泛的研究，进而在科学期刊上刊出范围更大的研究成果。

在科学假设作为科学知识的一部分被人们接受之前，必须经过客观分析和检验。如果一个科学假设无法检验，那么从科学上说它是没有用的，无论其看上去是否有趣。确认过程需要基于给出的假设进行检验和重现，重现的检验则要通过与自然界的客观观测进行比较。换句话说，除了与用于提出假设理论的首次观测相吻合，假设还要与其他客观观测相吻合。不能通过严格检验的假设最终将被抛弃。在科学发展史上，无数假设被抛弃，其中最著名的例子是所谓的地心说，这个假设的论据是地面上的太阳、月球和星星每天都围绕地球转动。

1.3.2 理论

一个假设经过广泛且严格的审查且相反的观点被淘汰后，就可认为是科学理论。我们每天都会说"那只是一个理论"，但科学理论是经过充分检验并被科学界广泛认可的观点，它能够很好地解释特定的观测事实。

有些被广泛论证和支持的理论涵盖的范围很大。例如，地球科学的一个例证是关于板块构造的理论，这个理论提供了理解造山运动、地震和火山活动的框架，同时解释了大陆和海盆随时间的演变。在第 14 章中我们将看到，这个理论还可帮助我们理解地质时期某些时段气候变化的某些重要问题。

1.3.3 科学方法

科学家通过观测来收集事实并形成科学假设和理论的过程，被称为科学方法。与普通的看法不同，科学方法不是科学家以常规方式揭示自然奥秘的标准配方，而是涉及创造性和洞察力的努力。卢瑟福和阿尔格伦是这样描述科学方法的："首先创造一个假设或理论去想象世界是怎样运行的，然后弄清楚为什么会这样，再对其进行实际检验，就像写诗、谱曲或设计摩天大楼那样具有创造性。"

科学家获得科学结果的方式不是一陈不变的，但是大多数科学研究基本包括以下几个步骤：①提出一个有关自然界的问题（见图 1.8）；②收集与该问题有关的资料；③形成与这些资料有关的问题，并提出一个或多个可能回答这些问题的假设；④进行观测和实验来检验假设；⑤基于大量的检验来接受、修正或拒绝假设；⑥将资料和结果与科学界共享，以得到评价和进一步检验。

有些科学发现可能源于纯粹的经得起大量考证的理论，有些研究人员会使用高速计算机模拟"真实"世界中发生的事情。这些模式仅在处理时间尺度长且无法进行实地观测的自然过程时，才是有帮助的。有些科学进展是在实验中无意得到的，但也不完全是靠运气得到的，就如刘易斯·巴斯滕指出的那样："在观测领域中，机会只青睐有准备的头脑。"

科学知识是通过多种途径获得的，因此科学探索的本质是科学的方法而不是科学方法。此外，要牢记的是，大多数引人注目的科学理论仍然停留在对自然界的简单解释上。

问与答：假设、理论与科学定律有何不同？

科学定律是描述某个范围内的特定自然行为的基本原理，它通常可以简单地表述为一个数学公式。科学定律经过了长时间的观测验证，通常很少被人们抛弃。然而，定理也要经修正以适应新的发现。例如，牛顿的运动定律仍然适用于日常应用（NASA 使用它们计算卫星的轨道），但不适用于速度接近光速时的情形。速度接近光速时，就要用爱因斯坦的相对论代替它们。

(a)   (b)

图 1.8　收集数据和仔细观测是科学研究最基本的工作。(a)自动地面观测系统（ASOS）装置，全美有近 900 套这样的系统，它们作为基本地面观测网的一部分用于数据采集。(b)科学家正在分析海底沉积岩岩心样本

概念回顾 1.3

1. 科学假设与科学理论有何不同？
2. 列出科学研究所遵循的基本步骤。

问与答：谁提供了准备天气预报所需要的数据？

生成准确的天气预报需要来自全球各地的数据。联合国成立了世界气象组织（WMO），目的是协调与天气和气候相关的科学活动，其成员包括代表全球各地的 187 个国家和地区。世界天气监视网通过成员的观测系统提供几乎即时的标准观测结果。这个全球系统包括 15 颗以上的卫星、10000 个陆地观测站和 7300 个船上观测站、数百个自动数据浮标和数千架飞机。

1.4　地球的圈层

图 1.9 是一组经典的照片，它让人类看到了一个与以前完全不同的地球。图 1.9(a)被称为"地球升起"，是在 1968 年 12 月由阿波罗 8 号飞船的宇航员绕月飞行时首次拍摄的。当宇宙飞船绕月飞行时，地球从月球的地平线上升起。图 1.9(b)被称为"雨花石"，它可能是印刷得最多的地球照片，由阿波罗 17 号飞船的航天小组在 1972 年 12 月最后一次有人驾驶绕月飞行时拍摄。这些早期通过观测得到的照片，深刻地改变了人们关于地球的观念，数十年后依然具有强大的视觉冲击力。从宇宙空间看，地球具有让人窒息的美丽和惊人的孤寂感。照片始终在提醒我们，我们的家园只是一颗沉默甚至脆弱的行星。拍摄"地球升起"的阿波罗 8 号飞船宇航员比尔·安德斯是这样描述的："我们本来是以这种方式去探索月球的，但最重要的事情却是我们发现了地球。"

从空间近距离观看地球时，可以清晰地看出地球远远不止岩石和土壤。事实上，图 1.9(b)的显著特征是不连续的旋涡状云系悬浮在海洋上方，这些特征突出了地球上水的重要性。

从空间近距离观察地球的图 1.9(b)可以帮助我们理解为什么自然环境传统上分为三个主要部分：固体地球、地球上的水体和包裹地球的气体。

(a)　　　　　　　　　　　　　　(b)

图 1.9　(a)升起的地球正向从月球后面飞出的阿波罗 8 号飞船上的宇航员致意；(b)非洲和阿拉伯半岛位于这张从阿波罗 17 号飞船上拍摄的"雨花石"照片的中间，陆地上的棕色无云带主要是沙漠，穿过非洲中部的云带对应于非常潮湿的气候，那里生长有热带雨林。深蓝色的海洋和旋涡状云系似乎在提醒人们海洋和大气的重要性。图中可看见被冰川覆盖的南极洲

　　要强调的是，我们所处的环境是高度集成的，即它不是由岩石、水和空气单独控制的，而是由空气与岩石、岩石与水以及水与空气连续相互作用的决定的。此外，形成地球上所有生命的生物圈也扩展到了前述三个自然圈层，并且是地球不可分割的一部分。

　　地球的四个圈层的相互作用是无法计算的。图 1.10 给出了便于理解这一特点的例子：海岸线是岩石、水和空气相遇的明显位置。在这幅图中，海面上空气运动形成的波浪拍打着岩石海岸。水的力量是巨大的，与之相伴的海浪侵蚀作用也是巨大的。

图 1.10　海岸线是系统不同部分相互作用的公共边界的明显例子。照片中海面上运动空气（大气圈）产生的波浪（水圈）冲刷着岩石海岸（地圈）

　　从人的尺度看，地球是巨大的，其表面积约为 5 亿平方千米。我们将这颗巨大的行星分为四

个独立的部分，因为每部分都覆盖地壳，我们将它们"圈层"。四个圈层包括地圈（固体地球）、大气圈（气体包层）、水圈（包含水的部分）和生物圈（生命）。注意，这些圈层之间没有明确的边界分开，不同圈层都彼此交错。此外，每个圈层都可视为由无数相关联的部分组成。

1.4.1 地圈

大气和海洋覆盖之下的是固体地球，即地圈。地圈从地表延伸到地心，厚度约为6400千米，是四个圈层中最大的一个。根据物质组成的不同，地圈分为三个主要区域：高密度的内圈，称为地核；密度稍低的中间层，称为地幔；轻且薄的外层，称为地壳。

土壤是覆盖在地表上的薄层，它保障了植物的生长，也可视为所有四个圈层的一部分。固体部分是风化的岩屑（地圈）和来自腐烂植物和动物（生物圈）的有机混合物。分化和分解的岩屑是风化的产物，而风化过程需要空气（大气圈）和水（水圈），同时土壤颗粒之间的间隙又被空气和水所填充。

1.4.2 大气圈

如图1.11所示，地球被一层生命所必需的气体层包裹，这个气体层就是大气圈。当我们观察高速飞行的客机穿过天空时，似乎感觉到大气可以向上无限延伸。然而，与固体地球的厚度（地球半径约为6400千米）相比，大气圈很薄。99%以上的大气都在距地表约30千米以内的范围中。大气圈是地球不可分割的整体，它不仅为人类呼吸提供空气，而且保护人类远离太阳辐射。在大气与地球之间、大气与外太空之间，时刻都在发生的能量交换，而能量交换产生的效应就是我们所说的天气。如果地球和月球那样没有大气层，那么地球上就不会有生命，许多过程和相互作用也无法实现。

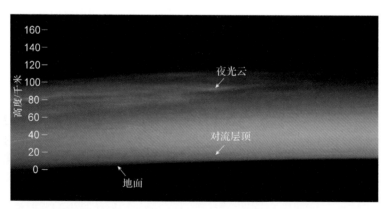

图1.11 地球大气与太空相接的照片就像一幅抽象画。银色条纹（夜光云）出现在约80千米的高空，这一高度的气压约为海平面气压的千分之一。照片下方的红色条带是地球大气密集的部分，即对流层，所有天气现象都发生在对流层中。90%的大气都在距地表约16千米高度的范围内

1.4.3 水圈

地球有时被称为蓝色行星。水比其他任何东西都更能让地球独一无二。水圈是不断运动的动态物质——从海洋蒸发到大气中，以降水形式落到地面，再流回海洋。全球海洋无疑是水圈最显著的特征，因为海洋覆盖了地表约71%的面积，海洋的平均深度达3800米。海洋包含了地球上97%的水（见图1.12），同时水圈还包括云层、河流、湖泊、冰川中的淡水和地下水。

虽然淡水资源只占整个水圈的很少一部分，但其重要性远比其微小百分比重要。毫无疑问，

云在许多天气和气候过程中发挥着决定性作用。除了提供对陆地生命至关重要的淡水，河流、冰川和地下水还与地球上不同地貌的形成和变化有关。

图 1.12　地球上水的分布。地球上的绝大多数水在海洋中，冰川约占除海水外的水的 85%。只考虑液态淡水时，90% 以上是地下水

1.4.4　生物圈

生物圈包括地球上所有的生命（见图 1.13）。海洋生物主要集中在阳光可以照射到的海水表层，陆地上的大多数生物主要集中在地面附近。借助树根，洞穴动物可在地下数米深的地方生存，而飞行昆虫和鸟类则可到达 1 千米及以上的空中。令人惊讶的各种生命形式也能适应极端的环境条件。例如，海底的压力极大且几乎没有光照进入，但喷出的热流和矿物质丰富的流体可使这里的生命得以生存。在陆地上，某些细菌可在 4 千米深的岩层和达到沸点的温泉中繁殖生长。此外，气流可以在大气层中输送微生物达数千米之远。但是，即使考虑到这些极端情况，生命仍主要限制在非常接近地面的较窄范围内。

自然环境是动植物的生存基础。然而，生物体不仅仅对自然环境做出响应，而且通过无数的相互作用、生命形态来维护和改变它们所处的自然环境。没有生命，地圈、水圈和大气圈的性质和形态可能会完全不同。

概念回顾 1.4

1. 比较大气的高度与地圈的厚度。
2. 海洋覆盖的地球表面积是多少？
3. 海水占地球总水量的百分比是多少？
4. 列出并简要定义组成环境的四大圈层。

(a)　　　　　　　　　　　　　　　　　　　(b)

图 1.13　(a)海洋是地球生物圈的重要组成部分。现代珊瑚礁就是一个独特且复杂的例子，它是约 25%的海洋物种的家。因为这种多样性，珊瑚礁有时被视为海洋中的热带雨林；(b)热带雨林的特点是每平方千米面积内的物种达数百种。气候对生物圈的影响很大，而各种生命也会影响大气

1.5　地球系统

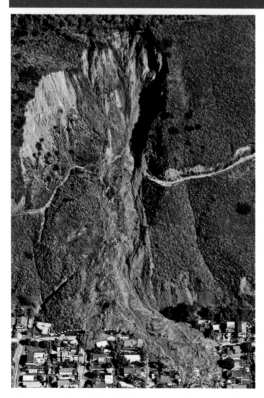

图 1.14　地球系统不同部分相互作用的照片。2005 年 1 月 10 日，特大暴雨引发了加利福尼亚州滨海小村拉龚吉达的泥石流（通常称为滑坡）

　　研究过地球的人马上就会知道，地球包含多个既独立又高度相互作用的部分或圈层。大气圈、水圈、生物圈和地圈以及它们的组成可以分开研究。但是这些部分或圈层不是孤立的，每部分都以多种方式与其他部分相关联，产生一个不断相互作用的复杂总体，即我们所说的地球系统。

1.5.1　地球系统科学

　　下面是地球系统的不同部分相互作用的一个简单例子。每年冬天从太平洋蒸发的水汽以雨的形式降落到南加利福尼亚的山上，引发了毁灭性的泥石流（见图 1.14）。这个将降水从水圈搬运到大气圈再搬运到地圈的过程，对自然环境和植物以及栖息在相关区域的动物（包括人类）都具有深刻的影响。

　　科学家已经意识到，要更充分地认识地球，就要知道它的各个组分（土地、水、空气和生物）是如何相互作用的。这项工作被称为地球系统科学，旨在研究一个由许多相互作用的部分组成的系统——地球。人们使用多学科方法来发展地球系统科学，以使其达到一个能理解和解决全球众多环境问题所需的水平。

　　系统是由相互作用或独立的部分组成的复杂总

体。人们经常听到或使用系统一词，如汽车的冷却系统、城市的交通系统等。新闻报道可能会告诉我们有个天气系统正在靠近。又如，我们知道地球是更大太阳系的一个子系统，而太阳系又是更大银河系的一个子系统，以此类推。

1.5.2 地球系统

地球系统有着几乎无穷无尽的子系统，其中的物质则在不断循环。知识窗 1.2 对地球四个圈层中碳的输运过程的描述就是一个例子。这个例子告诉我们，存在于大气、生物体和某些岩石中的二氧化碳组成整个碳循环的子系统。

知识窗 1.2 地球子系统之一的碳循环

为了说明地球系统内物质和能量的运动，我们来简单看看碳循环（见图 1.C）。自然界中纯碳单独存在的形式相对而言很少，主要存在于两种矿物质中：钻石和石墨。碳大多数以与其他元素形成的化合物形式存在，如二氧化碳、碳酸钙，以及煤炭与石油中的碳氢化合物等。碳也是生命的基本要素，因为碳与氢和氧结合形成的有机化合物也是所有生命构成的基础。

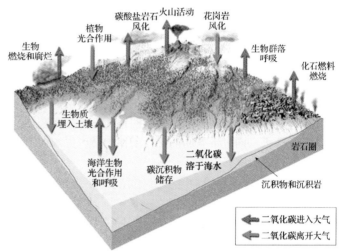

在大气中，碳主要以二氧化碳（CO_2）的形式存在，因为它是一种温室气体，所以十分重要。温室气体是地面放射能量的有效吸收体，因此会影响大气的加热。因为驱动地球的许多过程都涉及二氧化碳，所以这一气体会不断地进出大气层。例如，植物通过光合作用吸收大气中的二氧化碳以产生生长所需的有机化合

图 1.C 碳循环简图。主要突出了大气圈和水圈、地圈和生物圈之间的碳流。彩色箭头表示碳是进入还是离开大气圈

物。食草动物（或食肉动物）食用这些有机物作为能量的来源，并通过呼吸过程将二氧化碳重新排放到大气中（植物也通过呼吸将部分二氧化碳返回到大气中）。植物死亡、腐烂或燃烧后，这些生物物质就被氧化成二氧化碳而返回到大气中。

并不是所有死亡植物腐烂后立即转变为二氧化碳，少部分会作为沉积物而存储起来。在很长的地质时期中，相当一部分生物物质被沉积物掩埋。在适当的条件下，这些富含碳的存储物就被转化为化石燃料——煤炭、石油或天然气等。最终，这些燃料的一部分被开采（开矿或钻井），用作工厂和交通系统的燃料。化石燃料的消费结果是使得大量的二氧化碳进入大气层。碳循环中最活跃的部分之一就是二氧化碳从大气圈到生物圈，再从生物圈到大气圈。

碳也会在大气圈和地圈、水圈之间循环运动。例如，地球历史早期的火山爆发被认为是大气圈中大量二氧化碳的主要来源。二氧化碳从大气圈回到水圈和地圈的一种方式是，首先与水合成碳酸（H_2CO_3）然后附着在地圈的岩石上。固体岩石的化学风化产物之一就是可溶性重碳酸氢盐离子（$2HCO_3^-$），这些离子由地下水和河流带入海洋。在海洋中，水生生物汲取这些可溶解的物质形成碳酸钙（$CaCO_3$）硬壳部分。生物死亡后，这些硬壳就沉到海底，成为生物化学沉积物和沉积岩。实际上，由各种各样的岩石组成的地圈是地球上最大的碳存储库，最多的就是石灰岩（见图 1.D）。最终，石灰岩可能出露于地表，通过化学风化就使得存储在岩石中的碳以二氧化碳的形式释放到大气中。

图 1.D　大量的碳封存在地球的地圈中，英格兰的白垩崖就是这样的例子。白垩是一种吸水的软石灰岩（$CaCO_3$），其主要成分是被称为颗石藻的微生物硬壳部分

总之，碳在地球的所有四个圈层中循环，生物圈中的所有生命都离不开它。在大气中，二氧化碳是重要的温室气体；在水圈中，二氧化碳可溶解于湖泊、河流和海洋；在地圈中，碳包含在富碳酸盐沉积和沉积岩中，并且作为有机物散布在沉积岩和煤及石油中。

地球系统的各个部分是相互联系的，某个部分的变化必然引起另一部分甚至所有其他部分的变化。例如，当火山爆发时，岩浆会从地球内部流到地表而阻断附近的流域，这个新出现的障碍会因产生新的湖泊或者河流、河道的改变而影响到该区域的排水系统。火山喷发时产生的大量火山灰和气体可能向上进入大气层并影响到达地面的太阳辐射量，结果可能使全球地面气温下降。

在被岩浆流或厚厚的火山灰覆盖的地面，土壤被掩埋，引起成土过程重新开始而使表面物质形成土壤（见图 1.15）。最终形成的土壤将反映地球系统的许多部分，如火山喷发物、气候和生物活动影响的相互作用。当然，生物圈也会发生显著变化，有些生物及它们的栖息地可能会被岩浆和火山灰毁灭，同时一些新的生命条件也会产生，如湖泊等。由此引起的潜在气候变化同样有可能影响到某些敏感的生物。

图 1.15　1980 年 5 月圣·海伦斯火山爆发，所经的区域被火山泥流掩埋。现在，重新长出了植物，新的土壤正在形成

地球系统的特征是由从几分之一毫米到数千千米的空间尺度变化过程决定的；地球系统过程的时间变化尺度可以从毫秒到数十亿年。我们对地球的了解正越来越清楚，尽管在空间和时间上具有巨大差异，但这些过程之间是互相联系的，且一个组成成分的变化会影响到整个地球系统。

供给地球系统动力的能量来源有两个。第一个是太阳，它驱动发生在大气圈、水圈和地表的外部过程。天气、气候、洋流和侵蚀过程就是由来自太阳的能量驱动的。第二个是地球内部。地球在形成时就存储了热量，同时地球内部的放射性衰变不断地产生热量，驱动内部过程，造成火山爆发、地震和造山运动等。

人类是地球系统的一部分，而地球系统是由有生命和无生命成分交织与相互联系在一起的。因此，人类活动会引发地球系统所有其他部分的变化。当我们燃烧汽油和煤炭、处理废物、使用土地时，就会造成系统其他部分以不可预见的方式发生反应。通过阅读本书，你将了解有关地球子系统的知识，包括水文系统和气候系统。这些组成部分加上人类，就是地球系统的相互作用的所有部分之和。

概念回顾 1.5

1. 什么是系统？请举三个例子。
2. 地球系统的两个能量来源是什么？

1.6　大气的组成

在亚里士多德时代，空气被认为是四种最基本的不可再分的物质之一，其他三种物质是火、土和水。即使是在现代，空气一词有时仍然用来表示一种专门的气体，虽然实际上并非如此。包裹地球的空气层是许多不同气体的混合物，这些气体都有自己的物理性质。此外，空气中还悬浮有数量不等的微小固体和液体微粒。

1.6.1　大气的主要成分

大气的成分不是固定的，而是随时间和空间变化的（见知识窗 1.3）。如果将水汽、尘埃和其他变化的成分从大气中去除，就会发现其组成从地面到约 80 千米的高度都很稳定。

如图 1.16 所示，氮和氧两种气体构成了 99% 的干洁大气体积。虽然这两种气体是大气成分中最多的，而且对地球上的生命具有非常重要的意义，但它们对天气现象几乎没有影响，或者说并不重要。剩下的 1% 干空气由惰性气体氩（0.93%）和极少量的其他气体组成。

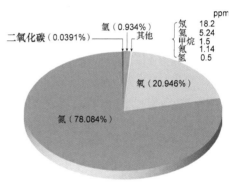

图 1.16　组成干洁大气的气体的体积百分比，氮和氧占据绝大部分

知识窗 1.3　地球大气的形成与演变

图 1.E　地球的首个稳定大气层由排气过程产生。今天，全球范围无数火山爆发导致的排气过程仍在继续

我们呼吸的大气是一种稳定的混合气体，它包括 78% 的氮、21% 的氧、约 1% 的氩和少量其他气体，如二氧化碳和水汽等。然而，在 46 亿年前，地球形成时的原始大气则与现在有着天壤之别。

地球的原始大气

在地球形成初期，大气层的气体组成与早期的太阳系是一样的，包括氢、氦、甲烷、氨、二氧化碳和水汽，因为地球的引力太小，这些气体中最轻的氢和氦逃逸到了宇宙空间中。大多数留下的气体也被强大的太阳风（巨大的粒子流）吹到了太空中（包括太阳在内的所有恒星，在进化的早期，都会经历剧烈的活跃阶段，这时的太阳风非常强大）。

地球的首个稳定大气层是由称为排气的过程形成的，排气是指被困在地球内部的气体被释放出来。今天，从数百座活火山排出气体仍然是地球这颗行星的功能。然而，在地球的早期，当内部发生大量加热和流体运动时，气体的产生量无疑非常巨大。根据我们对现代火山爆发的了解，地球的原始大气可能由大量的水汽、二氧化碳和二氧化硫组成，且有少量的其他气体和少量的氮，但最重要的是，不存在自由氧。

大气中的氧

随着地球变冷，水汽凝结形成了云，且倾盆大雨填满了低洼地区，使其变成了海洋。大约 35 亿年前，

图 1.F 这些被称为条带状铁矿的古老层状富铁岩石，是在前寒武纪形成的。作为光合作用副产物的大多数氧，与铁发生化学反应而被消耗后，形成了这些岩石

海洋中的细菌通过光合作用开始向水中释放氧气。在光合作用的过程中，微生物利用太阳能，由二氧化碳（CO_2）和水（H_2O）生成有机物（含有氢和碳的高能糖分子）。最初的细菌可能是利用硫化氢（H_2S）而非水来获得氢的。最初，作为光合作用副产品的细菌之一蓝藻细菌（曾被称为蓝绿藻）开始产生氧气。

最初，刚释放的氧气会在与海洋中其他原子和分子（特别是铁）的化学反应中消耗掉（见图 1.F）。已有离子满足氧的需要时，随着产生氧气的有机体数量的增加，氧气就开始进入大气。岩石的化学分析表明，大约在 22 亿年前，大气中就有了大量的氧，此后逐渐稳步增加，直到约 15 亿年前达到稳定的浓度。显然，自由氧的存在

对于生命的发展具有重要影响，反之亦然。地球大气与其生命形态共同经历了从无氧环境到富氧环境的进化。

"氧爆炸"的另一好处是氧分子（O_2）可以吸收紫外线而重新形成臭氧（O_3）。今天，臭氧集中在地面以上的平流层中，在这里，臭氧可以吸收到达上层大气的大量紫外辐射。这就使得地表第一次免受这类辐射的影响，因为紫外线对 DNA 特别有害。海洋生物始终受到海洋的保护，不会遭到紫外辐射，但大气的臭氧保护层也使得陆地更加安全。

1.6.2 二氧化碳

虽然二氧化碳在大气中的含量很少（体积百分比仅为 0.0391%），但从气象上讲却是重要的大气成分。气象学家特别关注二氧化碳，因为它能有效地吸收地球辐射的能量，进而影响大气的加热。虽然大气中二氧化碳的含量相对不变，但其体积百分比一个多世纪以来一直在稳步地上升。图 1.17 表明，自 1958 年以来，大气中的二氧化碳含量一直在上升。这一上升主要归因于人类不断增加的化石燃料的使用，如煤炭和石油。增加的二氧化碳有些被海水吸收，有些被植物吸收，但仍有超过 40%的留在大气中。据估计，21 世纪后半叶大气中的二氧化碳含量将是工业化前的水平的 2 倍。

大多数大气科学家都认同这样的观点，即在过去的几十年间，二氧化碳含量的增加加热了地球大气，且在未来的几十年间这种情况会持

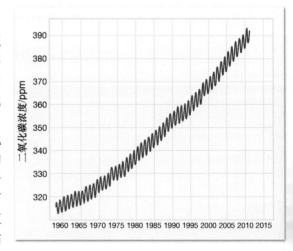

图 1.17 在夏威夷莫纳罗亚观测站观测到的大气中的二氧化碳浓度变化。曲线的波动反映了北半球植物生长季节的变化。在这一观测记录的前 10 年（1958—1967），二氧化碳浓度平均每年增加 0.81ppm，后 10 年（2001—2010）的平均增加量是 2.04ppm（数据来自 NOAA）

续。然而，这种情况导致的温度变化大小是不确定的，它一定程度上取决于未来人类活动产生的二氧化碳量。第2章和第14章将详细考察大气中二氧化碳的作用及其对气候的影响。

问与答：为何图 1.17 中的图形有那么多起伏？

二氧化碳是通过光合作用自空气中去除的，而光合作用是指绿色植物将阳光转换为化学能的过程。在春季和夏季，北半球的大部分区域植物生长繁茂，因此从大气中去除了大量二氧化碳，所以曲线下跌。冬季来临时，植物枯死或落叶，有机质的腐烂将二氧化碳释放到空气中，导致曲线上扬。

1.6.3 变化的大气成分

大气中有许多随时间和空间显著变化的气体与粒子，其中重要的有水汽、气溶胶和臭氧，虽然它们的比例通常很小，但对天气和气候有着显著的影响。

（1）水汽

水汽含量在大气中变化很大，从几乎没有到高达4%的体积百分比。为什么占大气百分比如此小的水汽会这么重要呢？因为水汽是所有云和降水的来源。然而，水汽还有其他作用，和二氧化碳一样，水汽还有吸收地球放出的热量及吸收部分太阳辐射能的能力。因此，当我们研究大气加热时，它就非常重要。

当水从一种状态变为另一种状态时，比如从气态变为液态，或从液态变为固态时（见图4.3），会吸收或放出热量。这种水的状态变化所放出的能量称为潜热，意思是潜藏的能量。在后面的章节中我们可以看到，水汽在大气中将这种潜热从一处传输到另一处，而且正是这种能量源驱动着许多风暴。

（2）气溶胶

大气的运动足以保证大量固体和液体颗粒悬浮于其中。虽然有时可见的尘埃布满天空，但这些相对较大的颗粒会重到无法在空气中停留太长时间。然而，许多颗粒很小，可以在空气中悬浮相当长的时间，这些微小颗粒的来源很多，由自然和人类共同造成，包括因浪花破碎产生的海盐、吹入大气的细土、大火产生的烟雾、孢粉和被风吹起的微生物、火山爆发产生的火山灰等（见图 1.18a）。所有这些固态和液态的微粒统称为气溶胶。

在接近地表的低层大气中，有着大量的气溶胶。然而，高层大气并非没有气溶胶，因为有些尘埃会被上升气流带至高空，其他一些颗粒则是由陨石穿过大气层时分裂产生的。

从气象学观点看，这些看不见的微小颗粒很重要。首先，许多颗粒可以作为水汽凝结的表面，这正是云和雾形成的重要过程；其次，气溶胶可以吸收和反射太阳辐射，出现空气污染或火山爆发后火山灰充满大气层时，可以测量出到达地表的阳光明显减少；最后，气溶胶可以产生一种我们能够看到的光学现象——太阳升起或落下时产生红色和橙色的色调变化（见图 1.18b）。

（3）臭氧

大气的另一种重要成分是臭氧，其分子（O_3）由三个氧原子组成。臭氧与我们呼吸的由两个氧原子组成的氧气（O_2）不同，在大气中的含量非常少：100万个分子中只有3个臭氧分子，而且它的分布是不均匀的。在大气的底层，臭氧不到亿分之一，主要集中分布在距离地面10～50千米高度的平流层内。

在这一高度范围内，氧分子（O_2）因吸收太阳紫外辐射而分离成两个氧原子（O）。当单个氧原子（O）和一个氧分子（O_2）碰撞时，就产生了臭氧。这种情况发生的必要条件是，必须存在第三个中性氧分子作为催化剂，使得反应能够发生而其本身则不参与反应过程。臭氧之所以主要集中在10～50千米高度的平流层范围内，是因为平流层存在一个起决定作用的平衡条件：来自太阳的紫外辐射足以产生单个氧原子和足够的气体分子，进而产生所需要的碰撞。

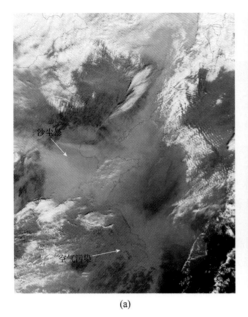

(a) (b)

图 1.18 (a)摄于 2002 年 11 月 11 日的这张卫星照片显示了气溶胶的两个例子。第一个例子是正在从中国东北地区吹向朝鲜半岛的大沙尘暴,第二个例子是向南移动的浓雾(底部中间),它是人为产生的空气污染。(b)空气中的灰尘使得日落变得格外多彩

大气中的臭氧层对居住的地表的人类十分重要,因为臭氧会吸收来自太阳的具有潜在危害的紫外(UV)辐射。如我们知道的那样,如果臭氧未过滤掉大量的紫外辐射,如果太阳的紫外线未受到衰减就到达地表,那么地球对大多数生命而言是不适合居住的。因此,任何减少大气中臭氧含量的过程都可能影响到地球上的生命的安全,详见下一节的讨论。

概念回顾 1.6

1. 空气是一种特殊的气体吗?为什么?
2. 干洁空气的两种主要成分是什么?每种成分所占的比例是多少?
3. 水蒸气和气溶胶为何是地球大气的重要组成部分?
4. 什么是臭氧?臭氧为何对地球上的生命很重要?

1.7 臭氧耗竭——一个全球性问题

人类活动的后果之一是减少大气中的臭氧,这是一个严重的全球性环境问题。近 10 亿年来,地球的臭氧层一直在保护着地球上的生命。然而,在过去的半个世纪,由于大气污染,人类已经无意识地将臭氧层置于危险的境地。其中作用最明显的化学物质是氯氟烃(CFCs)。这种化学物质是有着多种作用的混合物,化学性质稳定、无味、无毒、无腐蚀性且生产成本低。过去几十年里,CFCs 的用途极其广泛,如作为空调和冷冻设备的冷却剂、电子元件的清洁剂、喷雾剂的推进剂,以及用于某些塑料薄膜的生产等。

在保尔·克鲁岑、舍伍德·罗兰和马里奥·莫利纳三位科学家发现氯氟烃与大气之间的关系之前,谁也没有想到氯氟烃会影响到大气。1974 年,这三位科学家警告人们,氯氟烃可能降低平流层臭氧的平均浓度。1995 年,他们因这一开创性的研究成果获得诺贝尔化学奖。

他们发现,CFCs 在低层大气中是惰性气体(即化学性质不活跃),这些气体中的一部分缓慢地到达臭氧层后,被太阳辐射分解为原子。然而,以一系列复杂反应释放出来的氟原子则具有去除部分臭氧的作用。

是的。尽管平流层中自然出现的臭氧对地球上的生命非常重要，但它在地面产生时会被人们视为一种污染物，因为它会破坏蔬菜，对人类的健康有害。臭氧是光化学烟雾的主要成分。阳光照射机动车辆和工业污染物触发的反应会产生臭氧，详见第 13 章。

1.7.1 南极臭氧洞

虽然臭氧耗竭是全球性的，但是观测表明，在南半球的春季（9 月和 10 月），南极上空的臭氧浓度严重下降，而 11 月和 12 月的臭氧浓度又恢复到高于正常值的水平（见图 1.19）。从发现臭氧洞的 1980 年到 21 世纪初期，这个臭氧洞一直在增强和变大，今天其面积已和北美洲的面积相当（见图 1.20）。

臭氧洞的另一个成因是，南极上空的平流层内存在相对较多的冰粒，这些冰粒增大了 CFCs 破坏臭氧的作用，因此出现了超乎寻常的臭氧耗竭。最大的臭氧耗竭现象被高层大气中的一个涡旋状风场控制在南极地区。当这个涡旋在晚春减弱时，臭氧耗竭的空气便不再受其控制，而与其他纬度的高臭氧浓度的空气混合。

发现南极臭氧洞后不久，科学家北极地区上空的臭氧在春季和初夏也会减弱。当这个低臭氧区被破坏后，低臭氧含量的空气就南移至北美、欧洲和亚洲。

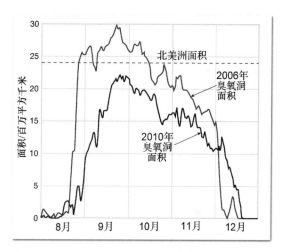

图 1.19　2006 年和 2010 年南极臭氧洞面积的变化。在这两年，臭氧洞都是在 8 月开始形成并在 9 月和 10 月得到充分发展的。每年，臭氧洞通常都持续到 11 月并在 12 月消失。2010 年，臭氧洞的面积达到最大值——2200 万平方千米，几乎相当于整个北美洲的面积

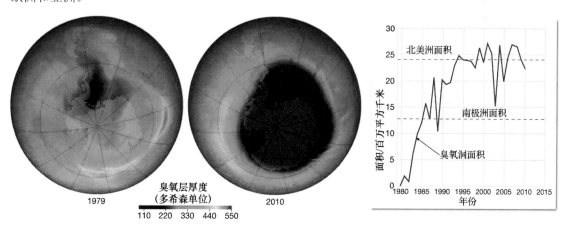

图 1.20　这两张卫星图像显示了 1979 年和 2010 年 9 月臭氧洞最大时，南半球的臭氧分布。深蓝色阴影区域表示臭氧最稀薄的区域。臭氧洞并不是严格意义上的没有臭氧的"洞"，而是在南极洲上空春季存在的一个臭氧异常减少的区域。曲线图显示了 1980—2010 年臭氧洞最大面积的变化情况（NOAA）

1.7.2 臭氧耗竭效应

臭氧会过滤阳光中有害的 UV（紫外线）辐射，因此臭氧减少会让更多这种有害波长的辐射到达地面。那么增加的紫外辐射有什么作用呢？平流层的臭氧浓度每减少 1%，到达地面的紫外辐射

就会增加 2%。因此，由于紫外辐射会导致皮肤癌，臭氧的减少会严重影响到人类的健康，特别是那些肤色较浅的人群和长时间暴露于阳光下的人们。

美国每年约 50 万人患皮肤癌的事实表明，臭氧减少可能会导致每年更多的人患皮肤癌。除了增大患皮肤癌的风险，具有破坏性的紫外辐射的增加还可能给人类的免疫系统造成损害，并且可能导致白内障。

紫外辐射的增加也会严重影响动植物，特别是会影响到农作物的产量和质量。有些科学家担心，南极地区增加的紫外辐射可能会进入南极大陆周围的海水，减少或灭绝海洋中食物链底端的浮游植物，浮游植物的减少又可能减少桡足类和南极虾的数量，而这些是维持鱼类、鲸鱼、企鹅和其他南半球高纬度海洋生物生存所必需的。

1.7.3 蒙特利尔议定书

那么人们为保护臭氧层已做了什么？毫无疑问，若不控制 CFCs 的排放，则风险是不容忽视的。1987 年年底，在联合国的支持下，许多国家和地区就有关破坏臭氧层的化学物质签订了《蒙特利尔议定书》。议定书从法律上控制了对可能造成臭氧耗竭的有关气体的生产和使用。1987 年以后，随着对臭氧耗竭认识的提高和相关替代化学品的出现，《蒙特利尔议定书》进行了几次修订，并且 190 多个国家和地区批准了这一协定。

《蒙特利尔议定书》是国际社会对全球性环境问题的积极响应。响应结果是，近年来大气中破坏臭氧的气体总量已经开始减少。根据美国环境保护署（U.S. EPA）的报告，自 1998 年以来，全球臭氧层已经不再变薄。如果世界各国继续遵守议定书的规定，那么在整个 21 世纪，这些破坏性气体的含量将继续减少。虽然某些化学物质仍在增加，但未来几十年内将会减少。从 2060 年至 2075 年，破坏臭氧的气体含量预计将回落到南极臭氧洞开始形成之前的 20 世纪 80 年代的水平。

概念回顾 1.7

1. 什么是氯氟烃？它们与臭氧问题有何联系？
2. 南极上空的臭氧洞在一年中的什么时间最大？
3. 描述臭氧耗竭的三种影响。
4. 什么是《蒙特利尔议定书》？

1.8 大气层的垂直结构

我们知道大气层是从地表开始向上扩展的，那么何处是大气层的尽头？外层空间又从哪里开始？显然，不存在明显的边界——离地球越远，大气变得越稀薄，直到气体分子太少而无法检测到。

1.8.1 气压变化

为了了解大气的垂直范围，下面考察气压随高度的变化。气压可以简单地视为地面上方的大气重量。海平面的平均气压约为 1000 百帕，对应的空气重量约为每平方厘米 1 千克。显然，高度越高，气压越小（见图 1.21）。

约有一半的大气位于 5.6 千米以下的高度，约有 90% 的大气位于 16 千米以下的高度，100 千米以上高度的大气只占所有气体体积的 0.00003%。在 100 千米的高度，大气会稀薄到其密度小于地面上的任何人造真空的密度。然而，大气的高度仍在延伸，理查德·克莱格形象地描述了稀薄外层大气："在离地面几百千米之外，地球最外层大气的密度极低。在海平面附近，每立方厘米的

空气中约含有 2.3×10^{19} 个原子和分子,而在 600 千米高空这一数字为 2.3×10^7。在海平面附近,一个原子或分子在与另一个原子或分子碰撞之前,平均运动距离是 7.3×10^{-6} 厘米,而在 600 千米高空,这个距离约为 10 千米。在海平面附近,一个原子或分子平均每秒发生 7.3×10^9 次这样的碰撞,而在 600 千米的高空,每分钟才发生一次碰撞。"

气压数据图形(见图 1.21)表明,气压的下降率不是常数,而是随着高度的增加而减小的;到约 35 千米以上的高度,气压的下降率可以忽略不计。换句话说,数据表明,空气是高度可压缩的,即空气随着气压的减小而膨胀,随着气压的增加而压缩。因此,大气延伸到了距离地表数千千米的地方。因此,我们很难确定大气的尽头和外层空间的开始之处,因为这是一个很大的范围,具体取决于研究的现象。显然,大气层与外层空间之间没有明确的边界。

总之,气压垂直变化的数据表明,组成大气的绝大部分气体非常接近地表,并且逐渐与外部空间融合。然而,相比于固体地球的大小,包裹地球的大气层确实非常薄。

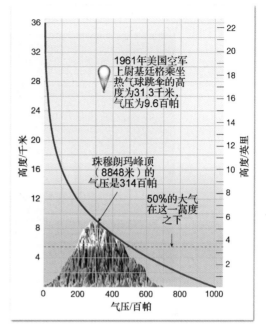

图 1.21 气压随高度的变化。随着高度的上升,气压的下降率不是常数——在地面附近下降得快,高度越高,下降得越慢

聚焦气象

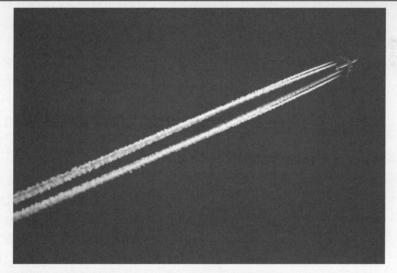

这架飞机正在 10 千米的高度巡航。

问题 1 参考图 1.21,飞机飞行时的近似气压是多少?

问题 2 飞机下方大气的百分比是多少(假设地面的气压是 1000 百帕)?

1.8.2 温度变化

在 20 世纪早期,人们对低层大气就已经有了很多了解,而对高层大气只是通过间接的方法有部分的了解。通过气球和风筝探测可以知道空气温度随高度上升而下降,这种现象凡是登过高山的人都会感觉到，在图 1.22 所示的无雪的低地和高山山顶被雪覆盖的照片也表现得很明显。

图 1.22 对流层的温度随着高度的增加而降低，因此在山顶出现积雪，在山脚温暖而没有积雪

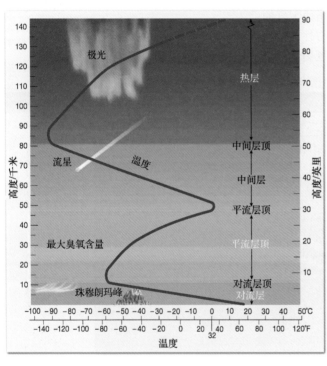

图 1.23 大气的热结构

尽管未在 10 千米以上的高度进行测量，但科学家认为随着高度增加到大气边缘，温度会降低到热力学零度（−273℃）。然而，1902 年法国科学家泰塞伦·德波尔驳斥了这一温度随高度持续下降的说法。研究 200 多个气球探测结果后，泰塞伦·德波尔发现气温在 8~12 千米的高度停止下降。对这个惊人的发现，人们最初是怀疑的，但随后获取的资料确认了他的发现。后来，通过采用气球和火箭探空技术，人们清楚了更高处的大气结构。今天，人们根据温度在垂直方向上将大气分为四层（见图 1.23）。

（1）对流层。人类生存于其中的温度随高度增加而降低的大气底层称为对流层，这一名称由泰塞伦·德波尔于 1908 年给出，字面意思是该区域的空气是"倒转"的，也就是说，在这个最低的大气区域，空气存在明显的垂直混合。

对流层中温度随高度增加而下降称为环境直减率，其平均值为 6.5℃/千米，称为正常直减率。但要强调的是，环境直减率不是常数，而会有着很大的变化，且必须定期进行观测。为了确定实际的环境直减率并获得气压、风和湿度的垂直变化信息，人们使用了无线电探空仪。无线电探空仪是由气球携带并通过无线电在气球上升过程中传输数据的设备包（见图1.24）。环境直减率会因天气的波动在一天内变化，也会因季节和区域的不同而变化。在对流层中，有时会在较薄的空气层中观测到温度随高度增加而上升的现象，出现这种逆转现象时，我们就说存在逆温。

温度下降一直持续到约 12 千米的平均高度，但对流层的厚度不是到处都一样的。在热带地区，对流层的厚度可达 16 千米以上，而在极地地区会减小到不超过 9 千米（见图 1.25）。在赤道附近，较高的地面温度的充分的热对流，会在垂直方向上较大地扩展对流层，因此环境直减率也扩展到很高的高度；尽管下面的地表温度相对较高，但对流层的最低温度出现在热带地区而非极地地区的高空。

图 1.24 无线电探空仪挂在直径约为 2 米的探空气球上。当探空仪上升时，传感器探测气压、温度、相对湿度，并通过无线电将结果发送到地面接收机。通过跟踪气球的飞行轨迹，可以得到有关高空风速和风向的信息。获得高空风速的观测被称为无线电探空测风。在全球范围内，约有 900 个高空观测站，各个国家可以通过国际协议交换探空数据

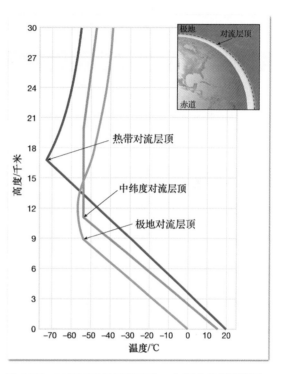

图 1.25 对流层顶的高度变化。如图中的插图所示，对流层顶的高度变化很大

对流层是气象学家关注的焦点，因为几乎所有的重要天气现象都发生在这一层中。几乎所有的云和降水以及剧烈的风暴都发生在对流层的底层，这也是对流层常被称为天气圈的原因。

（2）平流层。对流层之上是平流层，对流层与平流层之间的边界称为对流层顶。在对流层顶的下方，大气性质主要表现为大尺度的波动和混合，而在对流层顶上方的平流层，大气不再具有这些性质。从平流层开始到 20 千米的高度，大气温度几乎保持不变，此后急剧升高，一直到高度为 50 千米的平流层顶。平流层的温度之所以较高，主要是因为这里臭氧集中，而臭氧会吸收大量来自太阳的紫外辐射，从而被太阳辐射加热。虽然臭氧的最大浓度出现在 15～30 千米范围内，但在这一高度范围之上，少量臭氧吸收紫外线能量后也会导致较高的温度。

（3）中间层。在大气的第三层中，温度开始随着高度的增加而下降，直到距离地面约 80 千米高度的中间层顶，这里的平均温度约为 -90℃。大气层中的最低温度出现在中间层顶。中间层大气底部的气压下降到约为海平面气压的百万分之一。我们对中间层大气的了解最少，原因是飞机、

探空气球和低轨道卫星都无法到达这一高度，预计新技术的发展将填补这一空白。

（4）**热层**。大气的第四层是指从中间层顶向外延伸的层，它没有明确上界。第四层称为热层，它只包含很小一部分大气质量。在这个空气极端稀薄的最外层中，由于氧原子和氮原子吸收波长很短、能量极大的太阳辐射，温度又开始随着高度的升高而上升。热层的温度最高可达1000℃以上，因此与地面附近的温度不具有可比性。温度是用分子运动的平均速度定义的。热层的气体高速运动，温度很高，但由于气体分子稀少，所以总体具有的热量极少。因此，在热层中绕地球运行的卫星的温度主要由其吸收的太阳辐射量决定，而不由其周围几乎不存在的高温确定。宇航员在热层中将手伸到大气中时，不会有热的感觉。

概念回顾 1.8

1. 气压随纬度增长是升高还是降低？变化率是常量还是变量？为什么？
2. 人们清晰地确定了大气的外边缘吗？为什么？
3. 大气根据温度垂直分为四层，按从低到高的顺序列出这些层，天气实际上发生在哪一层？
4. 平流层中的温度为何升高？
5. 热层的温度为何不严格地对应于地表的温度？

聚焦气象

这个气象气球升空时，地表温度为17℃。气球现在的高度为1千米。

问题 1 这个气球搭载的组合仪表的专业术语是什么？
问题 2 气球位于大气的哪一层？
问题 3 平均条件占上风时，组合仪表记录的温度是多少？为什么？
问题 4 气球上升穿过大气时，其大小是如何变化的？为什么？

1.9 大气成分的垂直变化

除了按照温度的垂直变化来对大气分层，还存在其他的大气分层方法。根据大气的成分，大气常常被分为两层：均质层和非均质层。从地面到约 80 千米的高度，大气的各组成气体的比例是不变的，即它们的比例与图 1.16 中的一样。这个低均匀层被称为均质层，即成分均匀的部分。

相比之下，80 千米高度以上非常稀薄的大气是不均匀的，因此被称为非均质层。在非均质层中，气体大致分为 4 层，每层都有其特定的成分。最低一层是氮分子（N_2）层，上一层是氧原子（O）层，接着是氦原子（He）层，最后一层是氢原子（H）层。组成非均质层的气体的这种分层性质由它们的重量决定。氮分子最重，因此位置最低，最外层是最轻的气体氢。

1.9.1 电离层

高度范围为 80～400 千米的气体层是被称为电离层的带电层，电离层与高度较低的热层一样是非均质层。在电离层中，氮分子和氧原子吸收太阳能的高能量短波辐射后，很容易电离。在电离过程中，每个被电离的分子或原子都失去一个或多个电子而带正电，电子则被释放并以电流的形式流动。

虽然电离发生在 50～1000 千米的高度范围内，但带正电的离子和带负电的电子主要集中在 80～400 千米范围内。在这个高度范围以下，因为大量短波辐射在电离过程中已被减弱，所以离子的浓度不大。此外，在这一高度范围内，由大气密度导致的大量自由电子可被带电离子快速捕获。从 400 千米到电离层顶的范围内，离子的浓度较低，因为大气的密度很低，很少有分子和原子存在，所以几乎不可能产生离子和自由电子。

电离层的电结构并不均匀，而由离子密度不同的三层组成。从下向上，这三层分别称为 D 层、E 层和 F 层。由于产生离子需要直接太阳辐射，所以带电粒子的浓度会日夜变化，特别是在 D 层和 E 层中。也就是说，这些层在夜间会变弱或消失。而在白天会重新出现。另一方面，最上层或 F 层日夜都存在。在 F 层中，大气密度低到正电离子和电子无法相遇，因此无法像在高度较低、密度较高的层中那样迅速复合。因此，F 层中离子和电子的浓度不会快速变化，F 层虽然较弱，但在夜间仍会保持。

1.9.2 极光

研究表明，电离层对每天的天气几乎没有影响，但在电离层中会出现自然界最壮观的景象——极光（见图 1.26）。北半球的北极光和南半球的南极光以各种各样的形式出现——有时为向上飘动的彩带，有时为发散的光弧，有时为绚丽夺目的光晕。

极光的出现与太阳耀斑活动的时间、地球磁极的地理位置密切相关。太阳耀斑是发生在太阳上的巨大磁暴，这些磁暴会释放巨大的能量和大量快速运动的亚原子粒子。当太阳磁暴产生的中子和电子云接近地球时，会被地球磁场捕获并向地球磁极

图 1.26　在阿拉斯加州看到的北极光。在南极也能看到类似的现象，称为南极光

运动，然后，当粒子撞击电离层时，会激发氧原子和氮分子，使它们发光——极光。太阳耀斑的发生与太阳黑子活动密切相关，当太阳黑子数最多时，极光最壮观。

概念回顾 1.9

1. 区分均质层和非均质层。
2. 什么是电离层？大气位于何处？
3. 极光的主要成因是什么？

思考题

01. 以下语句中哪些指的是天气或气候？注意，其中一条语句包含了天气与气候：a. 今天棒球赛因下雨而取消了；b. 1月是阿拉巴马州最冷的月份；c. 北非是沙漠；d. 今天下午的最高温度为25℃；e. 昨晚，龙卷风席卷了俄克拉何马州中部；f. 我要搬到亚利桑那州南部，因为那里温暖且阳光明媚；g. 周三的-20℃是这个城市有记录以来的最低温度；h. 部分多云。

02. 进入暗室后，你打开了墙上的开关，但灯未亮。请至少提出解释这一现象的三个假设。

03. 进行精确测量和观测是科学研究的基本要求。这幅与风暴相关的降水量分布雷达图像就是一个例子。识别本章中能够说明科学采集数据的其他三幅图像，提出与每个例子相关的优点。

04. 在与气象学教授对话时，她说了如下两句话。哪句话可视为假设？哪句话更可能是理论？a. 几十年后，科学团体确认人类产生的温室气体提升了全球平均气温；b. 一个或两个研究认为飓风强度正在增加。

05. 参考图1.21，回答如下问题：a. 如果你爬上了埃佛勒斯峰，那么在峰顶上吸多少口空气才等于在海平面上吸一口空气？b. 如果你正在12千米高空的商业飞机上，你下方的大气质量的百分比是多少？

06. 从地面上升到大气的顶部时，如下哪种设备最适合确定你所在的大气层？为什么？a. 多普勒雷达；b. 湿度计；c. 气象卫星；d. 气压计；e. 温度计。

07. 这幅图是地球系统的不同部分相互作用的一个例子。泥石流由特大暴雨引发。在地球的四个圈层中，哪些圈层与埋葬菲律宾莱特岛上的小镇的自然灾害有关？它们是如何引发泥石流的？

08. 你认为以下何处的对流层厚度最大？是夏威夷上方还是阿拉斯加上方？为什么？阿拉斯加上方的对流层厚度在1月和7月不同吗？为什么？

术语表

aerosols 气溶胶
air 空气
atmosphere 大气
aurora australis 南极光
aurora borealis 北极光
biosphere 生物圈
climate 气候
elements of weather and climate
  天气和气候的基本要素
environmental lapse rate 环境直减率
geosphere 地圈
hydrosphere 水圈
hypothesis 假设
ionosphere 电离层

mesopause 中间层顶
mesosphere 中间层
meteorology 气象学
ozone 臭氧
radiosonde 探空仪
stratopause 平流层顶
stratosphere 平流层
system 系统
theory 理论
thermosphere 热层
tropopause 对流层顶
troposphere 对流层
weather 天气

习题

01. 参考图1.3所示的新闻报纸型气象图，回答如下问题：a. 估计纽约州中部和亚利桑那州西北部的预测高温；b. 气象图上最冷的区域是哪里？最热的区域是哪里？c. 在这幅气象图中，H表示

高压中心，它会以与下雨或晴天相关联的高压出现吗？d. 得克萨斯中部和缅因州中部哪里更暖和？为什么？

02. 参考图1.5，回答关于纽约市的温度问题：a. 1月

的日平均高温度是多少？7月呢？b. 有记录的最高温度和最低温度分别是多少？

03. 参考图1.7，哪年发生了造成数十亿美元损失的天气灾难？那年发生了多少事件？哪年的损失最大？

04. 参考图1.21，回答如下问题：a. 地面和4千米高空的气压差（单位为百帕）是多少（地面气压为1000百帕）？b. 4千米高空和8千米高空的气压差是多少？c. 根据本题前两问的答案，回答如下问题：随着高度的上升，气压是以恒定的速度、增大的速率还是以减小的速率增加？

05. 如果海平面的温度是23℃，那么平均条件下2千米高处的温度是多少？

06. 使用图1.23中的大气热结构图回答如下问题：a. 平流层顶的温度和高度分别是多少？b. 在什么高度温度最低？这一高度的温度是多少？

07. 根据图1.25，回答如下问题：a. 热带、中纬度地区和两极地区，哪个地区的地表温度最低？b. 哪个地区的对流层顶的高度最低？哪个最高？在这些地区，对流层顶的高度和温度分别是多少？

08. a. 在春季的某天，一个中纬度城市（北纬40°）的地表（海平面）温度为10℃。垂直探测表明，几乎恒定的环境直减率为6.5℃/千米，对流层顶的温度为−55℃，对流层顶的高度是多少？b. 在春季的同一天，靠近赤道的气象站的地面温度为25℃，它要比上问中的中纬度城市的地面温度高15℃。垂直探测表明，环境直减率为6.5℃/千米，对流层顶的高度为16千米，对流层顶的气温是多少？

第2章　地球表面和大气加热过程

　　根据日常经验，我们知道阳光让人感到温暖，且与阴天相比，晴天的路面更热。山顶积雪覆盖的照片告诉我们，温度是随着高度的增加而下降的；我们还知道，寒冬总会被暖春代替。你可能不知道的是这些现象的成因与蓝色天空和红色落日的成因是相同的，它们都是太阳辐射与地球大气及其陆海表面相互作用的结果。

位于西班牙安达卢西亚的这个发电厂通过太阳提供清洁的热电

本章导读

- 解释太阳高度角和昼长年内变化的原因，并说明这些变化形成季节的方式。
- 计算分点和至点上任何纬度的正午太阳高度角。
- 定义温度并解释它与物质中包含的总动能的不同。
- 对比潜热和感热。
- 列出并描述热传递的三种机制。
- 画出并标记显示入射太阳辐射命运的图形。
- 说明蓝色天空和红色落日的成因。
- 说明"大气从地面向上加热"的含义。
- 描述水蒸气和二氧化碳在产生温室效应方面的作用。
- 画出并标记演示地球热量收支的图形。

2.1 地日关系

任何位置接收的太阳能的多少都是随纬度、一天内的时间和一年内的季节变化的。比较图 2.1 所示的两张照片中的北极熊和永久积雪及热带海滩的棕榈树，可以说明这些极端情况。在地球上，陆地和海洋表面的不均匀加热产生风和洋流，风和洋流反过来又不断地从热带向极地输送热量，以平衡热带和极地的能量差异。这些过程导致的结果就是我们称之为天气的各种现象。如果太阳不再发光，那么全球的风和洋流很快就会停止。只要阳光始终照耀地球，风就会不断地吹，天气就会一直存在。因此，要了解天气这台动力机器是如何运行的，就要知道不同的纬度接收不同数量太阳能的原因，以及所接收的太阳能在一年内变化而形成四季的原因。

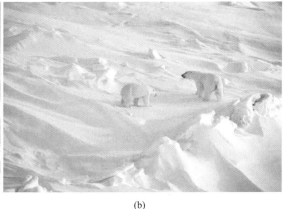

(a)   (b)

图 2.1 了解地日关系是了解天气和气候的基础：(a)热带地区一年内的温差不明显；(b)极地地区的季节性温差非常明显

2.1.1 地球的运动

地球有两种主要的运动——自转和公转。自转是指地球绕其轴的转动，它形成日夜交替。公转是指地球大致在椭圆形轨道上围绕太阳运动。地球和太阳的平均距离约为 1.5 亿千米。由于地球的轨道不是标准的圆，一年内的不同时间日地距离会有变化。每年约在 1 月 3 日，地球到太阳的距离约为 1.473 亿千米，此时地球处在到太阳的最近的位置，这个位置称为近日点；6 个月后的 7 月 4 日，地球到太阳的距离约为 1.521 亿千米，此时地球处在一年内到太阳最远的位置，这个位置称为远日点。虽然在 1 月地球到太阳的距离最近且接收的太阳能比 7 月多 7%，但这个能量差对季节温度变化的作用很小，北半球冬季地球离太阳最近的事实就是一个例证。

2.1.2 季节的成因是什么

　　既然太阳和地球之间的距离变化未导致季节温度变化，那么是什么导致了这种变化？我们发现夏季和冬季存在缓慢但明显的日长变化。此外，太阳与水平面的夹角即太阳高度角的缓慢变化也是一个主要的影响因素（见图 2.2）。例如，芝加哥人见到的最大正午太阳高度角出现在 6 月下旬，而当夏去秋来时，正午太阳高度角就会变小，每天太阳落山的时间也会变得早一些。

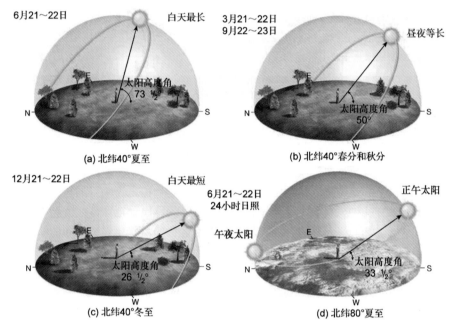

图 2.2　北纬 40°和北纬 80°位置，人们看到的太阳日常路径：(a)夏至；(b)春分或者秋分；(c)冬至；(d)夏至

　　太阳高度角的季节变化以两种方式影响地表接收的能量。第一种方式是，当太阳正好位于头顶（太阳高度角为 90°）时，阳光最集中也最强。当太阳高度角较小时，阳光发散，强度降低（见图 2.3）。你可能有使用电筒的如下经验：当光垂直照射物体表面时，出现一个强光点；而当光线不垂直照射物体表面时，被照射的面积变大，光线变暗。第二种方式是，太阳高度角决定了光线

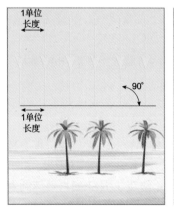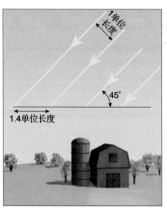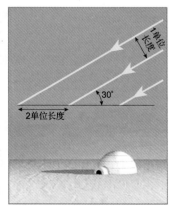

图 2.3　太阳高度角的变化导致到达地表的太阳能变化，高度角越大，太阳辐射就越强

通过大气的路径的长短（见图 2.4）：当太阳正好位于头顶时，阳光以 90° 角即垂直通过大气，以最短的路径到达地面，我们将这个距离定义为 1 个大气厚度。当阳光以 30° 角进入大气时，其到达地面的路径长度增加 1 倍；当光线以 5° 角进入大气时，其到达地面前通过的路径约为 11 个大气厚度（见表 2.1）。阳光通过大气的路径越长，其被大气散射的机会就越大，到达地面的光强就越弱。这些条件就是我们无法直视正午的太阳但可凝视落日的原因。

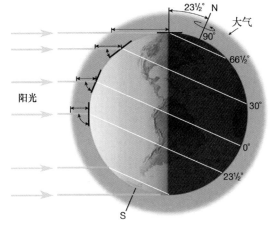

图 2.4　与高角度（赤道附近）入射地球的阳光相比，低角度（两极附近）入射地球的阳光在大气中通过的距离更长，受到的反射和吸收更多

表 2.1　阳光在大气中穿过的距离

太阳高度角	阳光穿过的等效大气厚度
90°（头顶上方）	1.00
80°	1.02
70°	1.06
60°	1.15
50°	1.31
40°	1.56
30°	2.00
20°	2.92
10°	5.70
5°	10.80
0°（水平）	45.00

地球是球体，某天只能在特定的纬度位置垂直（90°）接收阳光。从这个位置向北或向南移动时，阳光的照射角度都会减小。因此，到接收垂直阳光的位置越近，正午太阳高度角就越大，接收到的太阳能就越多。

总之，某地所接收的太阳能的多少，取决于太阳高度角的季节变化和昼长的变化。

2.1.3　地球的朝向

造成太阳高度角和昼长一年内不断变化的原因是什么？答案是地球相对于太阳的朝向不断变化。地轴（穿过两极的一条假想直线，地球绕其旋转）与地球围绕太阳运行的轨道面——黄道面并不垂直，而倾斜了 23.5°，即地轴是倾斜的。地轴如果不倾斜，地球上就不存在季节。地轴始终指向相同的方向（指向北极星），因此对阳光而言，地轴的方向一直是变化的（见图 2.5）。

例如，在每年 6 月的某天，地球在轨道上的位置如下：北半球面向太阳倾斜 23.5°（见图 2.5 的左侧），6 个月后的 12 月，地球运行到轨道的另一侧，北半球背离太阳倾斜 23.5°（见图 2.5 的右侧）。在这两种极端情形之间的日子里，地球相对于阳光的倾角都小于 23.5°。正是这种朝向的变化，使得地面上阳光可以垂直照射的点

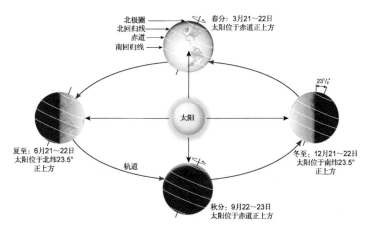

图 2.5　地日关系

一年内在南北纬23.5°之间移动,使得地球上许多地方一年内的正午太阳高度角变化达到47°(23.5° + 23.5°)。例如,当6月太阳的垂直照射地点到达最北的位置时,纽约这样的中纬度地区城市的正午太阳高度角最大为73.5°,6个月后其正午太阳高度角最小为26.5°(见图2.6)。

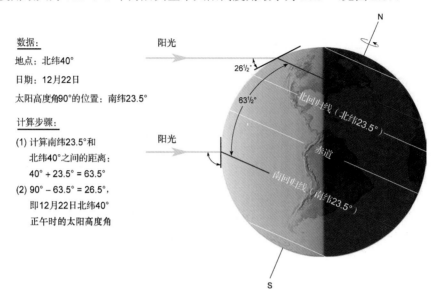

数据:

地点:北纬40°

日期:12月22日

太阳高度角90°的位置:南纬23.5°

计算步骤:

(1) 计算南纬23.5°和北纬40°之间的距离:

40° + 23.5° = 63.5°

(2) 90° − 63.5° = 26.5°,即12月22日北纬40°正午时的太阳高度角

图2.6 正午太阳高度角的计算。对任何一天,只有一个纬度能够接收垂直入射的阳光(90°),在远离这一纬度(无论是向北还是向南)1°的位置,太阳高度角为89°,在远离这一纬度2°的位置,太阳高度角为88°,以此类推。要计算某个位置的正午太阳高度角,只需简单地求出该位置的纬度与接收垂直入射阳光的纬度之差,然后用90°减去这一差值即可。图中说明了北纬40°的一个城市在12月22日(冬至)的正午太阳高度角

问与答:在美国的任何地方太阳都会直射头顶吗?

仅在夏威夷州,太阳才会直射头顶。瓦湖岛上的檀香山的纬度是北纬21°,每年出现两次90°的太阳高度角:一次是5月27日的正午,另一次是7月20日的正午。美国的其他州都位于北回归线的北边,因此不会出现太阳的垂直入射。

2.1.4 两至点和两分点

根据一年内直射阳光的移动,每年有四天特别重要。6月21日或22日,阳光在北纬23.5°的位置垂直入射,这一纬度线被称为北回归线(见图2.5),对居住在北半球的人来说,这一天被称为夏至,即夏天的第一天(参考知识窗2.1)。6个月后的12月21日或22日,地球位于轨道的另一侧,阳光在南纬23.5°的位置垂直入射,这一纬度线被称为南回归线,对居住在北半球的人来说,这一天被称为冬至,即冬季的第一天,而南半球的同一天为夏至。

知识窗2.1 季节变化

在12月21日冬季到来之前,你在感恩节前后是否遇到过暴风雪?在夏季到来之前,你是否不得不连续多天忍受38℃的高温?将一年分为四季的想法源于本章讨论的地日关系(见表2.A)。按照季节的天文学定义,冬季(北半球)从冬至(12月21日或22日)到春分(3月21日或22日),其他季节以此类推。虽然这一定义不太适合于美国和加拿大的某些地区(这些地区开始降雪的时间要比冬季开始的时间早几周),但是仍被新闻媒体广泛使用(见表2.A)。

表2.A 北半球各季节的划分

季节	天文学季节	气候学季节
春季	3月21或22日~6月21日或22日	3~5月
夏季	6月21日或22日~9月22日或23日	6~8月
秋季	9月22日或23日~12月21日或22日	9~11月
冬季	12月21日或22日~3月21日或22日	12~2月

与天气现象相关的季节和天文学的季节并不一致，因此气象学家倾向于按照温度将一年分成四个季节，每个季节的长度都为三个月。据此，我们将北半球的 12 月、1 月和 2 月三个最冷的月份定义为冬季，将最热的三个月 6 月、7 月和 8 月定义为夏季。春季和秋季是这两个季节之间的过渡期（见表 2.A）。这种季节划分更好地反映了我们感受到的温度和天气，有助于我们讨论气象问题。

图 2.A　树叶颜色的变化是中纬度地区秋季常见的景观

两分点出现在两至点的正中间。9 月 22 日或 23 日是北半球的秋分点，3 月 21 日或 22 日是北半球的春分点。在这几天，阳光直射赤道（纬度为 0°），因为地轴既不朝向太阳也不背离太阳。

白天或黑夜的长短也由地球相对于阳光的位置决定的。6 月 21 日北半球夏至，昼长远大于夜长，这一现象可由图 2.7 验证，图中显示了晨昏线——地球上分隔白天和夜晚的边界。昼长可通过晨昏线"白天"一侧的纬线长度与"夜晚"一侧的纬线长度之比来确定。可以看出，在 6 月 21 日这一天，北半球所有地方的白天都要比夜晚长（见图 2.7）。相比之下，在 12 月冬至日，北半球所有地方的夜晚都要比白天长。例如，对位于北纬约 40°的纽约市来说，夏至日的昼长为 15 小时，冬至日的昼长仅为 9 小时。

由表 2.2 还可看出，在 6 月 21 日这一天，向北离赤道越远，白天就越长，到达北极圈（北纬66.5°）时，昼长是 24 小时。北极圈及以北的地方将出现"极昼"现象，时长为一天（北极圈）到约 6 个月（北极点），如图 2.8 所示。

根据图 2.7 和表 2.2，可将北半球夏至的特点归纳如下。

（1）出现日期是 6 月 21 日或 22 日。

（2）此时阳光直射北回归线（北纬 23.5°）。

（3）北半球各地具有最大的太阳高度角和最长的白天（南半球的情况正好相反）。

（4）离赤道向北越远，昼长越长，到达北极圈后，昼长达到 24 小时（南半球的情况正好相反）。

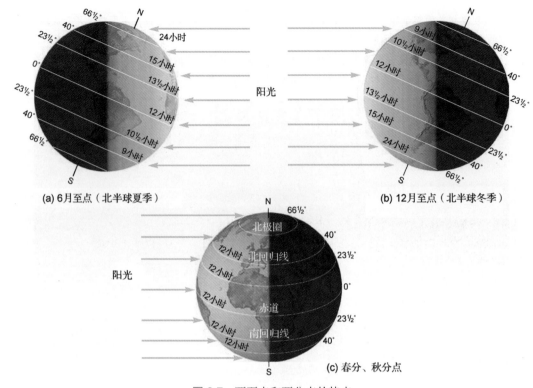

(a) 6月至点（北半球夏季）

(b) 12月至点（北半球冬季）

(c) 春分、秋分点

图 2.7　两至点和两分点的特点

表 2.2　北半球昼长

纬度/°	夏至	冬至	两分点	纬度/°	夏至	冬至	两分点
0	12 小时	12 小时	12 小时	50	16 小时 18 分	7 小时 42 分	12 小时
10	12 小时 35 分	11 小时 25 分	12 小时	60	18 小时 27 分	5 小时 33 分	12 小时
20	13 小时 12 分	10 小时 48 分	12 小时	70	2 个月	0 小时 00 分	12 小时
30	13 小时 56 分	10 小时 04 分	12 小时	80	4 个月	0 小时 00 分	12 小时
40	14 小时 52 分	9 小时 08 分	12 小时	90	6 个月	0 小时 00 分	12 小时

图 2.8　高纬度地区仲夏午夜太阳的多次曝光照片，图中所示为挪威的午夜太阳

冬至的情况正好相反。现在，我们应该清楚地了解了中纬度地区夏季最热的原因——在这段时间内昼长最长、太阳高度角最大。在两分点，全球各地昼长都是 12 小时，因为这时的晨昏线正好通过两极，将纬度线一分为二。

反过来，这些季节变化又会使得地球上除热带之外的大多数地区的温度逐月变化。图 2.9 中给出了位于不同纬度的城市的月平均温度。可以看出，城市的纬度越高，冬夏季的温差就越大。同时，南半球的最低温度出现在 7 月，北半球的最低温度则出现在 1 月。

总之，到达地球表面上不同位置的太阳能的季节变化，是由垂直阳光的移动及由此产生的太阳高度角变化和昼长变化导致的。

纬度相同的所有位置，有着相同的太阳高度角和昼长。如果前面介绍的地日关系是决定温度的唯一因素，那么这些位置的温度应该也相同。然而，实际情况并非如此。虽然太阳高度角和昼长是控制温度的重要因素，但是还要考虑其他因素，详见第 3 章中的讨论。

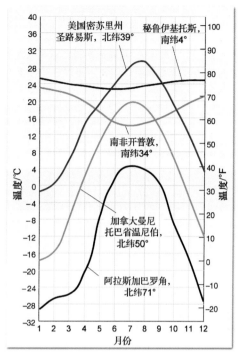

图 2.9　纬度不同的 5 个城市的月平均温度，注意南非开普敦的冬天是 6～8 月

概念回顾 2.1

1. 地日距离的年内变化足以导致季节性温度变化吗？为什么？
2. 使用草图说明太阳高度角变化时，照射地面的太阳辐射强度发生变化的原因。
3. 简要说明季节的主要成因。
4. 北回归线和南回归线的含义是什么？
5. 根据表 2.2，简要说明季节、纬度和昼长的关系。

聚焦气象

南极 2008 年首次日出的这张照片是在美国阿蒙森-斯科特气象站拍摄的。在太阳出露地平线的那一刻，风化的美国国旗正在风中飘扬，国旗下方是地理南极的标志。

问题 1　这张照片大约拍摄于哪一天？
问题 2　这张照片拍摄多长时间后，太阳在南极落山？
问题 3　一年内南极的最大太阳高度角（单位为度）是多少？它出现在哪一天？

在北极圈（北纬 66.5°）以北或南极圈（南纬 66.5°）以南的任何地方，一年内至少有一天出现 24 小时的白天（或黑夜）。越靠近两极，白天（黑夜）的周期就越长。两极附近的人将经历连续 6 个月的白昼及随后 6 个月的黑夜。因此，出现极昼现象的地方是指纬度高于 66.5° 的任何位置，如美国的阿拉斯加州、加拿大、俄罗斯、斯堪的纳维亚北部地区及南极洲的大部分地区。

最明显的变化是，在地球上的所有位置，每年的每天都会经历 12 小时的白天。此外，对于任何纬度，太阳总遵循春分时的路径。没有季度性温度变化，日平均温度约为该位置的平均温度。

2.2 能量、温度和热量

宇宙是由物质和能量组成的。一方面，物质的概念很容易理解，因为我们能够看见、闻到和摸到它们。另一方面，能量是抽象的，很难描述和理解。来自太阳的能量以我们看到的光和感觉到的热的电磁辐射形式到达地球。能量无所不在，如在我们所吃的食物中、在高高的瀑布中、在拍打海岸的海浪中。

2.2.1 能量的形式

能量的简单定义是做功的能力。任何物体只要被移动，就表明做了功。常见的例子包括汽油的化学能驱动汽车、炉子的热能加剧水分子的运动（使水沸腾），重力势能使得积雪沿山坡向下滑动形成雪崩。这些例子表明能量的形式有多种，而且能量可以从一种形式转换为另一种形式。例如，汽油产生的化学能在汽车引擎中先转换为热能，再转换为机械能来驱动汽车行驶。毫无疑问，你一定熟悉某些常见的能量形式，如热能、化学能、核能、辐射（光）能和重力能等。能量还可以归类为如下两种能量之一：动能和势能。

动能　与物体运动有关的能量被称为动能。动能最简单的例子是用锤子敲击钉子，锤子的运动可使另一个物体运动（做功）。锤子挥动得越快，其动能（运动的能量）就越大。同样，在挥动速度相同时，大锤子要比小锤子具有更多的动能。类似地，飓风的动能要比局地微风的动能大，因为飓风的空间尺度和运行速度都很大。

在原子尺度上，动能也很重要。所有物质都是由不停振动的原子和分子组成的，而这种振动具有动能。例如，当盛有水的容器放到火上加热时，由于火会使得水分子的振动变快，水会变热。因此，当固体、液体或气体被加热时，其原子或分子的运动就会因为加快而具有更多的动能。

势能　如其名称所示，势能也有做功的能力。例如，被上升气流支撑的塔状积雨云中的冰雹具有势能，当上升气流减弱时，冰雹就会下落到地面砸坏屋顶和汽车而做功。包括木头、汽油和食物在内的许多物质都具有势能，在适当的条件下它们会做功。

2.2.2 温度

人们认为温度是物体相对于某个标准度量的冷热程度。然而，我们对冷和热的感知往往是不准确的。温度是物质中原子或分子的平均动能的度量。当物体获得能量时，其粒子的运动变快，温度上升；相反，当物体失去能量时，其原子或分子的振动变慢，温度下降。美国人常用的温度是华氏度，科学工作者和大多数的其他国家则使用摄氏度和开氏度，详见第 3 章中的讨论。

注意，温度不是物体总动能的度量。例如，盛满开水的杯子要比放满温水的浴缸的温度高得多，但由于杯子中的水量很小，其具有的动能要远小于浴缸中的水，浴缸中的水能够融化的冰要比一杯开水融化的冰多得多。杯子中水的温度之所以较高，是因为其原子和分子的振动较快，但其动能总量（也称热能）很小，因为它包含的原子和分子数较少。

2.2.3 热量

热量定义为物体与周围环境的温差导致的出入物体的能量。端着一杯热咖啡时，手会感到热或烫；拿着一块冰块时，热量会从手传送到冰块。热量从温度高的地方流向温度低的地方。

气象学家进一步将热量分成两类：潜热和感热。潜热是指水发生相变（如液态的水蒸发为水汽）时产生的能量。这是因为在蒸发过程中，水蒸气逃离水体时需要热量来打破水分子之间的氢链。由于大量具有能量的水分子逃离，水体的平均动能（温度）下降。因此，蒸发是一个冷却过程，就像沾满水的身体从游泳池或浴缸中出来时感觉到冷。逃离的水汽分子吸收的能量称为潜热，因为它并未使温度升高。存储在水汽分子中的潜热最后在凝结过程（在云的形成过程中水汽重新回到液态）释放到大气中。

感热是我们可以感觉到的能用温度计测量的热量。之所以称为感热，是因为它能被"感觉"到。例如，冬季在墨西哥湾产生的热空气流向美国中部的大平原就是一个感热输送的例子。

概念回顾 2.2
1. 区分热量与温度。
2. 描述潜热是如何从地球的陆海界面传递到大气中的。
3. 比较潜热和感热。

2.3 热传递机制

能量的流动有三种方式：传导、对流和辐射（见图 2.10）。虽然呈现方式不同，但热传递的三种方式是同时起作用的。此外，这些过程还可以在太阳和地球之间、地表和大气之间以及大气和外层空间之间传播热量。

2.3.1 传导

无论是谁，当他试图从沸腾的汤锅中取出金属勺子时，都会感觉到整个勺子正在放出热量。热量传递的这种方式被称为传导。热汤使勺子另一端的分子振动得更快。振动得更快的分子和自

图 2.10　热传输的三种机制：传导、对流和辐射

由电子与汤勺柄中的分子及其周围的其他分子的碰撞更活跃。因此，传导就是通过电子和分子的彼此碰撞来传递热量的。物质不同，热传导的能力也不同，金属是良导热体，如我们碰到热勺子时会立刻感觉到热量。空气是不良导热体，因此只在离地面很近的空气中，传导才是重要的热传递方式。就大气的总热量传递方式而言，传导最不重要，在考虑大多数气象现象时可以忽略。

像空气这样的不良导热体被称为绝热体。大多数物体都是良绝热体，例如，软木塞、塑料薄膜、鹅绒等物体中含有许多小气泡，空气的不良导热性能使得这些材料具有绝热作用。积雪也是不良导热体（良绝热体），与其他绝热体一样，积雪中也含有大量阻止热量流动的气泡，这也是野生动物躲在雪洞中避寒的原因。就像羽绒服一样，积雪并不供给热量，但是可以阻止动物的身体流失热量。

2.3.2 对流

地球大气和海洋中的许多热传递是通过对流实现的。**对流**是指涉及物质的实际运动或循环的

热传递。对流发生在流体（如水这种液体和空气这种气体）中。图 2.10 中被篝火加热的盛有水的锅可以用来说明简单对流的性质。火加热锅底，锅底将热量传递给锅中的水。因为水是不良导热体，只有接近锅底的水才被加热，加热使这里的水膨胀，密度变小，因此锅底附近被加热而变轻的水上升，与此同时，上面较冷和密度较大的水下沉。这样，只要在锅底加热而在水表面附近冷却，就会持续"反转"这种现象而产生对流循环。

　　类似地，大气底层的空气被辐射和传导加热后，通过对流输送到更高层的大气层中。例如，在炎热的晴天，耕地上方的空气要比周围林地上方的空气受到更多的加热，于是耕地上方的较热空气上升，周围林地上方的较冷空气则填充耕地上方上升热空气留下的空间（见图 2.11），形成对流循环。上升的暖气块被称为热空气，悬挂式滑翔机飞行员就是利用这一原理来让飞机滑翔的。这种对流不仅可以向高空输送热量，而且可以向高空输送水汽。在炎热夏天的午后，云量常常增加，它是由对流引发的水汽上升造成的。

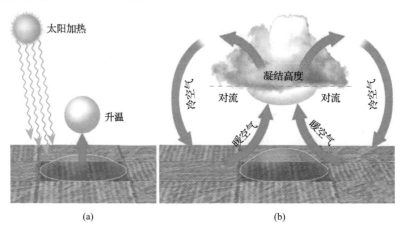

图 2.11　(a)地面的加热产生上升的热空气，将热量和水汽输送到高空；(b)上升空气冷却，达到凝结高度时形成云。上升暖空气和下沉冷空气形成对流循环

　　从更大的尺度上说，就是由地表不均匀加热导致的全球大气对流循环。这些复杂的运动重新分布炎热赤道地区和寒冷极地地区之间的热量，详见第 7 章的讨论。

　　大气环流由垂直方向的分量和水平方向的分量组成，因此会同时出现垂直方向和水平方向的热传递。气象学家通常将与上升和下降热传递有关的部分大气环流称为对流，而将对流的主要水平分量称为平流（平流的通俗说法是"风"，详见后面的探讨）。中纬度地区的居民通常会感受到平流所传递的热。例如，1 月份美国中西部地区会受到加拿大寒流的侵袭，出现极冷的冬季天气。

问与答：早晨起床后，为何感觉瓷砖比地毯冷？

　　感觉到差别的主要原因是，与地毯相比，瓷砖是更好的导热体。因此，与从赤足传递给地毯相比，热量会更快地从赤足传递给瓷砖。即使室温为 20℃，良导体摸起来也会更冷（人的体温约为 37℃）。

2.3.3　辐射

　　第三种热传递机制是辐射。与传导和对流不同，辐射是唯一能够通过真空传送热量的机制，太阳能就是以这种方式到达地球的。

　　太阳辐射　太阳是驱动天气现象的终极能量来源。我们知道太阳放出光和热，且阳光会产生皮肤色素沉积。虽然这些形式的能量是太阳辐射的总能量的主要组成部分，但它们只是被称为辐射或电磁辐射的大量能量的一部分。电磁能的频谱如图 2.12 所示。

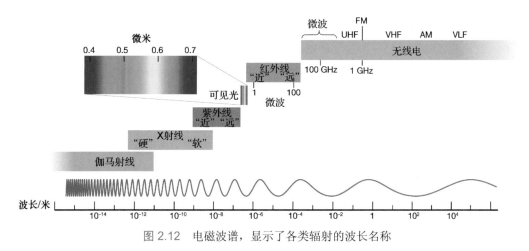

图 2.12　电磁波谱，显示了各类辐射的波长名称

　　所有类型的辐射，无论是 X 射线、无线电波还是热浪，都以 30 万千米/秒的速度在真空中传播，这一速度也称光速。为了帮助理解辐射能量，可以想象将石子投向平静池塘产生涟漪的场景。类似于池塘中产生的波，电磁波也有不同的大小或波长——从一个波峰到下一个波峰的距离（见图 2.12）。无线电波的波长最长，可达几十千米；伽马射线的波最短，不到百万分之一厘米；可见光的波长介于前两者之间。

　　辐射通常可由其作用于某个物体时产生的效应来识别。例如，人眼的视网膜对可见光的波长比较敏感，我们通常将可见光称为白光，因为它的颜色是"白色"。然而，白光实际上是由各种颜色组合而成的，其中的每种颜色都对应一个特定的波长。使用棱镜可将白光分解为彩虹色，即从最短波长 0.4 微米的紫光到最长波长 0.7 微米的红光（见图 2.13）。

图 2.13　可见光由称为"彩虹色"的许多颜色组成。彩虹是一种常见的大气现象，它由水滴对光的折射和反射形成，详见第 16 章

　　与红光相邻且波长较长的是红外辐射，人眼看不到它，但可以作为热量被检测到。由于波谱中与可见光最近的红外能量强到足以让我们感知为热量，所以被称为近红外光。在可见光谱的另一端，紧挨紫光发射的能量被称为紫外辐射，这种波长的辐射会晒黑皮肤。

　　虽然我们是按照自己的感知能力来分类辐射能量的，但是所有波长的辐射都有类似的性质。物体只要吸收了任何形式的电磁能量，电磁波就会激发亚原子粒子（电子），增强分子的运动，进而使温度升高。因此，来自太阳的电磁波穿越太空并被物体吸收后，就会增强物体中其他分子的运动，包括组成大气的分子、地球的陆地-海洋表面和人体。

不同波长的辐射能量的一个重要差别是，波长越短，能量越大。原因是，相对于较长波长的辐射来说，较短波长（较高能量）的紫外波更容易损伤人体组织，甚至引发皮肤癌和白内障。注意，如图 2.12 所示，虽然太阳发射出所有波长的辐射，但不同波长的辐射量是不同的。在太阳辐射中，95%以上的能量的波长为 0.1～2.5 微米，这其中的大部分又集中在电磁波谱（见图 2.14）的可见光和近红外波长范围内，约占总发射能量的 43%。剩余的能量位于红外波段（49%）和紫外（UV）波段（7%），不到1%的太阳辐射以 X 射线、伽马射线和无线电波的形式发射。

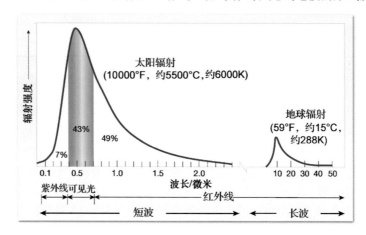

图 2.14　太阳辐射和地球辐射的强度比较。太阳表面的温度高，因此发射出的绝大部分辐射的波长短于 4 微米，电磁波谱中可见光的强度最大；相反，地球辐射的波长绝大部分大于 4 微米，主要位于红外波段。因此，我们将太阳辐射称为短波辐射，而将地球辐射称为长波辐射

2.3.4　辐射定律

要更好地理解太阳的辐射能量与地球的大气和陆海表面的相互作用，就要大概了解基本的辐射定律。这些定律超出了本书的范畴，但它们是认识辐射的基础。

（1）所有物体都在某个波长范围内持续地发射辐射能量。因此，不仅太阳这样热的物体发射能量，地球甚至极地冰盖也发射能量。

（2）热物体与冷物体相比，单位面积辐射的总能量更多。太阳表面的温度是 6000K，单位面积辐射的能量是表面平均温度仅为 288K 的地球的 16 万倍（这个概念被称为斯特藩-玻尔兹曼定律，其数学表达式见知识窗 2.2）。

知识窗 2.2　辐射定律

所有物体都辐射能量，所发射辐射的速率与波长都取决于辐射体的温度。

斯特藩-玻尔兹曼定律

这个定律数学上表述为单位面积发射辐射的速率：

$$E = \sigma T^4$$

式中，E 是物体发射辐射的速率，它与物体的表面温度（T）的 4 次方成正比；斯特藩-玻尔兹曼常数 $\sigma = 5.67 \times 10^{-8}$ W/m^2 K^4。下面比较太阳辐射和地球辐射。平均表面温度为 6000K 的太阳，其发射的能量是 73483200瓦/平方米（W/m^2）：

$$E = (5.67 \times 10^{-8}\ \text{W/m}^2\ \text{K}^4) \times (6000\text{K})^4 = 73483200\text{W/m}^2$$

地球的平均温度只有 288K，若按 300K 计算，则有

$$E = (5.67 \times 10^{-8} \text{ W/m}^2 \text{ K}^4) \times (300\text{K})^4 = 459\text{W/m}^2$$

太阳的温度约为地球的 20 倍，单位面积发射的能量为地球的 160000 倍，因为

$$(20)^4 = 160000$$

维恩位移定律

维恩位移定律从数学上描述了辐射体的温度（T）和其最大发射波长（λ_{max}）之间的关系：

$$\lambda_{max} = C/T$$

式中，维恩常数 $C = 2898\mu\text{mK}$。若以太阳和地球为例，则有

$$\lambda_{max}（太阳）= 2898\mu\text{mK}/6000\text{K} = 0.483\mu\text{m}$$

$$\lambda_{max}（地球）= 2898\mu\text{mK}/300\text{K} = 9.66\mu\text{m}$$

注意，太阳在电磁波谱的可见光部分辐射其最大能量，地球则在电磁波谱的红外部分辐射其最大能量。

（3）热物体与冷物体相比，发射更多短波长辐射形式的能量。我们可以形象地用一块被加热的金属块来解释这一定律。被充分加热的金属块发白光，随着金属块的冷却，金属块会以较长的波长放出能量并变成红色，慢慢地不再发光。然而，这时如果让手靠近金属块，那么仍会感觉到以红外辐射放出的热量。太阳以可见光范围内的 0.5 微米波长辐射最大的能量（见图 2.14），而地球以红外（热）范围内的 10 微米波长辐射最大的能量。地球最大辐射波长为太阳最大辐射波长的 20 倍，因此通常将地球辐射称为长波辐射，将太阳辐射称为短波辐射（这个概念称为维恩位移定律，其数学表达式见知识窗 2.2）。

（4）辐射良吸收体也是良辐射发射体。地球表面和太阳几乎都是完美的辐射体，因此它们吸收和发射的效率接近 100%。相比之下，地球大气中的各种气体则会选择性地吸收和发射辐射。对某些波长而言，大气几乎是透明的（吸收的辐射很少）；对其他波长而言，大气几乎是不透明的（吸收绝大部分辐射）。经验表明，大气对太阳发出的可见光相当透明，因此阳光很容易到达地面。

总之，虽然太阳是辐射能量的终极来源，但是所有物体都会在特定的波长范围持续辐射能量。太阳这样的热物体主要发射短波长（高能量）辐射；相比之一，常温的大多数物体（地球表面和海洋）发射长波长（低能量）辐射。地球表面这样的辐射良吸收体同时也是良发射体。相比之一，大多数气体只在某些波长下才是良吸收（发射）体，在其他波长下则是不良吸收体。

极端灾害性天气 2.1 　紫外线指数

大多数人都喜欢有太阳的天气。在温暖的季节，当天空无云且阳光明媚时，许多人会长时间地在室外"晒"太阳（见图 2.B）。很多人希望通过日光浴让皮肤变成深棕色，因为这样看上去更健康。然而，研究表明，过多地晒太阳（尤其是过多地被紫外线照射）可能会带来严重的健康问题，主要是皮肤癌和白内障。美国国家气象局（National Weather Service，NWS）从 1994 年开始发布次日紫外线指数（Ultraviolet Index，UVI）预报，告知公众暴露在阳光下的潜在风险（见图 2.C）。确定 UVI 时，要考虑预报地点的预测云量、地面反射率、太阳高度角和大气厚度。因为大气中的臭氧能有效地吸收紫外辐射，所以还要考虑臭氧层的范围。UVI 值的范围是 0 ~ 15，数值越大，风险就越大。

美国环境保护署根据 UVI 值制定了低、中、高、很高和极高（表 2.B）五个日照等级，且对每个等级提出了防护措施建议。当 UVI 很高或极高时，建议公众减少户外活动；同时建议在游泳和享受日光浴时，要使用防晒系数不低于 15 的防晒霜，即使天空的云量较多且 UVI 的值很低。

UVI 很高和极高时，应尽量减少户外活动。

表 2.B 中给出了每个日照等级下灼伤最敏感皮肤（纯白色或乳白色）所需要的时间范围（单位为分钟）。可以看出，低日照等级下灼伤皮肤所需的时间约为 60 分钟，而极高等级下只需要 10 分钟。最不易灼伤的棕色和深色皮肤，被阳光灼伤所需的时间大概多 5 倍。易灼伤皮肤类型在太阳下暴晒时间过长时会出现红色灼伤、肿疼和脱皮现象。相比而言，不易被灼伤的皮肤很少被晒伤，并且会很快会被晒黑。

图 2.B 敏感皮肤在超量太阳紫外辐射下有潜在的健康风险

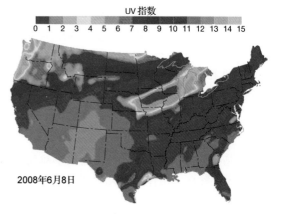

2008年6月8日

图 2.C 2008 年 6 月 8 日的 UVI 预报

表 2.B　UVI：最敏感皮肤被灼伤所需要的时间

UVI 值	日晒等级	描　　述	灼伤所需的时间/分钟
0～2	低	低风险	> 60
3～5	中	中风险，在阳光最强的中午要采取防护措施	40～60
6～7	高	需要采取防护措施，如遮挡、戴帽子和太阳镜、使用防晒霜等	25～40
8～10	很高	上午 11:00 到下午 4:00 避免日晒，否则采用遮挡、使用防晒霜等防护措施	10～25
11～15	极高	做好全面防护，无遮挡时皮肤很快会被灼伤。不要进行户外活动；需要进行户外活动时，每隔 2 小时就要涂一次防晒霜	< 10

概念回顾 2.3

1. 描述能量传递的三种基本机制。哪种机制对气象学来说最不重要？
2. 对流和平流有何区别？
3. 比较可见光、红外辐射和紫外辐射，它们是短波辐射还是长波辐射？
4. 太阳在电磁波谱的哪部分辐射最大的能量？与地球相比如何？
5. 描述辐射体的温度与其发射的波长之间的关系。

2.4　入射太阳辐射

辐射照射物体时，同时发生三件事情。第一件事情是，部分能量被物体吸收。回顾可知，当辐射能量被物体吸收时，物体中分子的振动加快，导致温度上升。物体所吸收能量的多少，取决于辐射的强度和物体的吸收能力或吸收率。在可见光范围内，吸收率很大程度上取决于物体的亮度。能够良好吸收所有波长的可见光的表面，看上去是黑色的；表面的颜色越浅，吸收率越低。这就是夏季在阳光下穿浅色衣服感到凉快的原因。第二件事情是，对某些波长的辐射透明的介质（如水和空气），可能会传输能量，即允许能量通过而不吸收能量。第三件事情是，有些辐射可能会被物体"反弹"——辐射既不被吸收又不被传输。总之，辐射可被吸收、传输或重定向（反射或散射）。

图 2.15 显示了全球平均入射太阳辐射的基本情况。平均来说，约 50% 的入射太阳辐射能量被地球表面吸收；约 30% 的入射太阳辐射能量被大气、云层和反射面（如冰雪和水面等）反射或散

射回太空；约 20%的入射太阳辐射能量则被云层和大气中的气体吸收。

太阳辐射是穿过大气层到达地面，是散射或反射回太空，还是被大气层中的气体和粒子吸收，由什么决定呢？答案是，这很大程度上取决于辐射的波长、介质的大小和性质。

2.4.1 反射与散射

反射是光线以同样的角度和强度被物体反弹的过程［见图 2.16(a)］。与此不同的是，散射则产生大量较弱的光线并向不同的方向传播。散射可以使光线同时向前和向后（反向散射）传播［见图 2.16(b)］。

反射和地球的反照率 在到达地球的太阳辐射能量中，约有 30%被反射回太空（见图 2.15）。图 2.15 中包含的是反向散射回天空的能量。这部分能量是地球失去的能量，它不会加热大气和地球的表面。

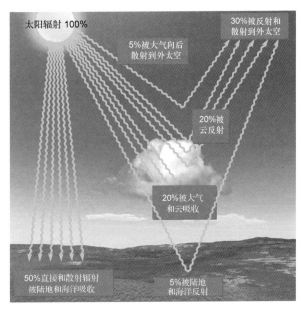

图 2.15 用百分比表示的入射太阳辐射的平均分布。地球吸收的太阳能要比大气吸收的多

被物体反射的辐射所占的比例称为反照率，地球作为一个整体的反照率（行星反照率）是 30%。来自地球陆海表面的反射光量仅约为总行星反照率的 5%（见图 2.15）。毫不奇怪，云层很大程度上影响了从太空看到的地球的"亮度"。乘坐飞机时，如果往下看云层，就会感受到云层的高反射率。

与地球相比，月球既没有云又没有大气，其平均反照率仅为 7%。虽然满月看上去很亮，但在月球上看到的地球更大、更亮，能够在夜间照亮月球上的宇航员行走。

图 2.17 给出了不同表面的反照率。可以看出，新雪和厚云具有高反照率（良反射体）；相反，黑土和停车场具有低反照率，因此会吸收更多的辐射。注意，对于湖泊和海洋，阳光照射水面的角度会极大地影响其反照率。

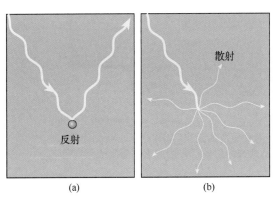

图 2.16 反射和散射。(a)表面反弹的反射光的角度和强度与入射光的相同；(b)一束光被散射后，产生许多向不同方向传播的光

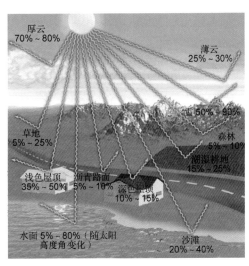

图 2.17 不同表面的反照率（反射率）。一般来说，表面浅色越浅，反照率越高

散射和漫射光 虽然入射太阳辐射是直线传播的，但大气中的尘埃和气体分子会朝不同方向散射一部分能量。结果称为漫射光，它解释了光能够到达树下及阳光照不到的房间仍然很明亮的原因。此外，散射也是晴朗白天的天空明亮湛蓝的原因；相比之下，月球和水星这些没有大气层的星球，白天的天空也是暗黑的。总之，在地球表面吸收的太阳辐射中，约有一半是以漫射（散射）光形式到达的。

图 2.18 太阳下山时的云常呈红色（俗称晚霞），原因是在阳光到达人眼前，大部分蓝光被散射掉了，只剩下波长较长的红光

蓝天和红日 前面说过阳光看起来是白色的，但它事实上是由所有的颜色组成的。气体的分子能够更有效地散射波长较短的蓝光和紫光，而非波长较长的红光和橙光，这就使得天空呈蓝色，太阳升起和落下时呈橙色和红色（见图 2.18）。晴天仰望时，除了直视太阳，到处都能看到蓝色的天空，因为蓝光更易被大气散射。

相反，当太阳升起和下落时（见图 2.19），看上去呈橙色和红色，这由阳光在到达人眼之前所经过的大气路径太长造成（见表 2.1）。在光传播的过程中，大部分蓝光和紫光被散射，到达人眼的光基本上只剩下橙光和红光。日出和日落时，云看上去呈红色的原因是，云被阳光照射时，蓝光被散射掉了。

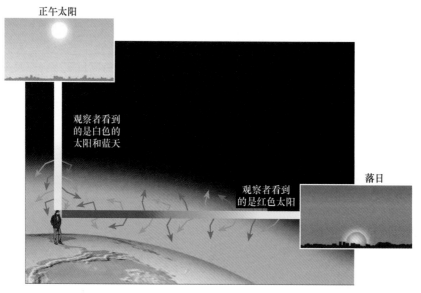

图 2.19 短波长可见光（蓝光和紫光）比长波可见光（红光与橙光）更易被散射。因此，当太阳位于头顶时，由于大气的散射，到处都能看到蓝色的天空。相比之下，当太阳落山时，光线传播的路径更长，大部分蓝光在到达人眼前就被散射掉了，因此太阳看上去呈红色

当大量尘埃或烟粒进入平流层时，会出现最壮观的日落景象。1883 年，印度尼西亚喀拉喀托火山在喷发三年后，在全球范围内出现了辉煌的日落景观。此外，这次火山爆发使得欧洲的夏天要比往年更凉爽，因为向后散射的增加，减少了到达地表的太阳辐射。

与霾、雾和烟雾相关的大粒子会平等地散射所有波长的光。由于没有任何颜色占优，当大粒子

很多时，白天的天空就呈白色或灰色。由于霾、水滴或尘埃对阳光的散射，我们可以观测到称为曙暮光的带状（或射线状）阳光。这些扇状的明亮光束通常出现在阳光穿过云层间隙的时候，如图2.20所示。曙暮光也可在黎明和黄昏时看到，这时塔状云会在天空交替产生明暗不同的光带。

总之，天空的颜色说明了大气中大小粒子的数量。小粒子产生红色落日，大粒子产生灰白的天空。因此，天空越蓝，空气污染就越轻，或者说空气就越干燥。

图 2.20　霾散射光时产生的曙暮光。当阳光从云层的间隙穿过时，通常出现曙暮光

2.4.2　太阳辐射的吸收

地球表面是良吸收体（可以有效地吸收大多数波长的太阳辐射），但大气不是良吸收体。因此，在到达地球的太阳辐射，大约只有20%被大气中的各种气体吸收（见图2.15），剩下的大部分入射太阳辐射穿过大气层后被地球的陆海表面吸收。由于气体是选择性吸收体（和发射体），大气不是有效的吸收体。

新下的雪是另一种选择性吸收体。雪对可见光的吸收性很差（反射85%的太阳辐射），因此被雪覆盖的表面上方的温度要比正常情况下低。相比之下，雪能很好地吸收来自地球表面的红外（热）辐射（吸收率达95%）。当地面向上辐射热量时，最下方的雪层吸收这些能量并向下辐射大部分能量。因此，在冬季同样寒冷的区域，相对于无雪覆盖的地方，在有雪覆盖的地方，霜冻穿透地面的深度较浅。种植冬小麦的农民希望冬天的积雪厚一些，以免冬季的严寒冻坏农作物。

概念回顾 2.4

1. 画图说明入射太阳辐射的命运。
2. 为何白天的天空看起来是蓝色的？
3. 日出和日落时，天空为何是红色的或橙色的？
4. 某些物质的反照率随位置和时间变化的主要原因是什么？

聚焦气象

这张照片由国际空间站上的宇航员拍摄，当时空间站正位于南美洲的西海岸上空。宇航员在24小时的轨道周期内平均经历16次日出和日落。白天和黑夜之间的间隔由称为明暗界线的线标记。

问题1　找到照片中的明暗界线。它是一条明显的线吗？为什么？

问题2　宇航员是正在观看日出还是观看日落？

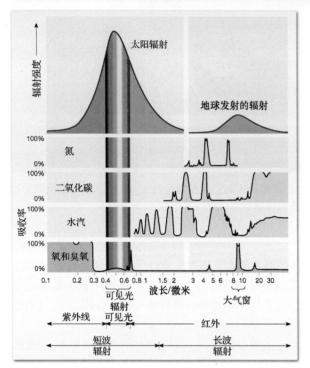

图 2.21　大气中部分气体吸收入射短波长辐射（左侧）和出射长波长地球辐射（右侧）的有效性。蓝色区域表示被各种气体吸收的辐射的百分比。大气总体对 0.3～0.7 微米波长的太阳辐射相当透明，包括可见光波段。大多数太阳辐射属于这一范围，这就是大量太阳辐射穿过大气层到达地表的原因。8～12 微米波段的长波长红外辐射最容易逃离大气层。这一波段被称为大气窗口

图 2.21 显示大多数太阳辐射是以短于 2.5 微米的波长发射的；相比之下，来自地球表面的大多数辐射是以位于电磁波谱红外波段的 2.5 微米和 30 微米之间的波长发射的。要认识大气的加热过程，就要理解各种气体是如何与短波长入射太阳辐射及地球发射的长波辐射相互作用的（见图 2.21，顶部）。

2.5.1　加热大气

当气体分子吸收辐射时，辐射就转换为内部的分子运动，具体表现为温度升高（感热）。图 2.21 的上方给出了大气中的主要气体的吸收率。注意，大气中含量最多的氮（78%）对入射太阳辐射来说是相对较差的吸收体。能够明显吸收入射太阳辐射的是水汽、氧气和臭氧，它们吸收的太阳能是大气吸收的太阳能中的一大部分。氧气和臭氧是高能短波辐射的有效吸收体。氧气在大气高层中吸收了大多数短波长紫外线，臭氧则在 10～50 千米范围的平流层内吸收紫外线，这是在平流层出现高温的主要原因。更重要的是，如果大量的紫外线未被吸收，人类就可能不存在，因为紫外能量会破坏人类的基因（遗传密码）。

由图 2.21 的下方可以看出，就整个大气层来说，没有哪种气体能够有效地吸收 0.3～0.7 微米波长的辐射。这个波段正好对应可见光波段，占太阳辐射能量的 43%。由于大气不是可见光辐射的良吸收体，这个波段的能量大部分透过大气层到达了地球表面。于是，我们说大气层对入射太阳辐射几乎是透明的，且直接太阳能不是地球大气层的有效"加热器"。

由图 2.21 还可以看出，相对而言，大气层通常是地球发射的长波（红外）辐射的有效吸收体（见图 2.21 的右下方），其中的水汽和二氧化碳是主要吸收气体，水汽约吸收地表发射的辐射的 60%。因此，与其他任何气体相比，水汽对下对流层的温暖温度的贡献最大，原因是水汽在下对流层中的含量最高。

虽然大气是地球表面发射的辐射的有效吸收体，但对 8～12 微米波长的辐射带却是相当透明的。由图 2.21（右下方）可知，大气中的主要气体（N_2、CO_2、H_2O）在这个波段吸收的辐射能量很少。因为大气对 8～12 微米波长的辐射是透明的，就像玻璃窗可以透过可见光一样，所以我们将这一波段称为大气窗口。虽然还存在其他的大气窗口，但由于 8～12 微米波段的大气窗口对应的辐射强度最大，所以最重要。

相比之下，由微小液滴（而非水汽）组成的云是大气窗口波段能量的极好吸收体。云在吸收地面辐射的同时，会将部分地面辐射返回给地面。因此，云的作用类似于百叶窗，可以有效地遮挡大气窗口而降低地面附近的冷却率，这就是阴天夜间温度高于晴天夜间温度的原因。

由于大气对太阳（短波）辐射相当透明，而对地球发射的长波辐射具有较好的吸收性，所以大气是从地面向上加热的，这说明了对流层中的温度随高度增加而降低的原因：离"辐射器"（地球表面）越远，温度就越低。平均而言，高度每增加 1 千米，温度就下降 6.5℃，这个数值称为正常直减率。大气不直接从太阳获取能量，而通过地面加热获取能量，这个事实对于天气动力学至关重要。

问与答：秋季是什么导致了落叶树落叶？

落叶树的叶子中含有叶绿素，叶绿素使叶子呈绿色。有些树的叶子中还包含呈黄色的胡罗卜素，还有一些树的叶子中甚至含有使叶子呈红色的色素。夏季，叶子通过光合作用将二氧化碳和水转换为糖。作为主要色素的叶绿素使得大部分树的叶子呈绿色。秋季，白天缩短，夜晚凉爽，落叶树出现变化。由于叶绿素产量下降，叶子的绿色消失，其他色素开始浮现。如果叶子中含有胡萝卜素，如桦树和山核桃树的叶子那样，那么它们就会变为亮黄色。其他树，如红枫和漆树，在秋季呈亮红色和亮紫色。

2.5.2 温室效应

科学家研究没有空气的行星如月球后认为，如果地球没有大气，那么其表面平均温度将在冰点以下。然而，地球的大气可以捕获出射辐射，因此有了适合人类居住的环境。大气所具有的这种加热地表的重要作用被称为温室效应。

如前所述，无云的大气对入射太阳短波辐射几乎是透明的，因此太阳辐射会到达地面；相反，地面发射的长波辐射则被大气中的水汽、二氧化碳和其他微量气体吸收。所吸收的能量加热大气，增强大气向外太空和地面出射辐射的能力。若没有这个复杂的"接力"游戏，则地球的平均地面温度可能只有 -18℃，而不是如今的 15℃（见图 2.22）。大气中的这些吸收气体使得地球适合人类和其他生命生存。

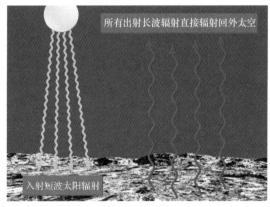

(a) 无大气的星球，如月球

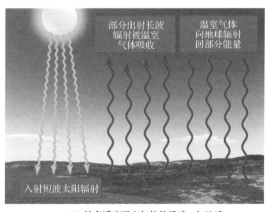

(b) 具有适度温室气体的星球，如地球

图 2.22 温室效应。(a)所有入射太阳辐射到达没有大气的星球如月球的表面，但表面吸收的所有辐射又被直接辐射回太空。这就是月球表面温度比地球表面温度低得多的原因。因为月球经历大约两周的白天和黑夜，所以月球的白天很热而夜间很冷；(b)在有适度温室气体的星球如地球上，大量太阳辐射穿过大气被地球表面吸收，被吸收的能量又从地面以长波辐射出射，进而被大气中的温室气体吸收。被吸收能量的一部分返回到地面，因此使得地球表面维持在较暖的 15℃；(c)具有大量温室气体的星球如金星，具有极强的温室效应，其表面温度估计高达505℃

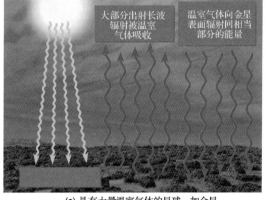

(c) 具有大量温室气体的星球，如金星

这种自然现象之所以被称为温室效应，是因为它与温室加热的方式极为相似（见图2.22）。温室的玻璃允许短波太阳辐射进入并被温室内的物体吸收，这些吸收辐射的物体再以较长的波长出射辐射，而玻璃对长波长辐射几乎是不透明的。这样，热量就被"关"在温室中。虽然这一类比用得很广泛，但温室内空气获得较高温度的部分原因是温室内的暖空气不能与外部较冷的空气进行交换。尽管如此，"温室效应"一词仍被用来描述大气的加热。媒体报道常常错误地认为温室效应是全球变暖的"罪魁祸首"。然而，温室效应和全球变暖是两个不同的概念，没有温室效应，地球就不适合人类居住。科学家用大量证据说明人类活动（特别是向大气中排放二氧化碳）加剧了全球变暖（见第14章），因此是人类而不是自然过程（温室效应）导致了这些效应。因此，将温室现象与全球变暖等同起来是错误的，温室效应使地球上有生命成为可能，而全球变暖包括由人类活动导致的意外大气变化。

概念回顾 2.5

1. 加热大气的辐射为何主要是地表辐射而非太阳辐射？
2. 在下大气中，哪些气体是主要的吸热气体？哪些气体对天气的影响最大？
3. 什么是大气窗口？它是如何"关闭的"？
4. 地球大气是如何起温室作用的？
5. 全球变暖问题的"恶棍"是什么？

问与答：金星表面温度高于地球表面温度的原因是其更靠近太阳吗？

更靠近太阳不是主要原因。在地球上，水蒸气和二氧化碳是主要的温室气体，它们将地表的平均温度提高了33℃。然而，温室气体在地球大气中的占比不到1%。相比之下，金星的大气更浓密，且97%是二氧化碳。因此，金星大气会经历额外的温室效应导致的气温升高，估计会将金星表面的温度提高523℃，这一温度足以熔化铅。

2.6　地球的热量收支

就全球而言，尽管存在季节性的寒潮和热浪，但地球的平均温度始终保持相对不变。这种稳定性表明，入射太阳辐射和被地球反射回太空的能量之间维持着平衡；否则，地球将逐渐变冷或变暖。入射和出射辐射的年度平衡被称为地球的热量收支。

2.6.1　年能量平衡

图2.23给出了地球的年能量收支。简单地说，我们使用100个单位表示到达大气上界的太阳辐射。在到达地球的总辐射中，约有30个单位（30%）被反射回或散射回太空，剩下70个单位被吸收，其中的20个单位被大气吸收，50个单位被地球的陆地和海洋表面吸收。地球是如何将这些能量传输回外层空间的？

如果地球吸收的能量被全部直接或间接地辐射回外太空，那么地球的热量收支十分简单——吸收100个单位的辐射，返回外太空100个单位的辐射。事实上，在较长的时段上确实如此（扣除极少被生物质固定的最终可能完全转化为化石燃料的那一部分）。热量平衡的复杂之处在于特定温室气体的作用，特别是水汽和二氧化碳。前面说过，温室气体吸收大量直接向外的红外辐射，并将期中的大部分辐射回地球。这个"回收"的能量显著增加了被地球表面吸收的辐射。除了从太阳辐射直接吸收的50个单位，地球表面还吸收大气返回的长波辐射（94个单位）。

平衡之所以能够维持，是因为所有被地球表面吸收的能量会返回到大气中，并最终辐射回外太空。地球表面损失能量的过程有多种：长波辐射、传导和对流、蒸发过程（潜热）等（见图2.23）。地面向外太空辐射的长波辐射大多数被大气层再次吸收。传导会在地表和其上的空气之间进行能量传输，而对流则携带地面附近的暖空气向上传输热量（7 个单位，感热）。地球表面同时会因为蒸发而损失 23 个单位的能量，这是因为液态水分子离开水体表面变为气态水蒸气时需要能量。水体失去的能量由水汽分子带入大气层。回顾可知，用于蒸发水但不引发温度变化的热量被称为潜热（隐含的热量）。水汽凝结为云滴时，能量可以检测为感热（能够感觉到且可用温度计进行测量的热量）。因此，通过蒸发过程，水分子携带潜热进入大气并被最终释放。

总之，仔细研究图 2.23 就会发现，经过一段时间后，入射太阳辐射量就会被返回太空的长波辐射量所平衡。

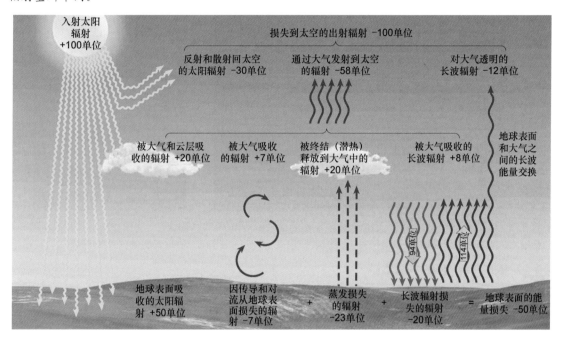

图 2.23　地球和大气的热量收支。全球平均能量收支的这些估计数据来自卫星观测和辐射研究。随着越来越多的资料的积累，有些数值可能会被修正

知识窗 2.3　太阳能

全球能源需求的 95% 来自化石燃料，即石油、煤炭天然气。根据目前的估计，按现在的消费水平，化石燃料储量够我们消费 150 年。然而，随着发展中国家对能源需求的迅速增加，消费量也在不断增加。因此，会很就快出现能源短缺问题。如何在地球未出现根本变化的情况下满足日益增长的能源需求呢？虽然目前还没有确切的答案，但我们必须考虑更多地使用其他类型的能源，如太阳能和风能。

"太阳能"一词的含义通常是指直接使用阳光提供人们所需要的能源。使用得最广泛的被动式太阳能采集器就是朝南的窗户。当短波阳光透过玻璃时，其能量就被室内的物体吸收，而这些物体随后就辐射长波热量而加热室内的空气。

许多精心设计的家庭加热系统包括主动型太阳能采集器。这种安装在屋顶的装置一般是被玻璃遮盖的大黑色窗子。采集的热量通过管道中的空气或液体的流动输送到需要的地方。太阳能热水器已在民用和商用方面获得成功。例如，以色列约 80% 的家庭安装了太阳能热水器。

目前人们正在研究如何改进阳光收集技术。一种方法是用抛物线形的水槽作为太阳能采集器，每个采集器都像一根从中间切开的水管，其高度抛光的表面将阳光反射到太阳能采集管上，流体（通常是油）在管内流动并被集中照射的阳光加热，流体的温度可达约 200℃，用于产生蒸汽驱动涡轮机发电。

另一种采集器使用光伏（太阳）电池直接将太阳能转换为电力。许多光电池被连接在一起形成太阳能板，

阳光照射面板，激发电子进入更高的能级而发电（见图 2.D）。多年来，太阳能电池主要用于计算器和一些小的便携设备，如今大型光伏发电站已与电网相连，作为其他发电设施的补充。光伏发电量处于领先地位的国家有德国、日本和美国。太阳能电池的高成本使得太阳能发电比其他来源的电力更昂贵。随着化石燃料价格的上升，光伏技术的优势可能会缩小其价格差。

　　一种称为"斯特林碟"的新技术正在开发之中，这种技术可以通过镜面组将阳光聚焦到斯特林发电机的接收器，以便将热能转换为电力（见图 2.E）。在该接收器的内部，氢气被加热并膨胀，膨胀的压力推动活塞，进而带动小型发电机。

图 2.D　几乎无云的沙漠地区（如加利福尼亚州的莫哈维沙漠）是用光伏电池将太阳辐射直接转换为电力的最好地方

图 2.E　美国亚利桑那州凤凰城附近安装的"斯特林碟"

2.6.2　热量平衡的纬度分布

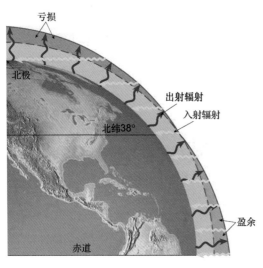

图 2.24　全年热量平衡的纬度分布。对于赤道南北纬 38°内的地区，入射太阳辐射量超过地球出射辐射量；其他地区的情况正好相反

平均而言，入射太阳辐射量大致与出射长波辐射量相等，因此全球尺度上的温度保持为常数。然而，这种平衡并不适用于每个纬度。就全年平均情况来说，赤道南北纬 38°以内的区域，其吸收的太阳辐射要多于其出射到外太空的辐射（见图 2.24）；更高纬度地区的情况正好相反，即地球出射的辐射要多于从太阳吸收的辐射。

　　据此，我们似乎可以得出这样的结论：热带地区变得越来越热，而两极地区变得越来越冷。然而，事实并非如此。相反，全球风系统和作为巨大热机的海洋会将热带地区剩余的热量输送到两极地区。实际上，这种能量不平衡驱动了风和洋流。

　　生活在北半球中纬度地区（从北纬 30°的新奥尔良到北纬 50°的加拿大马尼托巴省温尼伯）的人可能会比较关注这个问题，因为大量热量输送发生在这个纬度带内，导致中纬度地区出现大量雷暴天气，详见后续章节的探讨。

概念回顾 2.6

1. 既然热带地区的入射太阳辐射大于地球出射辐射，为什么不会变得更热？
2. 热带地区和两极地区之间的热量不平衡驱动了哪两种现象？

在 GOES-14 卫星拍摄的这幅红外图像中，冷物体显示为亮白色，热物体显示为黑色。显示的最热（最黑）特征是地表，最冷（最白）特征是高耸风暴云的顶部。我们看不到红外（热）辐射，但是通过检测器可以看到电磁波谱的长波部分。

问题 1 朝图中显示了可能发育为潜在风暴的几个区域，其中的一个风暴是发育良好的热带风暴——飓风比尔，你能找到它吗？

问题 2 红外图像与可见光图像相比，优点是什么？

思考题

01. 地轴与轨道面的夹角不是23.5°而是90°时，季节如何变化？

02. 地轴倾角为40°时，季节如何变化？此时北回归线和南回归线位于何处？北极圈和南极圈位于何处？

03. 下面四幅图（编号为a~d）显示了形成季节的地日关系。a. 哪幅图准确地显示了这一关系？b. 识别其他三幅图中不准确的内容。

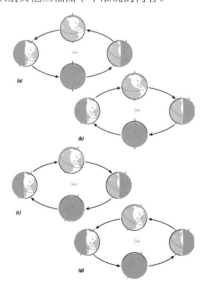

04. 哪天地球离太阳最近？这天的北半球处于什么季节？解释这个明显的矛盾。

05. 当美国的某人某天观察天空中太阳的运动时，发现太阳是从左向右运动的。然而，当澳大利亚的某人同一天观察天空中太阳的运动时，却发现太阳是从右向左运动的。画图说明存在这一差别的原因。

06. 如下情况下三种热传递机制中的哪种最有效？a. 在座椅加热器打开的情况下驾驶汽车。b. 坐在室外的热水浴缸里。c. 躺在晒黑的床上。d. 开着空调驾车。

07. 在去偏远位置钓鱼的一次"岸上午餐"期间，向导有时会在在炉火旁放一桶湖水，如附图所示。当桶中的水沸腾时，向导用另一只手托住桶底将桶从火中提出来，给客人留下了深刻的印象。使用你了解的热传递机制，说明向导的手接触桶底而不被烫伤的原因。

一桶水

地面

08. 从春分到秋分，北极地区的白天长达6个月，但温度却不上升，为什么？

09. 附图显示了银河系中表面温度高于太阳的恒星，假设这些恒星附近形成了类地行星，类地行星到恒星的距离使得其接收的光照与地球接收到的阳光相同。使用辐射定律解释这些行星可能不宜居的原因。

10. 根据如下物体辐射能量的波长，从波长最短到最长排列物体：a. 4000℃时灯丝才发光的灯泡；b. 室温下的岩石；c. 温度为140℃的汽车发动机。

11. 图2.15中显示约30%的太阳能被反射或散射到了太空中。如果地球的反照率增大到50%，你认为地表的温度如何变化？

12. 既然赤道地区的入射太阳辐射大于其出射辐射，为何不会变得更暖？

13. 附图显示了1991年爆发的菲律宾皮拉图博火

山。火山灰和碎片被喷至大气中后，全球温度如何变化？

术语表

absorptivity 吸收率
advection 平流
albedo 反照率
aphelion 远日点
atmospheric window 大气窗口
autumnal (fall) equinox 秋分
backscattering 反向散射
circle of illumination 晨分线
conduction 传导
convection 对流
diffused light 漫射灯
energy 能量
greenhouse effect 温室效应
heat 热量
heat budget 热量收支
inclination of the axis 轴倾角
infrared radiation 红外辐射
kinetic energy 动能
latent heat 潜热
longwave radiation 长波辐射

perihelion 近日点
plane of the ecliptic 黄道面
potential energy 势能
electromagnetic radiation 电磁辐射
reflection 反射
revolution 旋转
rotation 自转
scattering 散射
sensible heat 感热
shortwave radiation 短波辐射
spring (vernal) equinox 春分
summer solstice 夏至
temperature 温度
thermal 热的
Tropic of Cancer 北回归线
Tropic of Capricorn 南回归线
ultraviolet radiation 紫外辐射
visible light 可见光
wavelength 波长
winter solstice 冬至

习题

01. 参考图2.6，计算北纬50°、赤道、南纬20°位置6月21日和12月21日的正午太阳高度角。哪些纬度在夏季和冬季之间具有最大的正午太阳高度角变化？

02. 对于习题1中的纬度，参考表2.2，求6月21日和12月21日的昼长和夜长。哪些纬度的昼长有最大的季节变化？哪些纬度有最小的季度变化？

03. 计算当地春分和秋分的正午太阳高度角。

04. 如果地球没有大气，其长波辐射很快就会散失到外太空中，使得地球的温度约为33K。计算地球的温度为255K时的辐射率、最大辐射发射的波长。

05. 太阳辐射的强度可用三角学来计算，如题图所示。为简单起见，考虑宽度为1单位的光束。光束覆盖的表面积会因太阳高度角而变化，具体变化关系为

$$表面积 = \frac{1单位}{\sin(太阳高度角)}$$

因此，如果正午时的太阳高度角为56°，那么有

$$表面积 = \frac{1单位}{\sin 56°} = \frac{1单位}{0.829} = 1.206单位$$

使用这种方法和习题3的答案，计算本地夏至和冬至正午的太阳辐射强度（表面积）。

06. 题图所示为日赤纬度图，用于确定任何日期正午太阳正好位于头顶的纬度。要由日暑确定正午太阳正好位于头顶的纬度，就要在图上找到期望的日期后，沿左轴读取对应的纬度。求如下日期正午太阳正好位于头顶的纬度，记得标出北（N）或南（S）：a. 3月21日；b. 6月5日；c. 10月10日。

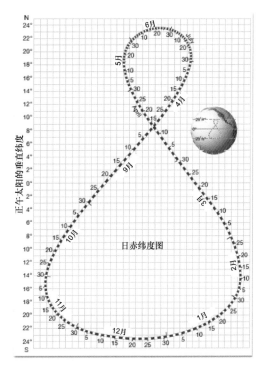

日赤纬度图

07. 使用图2.6和上题中的图中的日赤纬度图，计算如下日期当地（纬度）正午的太阳高度角：a. 9月7日；b. 7月5日；c. 1月1日。

第3章 温　度

温度是天气和气候的基本要素之一。当人们说起外面的天气如何时，首先提及的往往是气温。根据日常经验我们知道，温度不仅随时间（季节、天、小时）变化，不同地区之间也存在温度差异。第 2 章介绍了空气如何被加热，以及地球和太阳的关系在温度的季节变化与纬向变化中所起的作用。除地日关系外，本章还将介绍影响温度的其他重要因素、温度的测量方法和表示方法，以及温度资料在能源消耗评估、作物成熟和人类舒适度等方面的应用价值。

加利福尼亚的"死亡之谷"，夏季温度是西半球最高的地方之一。知识窗 3.1 对加州"死亡谷"的极端温度有更多介

本章导读

- 计算五种常用类型的温度数据，并解释使用等温线描述温度数据的地图。
- 列出影响气温的主要因素，举例说明它们的作用。
- 说明水体和陆地加热与冷却方式不同的原因。
- 描述 1 月和 7 月世界温度地图和温度年较差世界地图中的模式。
- 讨论温度的基本日循环和年循环。
- 说明不同温度计的工作原理，以及温度计的放置方式是获取准确读数的重要原因。
- 区分华氏、摄氏和开氏温标。
- 讨论体感温度的概念，比较这一观点的两个基本指标。

3.1 气温记录资料

每天，全球数以千计的气象观测站都会将大量的温度数据交由气象学家和气候学家整理（见图 3.1）。逐时温度可由观测者记录或由连续观测大气的自动观测系统获得。很多站点则只记录最高温度和最低温度。

(a)

(b)

图 3.1　生活在中纬度地区的人们可以体会到一年内巨大的温差变化。(a)在 2011 年 2 月芝加哥地区一次降雪厚度超过 50 厘米的暴风雪中，路人正在行走；(b)在炎热的夏天抵抗酷暑

3.1.1　基本计算方法

日平均温度定义为 24 小时温度的平均值，或 24 小时内最高温度和最低温度的平均值。24 小时内最高温度和最低温度的差值定义为温度日较差。其他更长时间尺度的温度资料可以按照如下方式计算：

- **月平均温度**：一个月内每天的日平均温度相加后，除以该月的总天数。
- **年平均温度**：12 个月的月平均温度的总和除以 12。
- **温度年较差**：一年内最高月平均温度和最低月平均温度之差。

进行日与日、月与月和年与年之间的温度比较时，平均温度是非常有用的。我们常常听到天气预报员说"上个月是有记录以来最暖和的二月""今天奥马哈的温度比芝加哥的温度高 10 度"。温度较差由于能够反映温度的极端情况，因此是一个非常有用的统计数据，是了解一个地方或一个地区天气和气候的必要组成部分。

3.1.2　等温线

等温线常用来表示气温的大范围分布状况，它是图上温度值相同的各点的连线，因此同一时间任意一条等温线上的各点的气温相等。等温线间隔一般为5°或10°，实际上也可选择任意数值的间隔。图3.2 显示了等温线图的绘制，需要注意的是，由于观测站点的温度值与等温线的数值不一致，导致大多数等温线未直接通过站点，而只有个别站点的温度值与等温线值完全相等，因此通常需要估计站点之间的适当位置来画等温线。等温线图很有用，它可以使温度分布一目了然，可以方便地判断出低温和高温区域。此外，单位距离内的温度变化幅度称为温度梯度，在等温线图上也很容易分析温度梯度。密集的等温线表示温度变化快，而稀疏的等温线表示温度变化慢。例如，在图 3.2 中，美国科罗拉多州和犹他州地区的等温线很密集（更陡峭的温度梯度），而得克萨斯州地区的等温线比较稀疏（更平缓的温度梯度）。如果没有等温线，一幅图就会被成千上万个站点的温度数据填满而很难看出温度的分布形态。

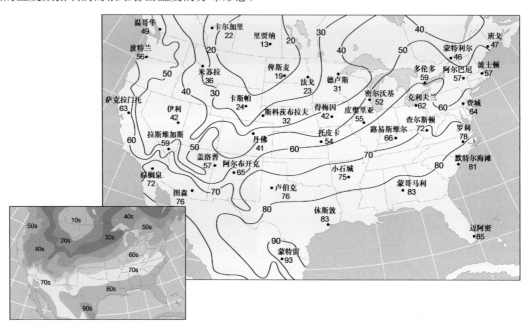

图 3.2　春季某天的高温分布。温度值相同的点的连线就是等温线，这种方式可让温度分布一目了然。注意，大多数等温线并不通过观测站点，因此需要估计站点之间的适当位置来画等温线。电视和报纸上的等温线图通常是彩色的，以标记等温线之间的区域。例如，等温线 60℉和 70℉之间的区域在左下方的小图中标记为"60s"

概念回顾 3.1

　　1. 说明如下温度数据的计算方式：日平均温度、温度日较差、月平均温度、年平均温度和温度年较差。
　　2. 什么是等温线？使用等温线的目的是什么？

3.2　影响气温的因素

　　影响温度的各种因素造成了不同地方和不同时间的温度变化。第 2 章中说过，接收太阳辐射的不同是导致温度变化最重要的原因。太阳高度角和昼长随纬度变化，使得热带地区的温度高，极地地区的温度低。同时，一年内某一纬度上太阳垂直入射角的移动导致了该纬度温度的季节变化。图 3.3 表明，纬度是影响温度分布的重要因素。

问与答：美国的哪个城市最热？

　　答案取决于"最热"的定义。使用年平均温度时，佛罗里达州的基韦斯特最热，1971 年至 2000 年的年平均温度是 25.6℃。查看 1971 年至 2000 年美国 7 月温度最高的城市发现，加利福尼亚州的棕榈泉最热，其日平均最高温度达 42.4℃，紧随其后的是亚利桑那州的尤巴（41.7℃）、内华达州的加斯维加斯（40℃）。

然而，纬度并不是影响温度分布的唯一因素。如果纬度是影响温度分布的唯一因素，那么同一纬度上所有地方的温度应是相同的。然而，实际情况并非如此。例如，美国加利福尼亚州的尤里卡和纽约市是位于同一纬度上的沿海城市，年平均温度都是11℃。然而，7月份纽约市的温度要比尤里卡高9.4℃，而1月份纽约市的温度要比尤里卡低9.4℃。又如，厄瓜多尔的两个城市基多和瓜亚基尔相距很近，但两个城市的年平均温度却相差12.2℃。要解释这些现象，就要认识影响温度变化的其他因素，如下所示：

- 海陆差别加热
- 洋流
- 海拔高度
- 地理位置
- 云量和反照率

概念回顾 3.2

1. 除纬度外，影响气温的其他五个因素是什么。
2. 给出说明纬度不是影响气温的唯一因素的两个例子。

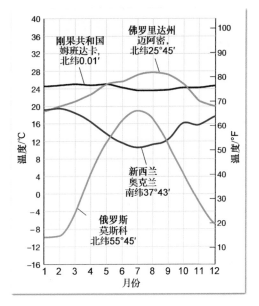

图 3.3　4 个城市的月平均温度曲线，表明纬度是影响温度分布的重要因素

3.2.1　海陆分布

由第 2 章可知，地球表面的加热控制着上方大气的加热。因此，要了解气温变化规律，就要了解土壤、水体、树木和冰等不同地表类型的加热特性。不同类型的地表反射和吸收的太阳能不同，因此也会影响地表上方空气的温度。然而，最大的差异不是陆地表面之间的差异，而是陆地与海洋之间的差异，图 3.4 很好地反映了这一概念。这幅卫星图像显示了 2004 年春季在美国发生的一次热浪过程中，5 月 2 日下午内华达州和加利福尼亚州及邻近太平洋的表面温度分布。陆地表面的温度远高于海水表面的温度，图中深红色显示最高表面温度，主要位于加利福尼亚州南部和内华达地区，而太平洋的海表温度要低得多。此时，内华达山脉的峰顶仍然覆盖着积雪，在图上显示为位于加利福尼亚东边的蓝色低温带。

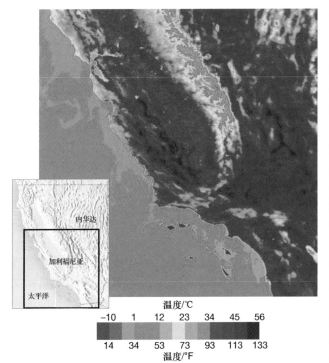

图 3.4　陆地和水体的差别加热是影响气温的重要因素。这幅 2004 年 5 月 2 日下午的卫星反演图表明，太平洋的海表温度远低于美国加利福尼亚州和内华达地区的地表温度。卫星图中部狭长的低温带与内华达山脉有关。在加利福尼亚洋流影响范围内的海表温度更低

如图 3.4 所示，陆地和海洋紧挨在一起，相同情况下，陆地的加热比海洋快，温度比海洋高；同样，陆地的冷却也比海

洋快，温度比海洋低。因此，陆地上的气温变率比海洋上的大得多。为什么陆地和海洋的加热和冷却不一样呢？可能的原因如下所示：

（1）水体表面温度升高和降低比陆地表面温度慢的一个重要原因是，水体具有高流动性。当水体被加热时，对流活动会将热量分散到更大质量的水体中。热量传递使得温度日变化可以到达 6 米以下的水体中。温度年变化的情况也是相似的，海洋和深水湖泊中的温度年变化深度能到达水面以下 200～600 米深的水层中。

与此相反，热量在土壤和岩石中无法穿透得很深，只能在地表附近。陆地不是流体，显然不能使热量混合，而只能通过缓慢的传导过程来输送热量。因此，在陆地上虽然有些温度变化能深达约 1 米的地方，但在 10 厘米深度以下的温度日变化已经很小；温度的年变化一般最深不超过 15 米。因此，由于水体的流动性和陆地的非流动性的差异，加热较深的水体在夏季可以调节温度，而陆地虽然加热层较薄，但有更高的温度。

冬季，夏季被加热的岩石和土壤的表层迅速降温；与此相反，因为有热量存储，水体冷却则较慢。当水表温度下降时，因其密度变大而下沉，被下层密度小的暖水取代。因此，只有当大范围水体冷却后，表面温度才会开始明显下降。

（2）陆地表面是不透明的，因此热量只能被表面吸收。例如，炎热夏日午后的沙滩就是一个很好的例子，比较表面沙子的温度和几厘米下沙子的温度就很容易验证这一点。清澈水体可以让太阳辐射穿透到数米深的位置。

（3）水的比热容（单位质量物质的温度提高 1℃所需的热量）是陆地比热容的 3 倍多。因此，相同体积的水体比陆地需要更多的热量来提高温度。

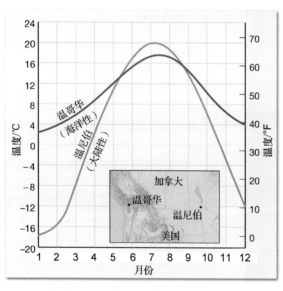

图 3.5　加拿大温哥华和温尼伯的月平均温度曲线。由于太平洋的影响，温哥华的温度年较差较小；而温尼伯由于地处内陆地区，具有更大的温度年变化

（4）水体的蒸发（降温过程）要大于陆地表面。水分蒸发时需要能量，因此当能量被用于蒸发时，就没有用于加热的能量（蒸发是一个很重要的过程，将在第 4 章详细介绍）。

上述因素共同导致水体增温和降温都比陆地慢，而且比陆地存储了更多的热量。

对比加拿大两个城市的月平均温度资料，可以明显地看出大范围水体对气温的调节作用（见图 3.5）和陆地的极值情况。一个城市是位于太平洋迎风海岸的不列颠哥伦比亚省的温哥华，另一个城市是位于内陆地区的马尼托巴省的温尼伯。这两个城市的纬度相同，因此太阳高度角和日照长度都相同。然而，温尼伯 1 月份的平均温度比温哥华的低 20℃，而 7 月份的平均温度比温哥华的高 2.6℃。虽然这两个城市的纬度相同，但由于没有水体的调节作用，温尼伯比温哥华具有更高的温度极值。温哥华全年气候温和的关键原因是太平洋。

比较南半球和北半球的温度变化可以证明不同尺度的水体对温度的调节作用。图 3.6 所示为全球的海陆分布，北半球 61%是水体，陆地面积仅占 39%。南半球 81%是水体，陆地面积仅占 19%，这也是南半球被称为水半球的原因。在北纬 45°～79°的北半球区域内，陆地的实际比例要大于水体，而在南纬 40°～65°的南半球区域内，几乎没有陆地阻断海洋环流和大气环流。图 3.7 表明，以海洋为主的南半球的温度年较差明显小于北半球。

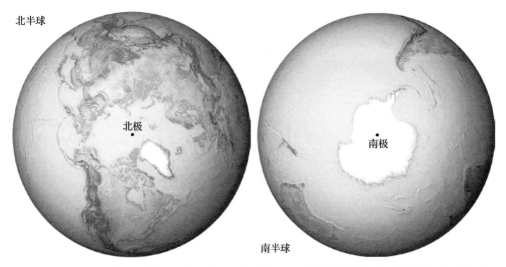

北半球

北极

南半球

南极

图 3.6　北半球和南半球的海洋和陆地分布。南半球约 81% 面积都是海洋，这个比例比北半球高 20%

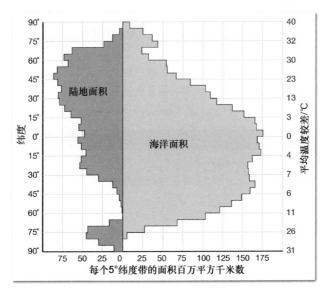

图 3.7　图中显示了每隔纬度 5° 的陆地和水体的数量。纵坐标轴右侧标注的是平均温度
年较差。水体对气温的调节作用在南北半球差异明显。南纬 30°～60° 几乎都是海洋，其
温度年较差要比绝大部分都是陆地的北半球相同纬度地区的温度年较差小得多

　　大多数生活在美国的人都经历过 38℃ 以上的高温，对 50 个州过去 100 多年的资料统计分析发现，每个州都有 38℃ 以上的最高温度记录。即使是阿拉斯加，也有这么高的温度，这一记录诞生在 1915 年 6 月 27 日北极圈附近的育空堡。

最高温度记录

　　令人吃惊的是，"最低的高温"出现在靠近阿拉斯加州的夏威夷州。在该州大岛南岸的潘那拉，最高 38℃ 的记录出现在 1931 年 4 月 27 日。虽然夏威夷这样潮湿的热带和副热带整年都较热，但温度很少有超过 30℃～35℃ 的。美国和整个西半球出现过的最高温度是 57℃，这个保持了很长时间的记录于 1913 年 7 月 10 日诞生在加利福尼亚州的"死亡谷"。死亡谷的夏季温度一直是西半球最高的，6、7、8 三个月一般都会出现 49℃ 以上的温度。幸运的是，夏季的死亡谷很少有人居住。

为什么死亡谷的夏季温度这么高？除了其在西半球海拔最低（低于海平面 53 米），这里还是沙漠区。虽然它到太平洋的距离只有 300 千米，但山脉切断了来自海洋的水汽的调节作用。晴空下强烈的阳光照射着干燥、裸露的地面。不像湿润地区，这里不需要能量蒸发水汽，所有的能量都用来加热地面。另外，这一地区下沉气流普遍，而下降空气的压缩增温也对最高温度有所贡献。

最低温度记录

导致低温的影响因素是可以预报的。我们通常认为最低温度应该出现在冬季且没有海洋影响的高纬度地区（见图 3.A）。另外，位于冰原和高山冰川上的站点会特别冷。所有这些极端的情况出现在格陵兰的北冰站（海拔高度为 2307 米），1954 年 1 月 9 日这里记录的最低温度是−66℃。如果不考虑格陵兰，那么加拿大育空区的斯纳格则保持着北美洲的记录，这个遥远偏僻的小村庄于 1947 年 2 月 3 日创下了−63℃的低温记录。如果只

图 3.A 怀特山脉最高峰即美国东北部最高峰的华盛顿山（海拔 1886 米），因极度寒冷、暴雪、大风、冰冻和浓雾而被称为"世界最恶劣天气之乡"。图中所示是建在顶峰的观测站，这里一直保留着详细的天气记录

考虑美国，那么位于北极圈以北的阿拉斯加恩迪科特山脉的普罗斯佩特克有着接近北美洲记录的最低温度，即 1971 年 1 月 23 日出现的−62℃。美国本土 48 个州的最低温度记录是于 1954 年 1 月 20 日出现在蒙大拿州的罗杰斯山口，温度为−57℃。记住，其他地方毫无疑问有过相同或更低的温度，只是没有留下记录而已。

概念回顾 3.3

1. 说明陆地和水体的加热与冷却之间的关系。
2. 简要描述使得陆地和水体的加热与冷却方式不同的因素。

3.2.2 洋流

你或许听说过墨西哥湾流，它是北大西洋一支重要的表层洋流，沿美国东海岸向北流动（见图 3.8）。这样的表层流是由风驱动的，在大气与海洋交界面，运动的大气通过摩擦作用将能量传递给海水。风在大洋上持续拖曳，使表层海水运动，因此表层海水的水平运动与大气环流密切相关，而大气环流又由太阳对地球表面的不均匀加热驱动（见图 3.9）（全球风与表层洋流的关系将在第 7 章中介绍）。

表层洋流对气候具有重要影响。众所周知，总体而言，整个地球系统从太阳辐射中获得的能量与发射到外层空间的能量相等，但当大多数纬度分开考虑时就不是这种情况。就能量净收支而言，低纬地区获得能量，而高纬地区失去能量。由于热带地区没有越来越热，极地地区也没有越来越冷，因此必然有一种大尺度的热量输送机制将能量从盈余地区输送到亏损地区。实际情况确

图 3.8 美国东海岸墨西哥暖流区的卫星图像。红色表示水温偏高，蓝色表示水温偏低。墨西哥暖流将热量从热带地区输送至北大西洋地区（约翰霍普金斯大学应用物理实验室提供）

实如此，正是风和洋流的热量输送使得能量的纬度不均匀性趋于平衡。在总的热量输送中，洋流输送占四分之一，大气输送占四分之三。

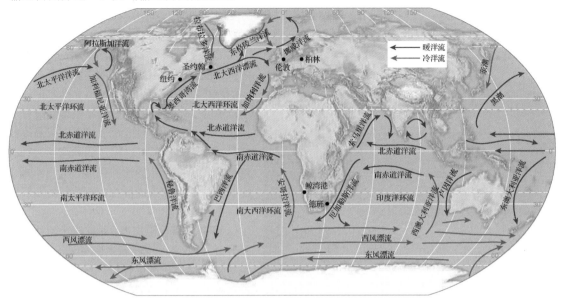

图 3.9 全球主要洋流分布。向极地方向运动的是暖洋流，向赤道方向运动的是冷洋流。表层洋流由风驱动，对全球热量的重新分配起重要作用。正文中提到的城市都已标在图中

向极地运动的暖洋流的调节作用是众所周知的。北大西洋漂流，即墨西哥湾暖流的延伸，使得英国和欧洲西部的冬季比同纬度地区要温暖（伦敦比加拿大圣约翰更靠北）。由于盛行西风带的作用，北大西洋暖流对温度的调节效应一直影响到内陆地区。例如，柏林（北纬 52°）1 月份的平均温度和纽约市（北纬 40°）的相似，而纽约市的纬度比柏林偏南 12°；伦敦（北纬 51°）1 月份的平均温度比纽约市高 4.5℃。

与墨西哥湾流这样的暖洋流影响主要体现在冬季相比，冷洋流主要对热带地区或夏季中纬度地区的温度有巨大影响。例如，南部非洲西海岸的本格拉冷流对沿海热带地区的温度具有调节作用，因此，毗邻本格拉冷流的鲸湾港（南纬 23°）夏季的温度比位于南非东部偏南 6°但远离洋流影响的德班低 5℃（见图 3.9）。南美洲东、西海岸是另一个典型的例子，图 3.10 分别是毗邻巴西暖洋流的巴西里约热内卢和毗邻秘鲁冷洋流的智利阿里卡的月平均温度曲线。而加利福尼亚南部沿海副热带地区由于受加利福尼亚冷流的影响，夏季平均温度比美国东海岸低 6℃以上。

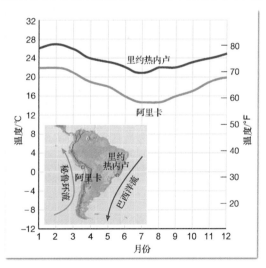

图 3.10 巴西里约热内卢和智利阿里卡的月平均温度曲线。两个城市均为沿海城市，阿里卡比里约热内卢更靠近赤道，但温度却更低，原因是阿里卡受秘鲁冷流影响，而里约热内卢受巴西暖流影响

概念回顾 3.4

1. 驱动洋流的力是什么？
2. 向极地方向运动的洋流是暖流还是冷流？
3. 向赤道方向运动的洋流如何影响邻近陆地区域的温度？

3.2.3 海拔高度

回顾第 1 章可知，在对流层中，温度是随着海拔高度的增加而下降的。因此，一些山顶常年被冰雪覆盖。甚至在热带地区，只要山足够高，山顶也会常年积雪（见图 3.11）。前面提到的厄瓜多尔的两个城市基多和瓜亚基尔，就体现了海拔高度对平均温度的影响。这两个相距很近的城市都靠近赤道，但是瓜亚基尔的年平均温度是 25.5℃，而基多的年平均温度仅为 13.3℃。如果注意到这两个城市海拔高度的差异，就很容易理解它们之间的温差为什么这么大。瓜亚基尔的海拔高度仅为 12 米，而基多位于安第斯山脉上，海拔高度达 2800 米。图 3.12 给出了另一个例子。

图 3.11　由第 2 章可知，在对流层中，气温随海拔高度的升高而降低。因此，即使是在赤道地区，有些山顶也会常年积雪，如非洲的乞力马扎罗山顶就有一个小冰川

由第 1 章我们知道，对流层中海拔高度每升高 1 千米，气温就下降 6.5℃。如果完全按这个温度直减率计算，基多的温度应该比瓜亚基尔低 18.2℃。实际上，它们之间的温差只有 12.2℃。在类似于基多这样的高海拔地区，实际温度之所以高于根据标准温度直减率计算出来的温度值，是因为地面对太阳辐射的吸收和多次反射。

除了对平均温度产生影响，温度日较差也会随海拔高度的变化而变化。温度会随海拔高度的升高而降低，大气压和大气密度也会随海拔高度的升高而减小。由于高海拔地区的大气密度减小，上层大气吸收和反射的太阳辐射都很少。因此，随着海拔高度的升高，太阳辐射强度增加，导致白天迅速升温；反之，高山地区夜间的降温非常迅速。所以，位于高山上的站点会比低海拔地区的站点具有更大的温度日较差。

概念回顾 3.5

1. 举例说明纬度是如何影响平均温度的。
2. 山脚和山顶相比，哪处的温度日较差较大？为什么？

聚焦气象

想象在一个温暖、阳光明媚的夏日午后你来到了这个海滩。

问题 1　测量沙滩表面和表面下方 30.5 厘米处的温度，你有什么发现？

问题 2　赤足站在海水中，测量水面温度和水下 30.5 厘米处的温度，它们与在沙滩上测量的温度有何不同？

3.2.4 地理位置

在特殊的地点，地理环境也可能对温度产生巨大影响。盛行风向从海洋吹向陆地的沿海地区（迎风海岸）与盛行风向从陆地吹向海洋的沿海地区（背风海岸）相比，温度就有显著差异。与同纬度内陆地区相比，迎风海岸受海洋的调节作用而"冬暖夏凉"；而背风海岸由于没有海洋的调节作用，其温度变化特征基本上与内陆地区一样。前一节提到的尤里卡和纽约两个城市就能说明地理位置的这种影响（见图 3.13）。纽约的温度年较差比尤里卡的大 19℃。

美国华盛顿州的西雅图和斯波坎两个城市则说明了地理位置的第二个影响：山的屏障作用。虽然位于西雅图东部的斯波坎离前者只有 360 千米，但两个城市中间隔着高耸的喀斯喀特山脉。因此，西雅图表现为明显的海洋性气候，而斯波坎则表现为典型的大陆性气候（见图 3.14）。斯波坎 1 月份的平均温度比西雅图的低 7℃，7 月份的平均温度比西雅图的高 4℃，斯波坎的温度年较差比西雅图的大 11℃，原因就是喀斯喀特山脉有效地阻挡了太平洋对斯波坎的影响。

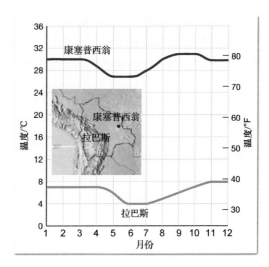

图 3.12 智利康塞普西翁和玻利维亚拉巴斯的月平均温度曲线。两个城市的纬度几乎相同（南纬16°）。然而，位于安第斯山脉上的拉巴斯的海拔高度是 4103 米，比同纬度海拔高度只有 490 米的康塞普西翁的月平均温度要低得多

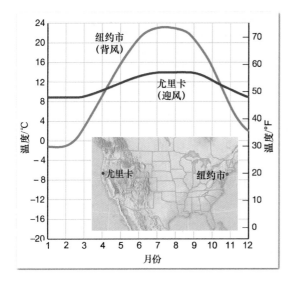

图 3.13 美国加利福尼亚州尤里卡和纽约市的月平均温度曲线。两个城市是位于相同纬度的沿海城市，由于尤里卡受海洋吹向陆地的盛行风向影响，与完全不受海风影响的纽约市相比具有更小的温度年较差

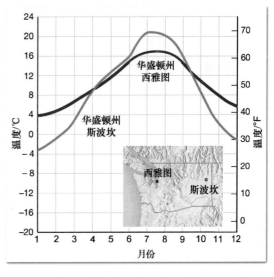

图 3.14 美国西雅图和斯波坎的月平均温度曲线。由于喀斯喀特山脉阻挡了太平洋的影响，斯波坎的温度年较差比西雅图的大

概念回顾 3.6

1. 三个城市的纬度相同（约为北纬 45°），一个城市位于美国西海岸，一个城市位于美国大陆中心，另一个城市位于夏威夷瓦湖岛的利华德海岸。比较这些城市的温度年较差。

2. 为何华盛顿州斯波坎的温度年较差大于华盛顿州西雅图市？

3.2.5 云量和反照率

大家可能注意到，白天，晴天时通常要比阴天时暖和；夜晚，晴天则要比阴天冷。这表明云量是影响低层大气温度的另一个因素。研究卫星图像可知，在任何时刻，地球有近一半的区域是被云覆盖的。云之所以重要，是因为大部分云具有高反照率，能将相当一部分的太阳辐射反射回外太空。与无云的晴天相比，阴天时云减少了入射太阳辐射，使得白天温度偏低（见图 3.15）。如第 2 章指出的建新，云的反照率取决于云层的厚度，其变化范围为 25%~80%（见图 2.17）。

夜晚，云的作用与白天相反。它们吸收地球出射的长波辐射并向地面放射一部分，因此云层使得本来要失去的一部分热量被保留在地面附近，进而使得阴天的夜间降温不会像晴朗的夜间降温那么低。云通过降低白天的最高温度和升高夜间的最低温度使温度日较差减小（见图 3.15）。

通过对一些站点月平均温度的考察，可以验证云对最高温度的降低效应。例如，每年南亚部分地区在较冷的低日照期间会有相当长的一段干旱期，此后迎来季风强降水（见第 7 章的探讨）。缅甸仰光的月平均温度和月平均降水曲线就说明了这种情况（见图 3.16）。图中月平均温度最高值出现在 4 月和 5 月，而不像北半球大部分地区那样出现在 7 月和 8 月。为什么会这样？原因是夏季气温升高后，大量的云增加了该地区的反照率，使得到达地表的入射太阳辐射减少，导致月平均最高温度出现在相对晴朗的春末。

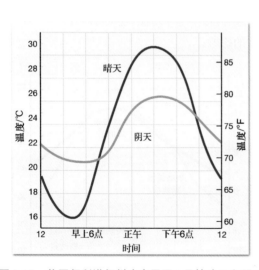

图 3.15 美国伊利诺伊州皮奥里亚 7 月某晴天和阴天的温度日循环。晴天时，最高温度更高，最低温度更低。阴天的温度日较差比晴天的小

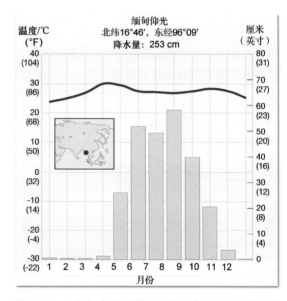

图 3.16 缅甸仰光的月平均温度（曲线）和月平均降水（柱状图）。月平均最高温度出现在雨季开始前的 4 月。雨季时，大量的云将太阳辐射反射回空中，阻挡太阳辐射直达地面，使得夏季温度无法升高

极端灾害性天气 3.1 热浪

热浪是一种长时间持续异常高温和潮湿的天气，一般会持续几天到几周。热浪对个体的影响差别很大。年龄大的人最易受到热浪的影响，因为高温会增大他们的衰弱心脏和身体的负担。买不起空调的贫困人群通常也会遭受热浪之苦。研究还表明，达到热浪的温度后，不同城市的死亡人数也有差别。例如，在得克萨斯州的达拉斯，温度达到 39℃后死亡率开始上升，而在旧金山这个温度只有 29℃。

热浪不会给人带来像龙卷风、飓风和洪水那样的恐惧与紧张感。原因之一是热浪带来的难以忍受的温度

会持续多天，而不是几分钟或几小时。原因之二是，热浪造成的财产损失要远比其他极端天气事件小得多。然而，热浪确实是致命的和代价巨大的。

1936 年的北美热浪可能是美国大陆现代史上最严重的一次，它正好发生在经济最为困难的大萧条时期，而且当时美国大平原和中部地区许多地方正遭受严重干旱。持续的热浪始于 6 月末，终于 9 月初。调查显示，超过 5000 人死亡，许多地区的农业遭受到了灾难性损失。

许多来自这个夏季的异常温度记录仍然未被打破。事实上，表 3.A 中的 13 个州的温度记录是从 7 月到 8 月的，此外还有不同寻常的记录。例如，伊利诺伊州的弗农山，持续 18 天（8 月 12 日~8 月 29 日）温度超过 38℃。

最近的例子是 2003 年，欧洲大多数地方遭受了可能是一个多世纪以来最严重的热浪。图 3.B 就是这次致命事件的相关图示。根据政府估计的数据，死亡人数可能为 20000~35000 人，大多数死亡发生在 8 月前两周最热的西班牙。法国因热浪而死亡的人数约为 14000。

表 3.A 1936 年各州最高温度记录

州 名	温度/℃	日 期
阿肯色	49	8 月 10 日
印第安纳	47	7 月 14 日
堪萨斯	49	7 月 24 日
路易斯安那	46	8 月 10 日
马里兰	43	7 月 10 日
密歇根	44	7 月 13 日
明尼苏达	46	7 月 13 日
内布拉斯加	48	7 月 24 日
新泽西	43	7 月 10 日
北达科他	49	7 月 6 日
宾夕法尼亚	44	7 月 10 日
西弗吉尼亚	44	7 月 10 日
威斯康星	46	7 月 13 日

图 3.C 是 2001—2010 年 10 年间美国每年平均因天气原因而死亡的人数，由这幅图可以深入了解夏季高温的危险。图中的数值表明，高温造成的死亡人数最多。

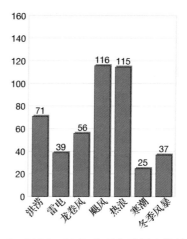

▲图 3.B 该图由卫星数据生成，显示了 2003 年欧洲热浪期间（7 月 20 日到 8 月 20 日）白天地面温度与 2000 年、2002 年、2003 年和 2004 年的温差比较。深红色区域表示温度比其他年份高 10℃以上。法国遭受的热浪袭击最严重

▲图 3.C 2001—2010 年天气致死人数的年平均值。有关飓风的数值受到 2005 年飓风卡特琳娜的巨大影响，10 年间飓风共千万 1154 人死亡，其中 1016 人的死亡是由卡特琳娜飓风造成的

因为城市热岛效应（见知识窗 3.3），热浪的危害一般在城市中是最大的。在热浪期间，大城市夜间不会像郊区那样快速降温，因此会在城市中心形成巨大的热应力。此外，通常与热浪有关的污浊大气条件会使得污染物聚集在城市区域，空气污染更是加重了已存在的高温危险压力。

1995 年 7 月，美国中部发生了一次短暂但很强的热浪。这次 5 天的热浪事件共造成 830 人死亡，是中西部北部近 50 年最严重的一次。最大的死亡损失发生在芝加哥，死亡 525 人。这次事件的教训发人深省，提醒我们要集中关注更有效的预警和应急计划需求，特别是在炎热最严重的重要城市。

云并不是唯一因增加反照率而降低温度的自然现象，冰雪覆盖的表面也具有高反照率（见图 3.17）。这就是为什么高山冰川在夏天不会融化、温暖的春天积雪仍然存在的原因之一。此外，冬季当大雪覆盖地面时，晴天的白天最高温度比想象的要低，因为本应被地面吸收并用来加热大气的太阳辐射被雪面反射回去了。

图 3.17　冰和雪盖具有高反照率，使气温比低反照率地区的低。图中所示为美国阿拉斯加州巴罗地区的海冰，左侧的海冰融化后，本来明亮的反射表面被深色的表面代替，后者吸收了更多的入射太阳辐射

概念回顾 3.7

1. 比较阴天和晴天的温度日较差。
2. 查看图 3.16，说明仰光 4 月份平均温度高于 7 月的原因。

3.3　温度的全球分布

图 3.18 和图 3.19 分别是 1 月份和 7 月份全球等温线分布，从赤道附近地区暖色到极地地区冷色的色调变化表现了最冷月和最暖月的海平面温度特征。从图中可以看出全球温度分布特征以及对温度分布产生影响的纬度、海陆分布和洋流等因素。和其他大尺度等值线图一样，图中的所有温度值已订正到海平面上，以消除海拔高度对温度造成的区域差异。

图中的等温线分布呈东西走向且温度由热带地区向两极递减。这些基本特征说明了全球温度分布的一个最基本的事实：加热地表和大气的有效入射太阳辐射是纬度的函数。此外，温度随纬度的变化是由太阳垂直照射的季节性移动造成的，比较两幅图的色带变化就可以看出这一特征。

假如纬度是影响温度分布的唯一因素，那么我们的分析就可以到此为止。然而，实际上并不是这样的。海洋和陆地不同的加热效应对温度分布的影响也体现在图 3.18 和图 3.19 中。温度的最大值和最小值中心都在陆地上：温度的低值中心（紫色椭圆区域）位于西伯利亚地区，高值中心（橙红色椭圆区域）也位于陆地上。由于海洋区域的温度变化不如陆地区域的大，陆地上等温线的南北移动幅度比海洋上的大。此外，几乎全是海洋的南半球的等温线比北半球的更规则，而北半球 7 月份陆地上的等温线向北弯曲，1 月份陆地上的等温线则向南弯曲。

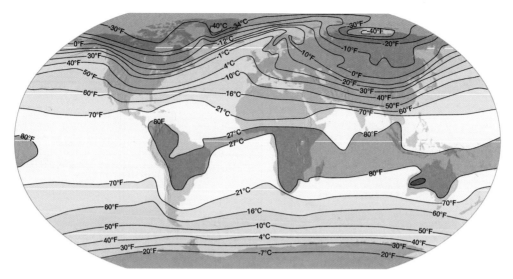

图 3.18　全球 1 月平均海平面温度分布（单位：摄氏度℃和华氏度℉）

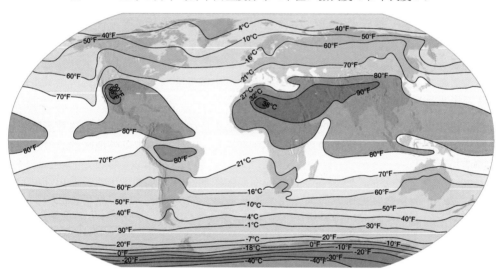

图 3.19　全球 7 月平均海平面温度分布（单位：摄氏度℃和华氏度℉）

等温线也反映了洋流的影响。暖洋流使得等温线向极地方向弯曲，而冷洋流使得等温线向赤道方向弯曲。暖洋流的水平输送导致所经过的纬度气温升高，冷洋流使得受影响的纬度温度降低。

图 3.18 和图 3.19 显示了温度极值的季节变化，比较两幅图可以看出每个地方的温度年较差。靠近赤道的地方由于一年中日照时长的变化幅度很小及相对较高的太阳高度角，温度年较差很小。位于中纬度地区的站点，由于一年内太阳高度角和日照时长变化较大，温度年较差较大。因此，可以说温度年较差是随纬度增高而增大的（见知识窗 3.2）。

知识窗 3.2　纬度与温度较差

纬度影响太阳高度角，因此是影响温度的一个重要因素。图 3.18 和图 3.19 清楚地表明热带地区的温度较高而极地地区的温度较低。这两幅图同时还显示较高纬度比较低纬度的温度年较差大，而副热带和极地之间的冬季温度梯度最大。比较得克萨斯州的圣安东尼奥和加拿大马尼托巴省的温尼伯这两个城市，就可以说明太阳高度角和昼长的季节差异与这些温度分布特征的关系。图 3.D 是这两个城市温度的年变化，图 3.E 是 6 月和 12 月两至点的太阳高度角。

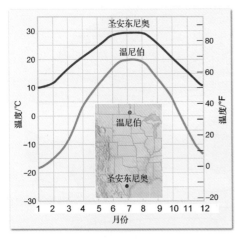

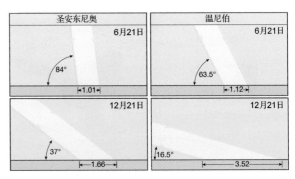

图 3.D 温尼伯的温度年较差要远大于圣安东尼奥

图 3.E 夏至和冬至圣安东尼奥与温尼伯中午太阳高度角的比较，90°对应的空间范围是 1.0

圣安东尼奥和温尼伯两地之间的距离确定（约相距纬度 20.5°），因此一年中两个城市的太阳高度角的差值是不变的。但在 12 月份，当考虑阳光完全直射时，这一差值就会强烈影响地球表面所接收到的太阳辐射强度。因此，我们预计两站的温度差冬季要大于夏季。进而，温尼伯太阳辐射强度（光线铺展的范围）的季节差异要明显大于圣安东尼奥。这样就有助于解释为什么位置更北的站点温度年较差更大。第 2 章中的表 2.2 给出的不同纬度昼长季节变化对这两个城市的不同温度变化特征形成也有贡献。

此外，陆地和海洋也会影响温度的季节变化，尤其是在热带以外的地区，这种影响更明显。内陆地区肯定比沿海地区具有更热的夏天和更冷的冬天。因此，热带以外地区的温度年较差随陆地面积的增加而变大。

图 3.20 是温度年较差的全球分布，是对前面两幅图的综合。从图中很容易看出纬度和大陆度对温度年较差分布的影响。温度年较差在热带地区最小，而大值中心位于副极地陆地的中间。显然，以海洋为主的南半球温度年较差要比北半球的小得多。

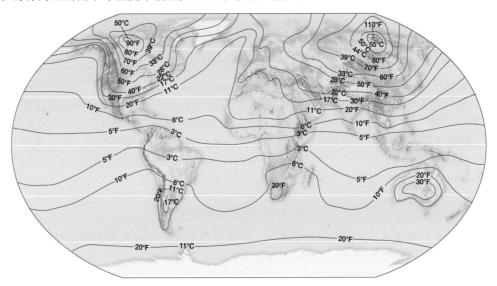

图 3.20 全球温度年较差分布（单位：摄氏度℃和华氏度℉）。赤道地区的温度年较差最小，向两极逐渐增大。对于热带以外的地区，离海洋越远，越靠近内陆地区，温度年较差就越大

这幅图显示了中纬度地区晚冬某个晴天的积雪区域。假设一周后条件基本相同，只是积雪消失了。

问题 1 你认为这两天的温度不同吗？如果你这样认为，那么哪天更暖和？

问题 2 给出温度不同的一个原因。

问与答：世界上哪个地方的夏季和冬季有最大的温度较差？

根据已有的记录，这个地方好像是西伯利亚的雅库茨克。雅库茨克的纬度是北纬 60℃，且远离水体。雅库茨克 1 月的平均温度是-43℃，7 月的平均温度为 20℃，温度年较差为 63℃。

概念回顾 3.8

1. 1 月和 7 月等温线图的总体趋势为何是东西向的？

2. 在图 3.18 所示的 1 月温度图上，北大西洋的等温线为何弯曲？

3. 在图 3.19 所示的 7 月温度图上，为何北美洲的等温线向北弯曲？

4. 参考图 3.20，地球上哪个地区的温度年较差最大？为什么？

3.4 气温变化的周期

经验告诉我们，气温几乎每天都会规律地升高和降低，图 3.21 所示的温度记录仪的记录恰好证实了温度的这种周期性变化（温度记录仪是一种能够连续记录温度值的仪器）。温度曲线在日出前后达到最低值（见图 3.22），随后逐渐升高，在下午 2 点和 5 点之间达到最高值，随后温度开始下降，直到第二天日出前后又达到最低值。

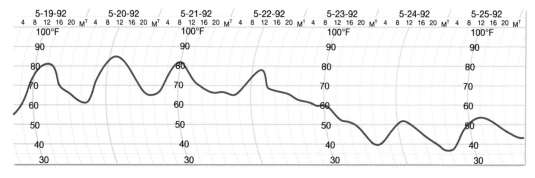

图 3.21 美国伊利诺伊州皮奥里亚 1992 年 5 月连续 7 天的温度值具有典型的周期性日变化过程，最低温度通常出现在日出前后，最高温度出现在正午和午后之间。唯一的例外是 5 月 23 日，这天凌晨的温度最高，全天的气温持续下降

(a)
(b)

图 3.22　最低温度一般出现在日出前后。夜间地表和大气温度降低造成了图中清晨的常见现象：(a)结霜；(b)起雾

聚焦气象

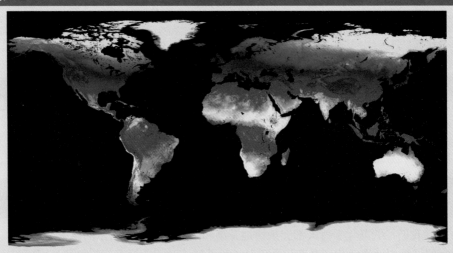

　　几十位科学使用 Aqua 和 Terra 卫星上的中分辨率成像光谱仪采集了全球的温度数据。这幅图像显示了 2001 年至 2010 年 2 月的陆地表面平均温度。

　　问题 1　英国南部和纽芬兰北部（白色箭头）的温度约为多少？

　　问题 2　同一纬度沿海地区 2 月的温度完全不同，请说明原因。

3.4.1　气温日变化

　　气温的日变化主要由地球的自转决定，地球自转使得某地进入一天中的白天，然后进入夜晚。伴随着地球的自转，从早晨开始，随着太阳高度角的增大，日照强度加强，在地方时的中午达到最大值，午后又逐渐减小。

　　图 3.23 所示为典型中纬度地区两分点（春分或秋分）入射太阳辐射与地球向外辐射的日变化曲线及对应的温度曲线。夜间，地面和大气因放出热量而冷却，约在日出时温度降至最低；日出后，太阳辐射再次加热地面，进而加热大气。

　　显然，一般温度最高值与太阳辐射最大值出现的时间并不一致。对比图 3.21 和图 3.23 可以看出，入射太阳辐射的变化曲线是关于中午对称的，但温度日变化曲线不是这样。温度最大值要到午后才出现，这就是所谓的温度最大值滞后。

虽然太阳辐射强度午后开始逐渐下降，但在一段时间内仍然超过地表的向外辐射能量，这就可在午后几小时内产生盈余能量持续使最高温度滞后。换句话说，只要地表获得的太阳能量超过地表向外辐射的能量，气温就会持续上升；当地表获得的太阳能量不再大于地表放出的能量时，温度就开始下降。

日最高温度的滞后也是大气加热过程导致的结果。我们知道大气是大部分太阳辐射能的不良吸收体，大气加热主要靠来自地面放出的能量。地球表面通过辐射、传导和其他方式向大气提供热量，但其传输值与大气辐射出的热量值不平衡，因此地面传递的热量与大气获得的热量并不同步。一般来说，在太阳辐射达到最大值后的几小时内，地表提供给大气的热量要大于大气向外放出的热量。因此，大部分地区的气温午后仍然会继续上升。

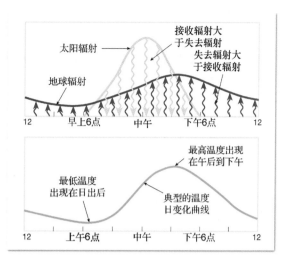

图 3.23　中纬度地区二分点（春分日或秋分日）的太阳入射辐射、地球出射辐射和温度的日变化曲线。当地球获得的太阳能量大于向外辐射的能量时，温度上升；当地球向外辐射的能量大于获得的太阳辐射能量时，温度下降。注意，温度日变化滞后于太阳入射辐射日变化几小时

在干旱地区，如果是万里无云的晴天，那么地表吸收的太阳辐射更多，这些地区温度最高值出现的时间比午后稍晚；反之，在潮湿地区，温度最高值出现的滞后时间要短一些。

知识窗 3.3　城市热岛效应：城市是如何影响温度的？

图 3.F　乡村变为城市使得地表发生根本变化，进而形成城市热岛

图 3.G 所示为华盛顿特区城区 5 年冬季三个月（12 月到 2 月）平均最低温度的分布，它同样显示出了明显的热岛。

最高的冬季温度出现在城市中心，而郊区和周围乡村的平均最低温度要低 3.3℃。注意，这里是平均温度。在许多晴朗无风的夜晚，城市中心与乡村的温差更大，常达 11℃或更高。相反，在阴天或有风的夜间，

人类对气候的直观影响是城市建设对大气环境的改变（见图 3.F）。工厂、道路、办公大楼和房屋的建设都会破坏微气候，使得本已复杂的系统变得更复杂。

研究得最多、证据最充分的城市气候效应是城市热岛。热岛是指城市的温度要比周围郊区的温度高这个事实。当分析类似于表 3.B 中的温度数据时，就会发现热岛的证据。作为一个典型的例子，费城的资料显示在分析最低温度时热岛最显著。表 3.B 中给出的城乡温差幅应比给出的数字大，因为在郊区机场观测的温度通常要高于真正郊区环境的温度。

表 3.B　费城郊区机场和市中心的平均温度
（单位为℃，10 天平均）

	机　场	市中心
年平均	12.8	13.6
平均 6 月最高	27.8	28.2
平均 12 月最高	6.4	6.7
平均 6 月最低	16.5	17.7
平均 12 月最低	22.1	20.4

温差接近 0°。

城市热岛的效应之一是通过延长植物生长周期而影响生物圈。通过分析北美洲东部 70 个城市的资料，研究人员发现城市中植物的生长周期要比周围农村长约 15 天。城市植物春季生长期的开始平均要早 7 天，而秋季还可以继续生长，平均延长 8 天左右。

为什么城市要比乡村热？乡村变为城市后，形成热岛的主要原因是地表发生了根本变化（见图 3.H）。首先，与典型乡村地区的植被和土壤相比，城市的高大建筑和水泥及沥青路面吸收和存储更多的太阳辐射。其次，因为城市表面不透水，降雨后很快形成径流而使蒸发显著减少，所以原来用于将液态水转换成气态水的能量现在用来进一步增加地面温度。晚间，城市和乡村都因辐射损失而降温，而石头般的城市地面逐渐缓慢释放白天积累的额外热量，使得城市空气温度比城外的高。

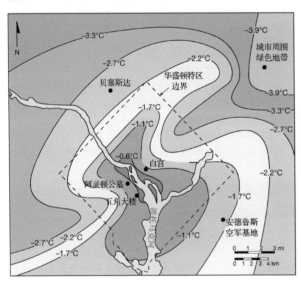

图 3.G 用冬季（当年 12 月至来年 2 月）平均最低温度表示的华盛顿特区的热岛。城市中心的平均最低温度要比外围地区高约 4℃

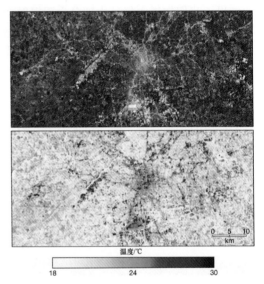

图 3.H 这两幅卫星图像给出了佐治亚州亚特兰大市 2000 年 9 月 28 日的俯瞰景象，城市核心位于图像的中心。上图是类似于照片的图像，植被是绿色的，道路和密集开发区是灰色的，裸露土壤是棕褐色或棕色的。下图是地表温度，其中较低的温度显示为黄色，较高的温度显示为红色。显然，最密集开发区也是温度最高的区域

城市温度升高的另一部分原因是人为热源的影响，如家庭用空调、发电、工业生产和交通运输等。此外，城市上空污染物形成的"毯子"也会通过吸收地面放出的部分向上长波辐射并且再辐射回地面而对热岛有所贡献。

3.4.2 温度日变化的幅度

温度日变化的幅度是不确定的，它受局地因素或局地天气条件的影响。下面四个常见的例子说明了这一点，前两个例子与局地因素有关，后两个与局地天气条件有关。

（1）中低纬度地区一天内的太阳高度角变化较大，而靠近极地附近的地区一天内太阳高度角都很小，因此高纬度地区的温度日变化较小。

（2）迎风海岸的温度日变化可能不明显。因为在正常情况下，24 小时内海洋的增温小于 1℃，而洋面上的气温变化更小。例如，位于美国加利福尼亚州迎风海岸的尤里卡的温度日变化就要比同纬度的爱荷华州的得梅因市的日变化小。得梅因市年平均温度日较差约为 10.9℃，尤里卡的平均值约为 6.1℃，二者相差 4.8℃。

（3）如上所述，阴天时的温度日变化曲线比较平缓（见图 3.15）。白天，云层阻挡了入射太阳辐射，减弱了白天的升温；夜间，云层减缓了地表及大气向外辐射的损失。因此，阴天的夜间比晴天更温暖。

（4）水汽是大气中的一种重要吸热气体，因此空气中的水汽量会影响温度日较差。空气清洁、干燥时，夜晚很容易失去热量，导致温度迅速下降；空气比较湿润时，水汽吸收向外的长波辐射，减缓夜间降温。因此，干燥大气使得夜间温度更低，导致较大的温度日较差。

虽然每天温度的升高和降低通常能够反映入射太阳辐射的增强和减弱，但情况并非总是如此。例如，在图 3.21 中，5 月 23 日的最高温度出现在午夜，此后一整天温度持续下降。如果只看一个站点几周的温度记录，就会出现随机变化。显然，出现这种情况的原因不是太阳辐射，而是大气扰动（天气系统）过程。扰动过程通常伴随着云和风的变化，而这使得温度的变化趋势相反。这时，最高温度和最低温度可能发生在白天或晚上的任何时间。

3.4.3 温度的年变化

在大多数年份，月平均温度最高和最低的月份与入射太阳辐射最强和最弱的月份并不一致。热带以北地区太阳辐射最大值出现在 6 月的夏至日，但 7 月和 8 月通常是北半球一年中最热的月份；反之，太阳辐射最弱的时间是 12 月的冬至日，但 1 月和 2 月才是最冷的月份。

每年太阳辐射最强和最弱的时间与最高温度和最低温度出现的时间不一致的事实说明，太阳辐射不是决定局地温度的唯一因素。由第 2 章可知，南北纬 38° 之间的区域得到的太阳辐射要大于失去的长波辐射，而高纬地区的情形正好相反。如果只考虑获得能量和失去能量之间的不平衡，那么美国南部的任何地方直到秋末都很暖和。

然而，这种情况并未出现，大部分高纬地区夏至后不久就出现了辐射收支负值，随着高低纬度地区温差的变大，大气环流和洋流开始"努力工作"，从低纬度地区向高纬度输送热量。

图 3.24 这种温度计的设计基于 16 世纪后期伽利略发明的测温装置。如今，这种仍有一定精度的温度计多用于室内装饰。这种温度计是装有透明液体的密封玻璃管，透明液体中有数个不同密度的玻璃球，它们可以在罐中上下浮动

> **概念回顾 3.9**
> 1. 尽管当地正午的入射太阳辐射最强，但是一天内最热的时间通常是午后，为什么？
> 2. 至少列出三个导致温度日较差随地点和时间变化的因素。

3.5 气温的测量

测量温度的仪器称为温度计（见图 3.24），它分为机械式温度计和电子式温度计。

3.5.1 机械式温度计

大多数物质加热时膨胀，冷却时收缩。大部分温度计正是按照热胀冷缩的原理工作的。更确切地说，温度计的工作依赖于不同物质对温度变化的不同反应。

图 3.25 中的玻璃液体温度计是一种简单的装置，它可在较大的温度较差内给出相对精确的读数。这种设计从 16 世纪后期发明之后就一直保持不变。当温度上升时，液体分子变得很活跃并且开始伸展（液体膨胀），体积增大，多出来的液体被挤到上面的毛

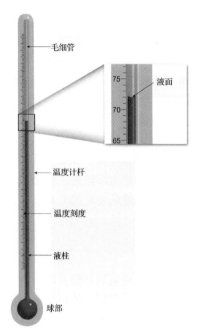

图 3.25 玻璃液体温度计的主要结构

细管中；反之，当温度降低时，液体又缩回玻璃泡中。在这个过程中，液面对应的刻度就是相应的温度值。

每天的最高温度和最低温度是相当重要的，需要通过特殊设计的玻璃温度计来测量。测量最高温度的温度计中的液体是液态汞（俗称水银），这种温度计的感应部分与毛细管之间形成一个狭窄的通道（见图 3.26a）。当温度升高时，感应部分的水银体积膨胀，进入毛细管；当温度下降时，毛细管内的水银因为表面张力作用，不能通过狭窄的通道缩回感应部分，因此这部分水银柱的顶端保持在最高点的位置，可以测得最高温度。这种温度计可以通过振动或旋转来让水银柱全部回到玻璃球中，水银柱复位后，显示的就是当前的气温值。

与测量最高温度不同，测量最低温度的温度计装的是低密度液体，如酒精。酒精温度计中有一个哑铃状的游标（见图 3.26b）。当温度下降时，酒精柱收缩到游标顶端，游标受到酒精表面张力的作用被酒精柱带动下降。当温度上升时，酒精膨胀并绕过游标，而游标由于与管壁之间的摩擦力而维持在原处。这种温度计只要倾斜就可让游标回到酒精柱顶端，由于游标是自由移动的，所以最低温度计必须水平放置，否则游标就会回到底部。

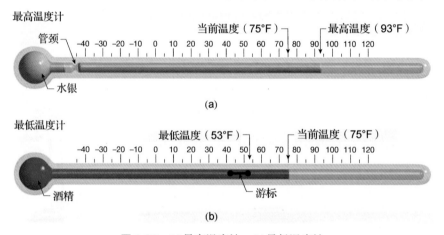

图 3.26 (a)最高温度计；(b)最低温度计

另一种常用的机械温度计是双金属片温度计。顾名思义，这种温度计是由两条膨胀系数相差很大的金属薄片焊接在一起形成的。当温度变化时，两种金属片膨胀或收缩，但它们的变化程度不同，导致金属片卷曲。金属片曲率的变化对应温度的变化。这种双金属片温度计在气象上的基本用途是温度的连续自动记录。金属片曲率的变化可以移动笔杆，使其在顺时针方向旋转的校准图上记录温度值（见图 3.27）。这种温度计虽然很方便，但获得的读数通

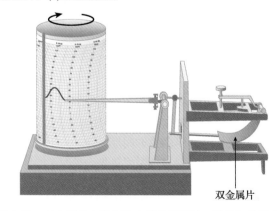

图 3.27 双金属片在温度计上的常见用途：连续记录温度值

常不如水银温度计的准确。为了获得更可靠的数值，双金属片温度计要定期与标准温度计进行比较以校准。

3.5.2 电子温度计

不同于依靠膨胀差来测量温度的温度计，电子温度计采用电子方法来测量温度。

电阻器是一个阻碍电流通过的小型电子元件。热敏电阻器类似于电阻器，但它的电阻值随温度的变化而改变。当温度升高时，热敏电阻值增大，通过的电流减小；当温度下降时，热敏电阻值减小，通过的电流增大，而测得的电流值可以转换为对应的温度值。因此，使用热敏电阻作为感温元件的温度计就是一种电子温度计。热敏电阻温度计由于灵敏度高，能够快速记录温度变化，因此多用于无线电探空仪中。美国国家气象局也用热敏电阻温度计来记录地面温度，温度计和数字读数器放在柱状塑料百叶箱中（见图 3.28）。

3.5.3 百叶箱

温度计读数的精度不仅取决于仪器的设计和质量，而且与温度计的放置地点有关。温度计放在太阳直射的地方时，仪器本身吸收太阳能，导致读数偏大；温度计放在散发高热量的建筑物或地面上时，也会得到不准确的读数。另一种产生不准确读数的原因是，温度计周围的空气不流通。那么温度计应该放在什么地方才能获得精确的读数呢？理想位置是仪器箱（见图 3.29）。这样的仪器箱是一个白色的百叶箱，四面装有可以让空气自由流通的百叶窗，同时还可保护温度计避免太阳直射，避免从地表获得热量，避免雨淋，且尽可能地远离建筑物。因此，百叶箱通常放在草地上方 1.5 米高的位置。

图 3.28 放置热敏电阻温度计的现代百叶箱

图 3.29 传统仪器箱是白色（高反照率）的百叶窗（通风），能够保护仪器免受太阳直射并允许空气自由流通

问与答：地球表面上有记录的最高温度和最低温度分别是多少？

有记录的最高温度约为 58℃，地点是利比亚的阿齐济耶，时间是 1922 年 9 月 13 日。有记录的最低温度是-89℃，地点是俄罗斯在南极洲的沃斯托克气象站，时间是 1983 年 7 月 21 日。

1. 说明玻璃液体温度计、测量最高/最低温度的温度计、双金属片温度计和热敏电阻温度计的工作原理。
2. 什么是温度记录器？制造温度记录器时，最常使用哪类机械温度计？
3. 除了拥有准确的温度计，获得有效温度读数还要考虑哪些因素？

3.6 温标

美国的电视天气预报员预报温度时用的是华氏度，但科学家和其他国家常用的是摄氏度。科学家有时也用开氏度/热力学温度。这三种温度之间有何区别？为了定量地表示物体的温度，必须建立温标。温标需要选定温度的参考点，也称基准点。

1714 年，德国物理学家加布里埃尔·华伦海特发明了华氏温标。他制作了一个玻璃水银温度计，将冰、水和盐的混合物所能达到的最低温度作为温度计的零度，而概略地将人体温度 96 度作为另一个基准点。按照这个温标，冰的融点为 32 度，水的沸点为 212 度。由于华伦海特的原始基准点很难再现，如今的华氏温标选择冰点和沸点作为基准点，人体温度也修正为 98.6 度（传统的"人体温度"确定于 1868 年，最近的一次评估将这个温度修正为 98.2 度，误差范围为 4.8 度）。

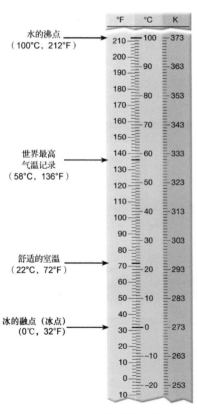

水的沸点
（100℃，212°F）

世界最高
气温记录
（58℃，136°F）

舒适的室温
（22℃，72°F）

冰的融点（冰点）
（0℃，32°F）

图 3.30　三种温标的比较

1742 年，在华伦海特发明华氏温标 28 年后，瑞典天文学家安德斯·摄尔修斯发明了另一种温标。这种温标将冰的融点作为零度，将水的沸点作为 100 度（摄氏温标和华氏温标中的沸点指的是标准海平面气压下纯水的沸点。注意，水的沸点随海拔的升高而降低）。这种温标称为百分度温标或摄氏温标。

摄氏温标中冰的融点和水的沸点相差 100 度，华氏温标中融点和沸点相差 180 度，1 摄氏度（℃）相当于 1.8 华氏度（°F）。因此，在温标之间进行转换时，除了数值需要变化，单位也要变。例如，冰的融点是 0℃而不是 32℃。温标之间的关系如图 3.30 所示。

摄氏温标和华氏温标之间的换算关系为

$$°F = (1.8 × ℃) + 32 \quad 和 \quad ℃ = \frac{°F - 32}{1.8}$$

在某些科学研究中还可以见到第三种温标：开尔文温标或热力学温标，这种温标通常简称为开氏温标（K）。开氏温标和摄氏温标的间隔相同，即冰的融点和水的沸点间隔 100 度。但在开氏温标中，冰点设为 273K，沸点设为 373K（见图 3.30），原因是开氏温标中零度表示分子运动停止的温度（称为热力学零度）。因此，与摄氏温标和华氏温标不同的是，由于不会有低于热力学零度的温度，在开氏温标中不会出现负值。开氏温标和摄氏温标之间的关系如下：

$$℃ = K - 273 \quad 或 \quad K = ℃ + 273$$

知识窗 3.4　气温资料的用途

气象资料对人们来说是非常有用的资源。这里着重介绍三个度日指标：供暖度日、制冷度日和生长度日。前两个指标用来评估根据天气变化时是否需要供暖/制冷并给出这样做的成本，后一个指标供农业种植户用来估计作物的成熟期。

供暖度日

供暖度日是用来估计能源需求和消耗的一种实用方法。这个指标先假定室内的温度高于18.3℃时就不需要供暖。简单地讲，就是当温度低于18.3℃时，每下降一度就计为一个供暖度日。因此，供暖度日的确定是从18.3℃中减去每天低于18.3℃的日平均温度。因此，若某天的平均温度为10℃，则该日的供暖度日就是8（18.3 − 10 = 8），平均温度高于18.3℃时就没有供暖度日。

建筑物保持一定温度所需的供热量与总供暖度日成正比。这一线性关系表明，一般情况下若供暖度日加倍，则燃料消耗也加倍。因此，1000供暖度日月份的燃料费用将是500供暖度日月份的2倍。比较不同地方的季节总量，就可估算出燃料消耗的季节差异（见表3.C）。例如，假设两处建筑物完全一样，人们的生活习惯也一样，那么芝加哥（约6500总供暖度日）供暖所需的燃料将是洛杉矶（约1300供暖度日）的5倍。

每天，要报告前一天的累积值和到目前为止这个季节的总值。为便于统一报告，供暖季节定义的时段是从7月1日到6月30日。这些报告通常包括去年到这一日期的总值或长期的平均值，或者两者都包括。这样，就可以相对简单地判断到目前为止是高于、低于还是接近正常值。

表3.C 一些城市的年平均供暖度日和制冷度日

城　　市	供暖度日	制冷度日
阿拉斯加州安克雷奇	10470	3
马里兰州巴尔的摩	3807	1774
缅因州波士顿	5630	777
伊利诺伊州芝加哥	6498	830
科罗拉多州丹佛	6128	695
密歇根州底特律	6422	736
蒙大拿州大瀑布城	7828	288
明尼苏达州国际瀑布城	10269	233
内华达州拉斯维加斯	2239	3214
加利福尼亚州洛杉矶	1274	679
佛罗里达州迈阿密	149	4361
纽约州纽约市	4754	1151
亚利桑那州凤凰城	1125	4189
得克萨斯州圣安东尼奥	1573	3038
华盛顿州西雅图	4797	173

制冷度日

正如供暖可以由供暖度日来估计和比较燃料消耗一样，建筑物的制冷能源消耗也可用制冷度日来估算。因为同样使用18.3℃作为基础温度，所以只要从每天日平均温度减去18.3℃就可确定制冷度日。因此，如果日平均温度是29℃，那么制冷度日就是11。表3.C列出了美国一些城市的年平均制冷度日。比较巴尔的摩和迈阿密的总制冷度日可以看出，对同样的一座建筑，在迈阿密的制冷燃料消耗是巴尔的摩的2.5倍。制冷季节周期就是从1月1日到12月31日，很方便操作。因此，报告的制冷总度日数就代表了从该年1月1日以来的累积度日数。

虽然提出了有些比供暖度日和制冷度日更复杂的，考虑了风速、太阳辐射和湿度等要素的指数，但度日仍在广泛地使用着。

生长度日

气象资料的另一种实际应用是大致确定农作物的收割日期。这个简单的指数就是生长度日。生长度日数是指特定作物在任何一天的平均温度与作物基础温度之差，基础温度是作物生长所需的最低温度。例如，甜玉米的基础温度是10℃，而豌豆的基础温度是4℃。当某天的平均温度是24℃时，甜玉米的生长度日数是14，而豌豆的则是20。

从作物生长季节开始，累加逐日的生长度日。因此，如果某作物需要2000生长度日才能成熟，那么其收获的时间就是生长度日累积达到2000的时间（见图3.I）。虽然植物生长的许多重要因子，如水汽条件和阳光等未包括在该指数内，但这一指标体系仍被作为确定作物大致成熟期的一个简单的、应用广泛的工具。

图3.I 生长度日用来确定作物收获的大致时间

问与答：哪些国家和地区使用华氏温标？

美国和中美洲的伯利兹一直使用华氏温标，其他国家和地区使用摄氏温标。科学界广泛使用摄氏温标和开氏温标。

概念回顾 3.11

1. 沸点和冰点是什么意思？三种温标的沸点和冰点的温度值分别是多少？
2. 使用开氏温标时，为何不可能出现负值？

3.7 炎热和风寒：人体不舒适指数

天气预报通常提醒人们夏季要注意高温高湿的潜在危害，冬季要注意大风和低温。前者需要注意热力作用和中暑的可能性，后者需要注意风寒和冻伤的危险。这些指数都与人体感受的空气温度即体感温度有关。热应力指数和风寒指数的产生，基于人体感受到的空气温度往往与温度计记录的实际气温不同。人体是一个热源，它不断地向外释放能量。任何导致人体热量损失的因素也会影响人体对温度的感知，进而影响人体的舒适度。在影响人体舒适度的几个因素中，气温是其中很重要的一个，其他环境要素也很重要，如相对湿度、风速和日照等。

3.7.1 炎热——高温高湿

人们在高温热浪天气中感觉不适主要是由于湿度大。为什么闷热的天气让人感觉很难受？人类与其他哺乳动物一样属于恒温动物，无论环境温度如何，自身都保持恒定的体温。保持体温的一种方法是通过出汗来防止身体过热，不过并不是出汗过程降低了身体温度，而是汗水的蒸发带走了热量导致降温。空气湿度大使蒸发变慢，因此人们在炎热潮湿的天气中感觉比炎热干燥的天气更不舒服。

一般来说，温度和湿度是夏季影响人体舒适度的重要因素。美国国家气象局常用的一种根据温度和湿度建立的舒适度指数和不舒适指数称为热应力指数，也称炎热指数。由图 3.31 可见，相对湿度增加时体感温度和炎热指数也增加。此外，当相对湿度较低时，体感温度比实际气温要低。注意，其他如太阳直接照射的时长、风速和个人健康等因素同样会影响人体对热的感应。此外，高温高湿天气在美国新奥尔良是很正常的，当地居民已习以为常。而美国北部明尼阿波利斯的居民则很难适应同样的天气，因为常年生活在高温高湿地区的人更易接受炎热潮湿的天气。

	炎热指数 相对湿度/%												待在室外的时间 及活动时间较长
	40	45	50	55	60	65	70	75	80	85	90	95	100	
110	136													
108	130	137												极度危险 中暑可能性很高
106	124	130	137											
104	119	124	131	137										
102	114	119	124	130	137									
100	109	114	118	124	129	136								危险 很可能中暑、 肌肉痉挛或虚脱
98	105	109	113	117	123	128	134							
96	101	104	108	112	116	121	126	132						
94	97	100	102	106	110	114	119	124	129	135				高度警惕 有可能中暑、 肌肉痉挛或虚脱
92	94	96	99	101	105	108	112	116	121	126	131			
90	91	93	95	97	100	103	106	109	113	117	122	127	132	
88	88	89	91	93	95	98	100	103	106	110	113	117	121	
86	85	87	88	89	91	93	95	97	100	102	105	108	112	警惕 可能产生疲劳
84	83	84	85	86	88	89	90	92	94	96	98	100	103	
82	81	82	83	84	84	85	86	88	89	90	91	93	95	
80	80	80	81	81	82	82	83	84	84	85	86	86	87	

温度/°F（左侧纵轴标注）

图 3.31 炎热指数能够度量体感温度。例如，当气温是 90℉、相对湿度是 65% 时，会让人感觉到温度为 103℉。相对湿度增加，体感温度也增加

3.7.2 风寒——大风降温作用

大家都熟悉冬季空气流动的强大降温作用。冷天风一吹，我们就会觉得风停了更舒适。凛冽的寒风会吹透普通衣服而使其不再保暖，并且让身体的裸露部分迅速降温。刮大风时，不仅蒸发

变强，而且风也使得身体周围的暖空气不断被冷空气替换，进而带走身体的热量。美国国家气象局和加拿大气象局所用的风寒温度（WCT）指数是根据风速大小和人体皮肤对寒冷的感觉来计算的（见图3.32）。这个指标包括风吹到脸上的感觉及身体热量流失的评估，试验在风洞中进行，试验结果进行了验证以提高公式的准确性。风寒温度表包含一个冻伤指示区，显示了在什么温度、风速和暴露时间长度情况下会产生冻伤（见图3.32）。

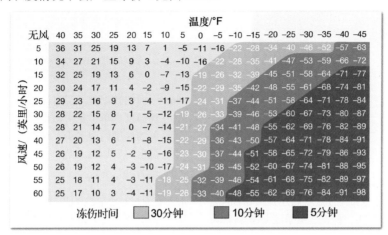

图3.32 风寒指数表。美国国家气象局和新闻媒体以此报道风寒信息，因此常用华氏度表示。图上的阴影部分表示冻伤风险，即人体暴露在外多长时间后会被冻伤。例如，若温度为0℉，风速为15英里/小时，则风寒温度为19℉。在这种情况下，暴露在外的皮肤冻伤时间为30分钟

要指出的是，与寒冷有风的天气相反，在风和日丽的冬天，人体的感觉比实际温度更暖，这种温暖的感觉是由身体直接吸收太阳辐射造成的。风寒指数未考虑风寒对太阳辐射的抵消作用，但未来应该考虑它。

记住，风寒温度只是评估人体不舒适度的一个指标，由于各种因素的影响，不同的人感觉到的不舒适度是不一样的。即使所穿的衣服一样，年龄、身体状况、和活跃程度的不同也会导致个体的感受有较大差异。然而，作为一种相对标准，WCT指数有利于人们对风和低温的潜在危害做出准确判断。

概念回顾 3.12

1. 什么是体感温度？
2. 为什么高湿度会让人夏季感到不适？
3. 为何冬季的强风会使得体感温度低于温度计的读数？
4. 列出热应力和风寒指数不影响每个人的几个原因。

思考题

01. 有人问美国最冷的城市是哪个时，你会使用什么统计数据？至少列出选择最冷城市的三种不同方法。
02. 题图显示了伊利诺伊州厄巴纳和加利福尼亚州旧金山的月高温。尽管两个城市的纬度相同，但是它们的温度相当不同。图上的哪些线表示厄巴纳？哪些线表示旧金山？为什么？
03. 如下哪天的温度日较差最大？哪天的温度日较差最小？为什么？a. 白天多云，晚上无云；b. 白天无云，晚上多云；c. 白天和晚上均无云；d. 白天和晚上均多云。

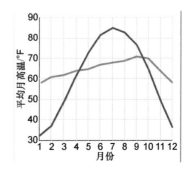

04. 题图所示为印度洋赤道地区，说明经度、纬度和不同的陆地与水体加热是如何影响该地气候的。

05. 题图所示为北半球的假想大陆图，图上叠加了等温线。a. 是城市A的温度高还是城市B的温度高？为什么？b. 季节是冬季还是夏季？为什么？c. 描述或画出6个月后这条等温线的位置。

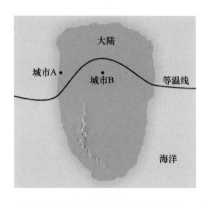

06. 下面的数据是不受海洋影响的内陆位置的月平均温度，单位是℃。根据温度年较差，这个位置的纬度约为多少？这些温度是该纬度的正常温度吗？如果不是，什么控制因素可以解释这些温度？

1月	2月	3月	4月	5月	6月	7月	8月	9月	10月	11月	12月
6.1	6.6	6.6	6.6	6.6	6.1	6.1	6.1	6.1	6.1	6.6	6.6

07. 参考图3.18，说明导致北大西洋等温线弯曲或扭结的原因。

术语表

absolute zero　热力学零度
apparent temperature　体感温度
annual mean temperature　年平均温度
annual temperature range　温度年较差
bimetal strip　双金属片
Celsius scale　摄氏度
controls of temperature　影响气温的因素
daily mean temperature　日平均温度
daily temperature range　温度日较差
Fahrenheit scale　华氏温标
fixed points　基准点
ice point　冰点

isotherm　等温线
Kelvin, or absolute, scale　开氏/热力学温标
liquid-in-glass thermometer　玻璃液体温度计
maximum thermometer　测量最高温度的温度计
minimum thermometer　测量最低温度的温度计
monthly mean temperature　温度月较差
specific heat　比热容
steam point　沸点
temperature gradient　温度梯度
thermistor　热敏电阻器
thermograph　温度记录仪
thermometer　温度计

习题

01. 查看图3.C中飓风致死的人数。若飓风卡特琳娜未发生，图表上绘制的飓风致死人数是多少？

02. 参考图3.21中温度记录仪的记录，这周各天的最高温度和最低温度是多少？使用这些数据计算每天的平均温度的温度日较差。

03. 参考图3.18和图3.19中1月和7月的世界温度图，确定北纬60°、东经80°和南纬60°、东经80°的1月平均温度、7月平均温度及温度年较差。

04. 参考图3.32，确定如下环境的风寒温度：a. 温度为5℉，风速为24千米/小时。b. 温度为5℉，风速为48千米/小时。

05. 某天的平均温度为12.78℃，下一天的平均温度下降为7.22℉。计算每天的供暖度日数。与第一天相比，建筑物采暖第二天需要增加多少燃料？

第4章　水汽和大气稳定度

　　水汽是无色、无味的气体，它可以和大气中的其他气体成分自由混合。与大气中含量最多的氧和氮不同，水在地球温度环境下可从一种物质状态转换为另一种物质状态（固体、液体或气体），而大气中的氮凝结为液体的温度则为−196℃。由于这一特性，水既能变成气体离开海洋，又能以液态降水形式返回海洋。

犹他州泥溪附近的午后暴雨

本章导读

- 画出并描述水循环中水体的运动。

- 列出并描述水的独特性质。

- 汇总水在不同状态之间转换的过程，并指出是吸热还是放热。

- 概括性说明空气温度和使得空气饱和的水汽含量之间的关系。

- 定义水汽压并描述其与饱和之间的关系。

- 列出并描述自然界相对湿度的变化方式。

- 比较湿度和露点温度。

- 描述绝热温度变化，说明冷却湿绝热率小于干绝热率的原因。

- 列出并描述使得空气上升的四种机制。

- 简要叙述环境直减率与稳定性之间的关系。

4.1　大气中水的运动

地球上的水无处不在，例如在海洋、冰川、河流、湖泊、空气、土壤和生命组织中（见图4.1）。地球表面或接近地球表面的最大水体（97%）是海洋中的盐水，剩下3%中的大多数位于南极洲和格陵兰岛的冰盖中。只有约0.001%的水位于大气中，且大部分以水汽的形式存在。

图4.1　阿拉巴马州的一个湖泊在寒冷的秋天被蒸汽般的雾所笼罩

水在海洋、大气和陆地之间的连续交换称为水循环（见图4.2）。水从海洋和陆地蒸发进入大气；风常将这些水汽输送很远的距离，直到条件适合时使水汽凝结成云滴；云的形成过程可能产生降水；降水落入海洋后就完成一个循环过程而准备开始下一个循环过程。降落到陆地上的水的一部分渗入地下，其中有的向下运动，然后向侧面运动，最后渗入湖泊或河流。大多数渗透或径流水又以蒸发的形式重新返回大气。此外，渗入地下的水有的被植物根系吸收，然后通过蒸腾过程将水释放到大气中。由于我们无法清楚地区分蒸发的水和植物蒸腾的水，所以常将这两种过程混称为蒸散。

大气中总的水汽含量大致保持为一个常值。因此，地球上的平均年降水量必须大致与通过蒸发损失的水量相等。然而，在各个大陆的陆地上，降水量超过蒸发量。水循环大致平衡的证据是，全球海洋的表面事实上没有下降。

总之，水循环描述了地球上的水从海洋到大气、从大气到陆地及从陆地回到海洋的连续运动。水循环运动控制着地球表面水的分布，且与所有大气现象有着复杂的关系。

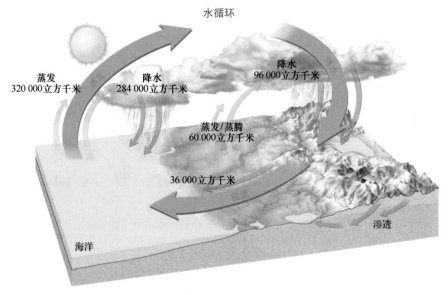

图 4.2 地球的水循环

概念回顾 4.1
1. 画出并描述水循环中水的运动。
2. 海洋蒸发的水量不等于降水量，为什么？海平面不下降吗？
3. 命名并说明蒸腾作用期间发生的两个过程。

4.2 水：独特的物质

水的几个特性使其有别于其他大多数物质。例如，①水是地球表面上体量巨大的唯一液体；②水极易从一种状态转换为另一种状态（固态、液态、气态）；③固态水——冰的密度比液态水的密度小；④水具有高热容量——改变其温度需要较多的能量。水的所有这些特性都会影响到地球的天气和气候，并造福于地球上的生命。

水的这些特性很大程度上是由水形成氢键的能力决定的。为了更好地理解氢键的性质，下面考察水分子的结构 [见图 4.3(a)]。一个水分子（H_2O）由两个氢原子和一个氧原子紧密地结合在一起形成。氧原子具有比氢原子更大的引力来键合电子（带负电的亚原子），因此水分子中的氧原子带负电，而水分子的两个氢原子带正电。因为不同电性的粒子相互吸引，一个水分子的氢原子会被另一个水分子的氧原子吸引，氢键就是在它们之间存在的这种引力 [见图 4.3(a)]。

氢键的作用是将水分子结合在一起形成固态冰。在冰中，氢键产生如图 4.3(b)所示的牢固网状六边形，而冰的分子组成却非常松散（存在大量的空间）。冰被充分加热后开始融化，融化使部分（而非全部）氢键断裂，导致的液态水分子呈更紧密的分布 [见图 4.3(c)]。这个结果解释了水在液态时的密度为什么比在固态时的大。

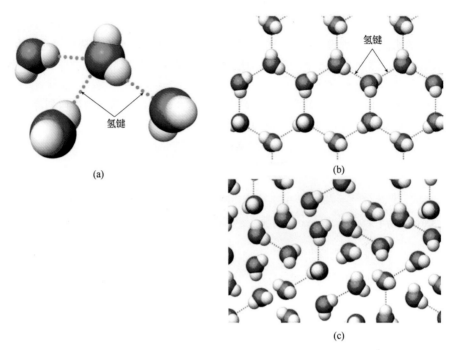

(a)

(b)

(c)

图 4.3 水中的氢键。(a)水分子由氢键结合在一起,氢键将一个水分子的氢原子和另一个水分子的氧原子结合在一起。(b)冰的晶体结构示意图。为简化起见,未给出三维冰的结构特征。(c)液态水由氢键连在一起的水分子簇组成。液态水的氢键不断地打开并被新氢键代替,从而为液态水提供了流动性

因为冰的密度比其下方的水的密度小,所以水是从上向下冻结的(见图 4.4),这对天气和水生生物具有深远的影响。水体上面形成冰后,冰体隔离下面的液态水,使得深水处的冻结速度变慢。如果水体的冻结是从底部开始的,那么可以想象会有什么结果:这时,许多湖泊在冬季就会冻结成固态冰,水生生物都将死亡;较深的水体,如北冰洋从来都不会被海冰覆盖;地球的热量平衡将被打破,进而改变全球的大气环流和海洋环流。

水的热容量也与氢键有关。当水被加热时,部分能量用来打开氢键而非增加分子的运动(回顾前面介绍的温度升高和平均分子运动的增加的关系)。因此,在相同条件下,水的加热和冷却要比其他大多数常见物质慢。由于水的这一性质,与周围的陆地环境相比,的大水体可以调节温度——在冬季保持暖和,而在夏季保持凉爽,即所谓的"冬暖夏凉"。

图 4.4 当水体冻结时,在水的顶部形成冰,因为冰的密度比液态水的小。这是一个非常特别的性质,因为大多数物质的固态形式要比其液态形式的密度大

概念回顾 4.2

1. 固态水即冰的密度小于液态水的密度,为何是水的独特性质?
2. 解释冰融化为液态水的原因。
3. 水的什么特性使得冬天大型水体要比邻近的陆地暖和,夏天要比邻近的陆地寒冷?

4.3 水的相变

水是唯一以固态（冰）、液态和气态（水汽）存在于地球上的物质。如前所述，水的所有形态都是由氢原子和氧原子结合而成为水分子（H_2O）的。

4.3.1 冰、液态水和水汽

冰由水分子组成，这些动能较低的水分子由其相互作用力（氢键）结合在一起。冰的分子以网络状有序且紧密结合在一起（见图 4.5）。这种结构使得水分子相互之间不能自由移动，而只能在固定的位置振动。当冰被加热时，分子的振动加快；当分子的运动速率增大到一定程度时，水分子之间的氢键被破坏，冰开始融化。

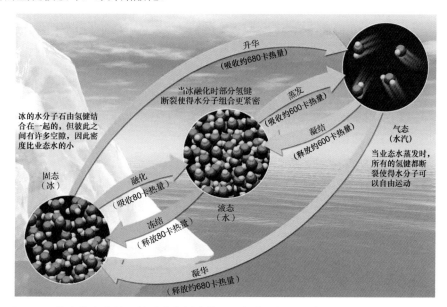

图 4.5 状态的变化总是伴随着热量交换。图中给出的是 1 克水从一种状态转换为另一种状态所需吸收或放出的大致热量

水为液态时，水分子仍然紧密地挤在一起，但运动得足够快，可以很容易地滑过另一个水分子。这样，液态水就成为流体。

当液态水从周围环境获取热量时，某些水分子获得足够的能量后，其氢键会被破坏而逃离液体表面变成水汽。水汽分子之间的空隙很大。

总之，当水发生相变时，氢键要么形成，要么断裂。

4.3.2 潜热

无论何时，只要水的状态发生变化，就会与周围环境交换热量。例如，蒸发水需要热量。气象学家将水的状态变化所需的热量单位称为卡（Calories，卡路里），1 卡相当于 1 克水温度升高 1℃所需的热量。因此，当 1 克水吸收 10 卡热量后，水分子运动加快，温度升高 10℃。

在一定条件下，给物质加热时其温度可能不升高。例如，在玻璃杯中冰和融化的冰水混合在一起时，温度保持为 0℃不变，直到冰全部融化。如果增加的能量未使冰水的温度升高，那么能量去哪儿了？在这种情况下，增加的能量用来打开连接水分子成为冰晶结构的氢键。因为热量用于融化冰但不引起温度变化，所以这种热量就称为潜热（其中"潜"表示隐藏的意思，就像犯罪现场隐潜的指纹那样）。这一能量完全存储在液态水中，直到水再次转换为固态时，又作为热量释放出来。每融化 1 克冰需要约 80 卡热量，这个值称为融化潜热；而在相反的过程即冻结过程中，1 克水会将 80 卡热量作为融解潜热释放出来，详见第 5 章中关于防霜冻的一节。

4.3.3 蒸发和凝结

潜热同样存在于水从液体变为气体（水汽）的蒸发过程中。在蒸发过程中，水分子吸收的能量用来产生使其作为气体逃离液态水面所需的运动。这一能量称为蒸发潜热，其值大致是 0℃时每克水的 600 卡到 100℃时每克水的 540 卡（注意在图 4.5 中，蒸发 1 克水所需的能量比融化同样数量的冰要多得多）。在蒸发过程中，温度较高（运动较快）的分子逃离水面。剩下的水的平均分子运动（温度）降低——因此说"蒸发是一个冷却过程"。当你潮湿的身体从装满水的泳池或浴缸中出来时，一定会体验到这种冷却效应，这时因为皮肤表面水的蒸发需要能量，所以你会感觉到冷。

凝结与蒸发相反，是水汽变回液态的过程。在凝结过程中，水汽分子释放能量（凝结潜热），其值与蒸发时吸收的热量相等。大气中发生凝结时，就会有雾和云生成（见图 4.6）。

图 4.6　水汽的凝结产生各种凝结现象，如露、云和雾

潜热在许多大气过程中发挥着重要作用，特别是在水汽凝结形成云滴时，释放出的潜热会加热周围大气，使其产生浮力。当空气中的湿度较高时，这一过程可以加快塔状积雨云的发展。此外，热带海洋上的水分蒸发和高纬度的凝结造成从赤道向极地的重要能量输送。

升华和凝华　你可能不太熟悉图 4.5 中的最后两个过程——升华和凝华。升华是不经过液态而由固体直接变为气体的过程。升华的例子包括：放在冰箱中未用过的冰块慢慢变小，干冰（冻结的二氧化碳）迅速变成云雾状并很快消失。

凝华　凝华是与升华相反的过程：水汽直接变成固体。例如，水汽在固体上如眼镜或窗户上堆积时就属于这种情况（见图 4.7），这些沉积物称为白霜或者简称为

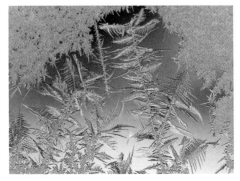

图 4.7　窗户上的白霜

霜。家中常见的凝华过程就是冰箱中产生的霜。如图 4.5 所示，凝华释放的能量等于凝结和冻结释放的能量之和。

概念回顾 4.3

1. 简述水在不同状态之间变化的过程，以及每种情况下是吸热还是放热。
2. 描述潜热，解释凝结潜热在形成塔状积雨云的过程中所起的作用。
3. 给出蒸发是冷却过程的原因。
4. 与导致状态变化的其他过程相比，为什么凝华涉及更多的潜热交换？

4.4 湿度：空气中的水汽

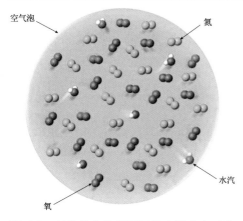

图 4.8 气象学家使用不同的方法来表示空气中的水汽含量

当空气从一地运动到另一地时，压力和温度都会变化，因此其体积也会变化。当空气体积变化时，即使没有水汽进出，其绝对湿度也会变化。因此，用绝对湿度指标很难确定移动气团中的水汽含量。所以，气象学家更倾向于用混合比来表示空气中的水汽含量。

混合比是指单位体积内的水汽质量与其他干空气的质量之比：

混合比 = 水汽质量（克）/ 干空气质量（千克）

因为混合比是用质量单位来表示的（通常是克/千克），所以不受温度和气压的影响（见图 4.9）。

然而，无论是绝对湿度还是混合比，都很难由样本直接测量得到，所以需要采用其他方法来表示空气中的水汽含量。

水汽只占大气的很小一部分，其体积只有整个大气体积的 0.1%～4%，但空气中水的重要性要远比这个小百分比显示的大。事实上，水汽参与了大气中的各种过程，是大气中最重要的气体。

湿度是用来表示空气中水汽含量的常用词（见图 4.8）。气象学家使用不同的方法来表示空气中的水汽含量，包括绝对湿度、混合比、水汽压、相对湿度和露点温度，其中绝对湿度和混合比相似，因为二者都用给定空气中的水汽含量来表示。

绝对湿度是指给定体积空气中水汽的质量（通常用克/立方米表示）：

绝对湿度 = 水汽质量（克）/空气体积（立方米）

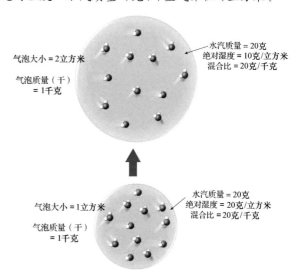

图 4.9 上升气块的绝对湿度和混合比的比较。注意，混合比不受气块上升和膨胀时气压变化的影响

4.5 水汽压与饱和

空气中的水汽含量可以用水汽压表示。为了理解水汽是如何有压力的，可以想象有一个如图 4.10(a)所示的装有纯净水的封闭烧瓶，水上面是干空气。这样，几乎立刻就有水分子离开水面，蒸发到上面的干空气中，如图 4.10(b)所示，可以探测到进入空气的水汽使压力小幅增加。压力的增加是水汽分子运动的结果，水汽分子通过蒸发进入空气。在大气中，这一压力称为水汽压，即整个大气压的一部分是由水汽含量贡献的。

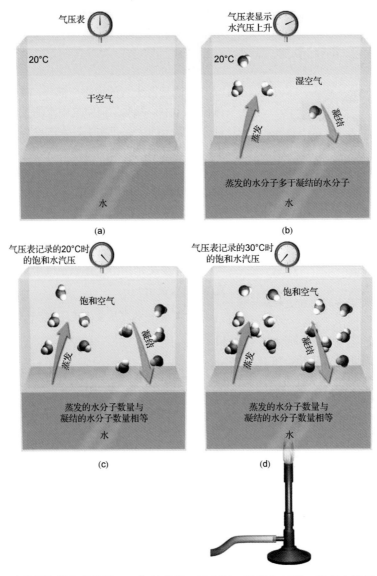

图 4.10　水汽压与饱和的关系。(a)初始状况：干空气，温度为 20℃，没有水汽压；(b)蒸发产生水汽压；(c)随着越来越多的水分子逃离水面，逐渐增加的水汽压迫使更多的水分子回到液态。最终，回到水面的分子数与离开水面的分子数达到平衡，这时就认为空气达到饱和；(d)当容器从 20℃加热到 30℃时，蒸发增加，使得水汽压上升，直到达到新的平衡

　　水遍布于地球——海洋、冰川、河流、湖泊、空气和活体组织。此外，在不同的温度和气压下，水也会在不同的物质状态之间转换。参考这幅拍摄于南极洲维加岛的照片，回答如下问题。

问题 1　照片中的固态水有哪两种特性？

问题 2　液态水有哪些不同的特性？

问题 3　图中的何处存在水汽？

　　最初，离开水面（蒸发）的分子多于回到水面（凝结）的分子，但随着越来越多的分子从水面蒸发，空气中的水汽压不断增加，而水汽压的增加又迫使更多的分子回到液态水中。最终，回到水面的分子数与离开水面的分子数达到平衡。这种空气达到平衡的状态称为饱和[见图 4.10(c)]。当空气达到饱和时，由水汽分子运动产生的水汽压称为饱和水汽压。

　　现在假设要通过加热密闭容器来打破这种平衡，如图 4.10d 所示。增加的能量使得蒸发增加，进而增加水面上空气中的水汽压，直到在蒸发与凝结之间达到一个新的平衡。由此可见，饱和水汽压是与温度有关的，也就是说，较高的温度产生更多的水汽来使空气达到饱和（见图 4.11）。不同温度下每千克干空气达到饱和所需的水汽含量如表 4.1 所示。注意，温度每增加 10℃，使空气饱和所需的水汽含量就加倍，因此，30℃时空气达到饱和所需的水汽含量约为 10℃时的 4 倍。

　　大气的形态很像这里使用的密封容器。在自然界中，是重力而不是容器的盖子阻止水汽（包括其他气体）进入外太空。如同容器那样，水分子不断地从液态表面（如湖泊或云滴）蒸发，而

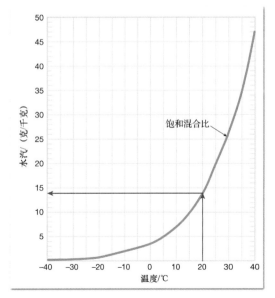

图 4.11　图中曲线表示不同温度下使 1 千克干空气达到饱和所需的水汽量。例如，红色箭头表示温度为 20℃时，每千克饱和干空气中含有 14 克水汽

其他水分子则凝结。然而，在自然界中并不总能达到平衡状态，更多的是水分子离开水面而不回到水面的情况，这就造成了气象学家说的净蒸发。与此相反，在雾的形成过程中，更多的水分子总是凝结到雾滴上，而不从微小的雾滴蒸发，这时就是净凝结。

是什么决定了蒸发率超过凝结率（净蒸发）或者相反的情况呢？主要因素之一是水面的温度，它决定了水分子的运动能量（动能）。在较高的温度下，水分子具有较大的能量，可以轻易地离开水面。因此，在其他条件相同时，热水水分子具有更多的能量，所以其蒸发要比冷水快。

另一个决定是蒸发还是凝结的主要因素是水体附近空气中的水汽压。根据前面密闭容器的例子可知，水汽压决定了水分子回到水面（凝结）的比例。当空气干燥时（低水汽压），水分子回到液态的比例很低；然而，当水汽压饱和时，凝结率与蒸发率相等。因此，当空气饱和时，既没有净蒸发又没有净凝结。所以，除了相等的情况，空气较干燥时（低水汽压）的净蒸发要比空气较湿润时（高水汽压）的大。

表 4.1　饱和混合比（海平面气压下）

温度/℃（℉）	饱和混合比/（克/千克）
−40（−40）	0.1
−30（−22）	0.3
−20（−4）	0.75
−10（14）	2
0（32）	3.5
5（41）	5
10（50）	7
15（59）	10
20（68）	14
25（77）	20
30（86）	26.5
35（95）	35
40（104）	47

问与答：为什么雪后的雪堆会缩小，即便温度低于冰点？

在雪后晴朗且寒冷的日子里，空气变得非常干燥。这个事实加上太阳加热，使得冰晶升华——从固态变为气态。因此，即便没有任何明显的融化，雪堆也会越来越小。

概念回顾 4.5

1. 定义水汽压并描述它与饱和之间的关系。
2. 查看表 4.1，简要说明空气温度与使得空气饱和的水汽含量的关系。

4.6　相对湿度

最熟悉也最易被人误解的描述空气中水汽含量的术语是相对湿度。相对湿度是指空气中的实际水汽含量与该温度（和压力）下饱和水汽含量之比。因此，相对湿度表示的是空气接近饱和状态的程度，而不是空气中的实际水汽含量（见知识窗 4.1）。

为了说明这一问题，下面来看表 4.1。25℃时每千克饱和空气中含有水汽 20 克，如果某天的温度为 25℃，空气中的水汽含量是 10 克/千克，那么相对湿度就表示为 10/20 或 50%；如果 25℃时空气中的水汽含量是 20 克/千克，那么相对湿度就是 20/20 或 100%。当相对湿度达到 100% 时，空气达到饱和状态。

知识窗 4.1　干空气的相对湿度是 100% 吗？

有关气象学的一个常见错误概念是，相对湿度高的空气必然比相对湿度低的空气水汽含量多，事实并非总是如此（见图 4.A）。为了说明这一点，比较 1 月份某天明尼苏达州的国际瀑布城和亚利桑那州靠近凤凰城的一处沙漠。假设这一天国际瀑布城的温度是-10℃，相对湿度是 100%。参照表 4.1 可以看到，-10℃的饱和空气的水汽含量（混合比）是 2 克/千克。相比而言，凤凰城附近沙漠的温度是 25℃，相对湿度约为 20%。表 4.1 显示 25℃空气的饱和混合比是 20 克/千克。因此，在凤凰城附近的沙漠中，20%相对湿度的空气中的水汽含量是 4 克/千克（20 克×20%）。由此可见，凤凰城的"干"空气中的实际含水量是国际瀑布城的相对湿度 100%的空气中的 2 倍。

这个例子说明，非常冷的地方也非常干燥。寒冷空气（即使有时是饱和的）的低水汽含量可以解释许多北极地区因很少降水而被称为"极地沙漠"的色牢度，同时也有助于我们理解冬季人们常常皮肤干燥、嘴唇开裂的原因。即使与干热地区相比，冷空气中的水汽含量仍然很低。

图 4.A 炎热空气和寒冷空气中的水汽含量对比。相对湿度低的炎热沙漠的空气中的水汽含量比相对湿度高的寒冷空气的高

4.6.1 相对湿度如何变化

因为相对湿度是以空气的实际水汽含量和饱和状态下的水汽含量为基础确定的，所以可以改变两个量中的任何一个来改变相对湿度。首先，当水汽进出空气时，水汽压发生变化；其次，空气的饱和水汽含量是温度的函数，相对湿度随温度变化。

加入或除去水分 注意到在图 4.12 中，当水汽通过蒸发进入空气时，空气的相对湿度增加，直到达到饱和状态（相对湿度 100%）。此时继续向饱和空气中加入水汽会怎么样？相对湿度会超过 100% 吗？通常这一情况不会发生，多余的水汽将凝结成液态水。使用热水淋浴时，你可能会经历这样的情况：离开淋浴头的水由非常活跃（热）的水分子组成，说明其蒸发率很高，在你不断冲浴时，蒸发过程连续不断地将水汽加入不饱和的浴室。如果用热水淋浴的时间足够长，空气最终就会达到饱和状态，过剩的水汽开始凝结到镜子、窗户、瓷砖或室内其他物体的表面上。

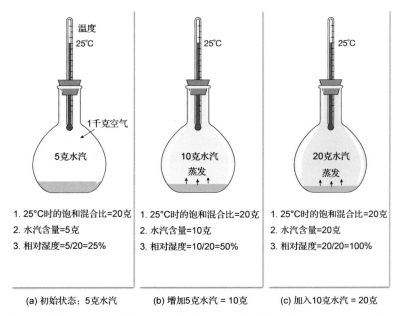

图 4.12 温度不变时（本例为 25℃），相对湿度随空气中水汽的增加而增大。25℃ 时的饱和混合比是 20 克/千克（见表 4.1）。随着烧瓶中水汽含量的增加，相对湿度从(a)图中的 25% 上升到(c)图中的 100%

在自然界中，水分进入空气的主要途径是海洋的蒸发，但植物、土壤和较小的水体也有部分贡献。与淋浴的场景不同，水汽进入空气的自然过程一般不会那么快地直接使空气饱和。唯一的例外是，在寒冷的冬天呼吸时，我们能看到自己呼吸的现象——从肺部呼出的热湿水汽与冷空气混合。这时，呼出的水分会使外面极少量的冷空气迅速饱和而产生微小的"云"，几乎在"云"形成的同时，它就与周围的冷空气混合并蒸发。

随温度变化　影响相对湿度的第二个条件是空气温度（见知识窗 4.2）。仔细考察图 4.13(a)，注意到空气温度为 20℃时每千克空气中的水汽是 7 克，相对湿度是 50%。当图 4.13(a)中的烧瓶从 20℃冷却到 10℃时，如图 4.13(b)所示，相对湿度从 50%增加到 100%。因此，我们可以得出结论：在水汽含量不变的情况下，温度降低导致了相对湿度升高。

但是，我们不能由此假定达到饱和的那一刻冷却就会停止。那么达到饱和后继续降温会出现什么情况呢？图 4.13(c)中解释了这种情况。由表 4.1 可知，当烧瓶冷却到 0℃时，空气处于饱和状态，此时每千克空气中的水汽含量是 3.5 克。因为烧瓶内开始有 7 克水汽，3.5 克水汽形成液态水滴附着在烧瓶壁上，同时瓶内空气的相对湿度保持为 100%。这就引出了一个重要概念。当空气冷却到饱和温度以下时，部分水汽就会形成云。因为云是由液态水滴组成的，所以这部分水分就不再属于空气中的水汽。

回顾图 4.13 可知，如果图 4.13(a)中的烧瓶被加热到 35℃，那么由表 4.1 可知 35℃时饱和状态下每千克空气中的水汽含量是 35 克。因此，当空气从 20℃加热到 35℃时，相对湿度将从 7/14（50%）下降到 7/35（20%）。

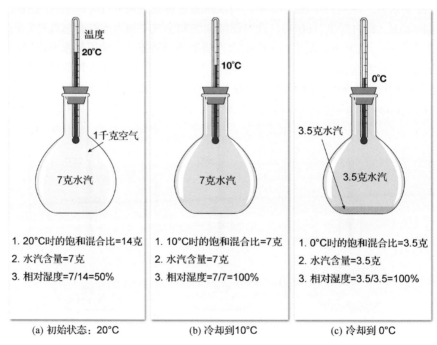

(a) 初始状态：20℃　　　(b) 冷却到10℃　　　(c) 冷却到0℃

图 4.13　相对湿度随温度的变化。当水汽含量（混合比）保持不变时，相对湿度随着空气温度的升高或降低而变化。如图中的例子所示，当烧杯中空气的温度从(a)图中的 20℃降低到(b)图中的 10℃时，相对湿度从 50%增加到 100%；温度继续从 10℃降低到 0℃时，一半的水汽凝结。在自然界中，当饱和空气冷却时，会导致云、露和雾等形式的凝结

我们可将温度对相对湿度的作用归纳如下：当空气中的水汽含量保持不变时，温度降低使相对湿度升高；反之，温度升高使相对湿度降低。

夏季，商店会销售除湿器，冬季则销售加湿器。为什么很多家庭需要这两种电器呢？答案来自温度与相对湿度的关系。前面说过，当空气中的水汽含量不变时，温度升高会降低相对湿度，而温度降低会升高相对湿度。

夏季，暖湿空气常是美国中东部天气的主要特征。又热又潮湿的空气进入屋子后，有些会进入较冷的地下室。结果是，这些空气的温度降低，相对湿度升高，使得地下室潮湿且充满霉味。因此，住户可以安装除湿器来减轻这种状况。当空气附着在除湿器的冷电磁线圈上时，水汽就会凝结并被收集到桶中或由出水口排出，这一过程降低了地下室空气的相对湿度，使其变得干燥和舒适一些。

与此相反，冬季的室外空气干冷，当这些空气进入室内后，会被加热到室温，在这个过程中，室内的相对湿度会突然下降，通常会降到让人感到不适的25%或更低。生活在干燥空气中可能会产生静电，使人的皮肤干燥，出现窦性头痛甚至流鼻血的现象。因此，人们会安装加湿器，增加空气中的水分，使相对湿度升高到令人舒适的程度。

4.6.2　相对湿度的自然变化

在自然条件下，三种主要形式的气温变化（在相对较短的时间内）引起相对湿度变化：
（1）温度的日变化（白天与夜间的温度差）。
（2）空气从一地水平运动到另一地引起的温度变化（平流）。
（3）大气中空气的垂直运动引起的温度变化（对流）。

第一种形式的气温变化（日变化）的作用如图4.14所示。注意，在16:00左右，相对湿度达到最低点，而在较冷的夜间相对湿度反而较高。这个例子说明，实际空气中的水汽含量（混合比）保持不变，只有相对湿度变化。

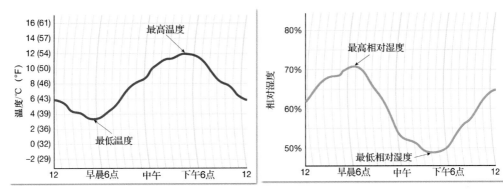

图4.14　华盛顿特区春季典型的温度和相对湿度日变化

简而言之，相对湿度表示空气接近饱和的程度，而空气混合比则表示空气中的实际水汽含量。

冬季，室外空气相当寒冷且干燥。当这种空气进入室内时，由于被加热，使得相对湿度下降。如果室内未安装加湿器，那么嘴唇就可能会皲裂且皮肤干燥。

1. 相对湿度与绝对湿度和混合比有何不同？
2. 参考图4.14，回答如下问题：a. 一天中的什么时候相对湿度最高，什么时候相对湿度最低？b. 一天中的什么时候最可能形成露水？c. 简要说明空气温度与相对湿度变化之间的关系。
3. 温度不变时，如果混合比下降，相对湿度如何变化？
4. 列出自然界中相对湿度的变化方式。

4.7 露点温度

另一个重要的湿度度量是露点温度。露点温度简称露点，是空气因冷却而达到饱和时的温度。例如，在图 4.13 中，烧瓶中不饱和的空气需要冷却到 10℃才能饱和，因此，10℃就是该空气的露点温度。在自然情况下，温度降低到露点以下会使水汽凝结，最典型的有露、雾和云（见图 4.15）。"露点"一词实际上是夜间常见的真实现象，因为夜间靠近地面的物体的温度常常降到露点温度以下，其表面附着露水，因此而得名露点。

与相对湿度用来表示饱和程度不同，露点温度是表示气块中实际水汽含量的度量。前面讲过，饱和水汽压与温度有关，温度每升高 10℃，达到饱和所需的水汽含量就要加倍。因此，冷饱和空气（0℃）中的水汽含量只有 10℃ 空气中饱和水汽含量的一半，或者 20℃空气中饱和水汽含量的四分之一。露点温度是空气达到饱和时的温度，由此我们可以得出结论：露点温度越高，空气湿度越大；反之，露点温度越低，空气越干燥（见表 4.2）。更准确地说，根据已知的水汽压和饱和的概念，可以这样描述露点温度：

图 4.15 冷饮使周围的空气冷却到露点温度以下时，凝结而成的"露"

温度每升高 10℃，空气中所含的水汽加倍。因此，露点温度为 25℃时空气中的水汽含量是露点温度为 15℃时的 2 倍，是露点温度为 5℃时的 4 倍。

因为露点温度是表示空气中水汽含量的一个有用指标，所以通常出现在天气图上。当露点温度超过 18℃时，大多数人会感到空气潮湿，当空气的露点为 24℃或更高时，就会感到不舒服。在图 4.16 中，墨西哥湾附近的温暖区域的露点温度超过 70℉（21℃），同时图中还显示东南地区以潮湿为主[露点在 65℉（18℃）以上]，而其他地区为相对干燥的空气。

表 4.2 露点阈值

露点温度	特征描述
≤-12℃	可能会降雪
≥13℃	形成强雷暴的最低值
≥18℃	多数人感到湿闷
≥21℃	热带雨季
≥24℃	多数人感到不适

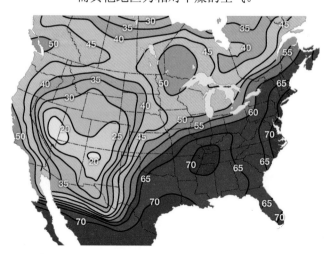

图 4.16 2005 年 9 月 15 日地面图上的露点温度分布，美国东南部地区的露点温度为 60℉（约 15.5℃）以上，表明该地区被湿空气覆盖

概念回顾 4.7

1. 定义露点温度。
2. 湿度、相对湿度或露点，哪个能最好地描述气团中的水汽含量？

4.8 如何测量湿度

用来测量空气中的水汽含量的仪器称为湿度计。干湿球湿度计是最简单一种湿度计，它由两个完全相同的温度计并排而成〔见图 4.17(a)〕，其中的一个温度计是干的，用来测量空气温度，称为干球温度计；另一个温度计的底部被棉层包裹着，称为湿球温度计。使用干湿球湿度计时，棉层已浸满水，通过晃动或用风扇使空气不停地流过干湿球湿度计〔见图 4.17(b)和(c)〕，让水从棉层上蒸发，就可从湿球温度计上吸收热量而降低温度，其冷却效果与空气的干燥度成正比。空气越干燥，冷却效果就越明显。因此，干球和湿球的温度差越大，相对湿度就越低。相反，如果空气已经饱和而没有蒸发，那么两个温度计的读数相同。使用干湿球湿度计时，根据专用的数据表可以方便地确定相对湿度和露点温度。

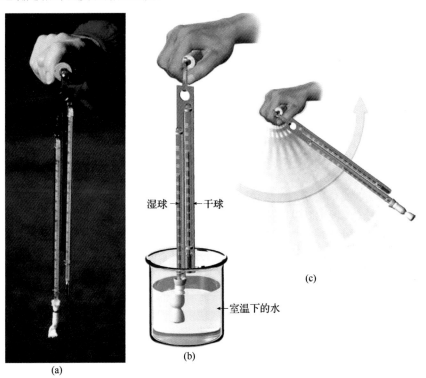

图 4.17 悬挂式干湿球湿度计。(a)悬挂式干湿球湿度计使用干球和湿球温度计来计算相对湿度和露点温度；(b)干球温度计测量即时温度，湿球温度计则被浸在水中的棉层包裹；(c)装置旋转时蒸发冷却使湿球温度计的温度降低，降低的程度与空气的干燥度成正比。根据干湿球的温度差查表，就可确定相对湿度和露点温度

测量相对湿度的另一种仪器是毛发湿度计，它不需要查表就可直接读出相对湿度值。毛发湿度计的工作原理是，毛发长度的变化与相对湿度成正比，即相对湿度升高时毛发变长，相对湿度

降低时毛发变短。长着卷发的人有这样的感受：天气潮湿时，他们的头发变长，因而变得更卷。毛发湿度计使用一绺毛发通过机械装置与一个指示器相连，指示器的刻度范围为0~100%。因此，只需看一眼转盘刻度，就可直接读出相对湿度。当然，与干湿球湿度计相比，毛发湿度计的缺点如下：准确度较低，经常需要校准，对湿度的变化响应慢，温度较低时更明显。

许多电子湿度计也可以用来测量湿度，其中一种相对精确的电子湿度计使用了一面冷冻镜及探测镜面凝结的装置。因此，冷冻镜湿度计可以精确测量空气的露点，根据露点和空气温度就可以很容易地算出相对湿度。

除了用于气象学，湿度计还用在对湿度敏感的温室、保湿器、博物馆和许多厂房环境下，如给汽车上漆的车间。

问与答：美国的哪些城市最潮湿？

美国最潮湿的城市都位于频繁出现陆风的沿海地区。最潮湿的城市是华盛顿州的奎尔拉于特，其平均相对湿度为83%。然而，俄勒冈州、得克萨斯州、路易斯安那州和佛罗里达州的许多沿海城市的相对湿度也超过75%。美国东北地区沿海城市的相对湿度要低一些，因为这里经常出现来自干燥内陆的气团。

概念回顾 4.8

1. 描述干湿球湿度计的工作原理。
2. 冷冻镜湿度计测量的是什么？

4.9 绝热温度变化

如前所述，当空气中的水汽含量较高时，或者更一般地说，当空气冷却到其露点温度时，就发生凝结。水汽凝结产生露、雾或云。地球表面的热量直接与地表下层和上方的空气进行交换。当地面晚间失去热量（辐射冷却）时，露水凝结在草地上，地面上空则形成薄雾。因此，日落之后的地面冷却产生水汽凝结。然而，云的形成往往出现在一天中最热的时间，这说明在高空中存在使得空气充分冷却而形成云的另一种机制。

我们很容易看到大多数云的生成过程。你肯定用气筒给自行车的轮胎打过气，但你注意到气筒会变得非常热吗？当你用能量压缩空气时，气体分子的运动加剧，空气的温度升高。相反，如果让空气从自行车轮胎中跑出来，空气就会膨胀，气体分子的运动变慢，因而空气变冷。也许你可能体验过使用喷发剂或杀虫喷剂时气体膨胀产生的冷却效应。刚才描述的这些温度变化过程称为绝热温度变化，在该过程中既没有热量的加入又没有热量的输出。

总之，空气被压缩时变暖，空气膨胀时则变冷。

4.9.1 绝热冷却和凝结

为了简化绝热冷却过程的讨论，我们假设一定体积的空气装在像灯泡一样的气球中，气象学家将这一假想的气体称为气块。我们通常认为气块的体积约为几百立方米，并且假设气块内的空气行为与周围的空气无关，同时没有热量进出气块。虽然这是高度理想化的情况，但是在较短的时段内，气块的行为很像在大气中上下运动的真实气块。实际上，周围的空气有时会浸入正在上升或下降的气柱中，这个过程被称为夹卷。然而，在下面的讨论中，我们假设不发生夹卷。

当气块向上运动时，气块会不断地通过低气压区域，上升空气会膨胀和绝热冷却。不饱和空气的固定降温速率为每上升1000米降温10℃。相反，下沉空气因气压升高而被压缩，且以每下降1000米增温10℃的速率升温（见图4.18）。这个加热率或冷却率仅适用于不饱和空气，因此被称为干绝热率（这里的"干"指空气未饱和）。

如果气块上升得足够高，就会完全冷却到露点温度而触发凝结过程。气块达到饱和且开始形成云的高度被称为抬升凝结高度。在抬升凝结高度会发生一个重要的变化：蒸发时被水汽吸收的潜热，这时会以一种我们可用温度计测量的感热形式释放。虽然气块将继续绝热冷却，但是潜热的释放减缓了冷却速率。换句话说，当气块上升到抬升凝结高度时，其冷却速率降低，这种较低的冷却率被称为湿绝热率（这里的"湿"指空气饱和）。

因为潜热释放的多少取决于当时空气中的水汽含量（一般为 0～4%），水汽含量高时湿绝热率为 5℃/千米，水汽含量低时为 9℃/千米。图 4.19 说明了绝热冷却在云的形成中的作用。

总之，从地面上升到抬升凝结高度的空气以较快的干绝热率冷却，从凝结层开始则以较慢的湿绝热率冷却。

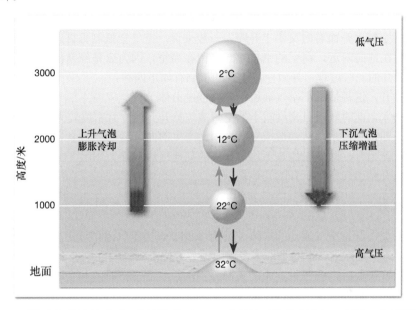

图 4.18　不饱和气块被抬升时，将膨胀并以 10℃/千米的干绝热率冷却；相反，空气下沉时将被压缩并以同样的速率增温

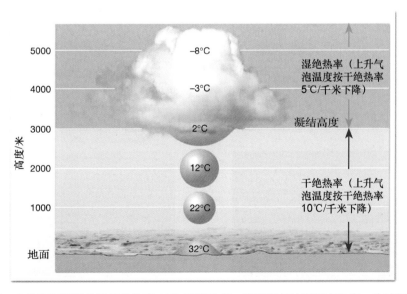

图 4.19　上升空气膨胀并按干绝热率 10℃/千米冷却，直到空气达到露点温度，此时开始凝结（形成云）。空气继续上升时，将释放出凝结潜热而降低冷却率。因此绝热率总小于干绝热率

1. 热量不增不减的空气温度变化过程是什么？
2. 为什么空气在向上穿过大气层时会膨胀？
3. 当不饱和空气上升到大气中时，它以什么速率冷却？
4. 凝结开始时，为什么绝热冷却速率会发生变化？
5. 为什么湿绝热速率不是一个常数？
6. 罐中的气溶胶处于高压下。按这种罐子上的喷嘴时，你会感到喷雾很冷，为什么？

4.10 空气抬升过程

为什么有时空气上升而有时又不上升呢？一般来说，空气会抵制垂直运动，因此地面附近的空气"总想"留在地面附近，高空的空气总想停留在高空。因为云是经常出现的现象，下面归纳必定引起空气上升的一些过程。导致空气上升的机制有如下四种：

（1）地形抬升，这种情况下空气被迫上升并越过山体。

（2）锋面楔入，此时较暖且密度较小的空气被迫抬升到较冷且密度较大的空气之上。

（3）辐合，即由空气水平运动造成空气堆积而产生的向上运动。

（4）局地对流抬升，即地表加热不均匀导致的局地气块在浮力作用下上升。

后面几章将介绍引起空气上升的其他机制。

4.10.1 地形抬升

高大的地形如山脉是空气流动的屏障（见图 4.20）。当空气沿山坡上升时，绝热冷却经常产生云和大量的降水。实际上，世界上许多多雨的地方都位于山脉的迎风坡上（见知识窗 4.3）。当气流到达山脉的背风坡时，会失去其中的大部分水汽。气流下沉时绝热变暖，很难出现凝结和降水，如图 4.20 所示，造成所谓的雨影沙漠（见知识窗 4.4）。美国西部大平原沙漠到太平洋的距离只有几百千米，但它被内华达山脉切断了来自海洋的水汽（见图 4.20）。中国的塔克拉玛干沙漠和阿根廷的巴塔哥尼亚沙漠都是位于大山脉背风坡的沙漠。

图 4.20 山地抬升产生迎风坡降水，空气到山脉的背风坡时已失去大多数水汽。大平原沙漠就是雨影沙漠，包括几乎整个内华达州和毗邻几个州的部分地区

世界上许多多雨的地方都位于山的迎风坡上。这些区域是典型的多雨区，因为山脉是自然环流的障碍，盛行风被迫沿斜坡地形上升而产生云，且常常带来大量的降水。例如，夏威夷怀厄莱阿莱山的平均年降水量约为 12340 毫米，是世界最高记录。降水观测站位于考艾岛海岸迎风坡上海拔约 1569 米的位置。与此相反，距此仅约 31 千米的阳光巴金沙滩的平均年降水量不到 500 毫米。世界连续 12 个月的最高降水记录发生在印度的乞拉朋齐，从 1860 年 8 月到 1861 年 7 月，降水达到惊人的 26470 毫米。这些降水大多发生在夏季，7 月份的降水量最多达 9300 毫米。相比而言，印度乞拉朋齐一个月的降水量比芝加哥的平均年降水量多 10 倍以上。乞拉朋齐的海拔高度为 1293 米，正好位于孟加拉湾的北边，是接收来自印度洋潮湿夏季风的理想之地。

因为山区可能成为大量降水的地方，它们自然成为非常重要的水源地，美国西部的许多干旱地区尤其如此。冬季山区厚厚的积雪，是降水量很少而需水量又大的夏季的主要水源（见图 4.B）。美国最大的年降雪量记录是华盛顿州西雅图北边的贝克雪山滑雪场，1998—1999 年冬季这里的降雪量达 2896 厘米。

图 4.B　瑞士阿尔卑斯山圣哥达山口的厚厚积雪

山地除了抬升作用，还会以其他形式去除大气中额外的水汽，如减缓大气的水平运动而形成辐合，以及阻碍风暴系统的通过等。此外，不规则的山区地形会加强地表加热不均匀造成的某些局地对流抬升。这些综合效应都使得山区的降水量一般要比周围低地的降水量多。

山地抬升是造成迎风坡降水和背风坡雨影干旱区的一个重要原因。图 4.C 显示了一个简单的假设情景，显示盛行风迫使暖湿空气翻越一座海拔约 3000 米的山脉，当不饱和空气上升到山脉的迎风侧时，以 10℃/千米的干绝热率开始冷却，直到 20℃的露点温度。因为在 1000 米高度达到露点温度，我们可以说这一高度就是抬升凝结层高度和云底高度。注意，在凝结高度以上会有潜热释放而减缓空气的冷却率，这时的冷却率就是所谓的湿绝热率。

从云底到山顶，上升空气中的水汽不断凝结，形成越来越多的云滴。结果，山脉迎风面的大范围区域内就会有大量的降水。

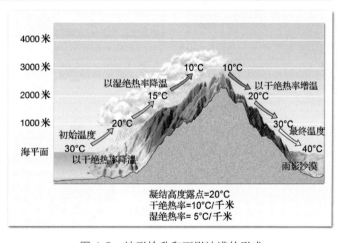

图 4.C　地形抬升和雨影沙漠的形成

为简单起见，我们假设被迫抬升到山顶的空气比周围的空气冷，因此沿着山的背风坡下降。空气在下降过程中被压缩并按干绝热率增温，当空气到达山脚时，其温度上升到 40℃，比在迎风坡山脚时高 10℃。背风坡一侧空气温度较高的原因是，其在迎风坡上升凝结的过程中释放了潜热。

山的背风坡常常出现雨影的主要因素有两个：一是空气中的水汽在迎风坡已以降水形式去除；二是背风

坡空气的温度比其在迎风坡时的高（前面讲过温度的升高会使相对湿度降低）。

华盛顿州西部有一个经典的迎风坡降水和背风坡雨影的例子，当潮湿的太平洋气流到达奥林匹克山和喀斯喀特山脉时，产生丰沛的降水（见图4.D）。与此相反，史奎恩和亚基马的降水记录显示，在这些高地的背风坡有雨影存在。

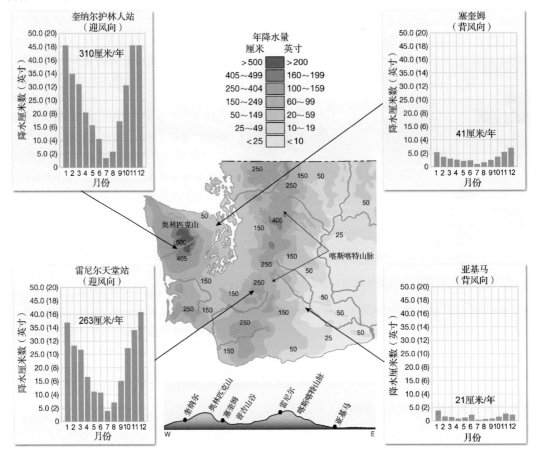

图 4.D　华盛顿州西部的降水分布。四个台站的资料给出了较湿的迎风坡区域和较干的背风坡区域

4.10.2　锋面楔入

如果地形抬升是强迫空气上升的唯一机制，那么相对平缓的北美中部地区将成为广袤的沙漠而非现在的"粮仓"。所幸的是，实际情况并非如此。在北美中部地区，暖气团和冷气团相遇产生锋面。锋面一侧较冷、密度较大的空气就像屏障，使得较暖、较轻的暖空气上升。这一过程被称为锋面楔入，如图4.21所示。要指出的是，锋面的产生伴随着中纬度气旋雷暴，而这些雷暴会给中纬度地区带来大量降水，详见第9章中的介绍。

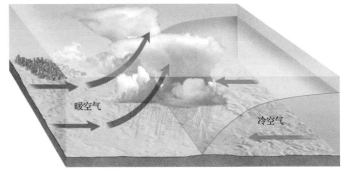

图 4.21　锋面楔入。较冷和密度较大的冷空气是暖空气的屏障，使较暖且密度较小的空气上升

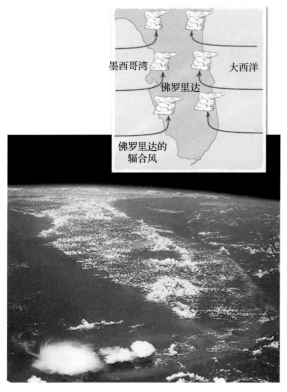

墨西哥湾　　　大西洋

佛罗里达

佛罗里达的
辐合风

图 4.22　辐合。当地面空气辐合时，空气柱高度增加，但其占据的区域面积减小。佛罗里达州是一个很好的例子，在温暖的季节，来自大西洋和墨西哥湾的气流在佛罗里达半岛上空汇合，形成午后雷阵雨

4.10.3　辐合

我们看到，不同气团相遇时，会强迫空气上升。一般来说，无论何时，当下对流层中的气流汇聚时，就会使空气上升，这种现象称为辐合（见图 4.22）。

当障碍使得流速降低或者水平流（如风）受到限制时，也会产生辐合。例如，当空气从相对光滑的表面如海洋向不规则的陆地表面运动时，陆地表面产生的摩擦力会降低空气的移动速度，造成空气堆积（辐合）。我们可以想象音乐会或体育比赛散场时，大量观众涌向出口时可能发生的情景——人群在出口处的积聚与此十分相似。发生空气辐合时，会产生净向上的空气分子流动，而不只是简单地将空气分子挤压在一起。

佛罗里达半岛是因辐合作用形成云与降水的较好例子。在温暖的日子里，来自海洋的气流从半岛的两侧向陆地海岸运动，造成沿岸空气的堆积，并在半岛上形成辐合。这类空气运动和上升是陆地被强烈太阳辐射加热的结果。因此，佛罗里达半岛是午后雷暴最频繁的地方（见图 4.22）。

辐合作为强迫抬升的一种机制，同样是引发中纬度气旋和飓风等灾害性天气的主要因素。这些天气的重要成因后面将详细介绍，但在这里要记住的是，地面附近的辐合产生上升气流。

4.10.4　局地对流抬升

在炎热的夏天，地面的不均匀加热可能造成某些气块的温度比周围空气的高（见图 4.23）。例如，裸露耕地上空的气温要比相邻有农作物的土地上空的气温高，因此裸露耕地上空的气块就比周围更暖（较轻）而被浮力向上抬升。这些上升的暖气块称为热气流。有些鸟类（如鹰）会利用热气流上升到高空并向下俯瞰捕食（见图 4.24），人们也会利用热气流来滑翔。

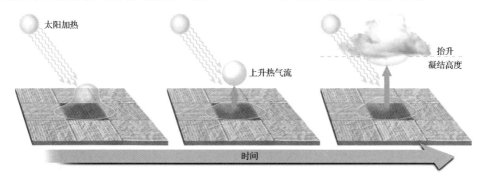

太阳加热　　　　　上升热气流　　　　　抬升
　　　　　　　　　　　　　　　　　凝结高度

时间

图 4.23　局地对流抬升。地表的不均匀加热使得一部分空气比周围的空气暖，具有浮力的这些热气块上升，产生上升热气流，到达凝结层时就会形成云

图 4.24 老鹰利用上升热气流在天空滑翔

产生上升热气流的现象被称为局地对流抬升。热气流上升到抬升凝结高度时，形成云并且可能造成午后阵雨。以这种方式形成的云的高度是有限的，因为单独依靠地面加热不均匀产生的浮力抬升是有限的，最多也就一两千米。这种云产生的降雨虽然偶尔较强，但是一般时间较短，空间分布也较零散——人们将这种现象称为太阳雨。

聚焦气象

位于亚利桑那州佩奇附近纳瓦霍印第安人保留区的纳瓦霍发电站有三个高 236 米的烟囱。

问题 1 该发电厂燃烧什么燃料发电？

问题 2 为何这样的发电设施要有这么高的烟囱？

问题 3 你能解释"烟"到达烟囱 61 米高度时从亮白色变为淡黄色的原因吗？

1. 地形抬升和锋面楔入是如何强迫空气上升的？
2. 美国西部大盆地为何非常干燥？什么术语适用于这种情形？
3. 为什么佛罗里达州午后会出现大量的雷暴？
4. 说明局地对流抬升。

4.11 恶劣天气的起因：大气稳定度

为什么云的范围变化这么大？为什么造成的降水变化也这么大？答案都与大气的稳定度密切相关。如前所述，当气块被迫上升时，其温度因体积增大而降低（绝热冷却）。通过比较气块与

图 4.25 只要部分空气比周围空气的温度高，它就会上升。热气球能在大气层中上升就是这个原因

周围空气的温度，我们就可确定其稳定度。若气块的温度比周围大气的低，则其密度变大，如果让它一直这样，那么气块将下沉到原来的位置。这类大气称为稳定大气，其会抑制垂直运动。

然而，如果假设上升气块比周围大气暖、密度小，那么气块将继续上升，直到到达其温度与周围温度相等的高度。这类大气称为不稳定大气。不稳定大气就像一个热气球，只要气球内的空气温度高于周围大气的温度，且密度比周围空气的低，它就会一直上升（见图 4.25）。

总之，稳定度是空气的一种特性，它表示空气是倾向于停留在原来的位置（稳定）还是倾向于上升（不稳定）。

4.11.1 稳定度类型

大气稳定度是通过测量不同高度的气温来确定的。注意，这里指的是环境直减率，不要与绝热温度变化相混淆。环境直减率是实际大气温度随高度的变化，可通过不同的探空仪和飞机观测获得。绝热温度变化是指气块在大气中垂直运动时的温度变化。

图 4.26 解释了大气稳定度是如何确定的，在该例中，1000 米高度的空气温度比地面温度低 5℃，2000 米高度的空气温度比地面温度低 10℃，以此类推。因此，环境直减率是 5℃/千米，因为温度高了 5℃，地面的空气密度比 1000 米高度处的空气密度低。然而，若地面的空气被迫上升到 1000 米高度，则它将按 10℃/千米的干绝热率膨胀和冷却，因此到达 1000 米高度时，上升气块的温度将从 25℃降至 15℃。由于上升的空气温度比周围环境的温度低 5℃，密度将更大，所以只要可能，气块就会下沉到原来的位置。因此，我们说近地面的空气温度潜在地低于高空的空气温度，除非受到强迫作用，否则它不会上升（例如，空气经过山地时可能被地形强迫抬升）。因此，刚才描述的空气是稳定的，且会抑制垂直运动。

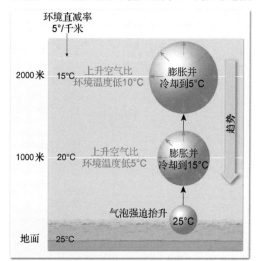

图 4.26 在稳定的大气中，当不饱和气块被抬升时，将膨胀并按干绝热率 10℃/千米降温。因为上升气块的温度比周围环境的温度低，于是比周围的空气重，只要可能，它就会回到原来的位置

下面来看三种基本的大气状况：绝对稳定、绝对不稳定和条件不稳定。

绝对稳定　定量地说，绝对稳定是指环境直减率小于湿绝热率的情况。图 4.27 使用 5℃/千米的环境直减率和 6℃/千米的湿绝热率说明了这一情况。在 1000 米高度，上升气块的温度比周围环境的温度低 5℃，因此密度增大。即使稳定的空气被迫抬升到凝结层，它仍然要比周围环境空气的温度低、密度大，所以仍将保持回到地面的倾向。当空气层的温度随高度升高而不降低时，就会出现最稳定的情况，出现这种环境直减率时就认为出现了逆温。很多过程都会导致逆温，如晴天夜间地表面的辐射冷却等。这些情况下之所以出现逆温，是因为与地表直接接触的空气要比高空空气冷却得快。

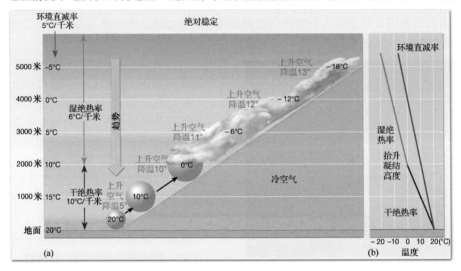

图 4.27　当环境直减率小于湿绝热率时，呈现绝对稳定性：(a)当上升气块始终比周围的空气冷和重时，形成稳定性；(b)图中的曲线代表图(a)的情况

绝对不稳定　在另一种极端情况下，即当环境直减率大于干绝热率时，空气层表现为绝对不稳定。如图 4.28 所示，上升气块的温度总比周围环境空气的高，因此不断借助浮力上升。绝对不稳定最常发生在最暖月份太阳辐射最强的晴天。在这种条件下，大气底层的空气被加热到比高层大气温度高得多的程度，造成巨大的环境直减率和非常不稳定的大气。

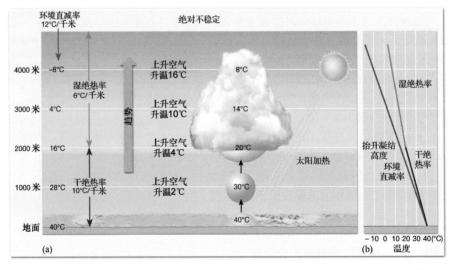

图 4.28　绝对不稳定图示。(a)当太阳加热使得大气底层的温度增加到比高层空气的温度高得多时，形成绝对不稳定，导致出现更强的环境直减率，使得大气不稳定。(b)图中的曲线代表图(a)中的情况

条件不稳定 最常见的大气不稳定是所谓的条件不稳定性。当湿空气的环境直减率介于干绝热直减率和湿绝热直减率之间（介于5℃/千米和10℃/千米之间）时，就会出现这种情况。简单地说，所谓大气条件不稳定，指的是不饱和气块是稳定的，而饱和气块是不稳定的。在图4.29中，在大约3000米的高度，上升气块的温度比周围空气的温度低，但由于其在凝结高度之上释放潜热而被加热，温度要比周围空气的高。从这一高度起，气块继续上升而无须外部强迫。"条件"一词的含义是，空气在到达可以自动上升的不稳定高度层之前，必须受到外力作用而被迫上升。

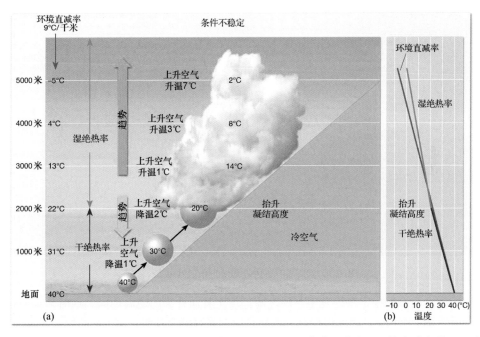

图4.29 条件不稳定图示。当暖空气被迫沿锋面边界上升时，出现条件不稳定。环境直减率是9℃/千米，它介于干绝热率和湿绝热率之间。(a)在接近3000米的高度，气块比周围冷，因此气块有下沉到地面的趋势（稳定）；然而，在此高度之上，气块要比周围环境暖，于是在浮力作用下继续上升（不稳定）。因此，当条件不稳定空气被迫上升时，就会出现塔状积雨云。(b)图中的曲线表示了图(a)中的有关部分

总之，空气的稳定性是由大气层不同高度的温度决定的（环境直减率）。当接近气柱底部的空气温度显著高于其上部空气的温度时，就认为空气是不稳定的。相反，当温度随高度升高而逐渐降低时，就认为空气是稳定的。大多数稳定条件出现在逆温期间，因为这时温度随高度的增加而上升，很少出现空气的垂直运动。

概念回顾 4.11

1. 稳定空气与不稳定空气有何不同？
2. 解释环境直减率与绝热冷却的差别。
3. 如何确定空气的稳定性？
4. 简要说明环境直减率与稳定性的关系。
5. 说明条件不稳定。

4.11.2 稳定空气和每日天气

稳定空气是如何在我们的日常天气中发挥作用的？当稳定空气被迫抬升时，形成水平范围大且垂直厚度相对于水平范围很小的云层。这时，即使有降水，也仅是小雨或中雨。相反，不稳定大气

形成的云是高大的，并且常常伴随着强降水。因此，我们可以得出如下结论：下毛毛雨的阴天是由稳定空气被迫抬升形成的，出现高大云层的天气基本上是由不稳定大气造成的（见图4.30）。

图4.30　大气中条件不稳定的塔状积雨云证据

如前所述，大多数稳定条件发生在温度随高度上升而升高的逆温期间。这时，地面附近的空气要比高层的空气冷和重，因而很少有空气层之间的垂直混合发生。由于污染物一般从下层进入，所以逆温会限制污染物停留在底层，直到逆温消失。大范围的雾是稳定空气的另一种标志。一般来说，地面附近的空气与高层的空气缺乏混合时，就易形成雾。

4.11.3　稳定空气如何变化

任何与高空空气有关的使得地面附近的空气变暖的因素，都可能增加大气的不稳定性；相反，任何使得地面空气冷却的因素都会使空气变得稳定。

不稳定性会因如下因素而增强：

（1）强烈的太阳辐射加热使得大气层底层升温。

（2）通过较暖地面的气团的下部被地面加热。

（3）诸如地形抬升、锋面楔入和辐合过程等产生的大范围上升运动。

（4）云顶的辐射冷却。

稳定性会因如下因素而增强：

（1）日落后地表的辐射冷却。

（2）气团经过较冷地面时被地面冷却。

（3）气柱内的大范围下沉运动。

注意，虽然温度的日变化也很重要，但大多数影响空气稳定性的过程，都是由空气水平和垂直运动导致的温度变化产生的。一般来说，任何增大环境直减率的因素都会使得空气更不稳定，而减小环境直减率的因素则会使得空气更稳定。

从太空看地球时，地球的特征表现为水，它以全球海洋中的液态水、极地冰盖中的固态冰和大气中的云与水汽形式存在。尽管地球上的水汽含量很小，但它对地球的天气和气候有着巨大的影响。

问题 1 水汽在加热地表的过程中起什么作用？

问题 2 水汽会将热量从陆海界面传递给大气吗？

4.11.4 温度变化和空气稳定性

晴天时地表加热充分，低层大气得到充分加热，导致气块上升。太阳落山后，地表冷却，使得大气重新稳定。

当大气水平经过温度完全不同的地面时，稳定性会发生类似的变化。冬季，来自墨西哥湾的暖空气向北越过被雪覆盖的寒冷中西部时，因下部空气的温度较低及大气比较稳定而常常产生大范围的雾。冬季，当极地空气向南经过大湖地区开阔的暖水水域时，则发生相反的情况。虽然人们掉进寒冷的湖水（大约5℃）中会因低温症而在几分钟内死亡，但这些水体相比极地气团来说要暖和得多。大湖地区的水体相对较暖（高水汽压），而极地气团较干（低水汽压），因此导致了高蒸发率；这样，大量的水汽和热量就进入极地气团，使得下层的极地空气变得极不稳定，进而在大湖地区的下风岸形成强降雪，这就是"大湖效应降雪"（见第8章）。

云的辐射冷却 在较小的尺度上，夜间云顶辐射的热量损失会增大不稳定性，使得云继续发展。空气是不良热辐射体，云则不一样，云滴可向空间放出相当多的能量。高大云型的发展起因于地面加热，但太阳落山后就会失去能量来源。然而，日落后云顶的辐射冷却会加大云顶附近的直减率，进而增强来自下层较暖气流的上升。这一过程就是日落后，云短暂停止发展，进而在夜间出现雷阵雨的原因。

4.11.5 垂直空气运动和空气稳定性

空气的垂直运动影响稳定性。出现普遍的向下空气流动即下沉气流时，下沉空气层上部的空气因压缩而产生的加热要比下部空气的强。地面附近的空气通常不会参与下沉运动，因此其温度不变。这样的净效应是使空气稳定，因为高层的空气温度比地面附近的空气温度高。数百米的下沉增温效应足以使云蒸发。因此，下沉空气区域的一个标志是万里无云的深蓝天空。

空气上升一般会增大不稳定性，特别是当低层上升空气的水汽含量比高层空气的高时，而这是一种常见情况。随着空气的上升，下部空气先达到饱和状态并在较小的湿绝热率下冷却。净效应就是增大上升层中的环境直减率。这一过程在形成与雷暴有关的不稳定性时特别重要。此外，前面讲过，如果抬升充分，那么条件不稳定空气会变得不稳定。

总之，稳定性对天气的作用毋庸置疑。大气的稳定性或不稳定性很大程度上决定了是否有云的生成、发展及降水的产生，而且决定了降水是一般性阵雨还是倾盆大雨。一般来说，当稳定空气被迫抬升时，形成的云的垂直厚度较小，降水也较小。相反，不稳定空气形成的云是高大的，且常常伴随着强降水。

概念回顾 4.12

1. 什么天气状况会让你认为空气是不稳定的？
2. 什么天气状况会让你认为空气是稳定的？
3. 列出增强空气不稳定性的四种方式。
4. 列出增强空气稳定性的三种方式。

思考题

01. 参考图4.5，回答如下问题：a. 哪种状态下水的密度最大？b. 哪种状态下水分子的能量最大？

02. 题图显示了一杯热咖啡，从液面上升的蒸汽是什么状态？为什么？

03. 人体冷却的主要机制是出汗。a. 说明出汗是如何冷却皮肤的。b. 参考亚利桑那州凤凰城和佛罗里达州坦帕的数据（见下表），在哪个城市呼吸更凉爽？为什么？

城　　市	温度	露点温度
亚里桑那州凤凰城	101℉	47℉
佛罗里达州坦帕	101℉	77℉

04. 如题图所示，人们夏天常给饮料加"护套"使其保持低温。说明护套至少能以两种方式帮助降温。

05. 参考表4.1，在如下情形中，哪种饱和空气中含更多的水：温度为40℃的热带和温度为-10℃的极地？

06. 参考亚里桑那州凤凰城和北达科他州俾斯麦的数据（见下表），回答如下问题：a. 哪个城市的相对湿度更高？b. 哪个城市的空气中的水汽含量更高？c. 哪个城市的空气相对于水汽更接近其饱和点？d. 哪个城市的空气具有最大的水汽保持能力？

城　　市	温度	露点温度
亚里桑那州凤凰城	101℉	47℉
北达科他州俾斯麦	39℉	38℉

07. 题图显示了美国中西部地区某个夏日空气温度和相对温度的变化。a. 假设露点温度不变，何时给草坪浇水可减少喷洒到草坪上的水分蒸发？b. 使用该图说明总在早晨形成露点的原因。

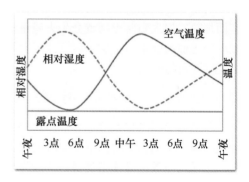

8. 图4.23中的大气条件是绝对稳定、绝对不稳定的例子还是条件不稳定的例子？

09. 本章介绍了使得空气上升的四个过程。对流抬升为何不同于其他三个过程？

10. 参考题图，比较这一天室内和室外的相对湿度。

高度/米	气块温度/℃	环境温度/℃	气块环境温度差/℃	稳定或不稳定
7000				
6000				
5000				
4000				
3000				
2000				
1000				
地表	40	40	0	稳定

11. 一个气块在地表的温度是40℃，在抬升凝结高度的温度是20℃，假设环境直减率是8℃/千米，干绝热直减率是10℃/千米，湿绝热直减率是6℃/千米。在下表中，记录环境温度、气块温度、气块环境温度差及大气在各个高度是否稳定。a. 抬升凝结高度是多少？b. 该例描述的是绝对稳定、绝对不稳定还是条件不稳定？c. 在这种情况下，你会预报雷暴吗？这些计算是否说明了地表露点温度和形成云的高度之间的关系？

12. 计算如下两个示例的抬升凝结高度，假设在到达抬升凝结高度之前露点不变。

	地表温度	地表露点	抬升凝结高度
示例 A	35℃	20℃	
示例 B	35℃	14℃	

术语表

absolute humidity　绝对湿度
absolute instability　绝对不稳定
absolute stability　绝对稳定
adiabatic temperature change　绝热温度变化
calorie　卡路里
condensation　凝结
conditional instability　条件不稳定
convergence　辐合
deposition　凝华
dew point　露点
dew-point temperature　露点温度
dry adiabatic rate　干绝热率
entrainment　夹卷
evaporation　蒸发
front　锋面
frontal wedging　锋面楔入
humidity　湿度
hydrogen bond　氢键
hydrologic cycle　水循环

hygrometer　湿度计
latent heat　潜热
lifting condensation level　抬升凝结高度
localized convective lifting　局地对流抬升
mixing ratio　混合比
orographic lifting　地形抬升
parcel　气块
rain shadow desert　雨影沙漠
relative humidity　相对湿度
saturation　饱和
saturation vapor pressure　饱和水汽压
stable air　稳定空气
sublimation　凝华
subsidence　下沉
transpiration　蒸腾
unstable air　不稳定空气
vapor pressure　水汽压
wet adiabatic rate　湿绝热率

习题

01. 使用表4.1回答如下问题：a. 在25℃的气块中，每千克空气中含有10克水，相对湿度是多少？b. 在35℃的气块中，每千克空气中含有5克水，相对湿度是多少？c. 在15℃的气块中，每千克空气中含有5克水，相对湿度是多少？d. 如果气块的温度下降到5℃，其相对湿度如何变化？e. 在20℃的空气中，每千克空气中含有7克水，其露点是多少？

02. 求干球温度计读数为22℃、湿球温度计读数为16℃时的相对湿度和露点。湿球温度计的读数为19℃时，相对湿度和露点如何变化？

03. 温度为20℃的不饱和空气上升，其在500米高度的温度是多少？如果抬升凝结高度的露点温度为11℃，那么在什么高度会形成云？

04. 根据下图，回答如下问题：a. 云底的高度是多少？b. 上升空气到达山顶时的温度是多少？c.

上升空气到达山顶时的露点是多少（假设相对湿度是100%）？d. 当空气从云底移向山顶时，必须凝结的水汽含量是多少（单位为克/千克）。e. 空气下降到点G时的温度是多少（假设凝结的水汽在山的迎风面形成降水）？f. 在点G处，空气容纳的水汽容量约为多少？h. 在点A处，相对湿度约为多少（对于地表的露点，请使用抬升凝结高度的露点）？i. 给出点A和点G的相对湿度不同的两个原因。j. 加利福尼亚州的尼德尔斯位于干燥山脉的背风面，类似于点G。描述这种情形的术语是什么？

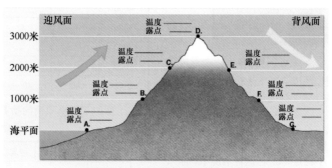

点A的温度=25℃，抬升凝结高度的露点温度=15℃，干绝热率=10℃/千米，温绝热率=5℃/千米

05. 1加仑水的最初温度为10℃，在炉子上完全煮沸要花较长的时间。必须有大量的能量从炉子传递给水才能将其温度提升到沸点（100℃），而将其转换为气体甚至需要更多的能量。如果能收集所有沸水并立即将其凝结为水，就会释放足够的能量使房子偏离地基。将这一过程释放的能量与一根炸药棒中包含的能量相比较，证明这种说法是正确的。重要信息如下：1加仑水 = 3785克；J = 焦耳，能量的国际单位；4.186 J/g = 将1克水升高1℃所需要的能量；2260 J/g = 温度为100℃时，汽化1克水所需的能量；10℃ = 水的最初温度；2.1×10^6 J = 一根炸药棒中包含的能量。完全汽化1加仑水需要多少能量（即多少根炸药棒）？这些能量是否与水汽凝结为水时释放的能量相同？

06. 习题04中的图显示了空气温度与饱和混合比之间的非线性关系。根据这一关系，可以混合两个不饱和气块，形成一个饱和的气块。例如，考虑下面两个气块：气块A的温度为10℃，相对湿度为75%；气块B的温度为40℃，相对湿度是85%。a. 使用表4.1求气块A和B的饱和混合比。b. 气块A和气块B的实际混合比是多少，假设两个气团混合在一起，最终的温度在10℃和40℃的中间，实际混合比在前面所求的两个气块值的中间。c. 混合后的气块的温度是多少（度）？d. 混合后的气块的饱和混合比是多少（克/千克）？e. 混合后的气块的实际混合比是多少（克/千克）？f. 实际混合比与饱和混合比相差多少？g. 由于相对湿度通常不超过100%，混合后的气块中过量的水汽必定会发生什么？你能描述混合两个不饱和气块产生一个饱和气块时观察到的情形吗？

第5章 凝结和降水类型

　　云、雾和各种形式的降水是最容易观察到的天气现象。本章介绍这些天气现象，包括云是如何分类和命名的，以及典型雨滴的形成过程。

积雨云通常伴随着雷暴和恶劣天气

本章导读

- 解释云层中绝热冷却和云凝结核的作用。
- 根据形式和高度将云分为十种基本云型。
- 比较雨云和积雨云及相关的天气。
- 命名基本的雾型并描述它们的形成方式。
- 描述碰并过程并解释其不同于伯杰龙过程的原因。
- 描述产生雨夹雪、冻雨和冰雹的大气条件。
- 小结测量降水量的各种方法。
- 讨论人工影响天气的几种方法。

5.1 云的形成

    云是悬浮于地表上方的大气中的一种由微小水滴或冰晶组成的可见聚合物。云是天空中常见有时甚至壮丽的景观，可以直观地表征大气状态，因此一直是气象学家感兴趣的对象（见图5.1）。

图 5.1　球赛遭遇倾盆大雨

5.1.1　高空凝结

    大气中的水汽由于绝热冷却而凝结成云。气团上升时，会经过连续降压的区域而膨胀和绝热冷却。气团上升到某一高度时，冷却到露点温度，开始凝结，这一高度称为抬升凝结高度。发生凝结必须满足两个条件：空气必须达到饱和状态，必须有一个可供水汽凝结时附着的表面。

    在露的形成过程中，地表或接近地表的物体如草叶可作为水汽凝结的表面。当凝结发生在高空时，大气中的微小颗粒物就作为云的凝结核提供凝结表面。若没有凝结核，要形成云滴，则相对湿度必须超过100%（在极低温度下，动能很低，即使没有凝结核，水分子也会"粘"在一起，形成一个微小的团）。云凝结核包括微小粉尘、烟雾和盐粒，它们在低层大气中很丰富，因此对流层中的相对湿度很少超过100%。

5.1.2　云滴的增长

    发生凝结最有效的地方是称为吸湿性凝结核的颗粒物。普通食物如饼干和谷物是吸湿性的：

暴露于潮湿空气中时，它们吸收水汽，迅速腐烂。

海上的浪花蒸发时，会将海盐颗粒释放到大气中，由于盐具有吸湿性，海面附近空气中的相对湿度不到100%时就开始形成水滴。形成于盐粒表面的云滴一般要比成长于非吸湿性核上的大。尽管疏水性颗粒不是有效的凝结核，但相对湿度达到100%时云滴仍会形成。

沙尘暴、火山喷发物和花粉是云凝结核的主要来源。此外，森林大火、机动车、燃煤锅炉等燃烧产生的副产品也作为吸湿性核释放到大气中。各种云凝结核具有非常不同的亲水性，因此同一个云体中通常有不同大小的云滴共存，这也是产生降水的一个重要因素。

最初，云滴的生长非常迅速。但是，随着大量云滴消耗仅有的水汽，云滴生长速率逐渐减小。这时，云内就会包含无数微小的水滴，这些微小的水滴太小，只能悬浮在空气中。即使是在非常湿润的空气中，云滴仅靠增加凝结来增长也是很慢的。另外，云滴和雨滴大小的巨大差异（约100万个云滴形成一个雨滴）表明，仅靠凝结并不能使无蒸发的雨滴（或冰晶）大到足以落回地面。后面在研究降水的产生过程时，会解释这个观点。

概念回顾 5.1

1. 描述云的形成过程。
2. 云凝结核在云的形成过程中起什么作用？
3. 定义吸湿性核。

5.2 云的分类

1803年，英国自然科学家卢克·霍华德发布了云的分类，它是现有云分类体系的基础。根据霍华德的体系，云的分类基于两大准则：形态和高度（见图5.2）。基本的云型或形态有如下三种：

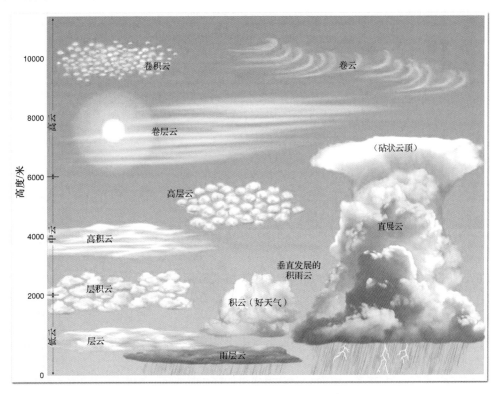

图 5.2　按形态和高度对云进行分类

- **卷云**：高、白且薄。呈薄纱状或柔软的丝线状，通常有着羽毛般的外形。
- **积云**：由球状云团组成，通常有着棉花般的外形。积云底部通常是平整的，就像升起的圆顶或塔。
- **层云**：用被单或层状物来描述这类云时最形象，它们覆盖在大部分天空或整个天空。尽管存在许多微小的裂缝，但看不出明显的单个云体。

所有的云至少是这三种基本云型中的一种，有些云则是其中两种云型的组合（如卷积云）。

根据定义，云型的第二个准则即高度可分三个层次：高、中、低。高云云底的高度通常大于6000米；中云云底的高度通常为2000～6000米，低云云底的高度一般低于2000米。这些高度也可能随季节和纬度变化。例如，在高纬度地区（极地）或者冬季，高云通常出现在更低的高度上。某些云会向上延伸而跨越多个高度范围，因此称为垂直发展型云，或者简称直展云。

表5.1中小结了国际上通常的十种基本云型。

表 5.1　基本云型

云族和高度	云 型	特 征
高云 高于 6000 米	卷云（Ci）	薄，柔，纤维状冰晶云。有时像钩状细丝，称为马尾云或钩卷云 [见图 5.3(a)]
	卷层云（Cs）	使天空看起来呈乳白色的薄层白色冰晶云，有时在太阳或月球周围产生晕 [见图 5.3(b)]
	卷积云（Cc）	薄而白的冰晶云。具有波纹或波状形式，或者球团状排列，可能出现鱼鳞天，是最少见的高云 [见 5.3(c)]
中云 2000～6000 米	高积云（Ac）	常由单独小球体构成的灰白云，也称"羊背石"云 [见图 5.4(a)]
	高层云（As）	通常为较薄的层状面纱云，可能形成轻微降水。较薄时，太阳或月球看起来像"亮盘"，但没有晕 [见图 5.4(b)]
低云 低于 2000 米	层云（St）	看起来像雾但不接地的低云，呈均匀层状，可能产生毛毛雨
	层积云（Sc）	球状补丁或卷状的柔软灰云。卷状云可能连在一起形成连续的云层
	雨层云（Ns）	无一定形状的灰黑色云，是产生降水的主要云种之一（见图 5.5）
垂直发展型云 （直展云）	积云（Cu）	底部平整且密实的汹涌波浪状云，可能单独出现或者成群出现（见图 5.6）
	积雨云（Cb）	塔状云，有时扩展至顶部形成砧状顶。与强降水、雷暴、闪电、冰雹、龙卷风有关（见图 5.7）

5.2.1 高云

高云族（高度大于6000米）包括卷云、卷层云、卷积云。由于高层大气温度较低，水汽较少，因此高云通常薄而白，主要由冰晶构成。

卷云由纤细的冰线组成。高空风经常使这些纤维状的冰尾弯曲或卷曲。钩状卷云通常称为马尾云 [见图 5.3(a)]。

卷层云是发白的纤维状透明薄纱云，有时会覆盖大部分天空或全部天空，看上去光滑平整。卷层云在太阳或月球周围产生日晕或月晕时，容易辨认 [见图 5.3(b)]。然而，卷层云偶尔会非常薄而透明，难以辨认。

卷积云是涟漪状、鳞片状及球状的白色小云块 [见图 5.3(c)]。这些小云块可以聚集，也可分散，时常排列成鱼鳞状，称为鱼鳞天。

尽管高云一般不产生降水，但卷云会转换成可能产生暴雨天气的卷积云。海员根据观测经验总结出了"鱼鳞天，马尾云，大船降帆莫航行"的俗语。

(a)

(b)

(c)

图 5.3　高云族的三种基本云型：(a)卷云；(b)卷层云；(c)卷积云

5.2.2　中云

中等高度（2000～6000 米）的云，包括两种云型：高积云和高层云。

高积云会形成圆状或球状的大块云，这些云块可能合并，也可能不合并［见图 5.4(a)］。高积云一般由水滴而非冰晶构成，单个云体通常具有更明显的轮廓。高积云有时会与卷积云（更小、更密）、层积云（更厚）混淆。

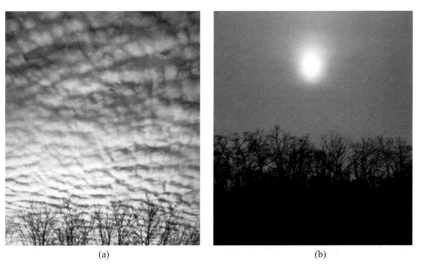

(a)

(b)

图 5.4　中云的两种云型：(a)高积云；(b)高层云

高层云是无固定形态的覆盖大部分或全部天空的浅灰色云层。一般情况下，透过高层云看到的太阳是一个边缘不清晰的亮斑。与卷层云不同，高层云不产生日晕。高层云有时伴随着小雪或毛毛雨这样的少量降水。高层云一般在暖锋接近时出现，然后逐渐变厚，成为能够产生大量降水的黑灰色雨层云。

5.2.3 低云

低云（高度低于 2000 米）族有三个成员：层云、层积云和雨层云。

层云经常表现为覆盖大部分天空，有时会下小雨。层云的底部发展成平行的卷状或圆齿状时，被称为**层积云**。

雨层云一词来自拉丁语中的"雨云"和"层云"（见图 5.5）。如名字所示，雨层云是主要的降水云。雨层云形成于锋面附近大气被迫抬升的稳定状态。这种稳定大气的被迫抬升产生了水平范围远大于其厚度的层状云。与雨层云相伴随的降水一般是小雨到中雨，其持续时间长且范围广。

图 5.5　主要的降水云：雨层云

5.2.4 垂直发展型云（直展云）

有一种云不能按高度分类，因为云底的高度与低云的高度相同，云顶的高度则与中云或高云的高度相同，这种云称为**垂直发展型云**，即直展云。

积云是最常见的垂直发展型云，其顶部呈穹状或塔状。晴天不均匀加热导致气块垂直上升到抬升凝结高度后，最常出现积云（见图 5.6）。

当一天中的较早时候出现积云时，随着午后太阳的加热，云量可能增加。另外，因为有些较小的积云（淡积云）形成于晴天，很少产生降水，所以常被称为好天气云。但是，当大气不稳定时，积云的高度会急剧上升。当这类积云持续发展，顶部进入中云的高度范围后，就被称为**浓积云**。最后，若积云继续发展而开始出现降水，就称为**积雨云**。

图 5.6　晴好天气往往出现积云

图 5.7　积雨云。这种云垂向发展，产生强降水

积雨云是高大、密实的塔状云体。在积雨云发展的后期，云体上部变为冰晶，呈纤维形态，常扩展为砧状云顶。积雨云塔可从离地面的几百米高度延伸到12千米的高度，有时甚至延伸到20千米的高度。这种巨大的塔状云产生强降水，并且伴随着闪电和雷暴，有时甚至伴随着冰雹。这些重要天气过程的产生将在第10章中介绍。

5.2.5 云的形态变化

十种基本云型可以有各种各样的变化，可用各种形容词来描述这些云型的详细变化。例如，通常预示着坏天气的钩卷云就像是逗号。

当层云或积云破碎后，就称为碎云。此外，有些云底具有类似奶牛乳房的圆形凸起。出现这种结构时，就称其为乳状云。这种云通常与雷暴天气和积雨云有关。

形似凸透镜的云在崎岖的山区很常见，称为荚状高积云。只要垂直方向上存在气流的大幅波动，就可能出现荚状云，但荚状云最常出现在山的背风坡一侧。当空气流经山坡时，形成波状气流，如图5.8(b)所示。气流上升的地方形成云，气流下沉的地方则无云。

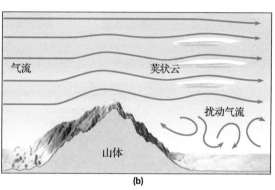

图 5.8　荚状云，(a)往往出现在山区，形状类似于凸透镜片，(b)荚状云形成的背风坡的扰动气流

知识窗 5.1　飞机航迹和云量

你肯定见过飞机飞过晴朗天空后留下的航迹云（源自尾迹凝结，见图 5.A）。航迹云由喷气飞机的发动机排出的大量湿热空气生成，这种湿热空气与高空干空气混合时，就会产生流线型的云。

为什么航迹云有时出现有时不出现呢？航迹云与其他云的出现条件一样——空气达到饱和状态且存在充足的凝结核。多数航迹云是在飞机尾气增加大气中的水汽含量并使之达到饱和状态时形成的。

航迹云一般形成于气温为−50℃或更低的9千米以上的高空，因此航迹云中含有小冰晶也就不足为奇。大多数航迹云的寿命很短，它一旦形成，就会与周围的干冷空气混合而最终升华。然而，如果高空空气接近饱和，那么航迹云可能存在较长时间。这时，高空气流常将流线型云扩展成较宽的带状云，成为航迹卷云。

过去几十年来，随着空中交通的发展，总云量有所增加，尤其是在靠近主要交通枢纽的地方（见图5.B）。最明显的要数美国西南部，那里航迹云持续出现在无云的天空中。

空中交通的增加除了增加云量，还会产生一些不明显的影响。目前，人们正在评估航迹云产生的卷云对地球热量平衡的影响。如第2章所述，高而薄的云能够有效地透过太阳辐射（即大多数辐射可以到达地面），能够很好地吸收地表发射的红外辐射，因此最终卷云会产生增温效应。然而，人为产生的卷云实际上可能造成地面降温而非增温，因此需要深入研究航迹云对气候变化的影响。

航迹云的一个比较确定的影响是，影响气温日较差（日最高气温和日最低气温之差）。"911"恐怖袭击后，在商业飞行间断的三天内，航迹云消失了。在天空"更干净"的这几天里，最高和最低气温之差增加了

1.1℃。因此，与没有喷气飞机产生航迹云的情况相比，航迹云可能导致靠近主要交通中心的城市出现更低的最高气温和更高的最低气温。

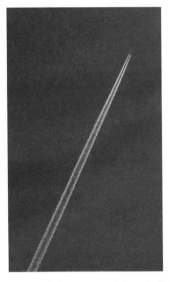

图 5.A　飞机航迹云，由喷气飞机的尾气凝结而成，扩展后形成卷云带

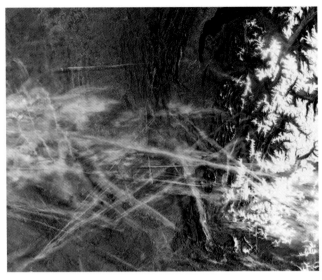

图 5.B　在通过国际空间站窗口拍摄的照片中，可以看到法国东部罗纳河谷上空的航迹云。据估计，航迹云已覆盖地球表面的 0.1%

聚焦气象

这座山顶上的帽状云会保持不动几小时，属于地形云。

问题 1　既然它属于地形云，说明它是如何形成的。

问题 2　这种云为何有相对平坦的底部？

问题 3　帽状云与另一种类似的云相关，你知道是哪种吗？

问与答：云中的含水量是多少？

　　具体取决于云的规模。对长度和宽度约为 3 千米、高度约为 10 千米的中型积雨云来说，含水量约为 0.5 立方厘米/立方米，因此包含 450 亿立方厘米水，足以充满一个小池塘。

概念回顾 5.2

　　1. 对云进行分类的两个准则是什么？

　　2. 与低云和中云相比，高云为何总是很稀薄？

　　3. 哪些云与以下特征相关：雷暴、晕、降水、冰雹、鱼鳞天、闪电和马尾云？

　　4. 关于空气的稳定性，层云表明了什么？云的垂直发展表明了什么？

5.3 雾的类型

雾定义为底部在地面或非常接近地面的云。从物理学角度讲，雾和云没有差别，它们的表现形式和结构都一样。二者的本质区别在于形成的方式和地点。气流上升绝热冷却形成云，冷却或水汽增加使水汽达到饱和而形成雾（蒸发雾）。

虽然雾本身并不危险，但常被视为一种大气灾害。白天，雾会使能见度降低到 2～3 千米；雾特别浓时，能见度可能陡降到几十米以下，这时任何方式的出行都将变得十分困难且危险。

5.3.1 冷却雾

与地表接触的空气层温度降至露点温度以下时，水汽就会凝结产生雾。根据当时的具体情况，因冷却而形成的雾分别被称为辐射雾、平流雾或上坡雾。

辐射雾　顾名思义，辐射雾是由地表和邻近空气辐射冷却形成的，常出现在晴朗和相对湿度较高的夜晚。天气晴朗时，地表和地表附近的大气迅速冷却；因为相对湿度高，程度较小的冷却会使温度降至露点温度。如果大气静止，那么雾通常呈分散状，厚度不超过 1 米。要使辐射雾在垂直方向得以扩展，则需要有风速为 3～5 千米/小时的微风，这样才能产生足够的扰动将雾向上带到 10～30 米的位置而不消散。另一方面，风速过高会造成与上层较干空气的混合而使雾消散。

由于有雾的大气较冷且密度较大，因此会沿山坡下滑而使辐射雾在山谷最厚，而周围的山上却可能仍是晴天［见图 5.9(a)］。辐射雾通常在太阳升起后的 1～3 小时内就消散了，也就是常说的"雾散了"。然而，实际上雾并没有散，而是因为太阳辐射加热地面使底层的大气首先被加热，雾从底部开始向上蒸发。残存的辐射雾最后可能成为较低的层云。

图 5.9　辐射雾。(a)2002 年 11 月 20 日加利福尼亚州圣华金河谷浓雾的卫星照片，(b)辐射雾使早晨的交通相当危险

平流雾 暖湿空气流经过较冷地表时被冷却，如果冷却充分，就会形成一层雾，因而称为平流雾（平流指空气水平流动）。最经典的例子是旧金山金门大桥附近频繁出现的平流雾（见图5.10）：太平洋的暖湿空气经过寒冷的加利福尼亚洋流时，会在加利福尼亚州的旧金山市及西海岸的其他地区产生雾。

图5.10 旧金山湾的平流雾

平流雾的适当发展需要一定的扰动，通常需要 10～30 千米/小时的风速，因为扰动可以冷却更厚的气层，还可以将雾带入更高的高度。因此，平流雾通常会延伸至地面之上 300～600 米的高度，与辐射雾相比存在的时间也更长。这类平流雾的例子可在华盛顿的失望角发现——这是美国雾天最多的地区。这个地名确实名副其实，因为这里平均每年出现 2552 小时的雾——相当于 106 天。

平流雾也是美国东南和中西部地区冬季常见的一种天气现象。墨西哥湾和大西洋的暖湿空气流经寒冷有时甚至有雪被的陆地表面时，会产生大范围的大雾天气。这种类型的平流雾很厚，会产生危险的行车条件。

上坡雾 如其名称所示，上坡雾是相对湿润的空气沿缓坡爬升或偶尔遇到陡峭山坡而上升时产生的。因为是上升运动，空气会膨胀并绝热冷却，当冷却达到露点温度时就形成延伸的雾层。

虽然在山区很容易看到上坡雾，但在美国的大平原地区也会出现上坡雾。当暖湿空气从墨西哥湾流向落基山脉时（科罗拉多州丹佛的海拔为 1.6 千米，而墨西哥湾的海拔为 0 千米），空气是"爬升"到大平原的，其绝热冷却达 12℃之多，因此在西部平原产生大范围的上坡雾。

5.3.2 蒸发雾

主要因水汽增加而使空气饱和形成的雾称为蒸发雾。蒸发雾分为两类：蒸汽雾和锋面雾（降水雾）。

蒸汽雾 当冷空气流经暖水面时，从水面蒸发的丰沛水汽使水面上的空气立即达到饱和，而增加的水汽遇到冷空气后凝结并随着被暖水面加热的空气上升。上升的雾气就像一杯热茶上面形成的"蒸汽"，因此将这种雾称为蒸汽雾（见图 5.11）。蒸汽雾常出现在秋季晴朗清新的早晨，因为此时湖面与河面相对温暖而空气相对较冷。当蒸汽雾上升时，其水滴与上层不饱和空气混合而被蒸发，所以蒸发雾一般都比较薄。

图 5.11　在亚利桑那州谢拉布兰卡升起的蒸汽雾

在少数环境下蒸发雾也很浓厚，尤其是在冬季，当寒冷的极地空气流出极地大陆和冰原到达相对温暖的开阔海洋时，温暖的海洋和冷空气的温差超过 30℃，洋面蒸发的水汽使大量空气达到饱和，从而产生很浓密的蒸汽雾。根据空气来源和呈现的形态，这种类型的蒸发雾被称为北冰洋蒸发雾。

锋面雾（降水雾）　当雨滴从锋面上部相对温暖的空气中降落蒸发进入锋面下较冷的空气并使其饱和时，就会形成锋面雾或降水雾。锋面雾最常出现在有持续小雨的寒冷天气。

浓雾的频率分布有较大的空间变化（见图 5.12）。不出所料，雾的发生频率在沿海地区最高，尤其是沿太平洋和新英格兰海岸的冷洋流影响地区；大湖区和东部潮湿的阿巴拉契亚山区也有相对较高的发生频率。与此相反，在内陆地区，尤其是西部干旱和半干旱地区很少出现大雾（见图 5.12 中的黄色区域）。

问与答：在寒冷的早晨我为什么能看到自己的呼吸？

在能看到自己的呼吸的冷天，你实际上制造了蒸汽雾。你呼出的潮湿空气会使小体积的冷空气饱和，形成微小的水滴。像大多数蒸汽雾那样，水滴很快就会蒸发并与周围的不饱和空间混合成"雾"。

概念回顾 5.3

1. 区分云和雾。
2. 列出五种雾并讨论它们的形成方式。
3. 当辐射雾上升时，实际上发生了什么？
4. 太平洋沿岸为何会频繁出现浓雾？

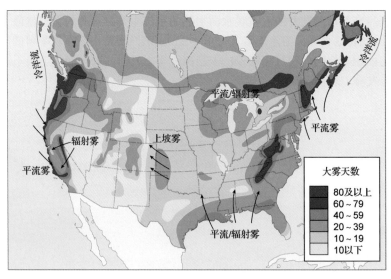

图 5.12 美国年平均浓雾天数分布

5.4 降水的形成

如果所有的云中都有水，为什么有些云能产生降水而其他云却平稳地飘在我们的头顶呢？这个看似简单的问题困惑了气象学家很多年。

云滴非常小，直径约为 20 微米（0.02 毫米），相比之下，人的头发的直径为 75 微米。由于粒径太小，云滴在静止大气中的下落速度非常缓慢。平均大小的云滴从 1000 米高的云底下落至地面需要几小时，即使如此，云滴也从未完成过这一旅程，因为当云滴从云底下落几米后，就会蒸发到不饱和的大气中。

云滴需要长到多大才能成为降水？典型的雨滴直径约为 2 毫米，或者说是平均云滴的 100 倍（见图 5.13）。典型雨滴的体积是云滴的 100 万倍。因此，要形成雨滴，云滴需要在体积上增长约 100 万倍。你可能认为不断增加的凝结能够产生足够大的雨滴，在被蒸发之前降落到地面。但是，云是由数十亿计的微小云滴组成的，这些

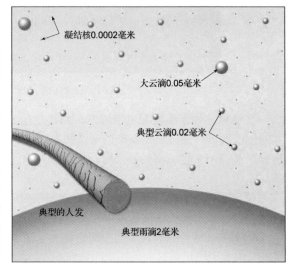

图 5.13 凝结和降水过程粒径的比较

云滴为了长大，需要为获得有限的水分而激烈竞争。显然，凝结并不是雨滴形成的有效方式。

因此，降水的形成是由两个过程来完成的：伯杰龙过程和碰并过程。

诺贝尔奖得主欧文·朗缪尔将意外发现定义为"从偶然事件中抓住机遇的艺术"。换句话说，如果你在观察某种现象时发生了完全意想不到情况，且你从这一突发事件中有了新的发现，那么这就是你的意外发现。科学上的几个重大发现都属于意外发现。

瑞典气象学家伯杰龙发现的冰晶在过冷却云降水形成中的重要作用就是科学意外发现的一个极好例子。伯杰龙是在奥斯陆附近一个海拔为 430 米的山地疗养胜地度假的几周里偶然得到其发现的。在此期间，伯杰

龙注意到这座山常被一层很冷的雾包围(见图5.C)。当他沿山坡上的冷杉林中的小路行走时，发现气温低于-5℃时路上不会有雾，但当气温高于 0℃时雾又会出现在小路上（山坡、树木在两个温度下的雾区如图5.C所示）。

伯杰龙立即得出结论，当气温低于-5℃时，冷杉树枝会作为冻结核使过冷水滴在其上结晶。一旦有冰晶形成，它们就通过消耗其他水滴而迅速增长（见图5.C）。冷杉树枝上冰晶的增长（雾凇）使得林间小路上的雾被"清除"。

图5.C　温度在冰点以上及在-5℃以下时雾的分布比较

根据这一经历，伯杰龙意识到，如果冰晶以某种方式出现在由过冷水滴组成的云中，那么这些冰晶就会因为从云滴蒸发出来的水分子向它们扩散而迅速增长。这种快速增长形成雪晶，这些雪晶根据云下的气温状况以雪或雨的形式降落到地面。伯杰龙因此发现了极小云滴生长成足以形成降水的大冰晶的一种新方式（见5.4.1 节）。

意外发现影响到了整个科学领域。然而，我们能够认为任何人的观察都会有重大发现吗？显然不能。这需要敏锐的洞察力和探索欲，即一种从迷宫般的现象中寻找规律的精神。就像朗缪尔所言，仅有偶然事件是不够的，还需要知道如何抓住机会。路易·巴斯德发现，"在观察的领域中，机会只青睐有准备的头脑"；维他命C的发现者、诺贝尔奖得主圣捷尔吉指出，发现是被那些"见别人所见，想别人所不想"的人们得到的。意外发现始终处于科学的核心位置。

问与答：长期干燥的道路下雨后为什么很滑？

下雨后，是干燥天气下道路上堆积的碎屑导致了路滑。交通研究表明，如果昨天下了雨，那么今天下雨不会增大出现致命车祸的风险。然而，如果是在上次下雨的 2 天后，那么交通事故率增加 3.7%。如果是上次下雨的 21 天后，那么交通事故率会增加 9.2%。

聚焦气象

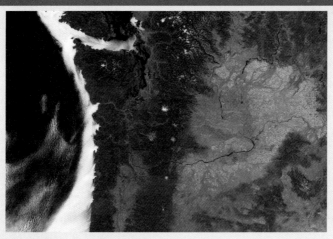

这幅卫星图显示了一层向东移向美国西北部海湾和水道的低云。沿海岸线分布的是遍布森林的海岸山脉，向东是由许多大型火山组成的喀斯喀特山脉。

问题 1　海上形成云而陆地上无云的原因是什么？
问题 2　华盛顿州西部植被茂盛而东部干旱的原因是什么？

5.4.1　冷云降水：伯杰龙过程

大家也许看过有关登山运动员在寒风暴雪中勇攀冰峰的电视报道。即使是在闷热的夏季，高大积雨云的上部也存在类似的寒冷冰雪情况（事实上，对流层上层的气温接近-50℃或更低）。对流层高空的寒冷条件为形成降水提供了理想的环境。实际上，中纬度地区的大多数降水都始于气温远低于冰点的高空云顶的雪花。冬季，甚至低云也会冷到足以引起降水。

为了纪念瑞典气象学家伯杰龙这位发现者，人们将中纬度地区产生大量降水的过程命名为伯杰龙过程（见知识窗 5.2）。伯杰龙过程发生在水汽、液态云滴和冰晶共存的状态。为了理解这一机制的原理，我们首先考察水的两个重要性质。第一个重要性质是，云滴在 0℃时并不冻结。实际上，悬浮在空气中的纯水直到气温下降至接近–40℃时才会冻结。0℃以下的液态水称为过冷水。过冷水碰到物体时很容易冻结，这就解释了飞机穿越由过冷却水组成的液态云时容易结冰的现象，也解释了冻雨或雨凇以液态形式落到路面、树枝或汽车挡风玻璃后变成冰的现象。大气中的过冷水与类似冰状的固态颗粒物（如碘化银）接触后就会冻结，这些物质被称为冻结核。冻结核促进冻结的发生，就像凝结核在凝结过程中的作用一样。

与凝结核相反，大气中的冻结核很少，且通常只在气温降至–10℃或更低时才活跃。因此，当气温为 0℃～–10℃时，云中主要是过冷水滴；当气温为–10℃～–20℃时，液态水滴和冰晶共存；当气温低于–20℃时，云中通常全部是冰晶——如高空中的卷云。

水的第二个重要性质是，冰晶上的饱和水汽压略低于过冷水滴上的饱和水汽压。这是因为冰晶是固态的，其水分子之间的结合要比液态水分子之间的结合更紧密，所以水分子更容易从过冷液态水滴上逃离。因此，当空气对液态水滴为饱和状态（相对湿度为100%）时，对冰晶就是过饱和的。如表 5.2 所示，当气温为–10℃时，水面上的相对湿度是 100%，冰面上的相对湿度则是 110%。

表 5.2　水面相对湿度为 100%时冰面的相对湿度

温度/℃	相对湿度	
	水　面	冰　面
0	100%	100%
–5	100%	105%
–10	100%	110%
–15	100%	115%
–20	100%	121%

知道这些事实后，就可以解释降水是如何通过伯杰龙过程产生的。当云中的气温为–10℃时，每个冰晶（雪晶）周围都有成千上万个液滴（见图 5.14）。因为空气对液态水是饱和的（相对湿度为 100%），而对刚生成的冰晶是过饱和的，这种过饱和状态会使冰晶吸收水分子而降低大气的相对湿度；这时，水滴变小，以蒸发来补充空气中减少的水汽。因此，冰晶依靠液滴持续蒸发的水汽供给而增长。

冰晶增长到充分大时，开始下落，下落过程中云滴在冰晶表面冻结，使冰晶进一步增长。气流有时会使脆弱的冰晶破碎，而这些冰晶碎片又成为其他液滴的冻结核。这种反应链会产生更多的雪晶，积累形成许多大雪花。大雪花可能由许多冰晶组成。

在中纬度地区，只要云的上部冷到足以产生冰晶，那么全年都可以由伯杰龙过程产生降水。地面的降水类型（雪、雨夹雪、雨或冻雨）取决于大气较低几千米的温度分布。当地表温度大于4℃时，雪花通常在接触地表之前就已融化，因此以雨的形式落下。即使是在炎热的夏季，暴雨也可能是从高空云中的暴雪开始的。

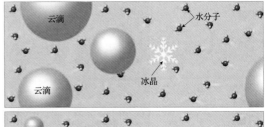

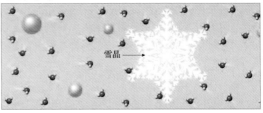

图 5.14　伯杰龙过程示意图

5.4.2 暖云降水：碰并过程

几十年前，气象学家认为除了毛毛雨外，大多数降水都是由伯杰龙过程形成的。后来气象学家发现，很多地区，尤其是热带地区，充沛的降水常常来自远低于冻结高度的云（称为暖云）。这就出现了作为第二种降水机制的碰并过程。

研究表明，完全由液态水滴构成的云通常包含一些直径大于 20 微米（0.02 毫米）的水滴。之所以能够形成这些大水滴，是因为存在"巨大的"凝结核或吸湿性颗粒（如海盐）。当空气相对湿度低于 100% 时，吸湿性颗粒开始从大气中吸收水汽。因为液滴的降落速度取决于其大小，所以"巨大的"液滴降落最快。表 5.3 中归纳了水滴大小和降落速度的关系。

表 5.3 水滴大小和降落速度的关系

种类	直径/毫米	降落速度/（千米/小时）
小云滴	0.01	0.01
典型云滴	0.02	0.04
大云滴	0.05	0.3
毛毛雨	0.5	7
典型雨滴	2.0	23
大雨滴	5.0	33

降落快的大液滴在降落过程中会与降落慢的小液滴碰撞合并，在此过程中，大液滴增长得更大，降落得也更快（或者在上升气流中上升得更慢），这样又使它们碰并的机会加大，生长的速度增快 [见图 5.15(a)]。合并约 100 万个云滴后，雨滴才能大到足以降落到地面而不被蒸发。

由于从云滴增长到雨滴需要大量的碰撞过程，所以垂直高度较高且包含大云滴的云最有可能产生降水。液滴位于上升气流中时，会在云中反复穿行，导致更多的碰撞，因此也会促进降水。

雨滴增大后，下降速度就加快；速度加快反过来又会增大空气的摩擦阻力，使雨滴的底部变得平坦 [见图 5.15(b)]。当雨滴直径达到 4 毫米时，底部出现凹陷，如图 5.15(c)所示。当雨滴以 33 千米/小时的速度降落时，雨滴直径最大可达 5 毫米。在这个直径下，空气阻力的拖曳作用超过水滴的表面张力。这种爆发式的凹陷发展使得雨滴呈环形并立即破裂。大水滴破碎后，产生更多的小水滴，这些小水滴将开始新的吞并云滴的任务。

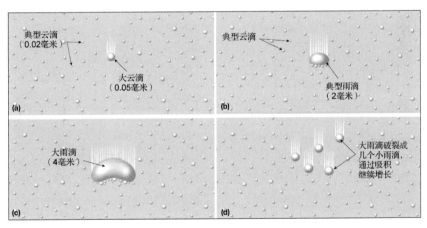

图 5.15 碰并过程示意图

然而，碰并过程并没有这么简单。首先，当较大的水滴下降时，它们会在周围产生类似于高速公路上汽车迅速行驶后的气流，而气流则推开较小的水滴。可以想象夏季夜晚沿乡村道路驾驶的情形，空气中的小飞虫就像是云滴——大多数都被空气推到两旁。但是，大云滴（大飞虫）有更多的机会与巨大的雨滴（汽车）相碰撞。

其次，碰撞并不保证都会合并。实验证明，碰撞发生后大气中的电荷可能是这些云滴合并的关键。如果一个带负电的云滴和一个带正电的云滴碰撞，那么异电相吸可能使它们合并。

由前面的讨论明显可以看出，在大云滴充足的环境中，碰并机制最有效。热带尤其是热带海洋上的大气是一个理想的环境：与许多人口密集地区相比，这里的空气非常湿润且相对干净，凝结核更少。较少的凝结核竞争现有的大量水汽，凝结更快并产生相对较少的大云滴。当积云发展时，最大的雨滴快速合并较小的雨滴，产生具有热带气候特点的午后阵雨。

对于中纬度地区，尤其是在炎热湿润的夏季，碰并过程可能增加由伯杰龙过程形成的高大积雨云的降水。塔状云上部伯杰龙过程产生的雪花降落至冻结高度以下时融化，而融化产生较大且下落较快的液滴。大液滴下降时又与大量较小、下落较慢的云滴碰撞，产生倾盆大雨。

总之，伯杰龙过程和碰并过程这两种机制都会产生降水：以冷云（或云顶）为主的中纬度地区主要发生伯杰龙过程；而在水汽充沛、凝结核相对较少的热带地区，则由碰并过程生成数量较少但更大、下落速度更快的液滴。无论哪种降水形成机制，雨滴大小的进一步增长都离不开碰并过程。

问与答：有记录的最大年降水量是多少？

有记录的最大年降水量出现在印度的乞拉朋齐，降水量高达 2647 厘米。乞拉朋齐的海拔为 1293 米，向陆季风的地形抬升导致了这场降水。

概念回顾 5.4

1. 根据伯杰龙过程，说明降水的形成步骤，记得包含过冷云滴的重要性、冻结核的作用，以及液体水和固态冰之间饱和水汽压的差别。
2. 碰并过程与伯杰龙过程有何不同？
3. 如果雪从云中落下，那么它是由哪个过程产生的？为什么？

5.5 降水的类型

大气状态的地理和季节变化很大，因此会产生不同的降水类型（见图 5.16）。雨和雪是我们最常见、最熟悉的降水形式，但表 5.4 中其他形式的降水也同样重要。雨夹雪、冻雨和冰雹常产生灾害性天气。这些降水形式虽然偶然发生在零星地区，但它们有时会造成相当大的危害，尤其是冻雨和冰雹。

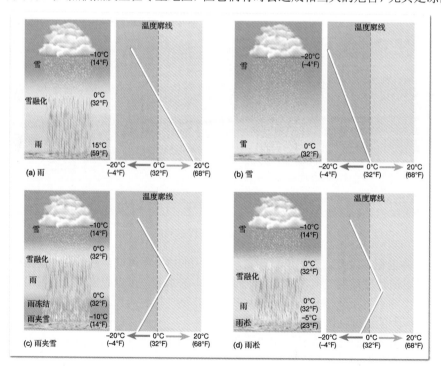

图 5.16 四种降水类型和对应的温度分布曲线

表 5.4　降水类型

类型	直径	水相	说明
薄雾	0.005～0.05 毫米	液态	风速为 1 米/秒时，液滴大小可使脸部感受到，与层云有关
毛毛雨	<0.5 毫米	液态	从层云降落的小而均匀的雨滴，通常持续几小时
雨	0.5～5 毫米	液态	通常由雨层云或积雨云产生。大雨时，雨滴大小的地区差异较大
雨夹雪	0.5～5 毫米	固态	雨滴降落至低于冰点的气层时，冻结形成的小球状或块状冰粒。由于冰粒较小，造成的灾害也较小。雨夹雪可使道路交通发生危险
冻雨（雨凇）	1 毫米～2 厘米	固态	由过冷却水滴与固态物体接触冻结产生。雨凇会形成厚厚的、重量足以损坏树木和电线的冰层
雾凇	累积量可变	固态	通常包含指向风向的冰羽状沉积物。过冷却云或雾接触物体后，冻结产生精美的霜类累积物
雪	1 毫米～2 厘米	固态	雪的晶体特性使其具有多种形状，包括六面体冰晶、片状冰晶和针状冰晶。过冷却云中的水汽以冰晶形式积累并在下降过程中保持冻结，即产生雪
冰雹	5～10 厘米或更大	固态	坚硬圆颗粒或不规则冰状降水。产生于冻结冰粒和过冷却水共存的大型对流性积雨云中
霰	2～5 毫米	固态	软冰雹，在雪晶上结晶形成的形状不规则的"软"冰物质。由于这类颗粒物比冰雹软，受到撞击时通常会变平

5.5.1　雨

气象学上的雨特指从云中降落、直径至少为 0.5 毫米的水滴（毛毛雨和薄雾液滴较小，因此不算作雨）。大多数雨来自雨层云或者常产生大暴雨的塔状积雨云。

直径小于 0.5 毫米的均匀水滴称为毛毛雨。毛毛雨和小雨通常产生于层云或雨层云，可能持续几小时，偶尔会持续数天。

雨滴进入云下的不饱和空气中，就开始蒸发，根据空气的湿度和液滴的大小，雨滴可能会在到达地面之前就完全蒸发。这种从云中落向地面但未接地面的条纹雨现象称为雨幡（见图 5.17）。类似于雨幡，冰晶可能落入干燥空气而升华，这样的缕状冰粒被称为雪幡。

图 5.17　雨幡。在干燥的西部地区，雨还没有降落到地面就被蒸发

能到达地面的最小水滴降水称为薄雾。薄雾液滴非常小,看似悬浮在空气中,不易察觉。

5.5.2 雪

雪是冰晶或冰晶集合形式的降水。雪花的大小、形状和密度很大程度上取决于它们形成时的温度。

我们知道,温度很低时,空气中的水汽含量也低,这时会形成由六边形冰晶构成的轻而蓬松的雪花(见图 5.18),这就是山地滑雪者渴望的"雪粉"。相反,当气温高于-5℃时,冰晶集合成较大的块状冰晶聚合物,由这种复杂雪花形成的降雪通常重且水分含量高,适合滚雪球。

图 5.18 雪晶。所有雪晶都是六边形的,但是它们变化无穷

问与答:美国年降雪量最多的城市是哪个?

根据美国国家气象局的记录,纽约州的罗切斯特是年降雪量最多的城市,年平均降雪量达 239 厘米,其次是纽约州的布法罗。

5.5.3 雨夹雪和冻雨

雨夹雪是在冬季出现的含有透明或半透明冰粒的降水现象。图 5.19 说明了雨夹雪的形成过程:贴近地表的冻结层之上必须覆盖一层高于冻结温度的气层。通常由雪融化成的雨滴离开较暖空气遇到下面的较冷空气时会冻结,然后到达地面,变成雨滴大小的小冰粒。

图 5.19 雨经过较冷的空气层时冻结成小球状,成为雨夹雪,这种情况大多发生在冬季,此时暖空气被迫抬升到冷空气气层上方

有时,积云的垂直温度分布与形成冻雨或雨夹雪的温度层的类似 [见图 5.16(d)]。在这种情况下,因为贴近地面低于冰点的空气层的厚度不足以使雨滴冻结,所以雨滴为过冷却状态。遇到地表的突出物时,这些过冷水滴立即结冰。厚且重的雨凇甚至会压断树枝、电线,使步行和驾驶变得极度危险。

1998 年 1 月，一场史上罕见的冰暴给新英格兰和加拿大东南部造成了巨大的灾难。五天的冻雨在安大略湖南部到大西洋沿岸的裸露地表上积累了一层厚厚的冰。80毫米的降水造成树木折断、电线断开、高压电塔倒塌，100 万户居民停电——许多居民在冰暴后近一个月的时间里仍无法用电（见图 5.20）。冰暴还造成至少 40 人死亡，以及超过 30 亿美元的损失。遭受破坏最大的是国家电网，一位加拿大气候学家对此是这样总结的：“人类半个世纪的建设成就，大自然只用几小时就将它们摧毁。”

5.5.4　冰雹

冰雹是坚硬的圆球状或不规则块状固态降水。冰雹仅产生于高大的积雨云中，这类积雨云中的上升气流速度有时可达 160千米/小时，并且有充足的过冷水。图 5.21(a)说明了冰雹的形成过程。冰雹起源于小的胚胎冰珠（霰），随后在下降过程中吸附云中的过冷水逐渐增长。遇到强烈的上升气流时，它们可能会再次上升，然后重新开始下降。它们每次穿过云中的过冷水区域时，都

图 5.20　1998 年新英格兰的雨凇。冷雨滴遇到物体表面冻结，产生雨凇

会增加一层冰壳。冰雹也可通过单次上升下降形成。无论哪种方式，过程都会持续发展，直到冰雹大到足以不能被雷暴的上升气流支撑时，或者遇到下沉气流时，降落到地面。

冰雹内可能会有介于透明状和半透明状的几个冰层［见图 5.21(b)］。在云的上部，较小的过冷水滴因快速冻结，会出现气泡而产生乳白色的外表。相反，透明冰层产生于云底的较暖区域，在这里与液滴碰撞使冰雹表面变湿，因为这些液滴冻结缓慢，所以它们产生的冰层气泡相对较少而显得透明。

尽管有些冰雹可能有橘子那么大，但大多数冰雹的直径为 1～5 厘米（介于豌豆粒大小和高尔夫球大小之间）。有时冰雹的质量达 454 克以上，这样的情况大多由多个冰雹合并而成。

美国有记录的最大冰雹发生在 2010 年 7 月 23 日的南达科他州的维维安，冰雹直径超过 20 厘米，质量接近 900 克。此前的记录为 766 克，发生在 1970 年的堪萨斯州的科菲维尔［见图 5.21(b)］。发生于南达科他州的冰雹直径也超过发生于 2003 年内布拉斯加州的奥罗拉 17.8 厘米的记录。1987年，发生于孟加拉国的更大冰雹造成 90 多人死亡。据估计，大冰雹降落到地面时的速度超过 160千米/小时。

大冰雹的破坏性众所周知，那些农作物几分钟内就被摧毁的农民，房屋、汽车被损坏的人们更是深有体会（见图 5.22）。在美国，每年由冰雹造成的灾害损失达数亿美元。损失最高的一次冰雹发生在 1990 年 6 月 11 日的美国科罗拉多州的丹佛市，损失超过 6.25 亿美元。

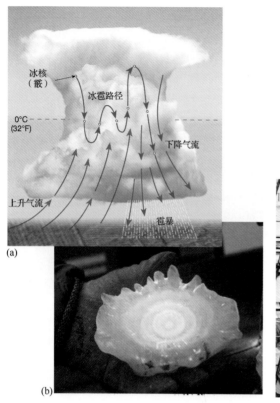

图 5.21 冰雹。(a)冰雹形成过程示意图，(b)切开的冰雹，1970 年落在堪萨斯州的科菲维尔，质量达 0.75 千克

图 5.22 被冰雹砸坏的温室

5.5.5 雾凇

雾凇是由过冷却雾滴或云滴冻结在低于冰点的表面上形成的冰晶沉积。当雾凇形成于树上时，树木被冰羽装饰得非常美丽（见图 5.23）。在这种情况下，诸如松针这样的物体就成为冷却水滴冻结的冻结核。有风时，只有树的迎风面会形成雾凇。

图 5.23 像羽毛一样美不胜收的雾凇

极端灾害性天气 5.1　最糟糕的冬天

任何极端的东西，无论是最高的建筑还是某地的最低气温记录，都会令人们着迷。对天气而言，有些地方会很自豪地宣称他们有正式记录的最糟糕的冬天。例如，科罗拉多州的弗雷泽、明尼苏达州的国际瀑布城都曾宣称他们那里是美国的"冰箱"。1989 年，弗雷泽在美国本土 48 个州中 23 次记录到最低气温，邻州科罗拉多的甘尼森记录的最低气温则多达 62 次，远超其他地方。

明尼苏达州希宾镇的居民对这些事实毫无感觉。在 1989 年 3 月的第一周，这里的气温降至−38℃，而这也算是温暖的天气。北达科他州巴歇尔的老前辈说，1936 年 2 月

15 日他们那里的气温曾降至–51℃。曾打破 24 小时最大降温记录的蒙大拿州的布朗宁，1916 年 1 月的一个夜晚，气温骤降 56℃——从凉爽的 7℃降至寒冷的–49℃。

尽管这些数字让人印象深刻，但这里引用的极端低温仅说明了冬季天气的一个方面。降雪是怎样的？库克市以 1977—1978 年冬季 1062 厘米的降雪量保持着蒙大拿州季节降雪的最高记录。然而，密歇根州的苏圣玛丽和纽约州的布法罗又是怎样的？与大湖区相关的冬季降雪具有传奇色彩，在许多偏远、荒凉的山区甚至会出现更大的降雪。

这里要告诉美国东部居民的是，仅仅强降雪就能造成最坏的天气。1993 年 3 月，一次飓风引发的大风造成的强降雪和最低温度记录，就使从阿拉巴马州到加拿大东部沿海各省的大多数地区陷于瘫痪。这一极端事件很快就理所当然地获得"世纪风暴"的称号。

因此，确定哪个地区拥有最坏的冬天时要取决于所用的标准。是季节最大降雪量？还是最长寒冷期？是最低温度？还是最多的灾害性风暴？

冬季天气事件

以下是美国国家气象局有关冬季天气事件的一些常用名词的意义。

陈雪　间断性的短时降雪，产生少量积雪或不产生积雪。

飞雪　雪被风从地面吹起，使水平能见度降低。

吹雪　强风引发的降雪或蓬松积雪的堆积。

暴风雪　风速至少为 56 千米/小时的大风并且持续最少三小时的冬季风暴，同时还必须伴有低温和相当多的降雪或吹雪，使能见度降至 0.40 千米或更低。

强暴风雪　风暴风速至少在 72 千米/小时以上，有大量降雪或飘雪，气温在–12℃以下。

大雪警报　12 小时内降雪量最少达 10 厘米,或者 24 小时内降雪量最少达 15 厘米。

冻雨　经过近地表低于冰点的薄空气层时以固态形式降落的雨。当雨（或毛毛雨）接触地面或其他物体时，冻结并形成的透明薄层称为雨凇。

雨夹雪　也称冰粒。降水或融雪经过近地表低于冰点的薄空气层时，凝结形成雨夹雪。雨夹雪不会附着在树枝或电线上，当它碰到地面时会弹跳。堆积的雨夹雪有时会像干沙那样。

游客忠告　发布的警告，提醒公众注意由雪、雨夹雪、冻雨、雾、风或扬尘等造成的危险驾驶环境。

寒潮　24 小时内气温快速下降，通常预示着非常寒冷的一段时间的开始。

风寒　体感温度，利用风和温度对人体的影响来表示，它将风的降温作用转换为静风状态下的温度。这一指数仅适用于人体，对汽车、建筑和其他物体没有意义。

图 5.D　2011 年 2 月 2 日遭受暴风雪袭击的芝加哥

问与答：冬季风暴警报和雪暴警报有何不同？

当 12 小时内的降雪量超过 15.24 厘米，或者可能会形成结冰条件时，发出的是冬季风暴警报。有趣的是，上密歇根州和奥古斯山的降雪量丰富，冬季风暴警报仅在 12 小时内的降雪量超过 20.32 厘米以上时才会发出。相比之下，仅在大量降雪或吹雪伴随 56 千米/小时以上的风时，才发出雪暴警报。因此，暴风雪是由风而非降雪量起决定性作用的冬季风暴。

5.6 降水的观测

最容易测定的常见降水形式可能是雨。任何拥有固定横截面的开口容器都可作为雨量计［见图 5.24(a)］。但是，通常情况下需要用更精确的装置来准确地测量少量降水，减少蒸发带来的误差。

5.6.1 标准雨量计

标准雨量计的顶部直径为 20 厘米。降水进入容器后，漏斗将引导雨水通过狭窄的空间进入横截面积仅有采集器十分之一的圆柱形测量管。雨量高度被放大 10 倍后，测量精确到接近 0.025 厘米。雨量小于 0.025 厘米时，则记录为微量降水。

除了标准雨量计，还有几种常用的雨量计。这些仪器不仅测量雨量，而且记录发生时间和强度（单位时间的降水量）。其中，两种最常见的雨量计是翻斗式雨量计和称重雨量计。

如图 5.24(c)所示，翻斗式雨量计由两部分组成，漏斗的底部两边分别有一个可容纳 0.025 厘米雨水的翻斗。一个翻斗装满后，腾空其中的雨水，同时另一个翻斗在漏斗口取代它的位置。在每次翻倒腾空的间隔，电路关闭，0.025 厘米的降水量就自动记录到图纸上。

称重雨量计是放在一个弹簧秤上的圆柱形降水采集器。随着圆筒不断充入雨水，其重力运动就传递给记录笔，进而将数据记录下来。

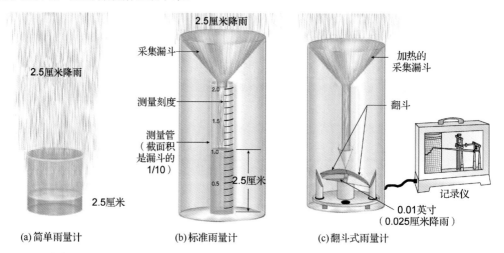

图 5.24　降水观测：(a)任何容器都可以成为最简单的雨量计；(b)标准雨量计；(c)翻斗式雨量计

5.6.2 观测降雪

测量降雪时，通常要测量雪深和等效降水量（见图 5.25）。雪深通常用量雪尺来测量。实际测量并不困难，但要选择有代表性的场地。一般来说，最好是选择远离树木和障碍物的开阔场地进行多次测量，再取多次测量的平均值。要获得等效降水量，就需要融化样本后称重，或者按照降雨来测量。

同样体积的雪的水量并不一样。当不知道雪的详细资料时，通常按 10 单位的雪等价于 1 单位的水来估算。你可能听电视气象预报播音员用过如下这个比率："每 10 厘米的雪等价于 1 厘米的雨。"然而，雪的实际含水量也许与这个比率相差甚远。要产生 1 厘米的降水量，有可能需要 30 厘米厚的蓬松雪花（30∶1），也可能只需要 4 厘米厚的湿雪（4∶1）。

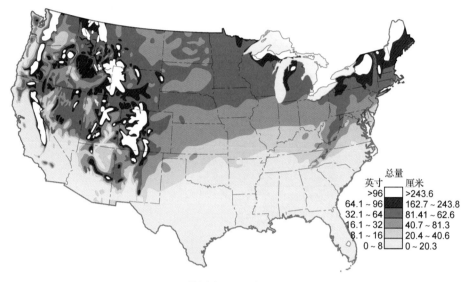

总量	
英寸	厘米
>96	>243.6
64.1 ~ 96	162.7 ~ 243.8
32.1 ~ 64	81.41 ~ 62.6
16.1 ~ 32	40.7 ~ 81.3
8.1 ~ 16	20.4 ~ 40.6
0 ~ 8	0 ~ 20.3

图 5.25　美国本土 48 个州的年降雪量

聚焦气象

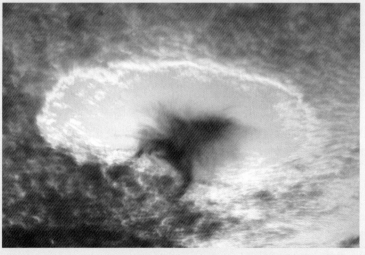

　　这幅图显示了称为"洞穿云"的天气现象，是由飞机穿过含有过冷水滴的云层时形成的。当飞机穿过云层时，飞机引擎排出的小颗粒与一些过冷水滴相互作用——立即冻住。图像中心的黑色区域实际上是白色的，它由被"穿洞"占据的云区内形成的大冰晶组成，并且开始作为降水下落。

　　问题 1　一些云滴冻结并牺牲剩下液态云滴而变大的过程是什么？

　　问题 2　为什么只有由过冷水滴组成的云才能形成"穿洞"？

　　问题 3　在形成洞穿云的过程中，飞机的作用是什么？

5.6.3　天气雷达测量降水

　　图 5.26 所示的天气图是美国国家气象局根据天气雷达产生的图像制作的天气图。天气雷达为气象学家提供了追踪远在几百千米以外的暴雨系统及其所产生的降水类型的重要工具。雷达单元

有一个发射器发送短脉冲无线电波，使用者可以根据探测目标来选定发射波长。进行降水监测时，雷达使用波长为3～10厘米的无线电波。

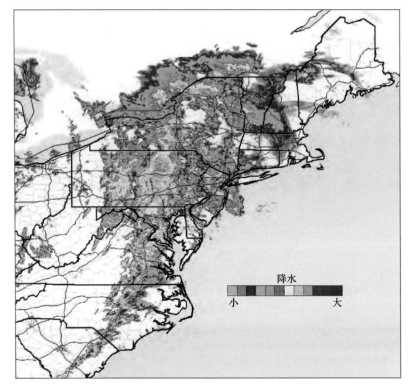

降水

小　　　　　　　大

图 5.26　美国国家气象局制作的多普勒雷达图，图中的不同颜色代表不同的降水量

无线电波虽然可以穿透小云滴，但是会被大雨滴、冰晶和冰雹反射回来。这种称为回波的反射信号可以被接收器接收并在电视监控器上显示出来，降水越强，回波就越"亮"。现代雷达可以探测出降水范围和降水率。图 5.26 所示为典型的雷达探测图像，其中不同的颜色表示不同的降水量。第 10 章和第 12 章介绍的天气雷达还可以测量暴雨的速度和方向。

概念回顾 5.6

1. 既然开口容器能够充当雨量计，那么标准雨量计有何优点？
2. 说明雨量计的工作原理。
3. 天气雷达相对于标准雨量计的优点是什么？

5.7　人工影响天气

人工影响天气是指人类按照自己的目的有计划地改变与天气有关的大气进程的活动。人类试图改变或增强某些天气现象的愿望可以追溯到远古时期，那时的人们试图通过祈祷、巫术、舞蹈等来改变天气。

影响天气的设想主要有三大类。第一大类是利用能量强迫改变天气，例如，在一些机场利用强热源或空气的混合动力（如依靠直升机）驱散雾或者防止果树冻伤。

第二大类包括改变地表和水面来影响它们与低层大气的自然交换过程。一个常被讨论但从未实施的例子是，用一种黑色物质覆盖一块土地。被黑色表面吸收的多余太阳能会加热近地表的大气层，促进上升气流的发展，这些上升气流可能会促进云的形成并最终产生降水。

第三大类包括诱发、增强或改变大气进程方向。通过云的催化，如播撒干冰（固态二氧化碳）和碘化银来增加降水就是这样的一个例子。人工增雨可以取得满意的效果，且是相对廉价的技术，因此已成为现代人工影响天气技术的一个主要热点。

5.7.1 人工增雨（雪）

人工影响天气的首次突破是 1946 年文森特·奇科夫发现干冰掉进过冷却云中会刺激冰晶的生长。过冷却云中的冰晶一旦形成，就会利用其他液态云滴增长，直到以降水的形式下落。

后来人们发现碘化银也可用作云的催化剂。与干冰使空气变冷不同，碘化银晶体是作为冻结核而产生作用的。通过在地面点燃碘化银烟剂或采用飞机播撒的方式，可将碘化银传送到云中，因此比干冰更经济有效（见图 5.27）。

采用云催化方法增雨需要满足一定的大气条件，其中最重要的是必须存在过冷却云，即云中要有温度等于或低于 0℃ 的液态云滴。

图 5.27　用碘化银作为云催化剂来增加云的冻结核

人们曾对冬季沿山体形成的云（地形云）进行过多次人工增雨试验，这类云被认为是进行人工增雨的最优对象，因为在正常条件下，冷地形云中只有少部分水凝结形成降水。云催化的另一个优点是，增雨形成的冰雪融化和径流，可以存储在水库中用于灌溉和发电。

近年来，对含有吸湿性颗粒物的暖对流云的人工催化重新受到关注。当人们发现南非内尔斯普雷特附近一家造纸厂的严重污染似能够增加降水后，这种技术就引起了人们的兴趣。科研飞机穿越造纸厂周围的云层，采集了造纸厂排放的悬浮颗粒物样本，发现造纸厂排放到云中的是微小盐晶体（氯化钾和氯化钠）。由于盐晶体吸收水分，它们会迅速形成大云滴，再通过碰并过程成长为雨滴。为了复制这个过程，墨西哥南部干旱地区正在使用飞机进行燃烧棒播撒吸湿性盐的试验。尽管研究前景广阔，但该技术是否会增加经济发达地区的降水还没有确切的证据。

美国目前有 10 个州正在开展超过 50 个人工影响天气项目的研究试验，其中最令人鼓舞的结果来自得克萨斯州西部，那里的试验者发现，利用碘化银作为云催化剂可增加 10% 的降水量。

5.7.2 人工驱云消雾

人工增雨最成功的应用还包括播撒干冰（固态二氧化碳）到过冷却雾或层云中，以驱散它们，进而提高能见度。机场、港口和州际公路的有雾区段是这项技术应用的首选对象。该技术促使云中的过冷却水滴转变为冰晶，冰晶沉淀后就会在云或雾中留下一片无雾区或无云区（见图 5.28）。美国空军

图 5.28　用干冰催化云盖的效果显著，1 小时内就形成一个"大坑"

将此技术用于空军基地多年，商业航空公司也将该方法用于美国西部选定的几个雾区机场。

在犹他州北部，过冷却雾会在山谷中停留数周，州交通部门利用固态二氧化碳驱雾来提高能见度。雾消散后，固态二氧化碳迅速蒸发，使空气冷却，造成过冷却液滴冻结，然后以小冰晶形式降落。

但是，大多数雾并不包含过冷液滴。越是普通的"暖雾"，越需要花费昂贵的成本去驱散，因为云催化对它们不起作用。一种驱散暖雾的成功方法干空气混合法——当雾层很浅薄时，可利用直升机来驱雾：直升机飞到雾区上方，此时产生强烈的下沉气流，强迫上层的干空气下沉到地面与饱和雾气进行混合，以达到消雾的目的。

在一些经常出现暖雾的机场，可以通过加热空气的方法来使雾蒸发。1970 年，巴黎奥利机场建立了一个被称为"涡轮消雾机"的复杂热力消雾系统。该系统使用 8 台喷射发动机，它们安装在沿飞机跑道的地下室中。尽管安装代价昂贵，但可使机场引导区域和降落跑道区域的能见度提高约 900 米。

5.7.3　人工消雹

在美国，冰雹每年平均造成的财产损失和作物损失达 5 亿美元之多（见图 5.29），甚至偶尔一场严重的冰雹造成的损失就可能超过这个数字。例如，1984 年发生在德国、1991年发生在加拿大、1999 年发生在澳大利亚的雹暴；此外，2001 年发生在堪萨斯城的冰雹造成了约 20 亿美元的损失。这些雹灾使得人们有史以来将人工影响天气的最大努力都放在人工防雹方面。

极度渴望找到保护农作物方法的农民长期以来一直相信强噪声（爆炸声、炮击声和教堂钟声）可以减少雷暴期间产生的冰雹数量。在欧洲，乡村牧师靠敲响教堂钟声来保护附近农场免受冰雹灾害的做法也十分常见，尽管 1780 年因敲钟人死于雷电，该做法已被禁止，但在少数几个地区仍然盛行。

1880 年，一个关于冰雹形成机制的新假设重新燃起了人们对人工防雹的兴趣。这个未经检验的设想认为，静风条件下冰雹形成于冷湿云中（我们现在知道大冰雹形成于垂

图 5.29　遭受雹灾的南达科他州苏福尔斯北部大豆地

直气流强的云中）。在这个环境中，中心胚胎周围会集合微小冰针，进而形成小冰球。一层冰晶形成后另一层又附加上来，这就解释了冰雹的层状结构。人们相信，如果环境中不出现混乱情况，那么小冰晶向胚胎的移动就不会发生。

这个错误的冰雹形成机制假说，造成了 19 世纪 90 年代第一台"反冰雹大炮"的建造。反冰雹大炮是安装有巨大扩音器的垂直迫击炮。图 5.30 中的反冰雹大炮的质量为 9000 千克，高度为 8米，可向所有方向转动。发射时，反冰雹大炮发出响亮的鸣笛声，随后巨大的烟圈升向 300 米的高空。人们认为大炮传出的噪声可以破坏大冰雹的形成。

奥地利温迪施-法伊施特里茨附近的一个小镇利用反冰雹大炮做了两年的试验，结果发现没

有冰雹出现。与此同时，邻近省份却遭受了严重的冰雹灾害。从这次不科学的研究中，人们得出的结论是，反冰雹大炮是行之有效的。随后，这套装置被推广到欧洲其他主要农作物频繁遭受冰雹灾害的地方。很快，欧洲的大部分地方出现了"大炮热"，到 1899 年，仅意大利就使用了 2000 门反冰雹大炮。然而，多年后反冰雹大炮被证实是不可靠的，因此遭到了遗弃。

1972 年，一家法国公司开始制造现代版的反冰雹大炮，至今仍有几家小公司在生产这套装置。它们散布在美国科罗拉多州、得克萨斯州和加利福尼亚州的几个城市。一家日本汽车制造商在密西西比州的工厂里安装了反冰雹大炮来保护新车。

现代人工防雹的尝试包括利用类似碘化银的晶体来扰乱冰雹的形成等人工催化方式。为了检验云催化的有效性，美国政府在科罗拉多州西北部进行了国家冰雹研究试验，它包括几个随机的云催化播散试验。

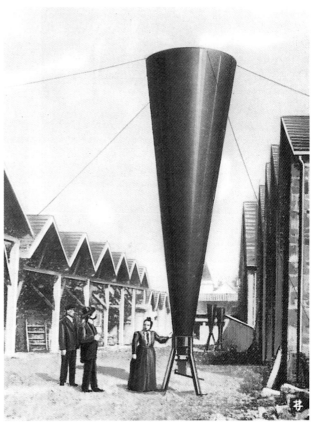

图 5.30　1900 年前后使用的反冰雹大炮

三年的数据分析显示，云催化播散和非云催化播散的冰雹发生率没有统计上的显著差异，因此原计划五年的试验计划被放弃。然而，在今天的许多地方，包括科罗拉多州，云催化播散技术仍在应用。

5.7.4　预防霜冻

霜冻是严格依赖于温度的自然现象，发生于气温低于 0℃时。称为白霜的冰晶聚合物仅在空气达到饱和时出现。

霜冻或冻害产生的方式有两种：冷空气入侵，或晴朗夜间的强辐射降温。与冷空气入侵相关的霜冻的特点是，白天的低温度和长时间的冷冻状态造成大面积作物受灾。相反，辐射降温造成的霜冻主要出现在低洼地区的夜间。二者相比，后者明显更容易防范。

各种防冻措施取得了不同程度的成功。它们要么采用保温（减少夜间热量损失）的方式增加空气底层的温度，要么采加热的方式增加空气底层的温度。

保温方法包括在植物表面覆盖诸如纸和布的绝热材料；在空气中增加悬浮粒子，减少辐射冷却。增温方法则使用洒水装置、空气混合技术和果园加热器等。洒水装置［见图 5.31(a)］可以两种方式增加热量：首先，来自水的温热；其次，来自水冻结所释放的凝结潜热。只要冰水混合物停留在植物上，潜热释放就会阻止气温下降至 0℃以下。

空气混合技术在离地面 15 米高度的气温比地面温度至少高出 5℃时最有效。使用吹风机将上层暖空气与下层冷空气混合［见图 5.31(b)］。

图 5.31　两种常用的防霜冻方法。(a)用洒水车洒水；(b)用吹风机混合冷暖空气

　　果园加热器可能产生最好的结果（见图 5.32），但每公顷果园需要旋转 30～40 个加热器，燃料消耗相当惊人。

图 5.32　俄勒冈州胡德里弗果园使用加热器为梨树林加热来防霜冻

概念回顾 5.7

1. 人工影响天气是什么意思？
2. 存在什么大气条件时，人工增雨才有效果？
3. 描述驱散暖雾以提高能见度的一种技术。
4. 雾和白雾有何不同？
5. 描述果园加热器、洒水和空气混合是如何用于防冻的。

思考题

01. 云按高度分为低云、中云和高云，为何低云（垂直发展型云）更可能产生降水？

02. 在题图(a)～(f)中，哪三幅图说明了三种基本的云型（卷云、积云和层云）？

(a)　　　　　　　(b)

(c)　　　　　　　(d)

(e)　　　　　　　(f)

03. 雾定义为底部非常靠近地面的云，但雾和云的形成过程是不同的，说明它们的形成过程的异同。

04. 为何辐射雾主要形成于晴朗而非多云的晚上？

05. 题图(a)～(c)说明了三种类型的雾。a. 在图下标出每种雾型。b. 描述每种雾的形成机制。

(a)　　　　　　　(b)

(c)

06. 在伊利诺伊州中部的仲冬，由于南风的影响，气候温和。随着时间的推移，广阔的区域形成了雾。这种雾是什么雾？

07. 假设你清晨在山区的道路上驾车驶向峡谷时遇到了雾，驶出峡谷时天气变得晴朗，这种雾是什么雾？

08. 当水汽凝结到吸湿的凝结核上时，形成云滴且云滴增长。研究表明，云滴的最大半径为0.05毫米。然而，雨滴要比云滴大数千倍。用自己的语言描述云滴变成雨滴的一种方式。

09. 当雪到达地面时，描述如下情况下可能导致降水的垂直温度剖面：a. 雪；b. 雨；c. 冻雨。

10. 雨幡和雾为何不会同时出现？

11. 题图显示了两种不同的降水。a. 给出所示降水的类型；b. 描述每类降水的形式；c. 这些降水有何相同点？d. 这些降水有何不同点？

(a)　　　　　　　(b)

12. 雨量计与天气雷达在测量降雨量时有何优缺点？

13. 天气雷达提供了强度和总水量信息。下表显示了雷达反射率值和降雨率的关系。如果雷达测量某个位置2.5小时的反射率值是47dBZ，那么这里的降雨量是多少？

雷达反射率和降雨率的关系

雷达反射率/dBZ	降雨率/（厘米/小时）
65	40.64+
60	20.32
55	10.16
52	6.35
47	3.30
41	1.27
36	0.76
30	0.25
20	微量

14. 人工增雨取得了不同程度的成功。如果能够开发快速增大雨量的人工增雨技术，那么它的缺点是什么？

术语表

advection fog 平流雾
Bergeron process 伯杰龙过程
cirrus 卷云
cloud 云
cloud condensation nucleus 云凝结核
cloud seeding 人工增雨
cloud of vertical development 垂直发展型云
collision-coalescence process 碰并过程
cumulus 积云
fog 雾
freezing nucleus 冻结核
freezing rain, or glaze 冻雨或雨凇
frontal, or precipitation, fog 锋面雾或降水雾
frost 霜
hail 冰雹
high cloud 高云
hydrophobic nucleus 非吸湿性核

hygroscopic nucleus 吸湿性核
intentional weather modification 人工影响天气
low cloud 低云
middle cloud 中云
radiation fog 辐射雾
rain 雨
rime 雾凇
sleet 雨夹雪
snow 雪
standard rain gauge 标准雨量计
steam fog 蒸汽雾
stratus 层云
supercooled 过冷
tipping-bucket gauge 翻斗式雨量计
trace of precipitation 微量降水
upslope fog 上坡雾
weighing gauge 称重雨量计

习题

01. 假设早晨6点的空气温度是20℃，相对湿度是50%，晚上空气温度下降，但水汽含量不变。如果每隔2小时空气温度下降1℃，那么第二天早晨6点是否出现雾？为什么？

02. 使用习题1中的相同条件，如果温度每隔1小时下降1℃，那么雾会出现吗？如果出现，那么它第一次出现在什么时候？因晚上地面冷却而形成的这种雾叫什么？

03. 假设空气纹丝不动，5毫米的大雨滴从3000米高的云底下落到地面要多长时间？参考表5.3，典型的2毫米雨滴从云底下落到地面需要多长时间？0.5毫米的毛毛雨滴呢？

04. 假设空气纹丝不动，0.02毫米的典型云滴从1000米高的云底下落到地面要多长时间？参考表5.3，即使空气纹丝不动，云滴也可能无法到达地面，请说明原因。

05. 题图中大积雨云的尺寸如下：高约12千米，宽约8千米，长约8千米。假设每立方米云内的雨滴中含有0.5立方厘米的水，这片云中包含的液态水是多少立方厘米？

积雨云通常与雷暴和恶劣天气有关

06. 2010年7月23日南达科他州的维维安出现了美国最大的冰雹，其直径为20.32厘米，周长为47.29厘米，质量接近0.91千克。直径为d的球状冰雹的最大下落速度按$V = k\sqrt{d}$计算，其中d的单位为厘米时，$k = 20$，V的单位是厘米/秒。计算支撑这块冰雹下落前的上升气流的速度。

第6章 气压和风

　　在各种天气和气候要素中，人们对气压的变化最不敏感。然而，气压却是影响天气变化非常重要的因素。例如，气压变化能产生风，而风会引起温度和湿度的变化。此外，气压是天气预报中的重要因素，与其他天气要素（温度、湿度和风）存在着密切的因果关系。

水平气压差产生风，风为冲浪者提供动力

本章导读

- 定义气压并说明它随高度变化的原因。
- 解释水银气压计的工作原理及其与空盒气压计的区别。
- 描述水平气压差的生成方式及太阳能加热的差异是如何导致全球气压变化的。
- 列出并描述施加给大气而形成或改变风的三个力。
- 解释高空风大致平行于等压线而地面风与等压线成一定夹角的原因。
- 说明水平气流（风）产生垂直空气运动的原因。
- 比较与低压中心（气旋）和高压中心（反气旋）相关的天气。
- 描述如何使用指南针的方向来表示风向。

6.1　风和气压

大家知道，当气流遇到障碍物时，会被迫上升以越过障碍物；或者，当气块比周围空气的温度高时，气块就被抬升。是什么原因导致空气的水平移动，即我们称之为风的现象呢？（见图 6.1）简单地说，风是由大气压的水平差造成的，空气从高压区向低压区运动。平常打开真空罐时可以听到很大的声响，这种噪声是空气从外界冲入压力较低的罐子内部造成的。风其实是大自然试图将不均匀的气压变得均匀的一种努力。

图 6.1　强风造成的海浪拍打着英国泰恩茅斯沿岸。海浪沿着海洋与大气的交界面运动，往往可将远海风暴的能量传递至岸边

人类生活在大气层底部，就像生活在海底的生物受到水的压力一样，人类也受到大气重量导致的压力。虽然我们通常不会注意周围大气的压力（除非在电梯或飞机上快速上升或下降），但这种压力实际上是存在的。宇航员用于太空行走的压力服被设计成与地球上的大气压相同，如果没有这些防护服，宇航员的体液就会"沸腾"，几分钟内就会死亡。

通过检测气体活动，可以直观地显示气压的存在。与液体分子和固体分子不同的是，气体分子彼此之间未"绑定"到一起，可以自由地移动而充满气体所在的空间。在正常大气条件下，两个气体分子发生碰撞时，它们会像有弹性的球一样彼此弹开。如果气体被限制在一个容器中，那么分子

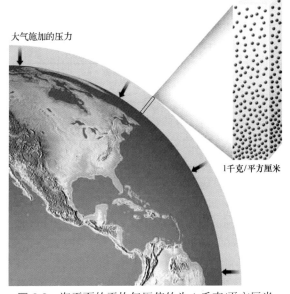

大气施加的压力

1千克/平方厘米

图6.2 海平面的平均气压值约为1千克/平方厘米

运动会受到容器壁的约束，而气体分子对容器壁持续撞击产生的向外的力就被称为气压。虽然大气没有屏障，但其下界受限于地球表面，且由于重力作用会有效地阻止大气逃逸，所以实际上大气也有上界。因此，我们将气体分子持续撞击表面所施加的力定义为大气压，简称气压。

海平面的平均气压约为 1 千克/平方厘米（见图6.2）。大气作用于地球表面的压力比人们意识到的要大得多。例如，作用于一张小课桌（50 厘米×100 厘米）顶部的气压大约超过 50000 牛顿，约为一辆 50 座校车的重量。为什么桌子在大气的重压下不会垮塌？很简单，桌子底部、顶部和所有侧面都受到气压的作用，因此桌子所受各个方向的气压是完全平衡的。假设有一个底面积与桌子面积相等的水缸，当水缸中水的高度为 10 米时，其作用于底部的压力就相当于 1 个大气压。现在想象一下，如果这个水缸放在桌子上，所有力的方向都向下时，会发生什么？与此相反，将桌子放入水缸并让其沉入底部时，桌子完好无损，因为水的压力作用于桌子的所有面上，而不像前面例子中力的作用方向只是向下的。人体就像例子中的桌子，可以承受一个大气压的压力。

概念回顾 6.1

1. 什么是风？其基本成因是什么？
2. 什么是标准海平面气压？
3. 用自己的话描述大气压。

6.2 气压的测量

描述大气压时，气象学家使用物理学上力的单位——牛顿（1 千克物体获得 1 米/平方秒的加速度所需要的力定义为 1 牛顿）。一般情况下（海平面上），大气施加的力为101325 牛顿/平方米。为了使这个巨大的数字变得更简单，美国国家气象局采用百帕（hPa）单位，1 百帕等于 100 牛顿/平方米。因此，标准海平面气压为 1013.25 百帕（见图6.3）。国际单位制系统中压力的标准单位为帕斯卡，1 帕斯卡等于 1 牛顿/平方米。用这种单位，一个标准大气压为 101325 帕斯卡或101.325 千帕。

另一种熟知的气压表达方式是"毫米汞柱"，天气预报员常用该词来描述大气压。这种表达方式可以追溯到 1643 年，那时意大利著名科学家伽利略的学生托里拆利发明了水

图6.3 气压值分别用英寸汞柱和百帕时的比较

银气压计。托里拆利将大气描述为由空气组成的海洋，对其中的所有物体包括人类都会施加压力。为了测量这个力的大小，他将一端封闭的玻璃管中灌满汞（水银），然后将其倒插在水银槽中（见图 6.4）。托里拆利发现，水银从玻璃管中流出，直到玻璃管中水银柱的重量与大气作用于水银槽表面的压力平衡时停止流出。换句话说，水银柱的重量等于地面至大气顶部的空气柱的重量。托里拆利指出，气压升高时，玻璃管内的水银柱上升；反之，气压降低时，水银柱高度下降。因此，水银柱的高度可以测量气压的大小，称为毫米汞柱。经过多次改进，托里拆利发明的水银气压计成为标准的气压测量仪器。经测量，海平面上的标准大气压等于 760 毫米汞柱高。通常，美国国家气象局在天气图表中用的气压单位是百帕，但向公众报告时用的单位却是"英寸汞柱"（1 英寸约等于 25.4 毫米）。

为了使气压测量仪器便于携带，人们发明了空盒气压表（空盒指的是"无液体"）。与水银柱由气压托起的原理不同，空盒气压表使用的是局部真空的金属空盒（见图 6.5），这个空盒对压力变化非常敏感，大气作用于其上的压力会使空盒变形，气压升高时，金属空盒压缩；气压降低时，金属空盒膨胀。如图 6.5 所示，家用空盒气压表的面板上有"晴朗""变化""降雨"和"风暴"等字样，其中的"晴朗"对应于高气压值，"降雨"对应于低气压值。对某地区的天气进行"预测"时，过去几小时内气压的变化比当前的气压值更重要，气压下降通常伴随着云量增加及可能出现降水，而气压升高通常表示天气晴朗。空盒气压表的另一个优点是，可以很方便地连接到记录仪上，能够自动连续记录压力随时间的变化（见图 6.6）。空盒气压表的另一个重要应用是为飞行器、登山者和地图制作者指示海拔高度。

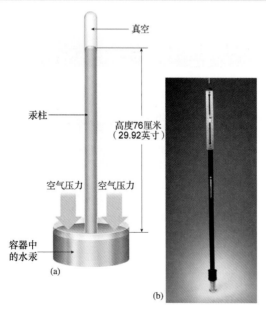

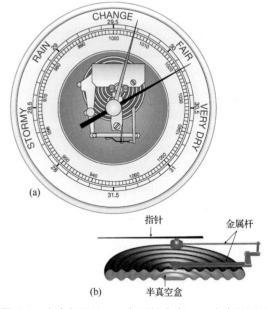

图 6.4 水银气压计：(a)水银柱的重量与施加到水银盘上的气压相等，气压降低时，水银柱降低；气压升高时，水银柱升高。(b)水银气压计

图 6.5 空盒气压计：(a)气压计表盘；(b)空盒气压计中有一部分真空腔，气压升高时金属盒压缩，气压降低时金属盒膨胀

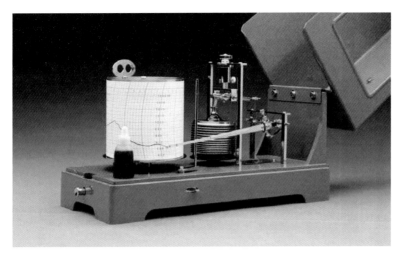

图 6.6　空盒气压计连续记录气压值变化

概念回顾 6.2

1. 平均海平面气压是多少百帕?
2. 描述水银气压计和空盒气压计的工作原理。
3. 列出空盒气压计的两个优点。
4. 除了测量气压,空盒气压计还能做什么?

6.3　气压随海拔高度变化

如潜水员上浮过程中经历水压的逐渐减小一样,随着高度的增加,气压逐渐降低。气压与空气密度的关系很大程度上可以解释气压随高度增加而降低的变化。回顾可知,海平面上每平厘米空气柱的"重量"为 1 千克,因此对海平面施加了压力。在大气层中,当高度增加时,空气质量(重量)逐渐降低,空气密度随之逐渐减小。因此,气压随高度增加而降低。

事实上,正是由于空气密度随高度增加而降低,人们才将"空气稀薄"一词与高山联系在一起。除了夏尔巴人(尼泊尔的土著居民),大多数登山者最后在登顶珠穆朗玛峰时都需要补充氧气。即使补充了氧气,许多登山者也会由于大脑缺氧而无法辨别方向。

气压随高度增加而降低也会影响水的沸点。例如,海平面上水的沸点是 100℃,而在美国科罗拉多州丹佛市的海拔高度约为 1600 米,水的沸点约为 95℃。与圣迭戈市相比,虽然在丹佛市将水烧开的速度更快,但由于沸点低,在丹佛市烹调意大利面需要更长的时间。

由第 1 章可知,随着海拔高度的增加,气压并不均匀下降。近地面的气压较高,直减率较大;高空的气压较低,直减率也较低。如图 6.7 所示,美国的标准大气模式描绘了大气压在不同高度上的理想垂直分布。

在近地面,高度每增加 100 米,气压大约降低 10 百

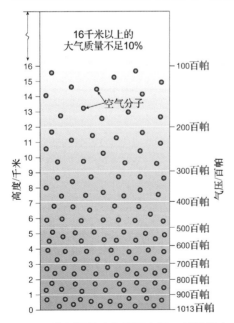

图 6.7　美国标准大气压示意图。每层都有 10% 的大气。注意,5 千米高度的气压值大约只有海平面气压的一半

帕。此外，海拔高度每增加 5 千米，大气压大约降低一半。因此，在 5 千米高度处气压约为 500 百帕，约为海平面气压值的一半；10 千米高度处约为 1/4；15 千米高度上约为 1/8；等等。因此，喷气式飞机飞行的高度（10 千米），空气对其施加的压力只有海平面气压值的 1/4。

聚焦气象

2011 年 5 月和 6 月，亚利桑那州东南部的打滚火烧毁了 2175 平方千米的土地，它是亚利桑那州历史上最大的野火。

问题 1　说出风帮助这场野火燃烧的两种方式。

问与答：当我飞行时为何有时感到耳痛？

飞机起飞与着陆时，有些人的耳朵会因机舱内气压的变化而感到疼痛（有些客机会保持舱内气压相对恒定，气压变化较小）。通常，中耳内的气压与周围大气压相同，因为中耳通过耳咽管与咽喉相连。然而，当某人感冒时，耳咽管就会被阻塞，阻止气流进出中耳。当飞机上升或下降时，这种气压变化就会使得中耳因平衡气压而感到疼痛。

概念回顾 6.3

1. 说明气压随高度增加而下降的原因。
2. 登山者攀登埃佛勒斯峰时补充氧气的原因是什么？
3. 什么是美国标准大气压？

6.4　气压变化的原因

为什么大气压每天都发生变化？为什么气压的变化很重要？我们知道，气压的变化产生风，进而引起温度和湿度的变化。简单地讲，气压差形成全球各种各样的风系，而各种风系组成的系统带来不同的天气现象。因此，美国国家气象局密切监测气压的日变化，这些信息对天气预报至关重要。

虽然气压的垂直变化很重要，但气象学家对全球每天不同地区之间的水平气压差更感兴趣。

不同地区之间的气压差较小，观测到的气压最大值高于平均海平面气压 30 百帕，最小值低于平均海平面气压 60 百帕。有时，在飓风等强烈风暴中，测得的气压值更低（见图 6.3）。后面我们将看到，一些很小的气压差会产生剧烈的风场。

6.4.1 温度对气压的影响

气压差是如何产生的？看一下严冬的加拿大北部就很容易理解这一点。在那里，被积雪覆盖的地表不断向外辐射热量，同时只吸收极少量的入射太阳辐射；寒冷的地表冷却大气，因此在这些地区气温低至−34℃是很常见的。由前面的章节可知，温度是表征物质平均分子运动（动能）的物理量。因此，加拿大的冷空气是紧密包裹在一起缓慢运动的气体分子，这些密度大的冷气团与地面高气压有关，在天气图上用高压（H）表示。与此相反，美国西南部地区夏季会经历极端高温，且通常伴随着低气压，在天气图上用低压（L）表示。虽然通常冷气团与地面高压有关，暖气团与地面低压有关，但其他因素也会影响地面气压。这些影响因子将在下两节中讨论。

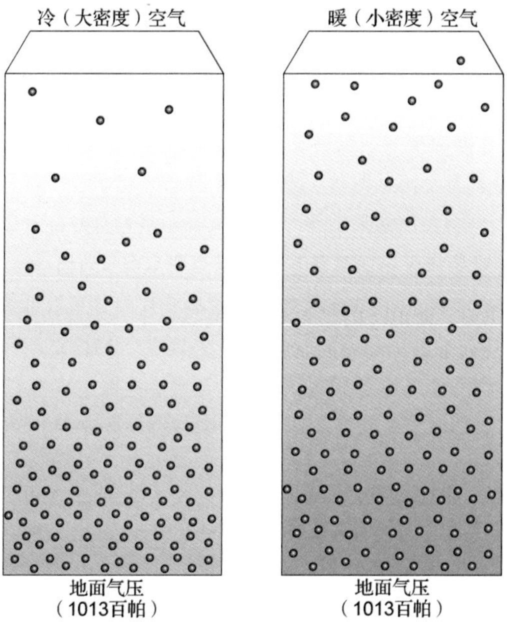

图 6.8 显示了冷空气与暖空气的另一个重要区别：冷空气（密度大）中的气压随海拔升高的直减率大于在暖空气（密度小）中的直减率。为了说明这个问题，假设两个空气柱的地面气压相同，且空气分子之间的空隙大小表示密度差异（做了夸大）。注意两个空气柱中间的白线，在这条线以上暖空气柱比冷空气柱有更多的空气分子（见图 6.8）。因此，在高空中，同一高度的暖空气的压力要大于冷空气。这一重要概念被应用在航空中（见知识窗 6.1），在介绍基本气流作用力时将对此进行详细讨论。

图 6.8 相同体积的冷/暖空气柱的密度对比。随着高度的增加，冷空气柱的气压下降更快

知识窗 6.1　气压与航空

几乎每架飞机的驾驶舱中都有一个气压高度表，用来为飞行员指示飞机的高度。气压高度表用米而非百帕来表示相应气压的变化。例如，图 6.7 中 800 百帕气压一般对应的高度是 2000 米。因此，当气压为 800 百帕时，气压高度表显示的高度应该是 2000 米。

由于温度的变化和气压系统的移动，实际情况与气压高度表显示的可能不一样。当空气比预测的标准大气暖时，飞机飞行高度要比气压高度表显示的高度高；相反，在较冷空气中飞行的高度会比显示的高度低。这种情况在驾驶小飞机通过能见度很差的山区时是非常危险的（见图 6.A）。为了避免这种危险情况，驾驶员在起飞和降落前要对气压表进行校准，有时甚至要在飞行途中进行校准。

当高度到达约 5.5 千米以上时，气压的变化比较缓慢，不可能做出高度较低时那样精确的校准。因此，商用飞机都将气压高度表设定在标准大气恒定气压的飞行航线上，这个高度被称为飞行高度层或飞行水平面，以

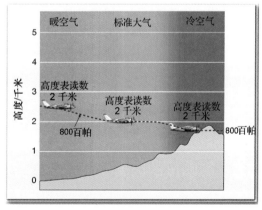

图 6.A　利用标准大气数据，根据气压和高度的关系对气压高度表进行校准。然而，当飞机进入暖空气柱时，其高度就会高于气压表显示的数值；相反，当飞机进入冷空气柱时，其高度又会低于气压表显示的值，这在山区飞行时是一个需要注意的问题

代替固定高度（见图 6.B）。换句话说，当飞机按气压
高度表的固定设定飞行时，气压的变化将改变飞机的
高度。当航线上的气压升高（暖空气柱）时，飞机就
要爬升，而当气压降低时（冷空气柱），飞机就要下降。
为了保证足够的距离，每架飞机都被指定不同的飞行
水平面，所以空中撞机的风险很小。

大型商用飞机还使用雷达气压高度表来测定飞机
离地面的高度，雷达发射的无线电波到达地面及返回
的时间可用来精确测定飞机的高度。然而，这一系统
并非没有缺陷，因为雷达气压高度表给出的是飞机距
地面的高度而不是距海平面的高度，所以需要有地形
信息。但是，雷达气压高度表在降落时对测定飞机距
离地面的高度是很有帮助的。

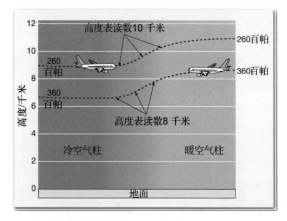

图 6.B　商用飞机在 5.5 千米高度以上一般都沿固定气压而非固定高度的航线飞行

6.4.2　水汽对气压的影响

虽然其他因素对气压大小的影响不如温度这么重要，但也不可忽略。例如，空气柱中包含的水
汽重量会影响气柱的密度。闷热、潮湿的天气可能会让人感觉空气很"重"，但事实并非如此，水汽
实际上会使得空气密度变小。这一点很容易证明：元素周期表中氮分子（N_2）和氧分子（O_2）的重量
大于水汽分子（H_2O）的重量。在气团中，这些分子混合在一起，且每个分子所占的空间大致相同。
当气团中的水汽增加时，较轻的水汽分子置换较重的氮分子和氧分子。因此，湿润的空气比干燥的空
气更轻（密度更小）。但是，在同样的温度下，潮湿空气的密度也只比干燥空气的密度低 2% 左右。

综上所述，寒冷干燥的空气比温暖潮湿的空气产生更大的地面气压。此外，温暖干燥的气团比
温暖潮湿的气团产生的气压更高。因此，温差和较小的水汽差都会对地面压力变化产生重要影响。

6.4.3　气流和压力

空气的运动也会导致气压的变化。例如，当一个区域的空气净流入时，称为辐合，表示空气
聚集。当空气水平辐合时，气体被挤压到更小的空间，导致空气柱更重，对地面施加的压力更大。
反之，当一个区域的空气净流出时，称为辐散，辐散情况下地面气压降低。本章后面将讨论辐合
和辐散产生高压和低压的重要机制。

总之，当一个区域为净辐合时，地面气压增大；当一个区域为净辐散时，地面气压降低。

概念回顾 6.4

1. 说明与暖湿气团相比，干冷气团产生更高地面气压的原因。
2. 当其他因素相同时，是干气团还是湿气团施加更高的气压？为什么？
3. 说明水平辐合是如何影响地面气压的。

6.5　影响风的因素

如果地球不自转且没有摩擦，空气就会从高压区域直接流向低压区域。然而，由于地球存在
自转和摩擦，风受到如下力的作用：气压梯度力、科里奥利力和摩擦力。

6.5.1　气压梯度力

如果物体在某个方向上受力不平衡，这个物体就会加速（改变原来的速度）。产生风的力就来

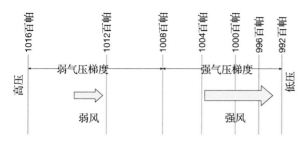

图 6.9 等压线是气压值相同的点的连线。等压线的间隔表示在给定距离内气压的变化值，称为气压梯度。密集的等压线表示大气压梯度和强风；稀疏的等压线表示弱气压梯度弱和微风

自水平气压差。当空气某侧受到的压力比另一侧受到的大时，压力的不平衡就产生一个从高压区指向低压区的力。因此，气压差形成风，气压差越大，风速越大。

地面气压的变化由全球大量观测站观测的气压值确定，这些观测的气压值在地面天气图上用等压线来表示（见图6.9）。等压线的间隔表示给定距离内气压的变化，称为气压梯度力。气压梯度力类似于使球滚下山的重力，陡峭的气压梯度就像陡峭的山坡，使空气获得更大的加速度，而弱压力梯度（缓坡）获得的加速度较小。因此，风速和气压梯度的关系很简单：密集的等压线表示强气压梯度和强风，稀疏的等压线表示弱气压梯度和弱风。图6.9给出了等压线间隔和风速的关系。要注意的是，气压梯度力总与等压线垂直。

为了在地面天气图上绘制表示气压分布的等压线，气象学家必须对不同海拔高度的观测站进行气压修正。否则，类似于美国科罗拉多州丹佛市这样的高海拔地区就总被标记为低压区。具体的方法是，将所有的气压实际观测值换算为海平面上的气压值（见图6.10）：先确定某站点到海平面的虚拟空气柱产生的气压值，再将其叠加到该站点的气压实测值上。由于温度对空气密度的影响很大，所以在计算这一虚拟气压值时，也要考虑温度的影响。因此，换算后的气压值就是该站点位于海平面高度上的气压值。

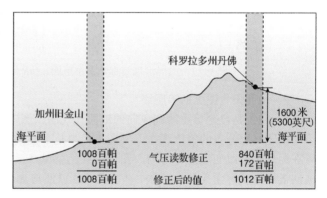

图 6.10 为了进行气压值的比较，气象学家先将所有气压值换算为海平面上的气压值，即将一个虚拟空气柱（红色部分）的气压值累加到气象站的实际气压观测值上

1. 温度差如何形成风

为了说明温度差如何产生水平气压梯度进而形成风，下面来看海风这个普通的现象。图6.11(a)是日出前海岸地区的垂直剖面图，假设这一天的温度和气压水平方向上不变，在没有水平气压差（水平气压梯度为零）时，地面或高空都不形成风。

日出后，地表的温度开始上升，海洋中的温度几乎不变。陆地上的空气受热膨胀，密度减小。虽然低空的气压基本相同，但高空并非如此。如前面的图6.8所示，高空暖空气的气压高于冷空气气压。因此，陆地上层的气压更高，高空的空气开始从陆地向海洋方向运动［见图6.11(b)］。空气输送至海洋区域后下沉，并在海洋上方的低空形成高压区；而因陆地表面气压较低，低空的空气从海洋向陆地方向运动（海风）。如图6.11(c)所示，高空大气从陆地向海洋运动，低空大气从海洋向陆地运动，再加上陆地和海洋上的垂直上升和下降运动，就构成一个简单的热力循环，而通过这个循环完成了大气质量的再分配。

前面讨论过气压和温度之间的重要关系：温度变化产生气压差，进而生成风。上述海风的例子仅是几千米高度内由不均匀加热导致的局地温度日变化。在全球尺度上，极地和赤道地区获得的太阳辐射差异产生的气压差更大，范围更广，形成了大气环流。因此，全球气压差或者说风的产生，是地球上陆地和海洋表面加热不均匀的结果。

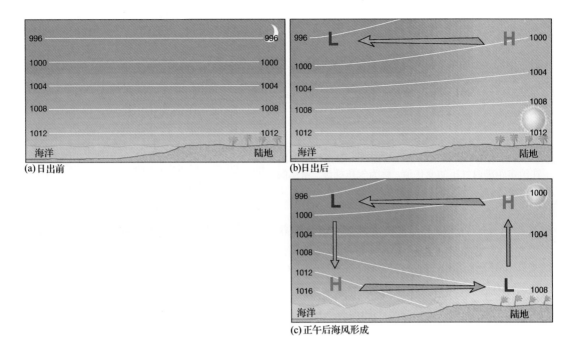

图 6.11　海风形成过程截面示意图：(a)日出前；(b)日出后；(c)形成海风

2．地面天气图上的等压线

图 6.12 是包含等压线和风向的地面天气图。图中风向用风矢表示，风速大小用风羽表示；用来描述气压分布的等压线在天气图上很少是平直的或者均匀分布的，因此，气压梯度力产生的风在运动时会改变速度和方向。图中用红色字母 L 表示的环形闭合区域是低压系统。中纬度地区的低压系统称为气旋，也称中纬度气旋，以便与热带气旋（热带气旋也称飓风或台风，不同地区的名称不同）区分开。中纬度气旋往往带来风暴天气。图中，在加拿大西部可以看到用蓝色字母 H 表示的高压系统。类似这样的高压称为反气旋，与气旋相反的是，反气旋通常伴随着晴朗的天气。

总之，水平气压梯度是风的驱动力，气压梯度力的大小由等压线的间隔表示，力的方向总由高压指向低压，且与等压线垂直。

6.5.2　科里奥利力

图 6.12 显示了与地面高压和低压系统相对应的气流情况。如前面的分析所示，空气从高压区流出，流入低压区，但图 6.12 中的风并不沿气压梯度力的方向垂直穿过等压线。这种偏差是由地球自转造成的。由于法国科学家贾斯帕·古斯塔夫·科里奥利首先对这一偏差进行了定量描述，所以将引起这种偏差的假想力命名为科里奥利力。注意，科里奥利力并不产生风，只能改变气流的方向。

科里奥利力使包括空气在内的所有自由运动物体在北半球向运动路径的右侧偏转，在南半球则向运动路径的左侧偏转。产生偏转的原因可通过从北极发射的火箭向赤道飞行的路径（见图 6.13）来验证。假设地球在火箭飞行的 1 小时内向东旋转了 15°，如果站在火箭预定目标位置看火箭的路径，就好像火箭向原定目标偏西 15°的方向偏转了；而从太空看向地球时，火箭的真实路径却是直线，地球的自转使火箭发生了明显的偏移。注意，由于北半球的逆时针自转使火箭的运行轨迹向右偏转，火箭未击中目标；南半球的顺时针自转产生了类似的效果，但运动轨迹向左偏转。

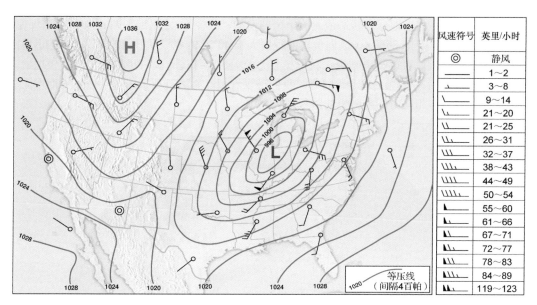

风速符号	英里/小时
◎	静风
—	1～2
⌐	3～8
└	9～14
└	21～20
└	21～25
└	26～31
└	32～37
└	38～43
└	44～49
└	50～54
◣	55～60
◣	61～66
◣	67～71
◣	72～77
◣	78～83
◣	84～89
◣	119～123

图 6.12　天气图上用等压线表示气压分布。等压线很少是直线，一般为曲线。闭合的等压线表示高压和低压中心，"风旗"表示环绕气压中心的风，它绘制成"飞行"状（即风吹向圆圈点）。注意，低压中心的等压线更密集，风速更大（1 英里≈1.6 千米）

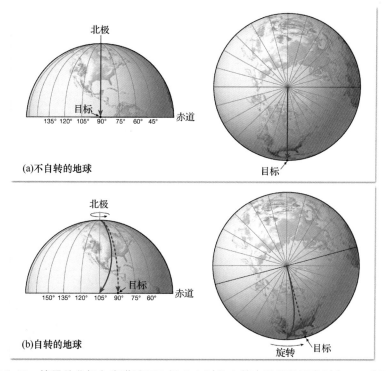

图 6.13　使用从北极向赤道地区飞行 1 小时的火箭来说明科里奥利力：(a)在不自转的地球上，火箭沿直线飞向目标；(b)地球每小时自转 15°，虽然火箭沿直线运动，但在地表上绘制火箭运动轨迹时，它沿曲线向目标的右侧偏转

　　在火箭从北向南运动的例子中，很容易看到科里奥利力的影响。但是，当运动方向是从西向东时，科里奥利力的作用就不易看出。图 6.14 给出了这样的情况：风从 4 个不同的纬度（0°、20°、40°、60°）向东吹，几小时后，20°、40°、60°的风向发生了偏移。然而，从空中看时，这些风都

保持了原方向，正是由于地球自转造成北美地区朝向的"改变"，才出现了图6.14中的这种偏差。

由图6.14还可看到，纬度60°风向偏转的程度大于40°，40°的又大于20°的，而沿赤道地区的气流未发生偏转。因此可以得出结论：科里奥利力的大小与纬度有关，极地最大，从极地向赤道方向逐渐减弱，最后在赤道上为零。同时，我们可以看到，科里奥利效应随风速增大而增大，因为风速越大，气流在相同时间内所走的路程越远。

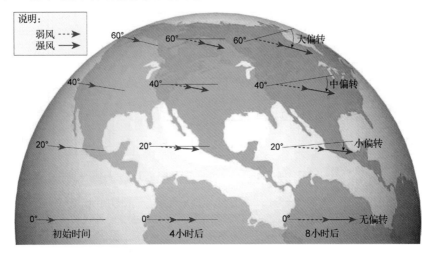

图6.14　不同纬度上向东吹的风受科里奥利力作用，几小时后沿20°、40°、60°的风向显然发生了偏转。风向的"改变"（赤道上的风向未偏转）是由地球自转造成的

所有"自由移动"的物体都受科里奥利力的影响，在第二次世界大战之初，美国海军就戏剧般地发现了这一现象。在远程射击训练时，炮弹连续错过射击目标数百码之远，直到对看似静止的目标进行弹道修正后才击中它。在短距离内，科里奥利力的影响很小，但是在中纬度地区，这个力足以影响一场棒球比赛的结果。如果一个棒球在4秒内水平飞行100米，那么在科里奥利力作用下将向右偏转1.5厘米，这个距离足以让一个可能的本垒打变成界外球。

综上所述，科里奥利力作用于运动物体时，在北半球会使其运动路径右偏，在南半球会使其路径左偏。科里奥利力具有以下特点：①总垂直于气流的运动方向；②只影响风向而不影响风速；③受风速影响（风速越大，科里奥利效应就越大）；④极地最强，从两极向赤道逐渐减弱，赤道上的科里奥利力为零。

6.5.3　摩擦力

前面说过，气压梯度力是风的主要驱动力。作为一个不平衡的力，它会使空气从高压区向低压区加速流动。于是，据此可以推测，只要这种不平衡的力一直存在，风速就会不断增大（加速）。然而，实际情况并非如此，风速并不会越来越快，相反，摩擦力发挥了使物体运动速度变慢的作用。

虽然摩擦作用对地面附近的气流有显著影响，但它对几千米以上的高空气流的影响可以忽略不计（见图6.15）。因此，我们首先分析高空气流（这里的摩擦影响小），然后分析地面的风（摩擦对气流有显著影响）。

问与答：我们被告知水槽中的水在北半球向一个方向排放，在南半球反向排放，确实是这样吗？

不一定。这种神秘性来自将科学原理应用于不适合的情形。回顾可知，科里奥利效应使得气旋系统在北半球逆时针方向旋转，在南半球顺时针方向旋转。有人认为（未经验证）水槽以类似的方式排水。然而，气旋的直径超过1000千米，且会持续多天。相比之下，典型水槽的直径不到1米，几秒内就会排完水。在这个尺度下，科里奥利力极其微小。因此，水槽的形状和水位更多地与水流的方向而非科里奥利力相关。

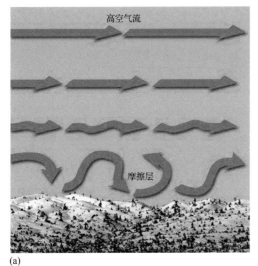

(a)   (b)

图 6.15　摩擦影响风速：(a)风速随高度增加而增大，原因是高处的风较少受地面物体的摩擦作用；(b)被雪覆盖的树表明了强风对山区的影响

6.6　高空风

本节讨论距地表几千米以上高度的气流，这里的摩擦影响很小，可以忽略不计。

6.6.1　地转流

在高空中，科里奥利力与气压梯度力相平衡，并且决定气流的方向，图 6.16 演示了这两种作用力是如何达到平衡的。为便于说明，假设图 6.16 中起点处的气块静止不动（实际的高空大气几乎不会静止）。由于气块静止不动，科里奥利力不起作用，在气压梯度力的作用下，气块开始加速向低压区运动。一旦气块开始运动，科里奥利力就开始发挥作用，在北半球使气流右偏。随着气块速度的增大，科里奥利力随之增大（科里奥利力的大小与风速成正比），因此风速增大使得风向偏转程度更大。

最终，如图 6.16 所示，这种偏转直到气块沿等压线运动，此时气压梯度力与相反的科里奥利力达到平衡。只要一直保持这种平衡，风就平行于等压线而保持匀速。换句话说，风是沿等压线形成的路径匀速运动的（既不加速又不减速）。

在理想条件下，科里奥利力与气压梯度力大小相等、方向相反，气流处于地转平衡状态。地转平衡时产生的风称为地转风。地转风平行于等压线近似做直线运动，风速与气压梯度力的大小成正比，气压梯度大时产生强风，气压梯度小时产生微风。

需要指出的是，地转风只是实际高空风的一种理想化近似模型，在真实大气状况下，风从不会达到纯地转。尽管如此，地转模型仍然提供了一种估算高空风运动的有效方法。通过测量高空大气的气压分布（方向和等压线间隔），气象学家就可求出风向和风速（见图 6.17）。

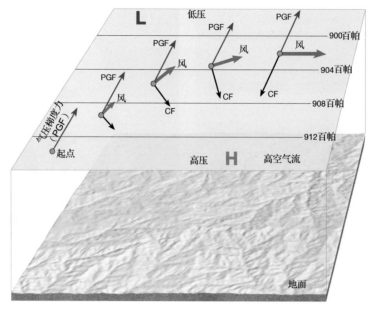

图 6.16 地转风。静止气块只受气压梯度力的作用，当空气开始加速运动时，科里奥利力使北半球的运动物体右偏，风速越大，科里奥利力（偏转）越强，直至气流与等压线平行，此时气压梯度力和科里奥利力互相平衡，风被称为地转风。注意，"真实"大气中的气流不停地进行调整以适应随时发生变化的气压场，因此调整到地转平衡状态的过程并不像显示的那样有规律

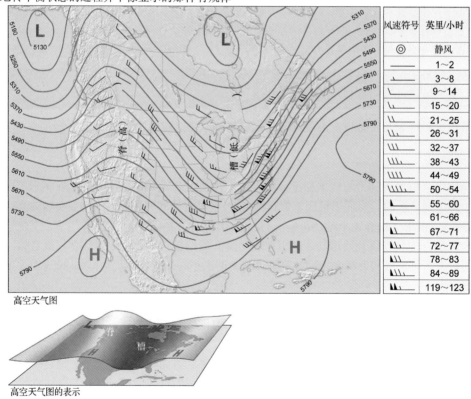

图 6.17 高空天气图。这种简化的天气图表显示了高空风的风向和风速，气流几乎平行于等值线。大多数高空天气图表示的是某个气压（500毫巴）下的高度变化（米），而地面天气图表示的是某个高度上的气压变化。等高线和等压线的关系很简单。例如，在同一等高线上，高海拔位置的气压高于低海拔位置的气压。因此，等值线的大值表示高压，低值表示低压

如上所述，风向与实际气压分布模式直接相关。因此，如果知道风向，就可粗略估计气压分布情况。1857 年，荷兰气象学家白贝罗最早发现了风向和气压分布的关系——白贝罗定律：在北半球，观测者背风而立时，低压在左，高压在右；在南半球，情况正好相反。

虽然白贝罗定律适用于高空风分析，但也可用于地面风分析，但要特别谨慎。因为在近地面，摩擦和地形会干扰理想的环流，这时要对白贝罗定律进行修正：在北半球，观测者背风而立并顺时针方向旋转 30°时，低压在左，高压在右。

总之，近地层几千米的高空风可以近似地认为是地转风，即风沿平行于等压线的直线方向运动，风速可由气压梯度算出。而沿弯曲度很大的路径运动的风与真正的地转风有很大的出入，这种情况将在下一节中讨论。

丹佛的库尔斯球场自 1995 年建成以来便被誉为"全垒打选手的球场"。这一称呼实至名归，因为在建成后的前 8 个赛季中，有 7 个赛季单季总全垒打数和每棒全垒打率都领先美国职业棒球联盟的其他球场。

理论上说，相较于其他球场，在库尔斯球场（海拔 1584 米）中的一记高质量击球会让棒球多飞约 10% 的距离。这个所谓的海拔加成效果是由高海拔库尔斯球场较低的空气密度产生的。据耶鲁大学退休教授罗伯特·阿戴尔（Robert Adair）估算，在亚特兰大被击出 120 米的球，在丹佛可以击出 127 米。阿戴尔也承认计算准确距离差会因此流体力学的相关原因而非常困难。

图 6.C　丹佛的库尔斯球场是科罗拉多洛基队的主场，其海拔高度约为 1.6 千米，被誉为"全垒打选手的球场"

最近，科罗拉多大学丹佛分校的一个研究团队对"棒球在库尔斯球场的稀薄空气中飞得比在接近海平面的球场更远"这一说法进行了验证。他们的研究结果表明，海拔对棒球飞行距离的加成被大大高估。这里对击球手更有利的条件应归因于所在地邻近落基山脉前山（山脉名）盛行的天气条件和低空气密度对投手掷球造成的影响。

例如，风既可以成就本垒打，又可以让它无法实现。按照阿戴尔教授的说法，如果顺着 16 千米/小时的微风，原本会飞 120 米的棒球就会多飞出 9 米。相反，在逆风条件下，球的飞行距离会减少 9 米。丹佛地区夏季最常见的是南风和西南风，配合库尔斯球场的朝向，风会助力击球手而非投手。

投球行为同样受到空气密度的极大影响。具体来说，空气密度是决定一记弧圈球的弧度大小的影响因素。在高海拔地区，相对稀薄的空气会使投手投出去的球的变线幅度减小，因此更易于击球手击打。

6.6.2　曲线流和梯度风

从高空天气图上可以看到，等压线通常不是直线，而是具有较大弯曲度的曲线（见图 6.17）。有时等压线会闭合，形成近似圆形的高压区或低压区。因此，与几乎沿直线运动的地转风不同，这时的风必须围绕高压或低压的弯曲路径运动，以保持与等压线平行。这种平行于弯曲等压线匀速运动的风，称为梯度风。

下面来看气压梯度力和科里奥利力是如何共同作用形成梯度风的。图 6.18(a)给出了围绕低压中心运动的梯度流。流动一旦开始，科里奥利力就会使气流偏转。在北半球，这种偏转使风围绕低压中心逆时针方向旋转。在高压区，气压梯度力向外，科里奥利力向内，气流绕高压中心顺时针方向旋转［见图 6.18(b)］。

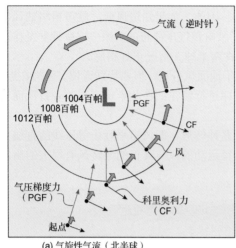

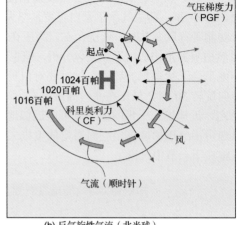

(a) 气旋性气流（北半球）   (b) 反气旋性气流（北半球）

图 6.18　高空(a)低压中心和(b)高压中心的理想化气流。注意：在真实的大气中，气流随气压场的变化而变化，因此风速和风向随时发生变化

　　因为在南半球科里奥利力使气流向左偏，所以气流绕低压中心顺时针方向旋转，绕高压中心逆时针方向旋转。

　　气象学家将低压中心称为气旋，将高压中心称为反气旋。气旋有不同的类型和尺度。气旋按尺度大小分类如下：影响美国天气的大尺度低压系统称为中纬度气旋；尺度小于中纬度气旋的热带气旋（飓风），以及尺度更小但极强的气旋性风暴龙卷风。气旋性环流具有和地球自转相同的方向：北半球逆时针，南半球顺时针。高压中心被称为反气旋，表现为反气旋环流（环流的方向与地球自转的方向相反）。低压或高压等压线弯曲形成的延伸区域分别称为槽和脊（见图 6.17），绕槽运动的是气旋性环流；与之相反，绕脊运动的是反气旋性环流。

　　下面来看在气旋性环流和反气旋性环流中产生梯度流的几种力。流线弯曲的地方，即使风速不变，作用于空气的力也会改变运动方向，这就是牛顿第一运动定律：在没有外力作用的情况下，任何运动物体都保持匀速直线运动。例如，坐在汽车上，当汽车急转弯时，你的身体仍会因惯性而向前做直线运动，这就是牛顿第一运动定律在起作用。

　　由图 6.18(a)可以看出，低压中心的气压梯度力向内，科里奥利力向外，两个力的方向相反。为了保持气流沿平行于等压线的弯曲路径运动，气压梯度力必须大于科里奥利力，进而让空气加速向内运动。空气向内的旋转称为向心加速。换句话说，气压梯度力必须大于科里奥利力，以克服空气保持直线运动的趋势（当质点旋转时，会产生一个向外的虚假力，迫使质点沿直线运动，这个力称为离心力）。

　　反气旋环流中的情况正好相反，向内的科里奥利力除了抵消向外的气压梯度力，还要让空气具有向内运动的加速度。注意，在图 6.18 中，气压梯度力和科里奥利力不平衡（箭头长度不同），这种不平衡使得运动方向发生改变（向心加速度），形成弯曲的环流。

　　向心加速度在形成高空弯曲环流时有着重要作用，但在近地表的空气层中，摩擦力开始发挥作用，并大大掩盖了这个非常弱的力的作用。因此，除了高速旋转的龙卷风和飓风等风暴，向心加速度的作用微不足道，所以在讨论地面环流时通常不考虑向心加速度的作用。

概念回顾 6.6
1. 说明地转风是如何形成的。
2. 描述地转风是如何相对于等压线运动的。
3. 描述南北半球气旋流和反气旋流的方向。

6.7 地面风

图 6.19 防雪栅栏减慢风速，降低风运输雪的能力，因此雪堆积在围栏的下风侧

在近地表一两千米的高度内，摩擦是影响风的一个重要因素。众所周知，摩擦会减慢空气的运动（见图 6.19）。通过降低空气流动的速度，摩擦也会减小与风速成正比的科里奥利力。由于气压梯度力不受风速影响，这时气压梯度力就战胜了科里奥利力，使空气与等压线呈某个交角斜穿等压线，从高压区向低压区运动（见图 6.20）。

地表的粗糙度决定空气斜穿等压线的角度及运动的速度。在摩擦较小且相对平坦的表面，空气穿过等压线的角度为 10°～20°，速度约为地转流的三分之二 [见图 6.20(b)]。在崎岖起伏的地形中，摩擦较大，空气穿过等压线的角度大于 45°，风速仅为地转流速的一半 [见图 6.20(c)]。

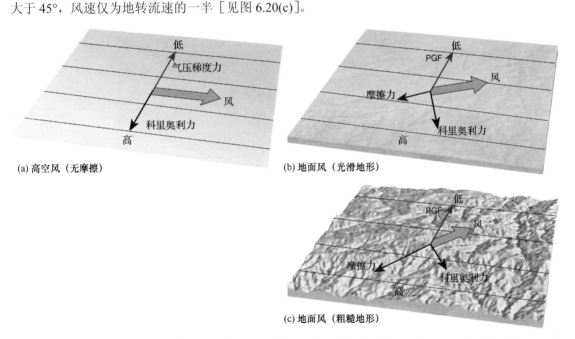

(a) 高空风（无摩擦）

(b) 地面风（光滑地形）

(c) 地面风（粗糙地形）

图 6.20 高空风和地面风的比较表明了摩擦对气流的影响。摩擦减缓了地面风速，削弱了科里奥利力，导致风穿越等压线运动

我们知道，在北半球，摩擦层之上的气旋性环流逆时针方向旋转，反气旋环流顺时针方向旋转，且风几乎平行于等压线运动。加上摩擦效应后，我们发现气流以不同的角度穿过等压线，角度的大小取决于地形，但总是从高压向低压流动。在气旋中，因为气压由外向内降低，摩擦导致向气旋中心的空气净流入（见图 6.21）。反气旋的情况正好相反：气压由内向外逐渐降低，摩擦使得反气旋中心的空气净流出。因此，气旋的风是逆时针向内流动的，而反气旋的风则是顺时针向

外流动的（见图6.21）。虽然南半球的科里奥利力使气流的运动左偏，但无论在哪个半球，摩擦都使气旋区的空气净流入（辐合），使反气旋区的空气净流出（辐散）。

从格陵兰吹来的冷风遇到了格陵兰海上方的湿空气，扬马延岛周围天空中的辐合产生了称为"云街"的平行云层。这个岛屿使得风在岛屿的南侧产生了旋涡（称为范卡门旋涡）。

　　问题1　根据"云街"的方向，确定格陵兰海上方的风向。

　　问题2　你能类比在扬马延岛下风向形成的旋涡吗？

　　问题3　自行车、汽车和飞机也能产生旋涡。自行车赛和汽车赛选手会利用这些旋涡降低风阻，方法是直接跟在其他选手后面。描述这一竞争优势的术语是什么？

概念回顾6.7

　　1. 高空风基本上平行于等压线流动，地表风基本上垂直于等压线流动，说明这一不同的原因。

　　2. 准备带有等压线和箭头的图表，显示与南北半球地表气旋和反气旋相关的风。

6.8　风与空气的垂直运动

　　目到前为止，我们讨论风时并未考虑一个地区的气流是否影响及如何影响其他地区的气流。如一位研究者所说，一只蝴蝶在南美扇动翅膀可能导致在美国形成一场龙卷风。虽然这种说法很夸张，但是提出了一种可能：一个地区的气流会在未来的某个时间引发另一个地区的天气变化。

一个特别重要的问题是水平气流（风）是怎样与垂直气流相联系的。尽管空气上升或下降的速率远低于（除了在强风暴中）水平气流运动的速度，但它作为形成天气的一个因素却十分重要。上升气流与多云天气有关，通常产生降水；下沉气流则产生绝热加热，通常伴随着晴朗的天气。本节讨论空气的运动如何产生气压差和风，同时研究水平气流和垂直气流的相互关系及它们对天气的影响。

6.8.1 气旋和反气旋的垂直气流

首先考虑地面低压系统（气旋）的情况。由图 6.21 可见，空气向气旋中心螺旋运动，净流入导致空气积聚，这个过程称为水平辐合（见图 6.22）。水平辐合造成空气堆积，即质量增加，单个气体分子所占的空间变小，这一过程使气柱密度增加。这样，似乎出现了一个悖论：空气的堆积既然使低压中心气压增大，那么就像一个真空罐被打开那样，地面气旋将很快因填满空气而消失。

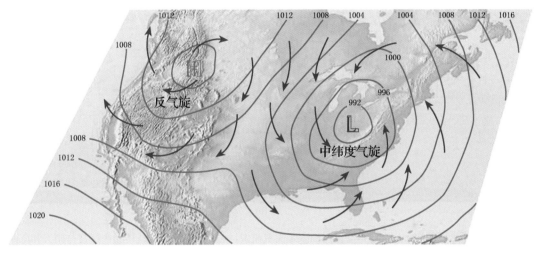

图 6.21　北半球气旋风和反气旋风。箭头表示风在低压区逆时针方向向内运动，在高压区顺时针方向向外运动

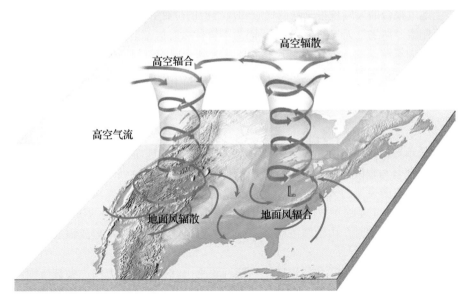

图 6.22　与地面气旋（L）和反气旋（H）相关的气流。低压或气旋有辐合的地面风，气流上升，形成多云天气；高压或反气旋有辐散的地面风，气流下沉，形成晴朗的天气

为了维持地面低压的存在，补偿只能来自高空大气，地面的辐合必须由高空的辐散来维持。图 6.22 显示了维持一个地面低压中心时，地面辐合（流入）与高空辐散（流出）的关系。当高空辐散（向外流出）的速率与地面辐合（向内流入）的速率相等时，地面低压就能维持；当高空辐散大于地面辐合时，上升运动增强，地面低压增强。上升气流往往导致云的形成和降水的产生，因此低压中心通常伴随着"恶劣天气"。

与气旋类似，地面反气旋的维持也要依靠高空大气：低空辐散，高空辐合，反气旋中心气流下沉（见图 6.22）。空气下沉增温，因此在反气旋中很少形成云和降水，所以高压系统的到来常常预示着好天气。

因此，我们常在家用气压表的底部和顶端分别看到"风暴"和"晴朗"这样的标注（见图 6.23）。通过记录气压的变化趋势（上升、下降或稳定），我们就有一个可以预估未来天气状况的很好指标。这种预测方法称为气压趋势法或压力趋势法，对短期天气预报非常有效。

(a)   (b)

图 6.23　这两张照片说明了与气压中心相关的基本天气状况：(a)伦敦的雨天。低压系统通常与阴天和降水有关；(b)高压控制下天气通常是晴朗的

因此，当地电视台的天气预报会强调气旋和反气旋的位置并预报它们的路径。在气象节目中，低压系统总是制造"恶劣"天气的"坏人"，因为不管什么时候都会带来坏天气。在美国，低压系统基本上是从西向东移动的，横穿美国一般需要几天到一周的时间。因为气旋的路径不固定，所以准确预测它的移动很困难，但这又是短期天气预报最基本的任务。因为高空气流的作用，气象学家在分析天气时，必须确定高空气流是否会增强或抑制风暴的发展。

6.8.2　影响垂直气流的因子

由于大气的垂直运动与日常天气密切相关，下面讨论影响地面辐合和辐散的其他因子。

摩擦会形成辐合与辐散。例如，当空气从相对平坦的海面运动到陆地上时，摩擦的增加会使风速突然降低，而下游风速的降低会导致上游空气的堆积。因此，大气从海洋向陆地运动时将形成辐合风和上升气流，正是这种效应使得美国佛罗里达州潮湿的沿海地区形成了多云天气。相反，当大气从陆地向海洋运动时，由于摩擦减小，海洋上的风速增大，通常形成辐散风和下沉气流，伴随着晴朗天气。

山体也会阻碍气流并形成辐合与辐散。当空气爬越山脉时，垂直方向上会被压缩，在高空形成水平扩展（辐散）；当气流到达背风坡时，空气被垂直拉伸而在高空产生水平辐合。这一效应对美国落基山脉以东地区的天气产生了很大影响，后面将讨论这一问题。

鉴于高空大气状况与地面天气紧密相关，大量研究已着眼于大气环流，特别是中纬度大气环流。在下一章中考察全球大气环流后，我们将再次分析水平气流（风）和垂直运动（上升气流和下降气流）之间的关系。

当人们在 3000 米高的山顶上行走时，会发现呼吸急促且感到疲劳。这些症状是由这里的空气氧含量比海平面低30%导致的。在这一高度，人体会通过深呼吸、增大心率（进而将更多的血泵入人体组织）来补偿空气中氧的缺乏。额外的血量被认为是使得脑组织肿胀、头痛、失眠、恶心（急性高山病的主要症状）的原因。高山病通常不会危及生命，在低海拔地区休息一晚就能缓解。偶尔人们会变成高原肺水肿患者，这种威胁生命的状况会在肺部积液，需要及时就医。

聚焦气象

这些卫星图像显示了 4 个不同的热带气旋（飓风），它们出现在不同的日期和不同的地方。

问题 1　检查每个风暴的云图，确定气流是顺时针方向旋转的还是逆时针方向旋转的。

问题 2　这些风暴分别位于哪个半球？是北半球还是南半球？

概念回顾 6.8

1. 地表低气压要长时间存在，高空需要存在什么条件？

2. 气压趋势上升或下降时，常见的天气条件是什么？

3. 辐合风和上升气流通常与空气从海洋吹向陆地相关。相反，辐散风与下沉气流通常与空气从陆地吹向海洋有关。是什么导致了陆地上的辐合风和海洋上的辐散风？

风向和风速是气象观测的两个重要要素。风向定义为风的来向：北风表示自北向南吹的风，东风表示自东向西吹的风。用来确定风向的仪器是风向标，常见于建筑物的顶部［见图 6.24(a)］。在风向标上，有时用罗盘上的刻度来表示风向，即北（N）、东北（NE）、东（E）和东南（SE）等风向，或者用 0°～360°来表示风向，如 0°（或 360°）为北，90°为东，180°为南，270°为西。

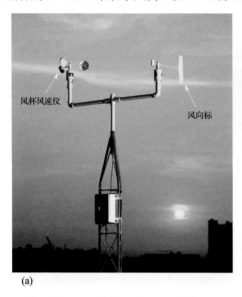

(a)　　　　　　　　　　　　　　　　　(b)

图 6.24　风的测量。(a)风向标（右）和风杯风速仪（左）。风向标表示风向，风杯风速仪测量风速；(b)风向袋是一种确定风向和风速的装置，常见于小型机场和着陆跑道

当某个方向的风始终出现得多于其他方向的风时，这一风向就称为盛行风。我们熟悉的中纬度地区盛行的西风带在中纬度地区大气环流中占主导地位。例如，这些西风气流始终让"天气"自西向东移动，横穿美国大陆。在这些总体向东的气流中，含有高压和低压系统，因此也具有顺时针和逆时针方向的环流。因此，虽然与西风带有关，但在地面观测到的风随时间和地点都有很大的变化。风玫瑰图可以用各个风向出现时间的百分比来表示盛行风向（见图 6.25），玫瑰线的长度表示风向出现的频率。如图 6.25b 所示，信风带的风向比西风带的更一致。

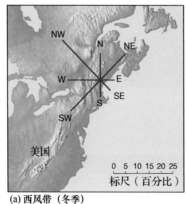
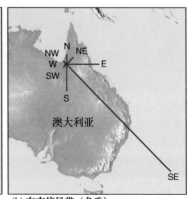

(a) 西风带（冬季）　　　　　(b) 东南信风带（冬季）

图 6.25　风向玫瑰图中的风向频率，表示日、周、月、季和年内风向出现的频率。(a)美国东部冬季的风频率；(b)澳大利亚北部冬季的风频率。注意：澳大利亚的东南信风带相当于美国东部的西风带

图 6.26　螺旋桨式风速计

有关某个地区风的分布状态的知识是很有用的。例如，在建设机场时，跑道必须与盛行风的方向一致，以协助飞机的起降。此外，盛行风对一个地区的天气和气候有很大的影响。例如，太平洋西北的喀斯喀特山脉造成盛行西风气流上升，因此这些山脉的迎风坡（西侧）多雨，背风坡（东侧）则干旱。

风速常用风杯风速仪测量。风速仪有一个类似于汽车仪表盘的面板［见图 6.24(a)］，有时也用风速风向仪来代替风杯风速仪。如图 6.26 所示，这种仪器像是一端带有螺旋桨的风向标，叶片始终对准风的来向，叶片的转速与风速成正比。这种仪器通常连接记录仪，能够对风速和风向进行连续记录。记录的资料对于确定风速稳定的区域及风能开发很有用。

小型机场常用的测速计是风向袋［见图 6.24(b)］，这是一个圆锥形的袋子，袋子的两端开口且能随风向改变位置，风向袋的膨胀程度表示风速的大小。

我们知道，地球上 70%的表面被海洋覆盖，而在海面上很难用常规方法测量风速。由于气象浮标和海上船舶覆盖的范围有限，利用卫星反演的风场资料可以显著改进天气预报。例如，风速和风向可利用卫星图像中云的运动轨迹来确定。目前常用的方法是利用 5～30 分钟间隔的卫星图像进行比较，用这种方法对预测飓风的登陆时间和登陆位置很有用（见图 6.27）。

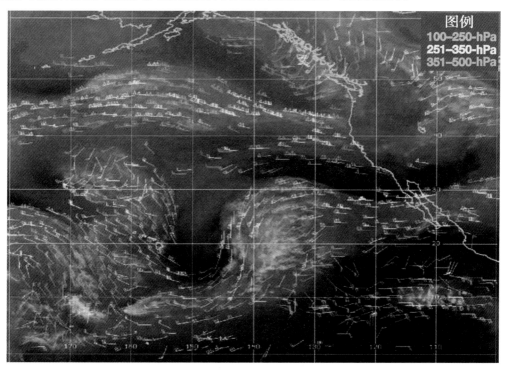

图 6.27　从 GOES 气象卫星获得的高空风分布

空气是有质量的，当它移动（即刮风）时，便具有了运动的能量——动能。这一能量的一部分可以转换为其他形式——如机械能或电能，进而被人们利用（见图 6.D）。

图 6.D　左图中的农场风车依然可见于一些地区，它用风的机械能来抽水。右图中运行的风力发电机位于加利福尼亚州的棕榈泉。风能发电项目始于加利福尼亚州，但已被得克萨斯州和艾奥瓦州超越

风产生的机械能常用来在农村或偏远地区抽水，风车依然常见于农村地区就是一个例证。风产生的机械能还有很多其他用途，如锯木、研磨谷物、推进帆船等。此外，风力发电机生产的电能可供给家庭、企业等。

如今，现代风力发电机的建造速度令人吃惊。2010 年，全球范围的风能装机容量超过 203000 兆瓦，比 2009 年提高 28%（1 兆瓦的电力足够供应 250~300 户普通美国家庭），相当于整个意大利的电能需求——全球供电的 2%。自 2000 年以来，全球范围内的风能设备数量每三年就翻一番。美国拥有全球最大的风力发电量（22.3%），紧随其后的是中国（16.2%）和西班牙（11.5%）。在下一个十年中，中国预计会成为风能产出最多的国家。

风速是决定一个地方是否适合建造风能设备的关键因素。一般来说，一座大规模的风能发电场营利所需的最低平均风速是 21 千米/小时。风速上很小的差别就能对发电量造成很大的影响，进而造成发电成本的巨大区别。例如，建在风速为 19 千米/小时位置的风力发电机要比建在风速为 18 千米/小时位置的风力发电机多生产 33%的电能。此外，低风速下将很难获取电能：速度为 10 千米/小时的风只拥有速度为 19 千米/小时的风的能量的 1/8。

美国拥有大量的风能资源（见图 6.E）。2010 年，共有 36 个州拥有商业用途的风能发电设施。得克萨斯州在设备建造数量上排名第一，随后是艾奥瓦州、加利福尼亚州和明尼苏达州。虽然现代化的风力发电工业始于加利福尼亚州，但现在有 16 个州具有比其更多的潜在风能资源。如表 6.A 所示，潜在风能最多的五个州为北达科他州、得克萨斯州、堪萨斯州、南达科他州和蒙大拿州。虽然风能产生的电能只占全美电能产量的很小一部分，但是据估计，现有潜在风能约为当前全美用电量总和的两倍。

美国能源部宣布 2020 年的风电产量达到全美用电的 5%；就目前美国风能发电的发展势头来说，这个目标是能够实现的。风力发电似乎正在从"替代能源"逐渐变为"主流"能源。

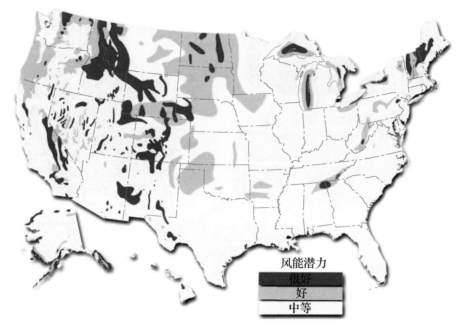

风能潜力
很好
好
中等

图 6.E　美国的潜在风能。大规模风力发电系统大致需要风速为 6 米/秒。图中风能潜力"中等"的地区的风速为 6.4～6.9 米/秒，"好"的地区的风速为 7～7.4 米/秒；"很好"的地区的风速为 7.5 米/秒以上

表 6.A　主要州的潜在风能排名

排名	州　名	潜在的风能*	排名	州　名	潜在的风能*
1	北达科他州	1210	11	科罗拉多州	481
2	得克萨斯州	1190	12	新墨西哥州	435
3	堪萨斯州	1070	13	爱达荷州	73
4	南达科他州	1030	14	密歇根州	65
5	蒙大拿州	1020	15	纽约州	62
6	内布拉斯加州	868	16	伊利诺伊州	61
7	怀俄明州	747	17	加利福尼亚州	59
8	俄克拉何马州	725	18	威斯康星州	58
9	明尼苏达州	657	19	缅因州	56
10	艾奥瓦州	551	20	密苏里州	52

*每年可用于产生电能的风能总和，单位为 10 亿千瓦时。典型美国家庭每月的用电量一般为几百千瓦时。

概念回顾 6.9

1. 西南风从什么方向吹向什么方向？
2. 风向为 315°时，风是从什么指南针方向吹来的？
3. 影响整个美国大陆的盛行风是什么？

思考题

01. 题图显示了与两个低压系统相关的云图。a. 这些气压单元周围的气流是顺时针方向旋转的还是逆时针方向旋转的？b. 哪个低压区位于北半球？c. 哪个风暴系统是热带气旋（飓风）？

(a)

(b)

02. 温度变化导致气压差，进而产生风。小尺度海风就是这样的一个例子。准备并标记图形，说明海风的形成过程。

03. 科里奥利力是虚拟力而非"真实"力的原因是什么？

04. 根据下面的描述，识别科里奥利力作用于如下运动物体的方向（如东、西、西北）：a. 从纽约飞往芝加哥的客机。b. 在南达科他州从南扔向北的棒球。c. 从圣路易斯东北部漂向底特律的飞艇。d. 在澳大利亚从西向东投掷的回飞棒。e. 沿赤道扔出的橄榄球。

05. 地转风由气压梯度力和科里奥利力之间的平衡维持。梯度风无法在这两个力之间达成类似平衡的原因是什么？

06. 如果一个天气系统中有强风从西面逼近密歇根湖，当系统穿过湖面时，风速如何变化？为什么？

07. 附图是2011年4月2日的地面天气图，其中标注了三个气压单元中心。a. 哪些气压单元是反气旋（高压）？哪些是气旋（低压）？b. 哪个气压系统有最陡的气压梯度而出现强风？c. 参考图6.3，说明气压系统3是强风还是弱风。

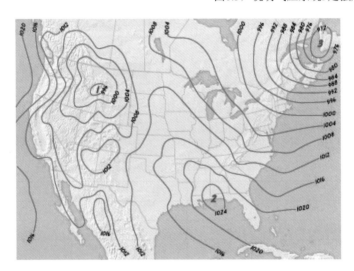

08. 假设你生活在北半球，且位于一个中纬度气旋中心的西部，风向可能是什么？

09. 画出显示地表流（向内或向外）、垂直流和高空流的低压单元的剖面。

10. 为下面的每天给出大气压读数的时限，针对云量和降水量，解释可能的天气状况。第1天：气压稳定为1025百帕。第2天：气压为1010百帕并开始下降。第3天：气压达到4天内的最低值992百帕。第4天：气压为1008百帕并开始上升。

11. 建造风力涡轮机来发电时，是寻找经历强气压梯度的位置还是寻找经历弱气压力梯度的位置？

12. 设计机场时，设计让飞机迎风起降的跑道非常重要。参考所附的风向图，讨论跑道的方向及飞机起飞时的方向。

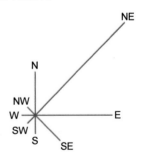

术语表

aerovane　风向标
aneroid barometer　空盒气压计
anticyclone　反气旋
anticyclonic flow　反气旋流

atmospheric (air) pressure　大气压
barograph　气压计
barometric tendency　气压趋势
Buys Ballot's law　白贝罗定律

convergence　辐合
Coriolis force　科里奥利力
cup anemometer　风杯风速仪
cyclone　气旋
cyclonic flow　气旋性环流
divergence　辐散
geostrophic wind　地转风
gradient wind　梯度风
isobar　等压线
mercury barometer　汞/水银气压计

midlatitude cyclone　中纬度气旋
millibar　百帕
newton　牛顿
pressure gradient force　气压梯度力
prevailing wind　盛行风
ridge　脊
trough　槽
U.S. standard atmosphere　美国标准大气压
wind　风
wind vane　风向标

习题

01. 图6.4中显示了一台简单的水银气压计。当一根玻璃管完全排空空气并放入盛有液体的盘子时，在水银上升到的高度处，空气对开口盘子的推力正好等于重力对水银的拉力。水银的密度为13534千克/立方米，相对于水的密度（1000千克/立方米）来说要高出很多。在标准海平面气压下，水银气压计中水银上升的高度是76厘米。使用水替代水银后，水上升的高度是多少厘米？

02. 海平面的平均气压约为1000百帕，整个大气高度是多少（提示：地球的半径约为6370千米）。

第7章 大气环流

  风由地球表面加热不均匀造成的气压差产生，但它又在不断地减小这种地表温度差。因为太阳辐射加热最大纬度带的季节性移动（北半球夏季北移，冬季南移），所以组成大气环流的风场类型也有纬度的移动。本章重点介绍全球大气环流场和局地风系统，以及相应的全球降水分布类型。

加利福尼亚州特哈查比的风力涡轮发电机组

本章导读

- 区分大尺度、中尺度和小尺度环流并给出实例。
- 区分大尺度、中尺度和小尺度环流并给出实例。
- 列出四种局地风并描述它们的形成。
- 描述或画出全球环流的三圈模型。
- 在地图上标记并描述地球的纬向气压带。
- 描述产生亚洲季风的全球环流的季节变化。
- 解释中纬度地区具有强西东向分量的高空气流。
- 解释极地急流的源区及其与中纬度气旋风暴的关系。
- 在世界地图上画出并标记主要的洋流。
- 描述南方涛动及其与厄尔尼诺/拉尼娜现象的关系。
- 列出北美洲与厄尔尼诺/拉尼娜现象有关的气候影响。
- 描述全球气压系统和全球降水分布之间的关系。

7.1 大气运动的尺度

地球上高度集成的风场可视为一系列包裹地球的"空气河流"。在这些河流中，有不同尺度的涡旋，包括飓风、龙卷风和中纬度气旋等（见图 7.1）。就像河流中的漩涡一样，这些旋转风场的发展和消失具有某种可预测性。一般来说，最小的涡旋只持续几分钟，如旋风；而较大和较复杂的系统则会持续几天，如中纬度气旋和飓风等。

图 7.1　大风

美国和加拿大人都知道"西风带"一词是指中纬度地区由西向东运动的盛行风。但是，在短时间内，风可以来自任何方向，如风暴的风向是不断偏转的，风速也是快速变化的。对这些变化，又该怎么理解西风带呢？答案是，我们通常根据尺度大小简化对大气环流的描述。例如，如果观测站的间隔是 150 千米，那么将尘土带到空中的旋风由于尺度太小而无法在天气图上标出。相反，天气图能够揭示大尺度风场分布，如气旋和反气旋环流。

此外，环流系统的持续时间与其尺度成正比。一般来说，大尺度天气系统比小尺度系统维持的时间更长。例如，旋风通常只能维持几分钟，而横穿美国的中纬度气旋能维持几天，甚至影响一周或更长时间的天气。

7.1.1　小尺度环流和大尺度环流

图 7.2 给出了大气环流的三种主要类别：小尺度环流、中尺度环流和大尺度环流。

小尺度环流　尺度最小的空气运动称为小尺度环流。这些混乱无序的小尺度风通常只持续几秒至几分钟。例如，将碎片卷上空中的阵风 [见图 7.2(a)]、下曳气流和旋风都属于小尺度环流。

中尺度环流　中尺度风一般维持几分钟到几小时，尺度一般不超过 100 千米。同时，类似雷暴和龙卷风这样的中尺度环流还有强烈的垂直运动 [见图 7.2(b)]。重要的是雷暴和龙卷风常常生成于一个更大尺度的气旋风暴中并随之一起运动。此外，大多数中纬度气旋和飓风中的垂直上升气流是由雷暴产生的，其上升速度超过 100 千米/小时。海陆风和山谷风也属于这一类，它们将在下一节中与其他局地风一起讨论。

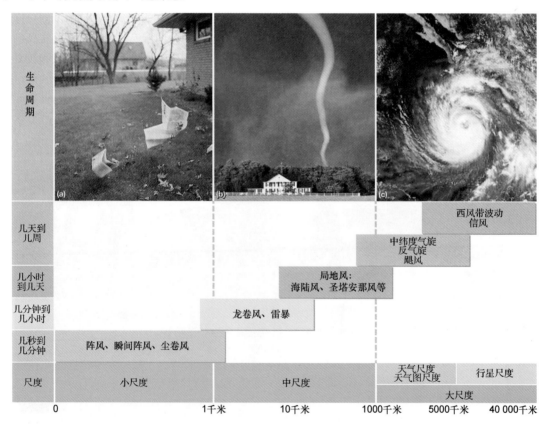

图 7.2　大气运动的三个尺度。(a)阵风表示小尺度环流。(b)龙卷风表示中尺度环流。(c)飓风表示大尺度环流

大尺度环流　称为大尺度风场的最大环流的典型代表是西风带及大发现时代让帆船来回穿越大西洋的信风。这些行星尺度的风场类型扩展到全球，且基本保持数周不变。

有些稍小一些的大尺度环流称为天气尺度环流，也称天气图尺度环流。天气尺度风场的直径约为 1000 千米，在天气图上很容易分辨。两个最著名的天气尺度系统是独立移动的中纬度气旋和反气旋，在天气图上分别表现为低压和高压。这些天气系统通常出现在中纬度地区，尺度约为几百至几千千米。

有些尺度较小的大尺度环流系统是夏末秋初形成于热带太平洋的热带风暴和飓风［见图 7.2(c)］。如同中纬度气旋一样，其气流是向内和向上运动的，但飓风的水平气流速度通常要比它们向高纬度移动的速度快得多。

知识窗 7.1　尘卷风

尘卷风是一种常见于干旱地区的漩涡。虽然它们和破坏性极大的龙卷风有些相似，但是尘卷风的尺度通常要小很多，强度也相对较小。大部分尘卷风的直径只有几米，高度也不超过 100 米。此外，这种存在时间短的旋风一般仅持续几分钟。

不同于与对流云密切相关的龙卷风，尘卷风生成于晴朗的天气条件下。它们从地面向上发展，与龙卷风正好相反。地面加热作用是其形成的关键，因此它们最常出现的时间是地表温度最高的下午。

图 7.A　尘卷风。虽然这种涡旋现象与龙卷风有些相似，但是它们的成因不同，规模也小得多，强度也不及龙卷风

当地面附近的气温显著高于几十米高处的气温时，近地面大气变得不稳定；地表的较热空气开始上升，致使地表空气被卷入发展的涡旋中。滑冰运动员旋转身体时，随着他们将双臂缩向躯干，旋转速度随之变快；尘卷风的形成也与这一现象的原理相同。随着空气向涡旋中心旋转并上升，尘土、沙子和瓦砾随之被卷入并带至几十米的高空，形成沙尘暴。

大多数尘卷风的规模较小且持续时间较短，因此一般不具有毁灭性。然而，它们偶尔也会发展到直径达 100 米、高度达几千米的规模，造成相当可观的破坏。

7.1.2　风场结构

虽然日常实际应用中是根据尺度对大气运动进行划分的，但全球风场是大气各种尺度运动的合成，就像一条蜿蜒的河流，里面有大大小小的漩涡，大漩涡中有较小的漩涡，较小的漩涡中又有更小的漩涡。例如，我们可以观察北大西洋上生成的飓风，从卫星图像上看某个热带气旋时，会发现这个风暴就是一个在海洋上缓慢移动的大型旋转云［见图 7.2(c)］，它具有天气图尺度，所以从天气图上很容易看出风暴的逆时针旋转特性。

除了自身的旋转，飓风通常自东向西或向西北方向移动（飓风一旦进入西风带，就会改变其运动方向——向东北方向移动）。这种运动表明，这些大涡旋嵌在一个更大尺度（行星尺度）的、向西穿过部分热带大西洋运动的环流场中。

乘坐飞机穿越飓风以更近的距离观察飓风时，风暴的一些小尺度特征就会更明显。当飞机接近飓风的外缘时，会发现在卫星云图上看到的大型旋转云团是由许多单独的积雨云塔（雷暴）组成的，其中的每个中尺度雷暴只能维持几小时，但不断有新的雷暴生成而使飓风得以维持。在飞行过程中我们还发现，每个单体雷暴又是由更小尺度的扰动组成的，这些云中的上升热气流和下沉气流会让飞机产生颠簸。

总之，典型的飓风具有几种不同尺度的大气运动，包括由大量小尺度扰动组成的许多中尺度雷暴。此外，逆时针方向旋转的飓风环流（天气图尺度）则嵌在自东向西穿越热带北大西洋的全球环流系统中并随之移动。

概念回顾 7.1
1. 列出大气环流的主要类型并给出例子。
2. 描述风场系统的尺寸是如何与其寿命相关的。
3. 什么尺度的大气环流包含中纬度气旋、反气旋和热带气旋（飓风）？

7.2 局地风

局地风是中尺度环流的典型例子（生命期为几分钟至几小时，水平尺度为 1～100 千米）。绝大多数风的成因是相同的：地表不均匀加热的温差导致的气压差。大部分局地风是地形变化或地表状况差异导致的温差和气压差形成的。风向的定义是风的来向，这种定义也适用于局地风。因此，海风来自海洋，由海洋吹向陆地；谷风则表示风由山谷吹向山坡。

问与答：美国有记录的最高风速是多少？

地面站记录的最高风速是 372 千米/小时，记录时间是 1934 年 4 月 12 日，记录地点是新罕布什维尔州的华盛顿山，山顶上高程为 1879 米的观察站的平均风速是 56 千米/小时。山顶无疑出现过更快的风速，只是未曾被设备记录到。

7.2.1 海陆风

海洋与相邻陆地的温度日较差导致气压差，进而形成海风，详见第 6 章中的讨论（见图 6.11）。白天，陆地表面的升温大于邻近海洋表面的升温，陆地上的空气受热膨胀，高空形成高压区，空气由陆地向海洋流动；高空大气的质量输送使得近地表形成低压区，海面上的空气向陆地低压区流动，形成海风 [见图 7.3(a)]；反之，夜晚陆地表面降温比海洋表面快，形成陆风，空气从陆地向海洋流动 [见图 7.3(b)]。

(a)海风　　　　　　　　　　　　　　　　　(b)陆风

图 7.3　海风和陆风示意图。(a)白天，凉爽、密度大的空气由海洋向陆地移动，形成海风。(b)夜晚，陆地降温快于海洋，形成的离岸风称为陆风

海风对沿海地区有着明显的温度调节作用。海风形成后，沿岸陆地气温能够降低 5°～10℃。然而，海风的降温效应在热带地区只能影响距离海岸 100 千米内的区域，在中纬度地区，其影响距离不到热带地区的一半。通常，凉爽的海风在中午前形成，下午 3 点左右最强，风速为 10～20 千米/小时。

在较大湖泊的沿岸，也会产生与海陆风相似的"湖陆风"。位于五大湖附近的芝加哥等城市，夏季因受湖陆风影响，天气要比内陆地区更凉爽。在很多地区，海风也会影响云量和降水。例如，

佛罗里达半岛夏季降水量增加，部分原因是大西洋和墨西哥湾吹来的海风产生的辐合上升运动造成的。

海陆风的强度和范围随地理位置和季节变化。热带地区全年持续有强太阳辐射加热，所以其海陆风比中纬度地区的更频繁、强度更大。大多数强海风形成于毗邻冷洋流的热带沿岸地区。在中纬度地区，最暖的月份海风发展得最好，但由于夜间地表气温并不总是低于海面气温，有时不会出现陆风。

7.2.2 山谷风

山区也会发生类似于海陆风的风的日变化。白天，山坡上的空气受热升温大于相同高度山谷上空的空气，暖空气沿山坡爬升，形成谷风［见图 7.4(a)］。在温暖夏季的白天，谷风往往在山顶附近形成积云并可能在午后产生雷阵雨（见图 7.5）。

日落后的情况正好相反，山坡上的空气降温后向山谷流动，形成山风［见图 7.4(b)］。类似的现象也发生在有一定坡度的丘陵地区，这时会在山谷谷底堆积冷空气。

与其他类型的风类似，山谷风也有季节性。谷风在太阳辐射最强的暖季最常见，而山风在寒冷季节更频繁。

(a) 谷风

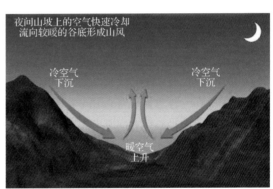
(b) 山风

图 7.4 谷风和山风。(a)白天，山坡上的空气受热上升，形成谷风；(b)日落后，山坡上的空气冷却下沉，沿山坡吹向谷中，形成山风

图 7.5 白天发生的上坡风（谷风）在山顶附近形成云，造成午后雷阵雨

7.2.3 钦诺克风（焚风）

钦诺克风是美国山区沿山坡下沉的干热风，类似的风在阿尔卑斯山区称为焚风。当山区出现很强的气压梯度时，往往形成焚风。空气沿背风坡下降时，因压缩而绝热加热。由于空气沿迎风坡爬升时可能已有凝结发生而释放潜热，空气在沿背风坡下降时就变得比迎风坡同一高度上的空气更热、更干燥。

冬春季，美国科罗拉多州落基山脉温度在冰点以下的东侧山坡地区常出现焚风，这种干燥炎热的风会带来剧烈的温度变化。气温低于冰点的地区，在焚风出现后，温度可能迅速上升至20℃。焚风能让地面积雪迅速融化，因此当地人称之为"钦诺克"，意为"吃雪者"，据说焚风曾在一天内融化30多厘米厚的雪。1918年2月21日，焚风导致美国北达科他州格兰维尔的气温从-36℃升高到10℃，升温幅度达到46℃！

有时焚风对落基山脉东侧的牧场是有益的，它会使冬季牧场没有积雪。但是，它也会带来副作用——冬季积雪融化后会让土壤损失水分，而一直到春季才融化则可使这些水分留在土壤中。

在美国，另一种类似于焚风的风是"圣塔安娜风"，它主要出现在南加利福尼亚州。这种干热的圣塔安娜风会让已经非常干燥的地区大大增加火灾的风险（见极端灾害性天气7.1）。

7.2.4 下坡风（下降风）

冬天，毗邻高原的地区可能出现一种称为下坡风或下降风的局地风。当位于高原上的大密度冷空气开始移动时，就会出现下坡风，如格陵兰冰原和南极洲等。受重力的影响，寒冷空气从高原边缘像瀑布一样急剧下降，由于大气初始温度很低，虽然空气在下降过程中经过绝热加热，但到达低地时温度仍然低于周围的空气，密度也比周围空气的大。寒冷空气在狭窄的山谷中下降时，会获得具有很大破坏力的速度。

少数几个著名的下降风还有当地的名称。例如，法国由阿尔卑斯山区吹向地中海的下降风称为密史托拉风。另一个下降风是布拉风，它从巴尔干半岛的山脉吹向亚德里亚海。

7.2.5 乡村风

一种与大城市有关的中尺度风称为乡村风。顾名思义，这种风的特点是从城市周边的乡村吹向市区。白天，由水泥和钢筋建成的高楼林立的城市吸收的热量比周围开阔郊区的多（见知识窗3.3），使得空气在城区上升，形成从乡村吹向城市的局地环流。在静风晴朗的夜间，最容易形成乡村风，其主要危害是使污染物集中在城区上空，不易扩散。

概念回顾 7.2

1. 为何最强的海风形成于与冷洋流相邻的热带海岸？
2. 陆风和海风在哪些方面与山风和谷风相似？
3. 什么是钦诺克风？给出这种风的两个常见地点。
4. 下坡风或下降风在哪些方面不同于大部分其他局地风？
5. 说明不同城市是如何生成自己的本地风的？

问与答：什么是"哈布"尘暴？

"哈布"是在干旱地区出现的一种局地风，最初是南苏丹强尘暴的名称，南苏丹每年平均出现24次"哈布"尘暴。当大雷暴产生的下沉气流到达地面并迅速扩散时，通常会出现"哈布"尘暴。成吨的淤泥、沙子和灰尘被吹起，形成数百米高的碎片旋转墙。这些致密的"暗云"会完全吞没沙漠城镇并沉积大量沉积物。美国西南部的沙漠中偶尔也出现以这种方式形成的尘暴。

获得全球风系知识的途径有两个：观测到的全球气压场与风场分布；流体运动的理论研究。首先考虑由大范围全球平均气压分布得出的全球环流经典模型，然后根据大气复杂运动的某些最新发现来修改这个理想化模型。

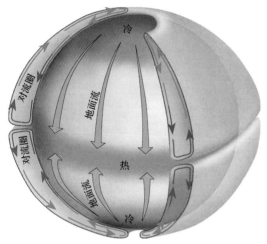

图 7.6　地球不自转时的全球环流分布。不考虑自转地球上因此大气受热不均匀形成的对流

7.3.1　单圈环流模型

1735 年，乔治·哈德莱提出了一个经典的全球环流模型。哈德莱认识到太阳辐射对风的驱动力后，提出两极和赤道之间的巨大温差在南北半球各形成一个大型对流圈（见图 7.6）。

在哈德莱模型中，赤道温暖的空气上升至对流层顶后，分别向两极移动，到达极地后，大气冷却下沉，再由地表向赤道方向运动，冷空气到达赤道后再次受热上升。因此，根据哈德莱提出的单圈环流模型，高层大气向极地运动，低层大气向赤道运动。

尽管原理是正确的，但是哈德莱模型并未考虑地球自转的影响（哈德莱模型应该是非旋转行星球环流的一个较好近似）。

极端灾害性天气 7.1　圣安娜风（干热风）与山火

圣安娜风特指秋冬季扫过南加州和墨西哥西北部的类似于钦诺克风的风。这种干热风以助长所在地区的山火而闻名。圣安娜风通常由秋季形成于大盆地地区的有下沉气流的强高压系统引发。高压系统的反气旋顺时针气流将来自亚利桑那州和内华达州的沙漠空气向西引向太平洋（见图 7.B 中的小图）。该气流通过海岸山脉的峡谷，尤其是圣安娜峡谷时得到加速，这也是圣安娜风名称的由来。当圣安娜风的气流通过山坡下降而干绝热升温后，燥热的状况得到进一步增强。而在这一酷热干燥的风的作用下，被酷暑灼烧的植被的水分被进一步蒸发。

虽然圣安娜风每年都会出现，但它在 2003 年秋季和 2007 年造成了极其严重的灾害，2007 年造成的灾害要稍微轻一些。在这两年中，有数万公顷的山林被焚毁。2003 年 10 月底，圣安娜风刮向了南加州的海岸，速度超过 100 千米/小时。这里的很多区域生长有小榭树和灌木，在这种条件下，粗心的野营者、闪电或纵火犯足以引发一场大火。于是，在洛杉矶、圣贝纳迪诺、河滨及圣迭戈等地，出现了小型火灾（见图 7.B），其中几处很快就发展成山火，并且像凶猛的圣安娜风那样快速蔓延。

图 7.B　这张由 Aqua 卫星拍摄的照片中显示了分布在加州南部的十处大规模山火。小图所示为理想化的高压控制区域，其中干冷空气驱动着圣安娜风。干绝热升温导致气温上升和相对湿度下降

仅仅几天时间，就有超过 13000 名消防队员奋战在从洛杉矶以北一直到墨西哥边境的防火线上。近两个月后，当大火被完全扑灭时，已有超过 3.5 万公顷的山林和超过 3000 栋住宅被烧毁，26 人死亡（见图 7.C）。据联邦紧急事务管理署评估，经济损失高达 25 亿美元。2003 年的这一场大火成为加利福尼亚州有史以来最严重的灾难。

几千年来，强大的圣安娜风与干燥的夏季一直在"制造"山火。这些山火是大自然清理茂盛小槲树和灌木丛，进而为新植物生长做准备的自然方式。当人类在圣巴巴拉和圣迭戈之间易于引发火灾的地区建造家园并聚居后，自然环境问题开始凸显：这里的桉树和松树地貌进一步增大了灾害的风险。长期以来的防火措施也导致了大量易燃材料的聚集，以至于火灾数量虽然减少了，但毁灭性更大。显而易见的是，山火在可以预见的未来依然会对这一地区造成严重威胁。

图 7.C 2003 年 10 月 27 日，山火被圣安娜风吹向加州山谷中心以南的一栋民宅

7.3.2　三圈环流模型

19 世纪 20 年代，科学家提出了三圈环流模型。尽管后来对这个模型进行了修正，以便与高空观测结果相吻合，但它仍然是一个认识全球环流分布的有效工具。图 7.7 显示了理想三圈环流模型和对应的地面风场分布。

在三圈环流模型中，位于赤道和南北纬 30°之间的环流圈可以很好地用哈德莱模型来描述，因此被称为哈德莱环流。赤道附近的空气受热上升形成积云，释放的潜热驱动着哈德莱环流，高空大气向极地运动，在分别到达南北纬 20°～35°时下沉。导致大气下沉的因素有两个：①高空大气远离赤道风暴区后，辐射冷却起主要作用，空气变冷，密度增大，因此下沉；②科里奥利力随纬度增加而增大，高空大气向极地运动的过程中逐渐东偏，分别在南北纬 30°附近偏转为自西向东的纬向气流，阻碍了空气向两极的流动。同时，科里奥利力使高空大气在这个区域的堆积（辐合），导致空气在南北纬 20°～35°的区域下沉。

由于空气在赤道的上升过程中有水汽凝结，使得在南北纬 20°～35°附近下沉的空气较为干燥，且下沉过程中的绝热加热作用进一步降低了空气的相对湿度。因此，下沉的干燥大气使得这个纬度带少雨且干旱，成为全球副热带沙漠地区，北非的撒哈拉沙漠和澳大利亚沙漠都位于这一纬度带上。同时，由于 20°～35°附近的低空风很弱，这个纬度带也被称为马纬度（见图 7.7）。这一名字源于西班牙帆船横渡大西洋时，因无风而长时间滞留在该水域，当船上马匹的食物和水不足时，水手们不得不将马抛下船。

在副热带下沉地区的马纬度洋面附近，低空气流分为两支：一支流向极地，一支流向赤道。向赤道流动的一支在科里奥利力的作用下逐渐偏转形成稳定的信风（或贸易风）。这一名称的由来是早期的帆船借助该区域信风有规律的风向变化往来于欧洲和北美之间运输货物进行贸易。在北半球，信风是东北风，在南半球信风是东南风，南北半球的信风在赤道附近的弱气压梯度区交汇，这个区域称为**赤道无风带**。在赤道无风带内，风力小，空气湿度高，天气状况单调。

在三圈环流模型中，南北纬 30°～60°的环流称为费雷尔环流，它由威廉·费雷尔提出（见图 7.7）。费雷尔环流在中纬度地区的近地表为西风气流。这个盛行西风带因本杰明·富兰克林——美国的第一位天气预报员而引发关注，是他注意到了风暴由西向东穿越大陆。同时，富兰克林还观察到西风气流是不稳定的，对航行的影响没有信风航海那样可靠。如今我们知道，是气旋和反气旋在中纬度地区的活动对西风气流形成了干扰。但是，费雷尔环流无法解释高空大气的流动。按照费雷尔环流，在高空中大气应自东向西流动，而事实上西风气流随高度增加反而增强，在距地面10～12千米高度的风速达到最大值，这个气流带称为急流。关于中纬度环流对日常天气的重要作用，详见后面的探讨。

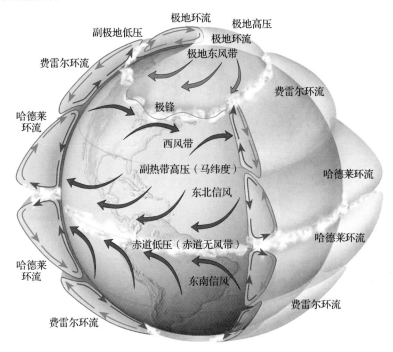

图7.7　自转地球的三圈环流模型

极地环流是由极地附近的下沉气流驱动的。下沉气流在地面附近向赤道方向运动，在科里奥利力的作用下于南北半球各形成一个极地东风带。这些寒冷的极地冷空气向赤道方向移动，最终在中纬度地区与较暖的西风气流相遇。这个冷暖空气相遇的区域称为极锋。极锋区域的重要性将在后面讨论。

概念回顾7.3

1. 简要说明由乔治·哈德莱提出的理想化全球环流。哈德莱模型的缺点是什么？
2. 哪两个因素导致空气在纬度20°和纬度35°之间下沉？
3. 参考理想的三圈大气环流模型，说明美国大部分地区都位于盛行风带的原因。
4. 赤道和纬度30°之间有哪些风带？

7.4　气压带与风

全球风场是由气压的不均匀分布形成的。为简化讨论，首先分析地球表面完全均匀时的全球气压分布，即地球表面完全由水或平坦的陆地覆盖时的全球气压分布。

7.4.1　理想的纬向气压带

如果地球表面是平坦的、均匀的，那么南北半球分别形成东西向分布的两个高压带和两个低压带［见图7.8(a)］。在赤道地区，哈德莱环流的空气上升支使得低空形成低压带，称为赤道低压，这个地区温暖潮湿的上升气流会形成丰沛的降水。这个低压区是南北半球信风交汇的区域，因此也称赤道辐合带（ITCZ）。由图7.9可见，赤道辐合带是一条位于赤道附近的云带。

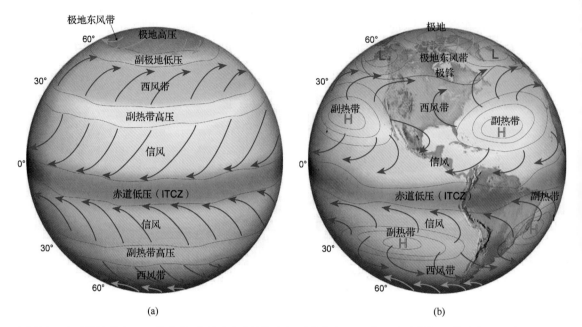

(a)　　　　　　　　　　　　　　　　　　　　(b)

图 7.8　全球环流分布：(a)均匀地球表面形成的纬向气压带分布；(b)实际地球的气压带分布。地球上的海陆分布破坏了理想的纬向带状分布，使得气压分布由半永久性高压和低压中心组成

　　形成西风带和信风的南北半球纬度 20°～35°的高压区，称为副热带高压。这个区域的下沉气流通常形成炎热干燥的天气。

　　另一个低压区位于南北半球纬度 50°～60°，与极锋的位置一致。这个极地东风与西风带交汇形成的低压区，称为副极地低压。稍后会讲到，这个低压区与中纬度地区尤其是冬季的大多数风暴天气有关。

　　最后，地球两极附近是极地高压，盛行极地东风［见图 7.8(a)］。这里由于空气冷却下沉，温度极低而形成地面高压。

7.4.2　半永久性气压系统：真实大气

　　至此，我们分析了纬向分布的全球气压带。但是，地球表面并不是均匀和平坦的，实际上只有位于南半球海洋上方的副极地低压带是纬向分布的。在较小范围内，赤道低压带也是连续的。而在其他纬度带上，尤其是北半球，陆地的占比大于海洋，纬向气压带状分布被多个半永久性的高压和低压闭合中心代替。

图 7.9　在卫星云图上，赤道辐合带是一条位于赤道以北的东西向云带

　　"真实"地球上理想化的气压场和风场分布如图 7.8(b)所示。由于温度的季节性变化，气压中心随温度变化而加强或减弱。此外，气压中心的位置也随太阳辐射的季节性迁移在极地和赤道之间来回移动。在这些因素的作用下，气压中心的强度和位置具有年变化特征。

　　全球 1 月和 7 月平均气压场和风场分布如图 7.10 所示。观测到的气压系统呈环状（或长条状）分布，而不呈纬向分布。两幅图上最明显的气压系统是副热带高压，这些高压系统中心主要位于南北纬 20°～35°的副热带海洋上。

　　比较图 7.10(a)和图 7.10(b)可见，某些气压中心全年都存在，如副热带高压；有些气压中心具有季节性特征，如位于墨西哥北部和美国西南部的低压中心只在夏季出现，因此只出现在 7 月的图上。这种季节变化的主要原因是，这些地区具有巨大的季节性温度变化，尤其是在中高纬度地区。

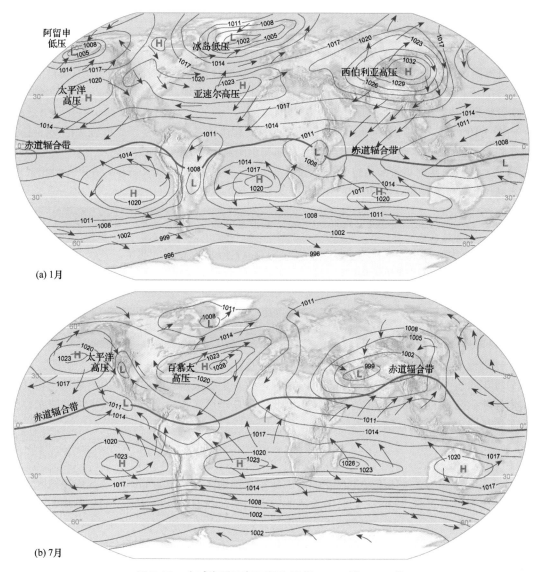

图 7.10　全球海平面气压场和风场：(a)1 月；(b)7 月

1 月气压场和风场　西伯利亚高压是位于亚洲北部冰冻区上空的一个非常强大的高压中心，是 1 月气压图上最重要的特征［见图 7.10(a)］。一个强度较弱的极地高压位于寒冷的北美大陆。这些冷高压由密度大、质量小的空气柱组成。事实上，1968 年 12 月在西伯利亚阿加塔观测到的海平面气压值达 1084 百帕（813 毫米汞柱）。高压中心的下沉气流多形成晴天和低层辐散流。

当陆地上的北极高压增强时，位于海洋上的副热带反气旋强度减弱。此外，1 月副热带高压的平均位置比 7 月更靠近东海岸。例如，图 7.10(a)中的副热带高压位于北大西洋东部（有时也称亚速尔高压）。

1 月的图上有两个半永久性低压中心，分别位于北太平洋和北大西洋，称为阿留申低压和冰岛低压，但在 7 月的图上没有这两个中心。这两个低压系统不是单一的系统，而是由大量气旋风暴组成的。换句话说，低压系统控制的区域冬季会出现大量的中纬度气旋。因此，阿留申低压和冰岛低压控制的区域通常为多云天气，冬季降水量丰沛。

由于大量的气旋性风暴在北太平洋上形成并向东移动，阿拉斯加南部的沿岸地区形成了丰富的降水。例如，阿拉斯加沿海城市锡特卡的气候资料显示，其年降水量为 2150 毫米，是加拿大马尼托巴湖区邱吉尔市的降水量的 5 倍多。虽然两个城市的纬度相同，但是丘吉尔市位于大陆内部，远离阿留申低压形成的气旋风暴的影响。

7 月气压场和风场 夏季北半球的气压场分布与冬季有着明显的差异［见图 7.10(b)］。与冬季的大陆冷高压相反，夏季地表高温使低层大气受热上升，在近地面形成低压区。最强的低压中心位于南亚地区，另一个较弱的热低压位于美国西南部。

由图 7.10 可见，夏季北半球的副热带高压西移，强度比冬季大。夏季这些强大的高压中心控制海洋和高压以西的大陆地区，增加了北美东部和东南亚地区的降水量。

盛夏，北大西洋副热带高压位于百慕大群岛附近，因此称为百慕大高压。在北半球的冬季，百慕大高压位于非洲附近，称为亚速尔高压（见图 7.10）。

概念回顾 7.4

1. 什么是热带辐合带？
2. 如果地表均匀，将存在东西高压带和低压带，说出它们的名称和所在的纬度。
3. 西伯利亚高压在哪个季节最强？
4. 百慕大高压在哪个季节最强？

7.5 季风

全球环流的大尺度季节变化称为季风。与流行的看法不同，季风并不意味着"雨季"，而是指其风向每年改变两次的特定风场系统。一般来说，冬季主要来自大陆的风称为冬季风；相反，夏季由海洋吹向陆地的暖湿气流称为夏季风。因此，受夏季风影响的地区会形成丰沛的降水，因而产生了季风即"雨季"的误解。

7.5.1 亚洲季风

最著名和最强的季风环流发生在亚洲南部和东南部地区，主要影响印度及其周边地区，以及中国、韩国和日本的部分地区。与大多数风的成因相同，亚洲季风也是地表加热不均匀产生的气压差导致的。

冬季来临时，夜晚更长和更低的太阳高度角，使得俄罗斯北部广阔地区的冷空气堆积，形成寒冷的西伯利亚高压，进而形成亚洲冬季风环流。西伯利亚高压的下沉干燥空气在低空向亚洲南部移动，形成盛行离岸风［见图 7.11(a)］。气流到达印度后，温度升高，但仍然很干燥。例如，印度加尔各答在最冷的 6 个月里降水量不到年降水量的 2%，绝大部分年降水量来自全年最温暖的 6 个月，主要集中在 6 月至 9 月。

与此相反，南亚内陆地区夏季气温经常超过 40℃，强烈的太阳辐射使得这一地区生成了一个类似于海风作用但尺度更大的低压系统，使低空大气向内陆辐合、高空大气向外辐散。东南亚地区低压中心的发展，以及来自印度洋和太平洋向陆地流动的湿润空气，形成了典型的夏季风降水。

世界上降水最多的地区之一是喜马拉雅山脉的南坡，从印度洋输送而来的湿润空气受地形抬升影响，形成了大量降水。印度的乞拉朋齐曾记录到年降雨量为 25 米（2.5 万毫米），其中大部分降水产生在夏季风季节的 4 个月中［见图 7.11(b)］。

亚洲季风很复杂，主要受亚洲大陆太阳辐射加热季节变化的强烈影响。但是，与太阳垂直照射位置的年变化有关的因素也会影响南亚季风环流系统。如图 7.11 所示，亚洲季风与季节变化很大程度上与赤道辐合带有关。夏季开始时，赤道辐合带北移至大陆地区，造成强降水；冬季，赤道辐合带移至赤道以南后，出现相反的情况。

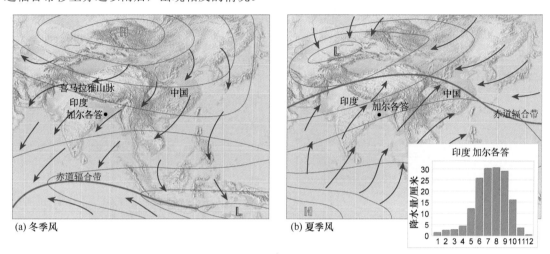

(a) 冬季风   (b) 夏季风

图 7.11　亚洲季风环流的季节性变化与赤道辐合带：(a)1 月，亚洲地区受强大的高压控制，从大陆吹来的冷空气导致干燥的冬季风；(b)夏季，赤道辐合带北移，给亚洲大陆带来了温暖潮湿的空气

　　世界上近一半人口居住在受亚洲季风影响的地区，其中许多人以农业为生。因此，适时出现的季风降雨通常意味着生活的巨大差别。

聚焦气象

MODISC 收集的系列图像的合成图像（NASA）。

这幅图像显示了非洲 1 月的尘暴，它形成了一直延伸到南美洲东北海岸的尘烟。据估计，这样的尘烟每年会将 4000 万吨沙尘从撒哈拉沙漠输送到亚马孙盆地。这些尘烟携带的矿物补充了雨林土壤中的养分。

问题 1　图中的尘烟路径是弯的，携带这一尘烟的大气环流是顺时针方向旋转还是逆时针方向旋转？

问题 2　哪个全球气压系统将沙尘从非洲输送到了南美洲？

7.5.2 北美季风

其他地区也会出现与亚洲季风类似的季节性风向变化。例如，北美部分地区就有这样的季节性风向转变。称为北美季风的环流在美国西南部地区和墨西哥西北部地区造成紧接春旱的多雨夏季气候。美国亚利桑那州图森市的降水类型就是一个典型的例子，其 8 月的降水量是 5 月的近 10 倍（根据针对影响这一区域的北美季风的大量研究，有时也称这种现象为亚利桑那季风和西南季风）。如图 7.12 所示，夏季降水通常会持续到 9 月干旱季节重新到来之前。

图 7.12　美国亚利桑那州图森市。由于季风环流从加州湾和墨西哥湾带来了暖湿空气，夏季降水量增大

夏季，美国西南部尤其是沙漠地区的白天温度极高，强烈的地表加热使得低层生成一个低压中心，气旋性环流主要从加州湾和墨西哥湾少部分地区带来暖湿空气（见图 7.13）。由海洋提供的充沛水汽与热低压产生的辐合上升相耦合，形成了该地区最热的几个月的降水。虽然经常提到亚利桑那州，但实际上北美季风最强中心位于墨西哥西北部和新墨西哥州。

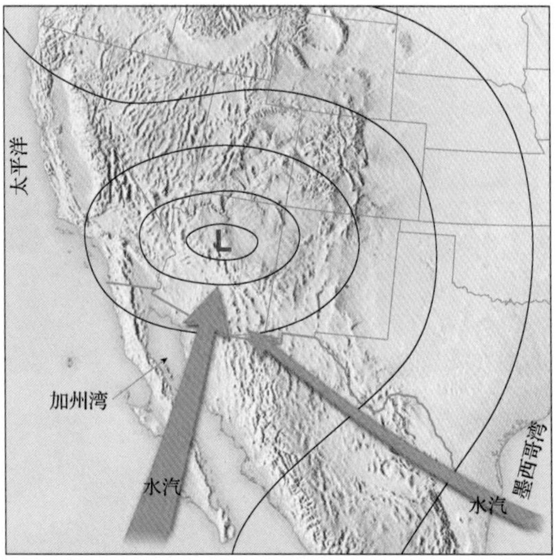

概念回顾 7.5

1. 定义季风。
2. 亚洲季风的成因是什么？哪个季节（夏季或冬季）是雨季？
3. 北美洲的哪些区域会经历明显的季风环流？

7.6　西风带

第二次世界大战以前，高空探测很少。此后，飞机和无线电探空仪提供了大量有关对流层上层的数据。其中，最重要的发现之一是，在中纬度地区高空大气中存在一支很强的由西向东运动的气流带，称为西风带。

图 7.13　美国西南部夏季高温在低空形成一个热低压，加上来自加州湾和墨西哥湾的暖湿空气，在美国西南部地区和墨西哥西北部地区形成雷暴天气，导致夏季风降水增加

7.6.1 为什么存在西风带

下面介绍高空西风气流存在的原因。假设在西风带中，是极地和赤道之间的温差驱动了风。图7.14中的气压分布表明，寒冷极地的气压高于热带地区的气压，由于冷空气的密度大于暖空气，冷空气柱的气压比暖空气柱的气压下降更快。由图7.14中的地面气压示意图可以看出从极地到赤道的气压分布。赤道地区温度高，低空大气受热上升，因此在地球上的同一海拔高度，热带地区为高压区，极地为低压区。因此，高空的气压梯度由赤道（高压区）指向极地（低压区）。当热带地区的高空大气在气压梯度力作用下向极地运动时（见图7.14中的红色箭头），科里奥利力改变气流的运动方向，使得北半球的风右偏。最终，指向极地的气压梯度力和指向赤道的科里奥利力达到平衡，形成一个强大的自西向东运动的气流带（见图7.14）。我们知道这样的风称为地转风。图7.14中赤道向极地的温度梯度分布是全球性的，因此可以推测大多数情况下高空都存在盛行西风气流。

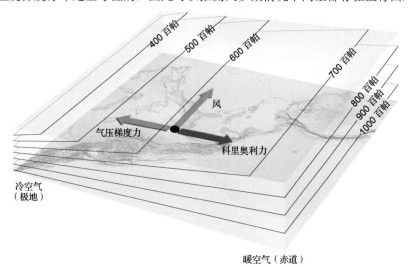

图7.14 由热带大气和寒冷极地大气之间的密度差形成的理想化高空大气气压梯度分布。当指向极地的气压梯度力和指向赤道的科里奥利力平衡时，形成纬向西风带

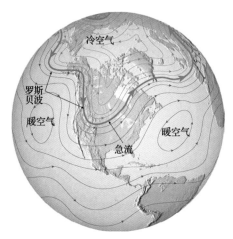

图 7.15 500 百帕西风气流的理想化分布。西风带由 5 个长波波动(称为罗斯贝波)组成，急流是西风带上风速最快的区域

气压梯度随高度增加而增大，因此风速也随高度增加而增强，风速在对流层顶达到最大值，随后在平流层中逐渐减小。风速最大的区域称为急流，将在下一节中讨论。

7.6.2 西风带的波动

高空风场图显示，西风沿长波波动路径运动。有关大尺度运动的大量知识来自罗斯贝，他首次解释了这些波动的性质。如图7.15所示，最长的波形通常由环绕地球一圈的4～6个波动组成（称为罗斯贝波）。虽然气流沿波动路径向东移动，但是这些长波基本保持静止或者缓慢地由西向东移动。

罗斯贝波可对日常天气产生巨大的影响，这部分内容将在第9章中讨论。

7.7 急流

高空西风气流中包含一条蜿蜒几千千米的狭长快速风带 [见图 7.16(a)]。这些快速的气流被命名为急流。急流位于对流层顶附近，宽度从不到 100 千米到 500 千米以上，风速往往超过 100 千米/小时，有时高达 400 千米/小时。

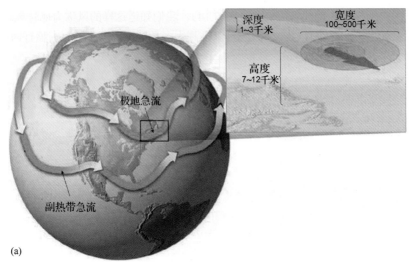

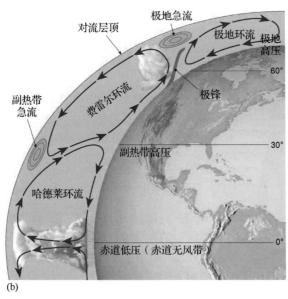

图 7.16　急流：(a)极地急流和副热带急流的位置；(b)三圈环流模型中极地急流和副热带急流的横截面图

急流是在第二次世界大战期间被发现的。当美国轰炸机向西飞往日本执行占领岛屿的任务时，遇到了强大的空气阻力，准备放弃任务返航时，又遇到了很强的西风。现代商用飞机驾驶员向东飞行时会利用急流来加速，向西飞行时则会尽可能避开这些高速的气流。

7.7.1 极地急流

为什么在缓慢移动的西风气流中存在这么独特的急流？关键原因是巨大的地面温差造成了高空陡峭的气压梯度，导致了上层空气的快速流动。在冬季和初春，美国佛罗里达州南部温暖宜人，而在北边仅几百千米的佐治亚州，温度则接近冰点。如此巨大的冬季温差使得每年这段时间内在高空中出现高速西风气流。一般来说，快速的高空风出现在具有较大温差的狭窄区域内。

这些沿纬圈出现的大温差区域称为锋区。大多数最主要的急流都位于极锋区，因此被称为极地急流或极锋急流 [见图 7.16(b)]。这一急流通常位于中纬度地区，尤其是在冬季，因此也称中纬度急流（见图 7.17）。前面提到，极锋位于寒冷的极地东风带和温暖的西风带交汇处。极锋急流不是近似平直地由西向东运动的，而是沿一条蜿蜒的路径移动的，偶尔其流向接近南北向。有时急流会分岔为两支急流，有时又重新汇合成一支急流。与极锋类似，极锋急流不是连续的。

平均而言，极地急流的风速冬季为 125 千米/小时，夏季约为冬季的一半（见图 7.18）。风速的季节变化是因为冬季中纬度地区的温度梯度更大。极地急流的位置与极锋基本一致，其所在的纬度位置随季节移动，因此，随着太阳辐射最大区域的季节变化，急流夏季向北移动，冬季向南移动。在寒冷的冬季，极地急流可以向南延伸至佛罗里达州中部地区（见图 7.18）。春季，随着太阳辐射最大区域的北移，急流也逐渐北移。盛夏，急流的平均位置是加拿大边境附近甚至更北的地区。

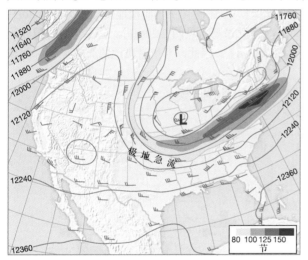

图 7.17 简化的 200 百帕 1 月高度等值线。急流核的位置是深红色区域（1 节约为 1.852 千米/小时）

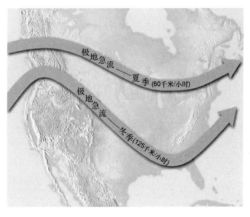

图 7.18 极地急流的位置和风速随季节在纬度 30°～70°之间移动。图中的两条流线分别代表夏季和冬季

极地急流对中纬度天气具有重要影响。除了提供能量驱动地面风暴的旋转，还能引导风暴的移动路径。因此，确定极地急流位置和流形的变化是现代天气预报的重要部分。极地急流北移时，出现雷暴和龙卷风的区域会发生相应的变化。例如，2 月雷暴和龙卷风多出现在靠近墨西哥湾的几个州；而盛夏气旋活动中心则移至北部平原和大湖区。

此外，极地急流的位置还会影响其他地面气象要素，尤其是温度和湿度。当急流向赤道移动时，局地天气更寒冷、干燥；相反，当急流向极地方向移动时，天气更温暖、潮湿。因此，根据急流的位置可以判断温度和湿度的变化。

7.7.2 副热带急流

副热带地区的半永久性急流称为副热带急流 [见图 7.16(b)]。副热带急流主要出现在冬季，风速较极地急流小。急流风向自西向东，中心位于南北纬 25°附近，高度约为 13 千米。在北半球的冬季，副热带急流北抬时将给佛罗里达州南部地区带来温暖潮湿的天气（见图 7.19）。

图 7.19　副热带急流在红外云图上显示为一条从墨西哥到佛罗里达的云带

7.7.3　急流和地球热量收支

风的基本作用是通过将热量从赤道向极地输送来维持地球的热量平衡。虽然热带地区的环流（哈德莱环流）具有经向（南北向）运动，但多数环流是纬向环流（东西向），这是由科里奥利力的作用决定的。现在要考虑的问题是，东西向的纬向风如何将热量由南向北传输？

热量传输作用与中心位于极锋区的西风带的波状流（罗斯贝波）有关。如图 7.20(a)所示，极地急流从一个波动回到东西向的平直运动大约需要一周或更长的时间。一般急流南侧的温度相对较高，北侧的温度较低。因此，当高空大气沿蜿蜒的波状路径移动时，在曲率最大的位置甚至会形成近乎南北向的气流，使极地冷空气向赤道方向流动，低纬度暖空气向极地流动［见图 7.20(b)和图 7.20(c)］。此外，冷气团可能会被切断而南下，爆发寒潮［见图 7.20(d)］。这种能量的再分配导致温度梯度减小，使得高空气流更加平直［见图 7.20(d)］。因此，西风带极地急流的波动对地球的热量分配有着重要作用。

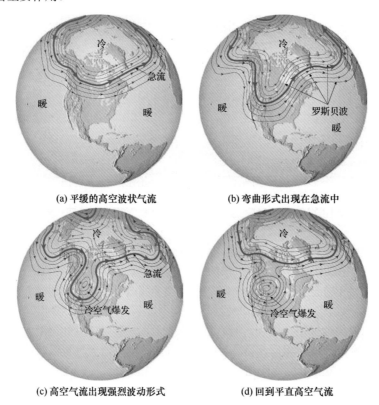

(a) 平缓的高空波状气流　　　　　　　　(b) 弯曲形式出现在急流中

(c) 高空气流出现强烈波动形式　　　　　(d) 回到平直高空气流

图 7.20　西风带高空气流的周期性变化。以急流为轴的气流开始几乎是平直的，然后开始弯曲，气旋活动发展，进而影响天气

1. 急流是如何生成的？
2. 一年中的什么时间会出现最快的极地急流？
3. 为什么极地急流有时被称为中纬度急流？
4. 当极地急流位于佛罗里达州中部上空时，美国中北部各州的冬季温度如何变化？
5. 以急流为中心的波状流为何有助于平衡地球的热量收支？

聚焦气象

2010 年 4 月中旬，冰岛艾雅法拉火山喷发的烟柱高达 15000 米，并且向东穿越北太平洋，导致英国、爱尔兰、法国等国和斯堪的纳维亚地区关闭空域，以防飞机引擎吸入火山灰。

问题 1 既然冰岛位于极地东风带（风从东北向西南吹），烟尘为何主要从西向东移向北欧？

问与答：即便飞行条件理想，客机驾驶员为何也要提醒乘客系好安全带？

原因是会出现晴空乱流现象。当两个相邻大气层中的气流以不同的速度运动时，就会出现晴空乱流。当一个大气层中的空气运动方向不同于上层或下层中的空气运动方向时，或者一层中的空气运动速度快于邻层中的空气运动速度时，就会发生这种现象。这样的运动形成涡流（乱流），导致飞机上下颠簸。

7.8 全球风场和洋流

运动的大气通过摩擦将能量传递给海洋表面。风不断吹过海面，拖曳海水运动。风是洋流的主要驱动力，因此大气环流和海洋环流之间存在一定的联系。比较图 7.21 和图 7.10 就可说明这种关系。

如图 7.21 所示，赤道南北两侧存在两支向西运动的洋流，分别称为北赤道洋流和南赤道洋流。驱动两支洋流的能量分别来自东北信风和东南信风。在科里奥利力的作用下，洋流向极地偏转，在北半球顺时针方向旋转，在南半球逆时针方向旋转。这些近似环形的洋流称为环流，围绕在每个大洋中以副热带高压系统为中心的区域（见图 7.21）。

在北大西洋，赤道洋流向北偏转经过加勒比海，成为墨西哥湾流。墨西哥湾流沿美国东海岸北上，在中纬度地区随盛行西风流速加快，当它穿越大浅滩继续向东北方向流动时，洋流逐渐变宽，流速变慢，直到变成宽阔缓慢的北大西洋漂流。北大西洋漂流在靠近西欧时产生两个分支，一支向北经过英国流向挪威，另一支向南弯，成为加那利海冷流，最终并入北赤道洋流。

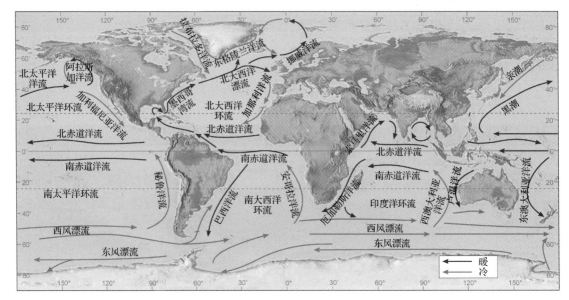

图 7.21　主要的洋流分布。向极地方向流动的洋流为暖流，向赤道方向流动的洋流为冷流

7.8.1　洋流的重要性

　　洋流对气候具有重要影响。向极地运动的暖流的调节作用是众所周知的，北大西洋漂流是温暖的墨西哥湾流的延伸，它使得英国和欧洲西北部地区的温度高于其他同纬度地区的温度。

　　除了影响附近陆地的温度，冷流还具有其他气候效应。在大陆西海岸的热带沙漠地区，如秘鲁和智利的阿塔卡马沙漠以及南部非洲的纳米比亚，冷流对这些地区有着巨大的影响——使得这些沿海地区的干旱加剧，原因是冷流经过时空气冷却，导致大气非常稳定，抑制了上升运动而无法形成云和降水。同时，冷流也可能导致低空大气冷却到露点温度以下，使得沙漠地区的湿度增大和出现大雾。因此，并不是所有的热带沙漠都是炎热、干燥的。相反，冷流的存在使得一些热带沙漠出现了相对凉爽潮湿的大雾天气。

　　洋流在维持地球热量平衡中也有着重要的作用——将热量从热带地区输送到热量匮乏的极地。一般来说，洋流输送的热量占总输送热量的四分之一，其余的热量由大气环流输送。

7.8.2　洋流和涌升流

　　涌升流指的是深层冷水上升取代表层温暖海水的常见风生垂直运动，在全球海洋东海岸附近最典型，尤其是在美国加利福尼亚州、秘鲁和西非的沿岸海区。

　　风沿海岸线向赤道方向吹时，发生涌升流。受科里奥利力的影响，表层海水偏离海岸，由上翻的海水补充海表吹走的暖海水。上涌的海水来自 50～300 米深的位置，使得沿岸区域的海表温度降低。例如，8 月美国大西洋沿岸的水温通常超过 21℃，而加利福尼亚州海岸附近的海水温度只有 15℃。

概念回顾 7.8

1. 是什么驱动了地球表面的洋流？
2. 洋流倾向于形成螺旋。a. 在南北半球，这些洋流是顺时针方向旋转还是逆时针旋转？b. 这些螺旋的常用名称是什么？给出南北半球的主要螺旋。
3. 给出洋流影响邻近地块的温度的一个例子。
4. 洋流在维持地球热量收支方面的作用是什么？

7.9 厄尔尼诺、拉尼娜和南方涛动

厄尔尼诺现象由厄瓜多尔和秘鲁的渔民首先发现。他们发现，有的年份 12 月和 1 月太平洋东部的海水会逐渐变暖。海水变暖通常发生在圣诞节期间，因此这一事件被命名为厄尔尼诺，即西班牙语中的"小男孩"或"圣婴"。这种不规律的异常变暖通常 2～7 年发生一次，持续时间 9 个月至 2 年不等。拉尼娜在西班牙语中意为"小女孩"。与厄尔尼诺现象相反，拉尼娜现象指的是厄瓜多尔和秘鲁沿岸海水温度异常偏冷的现象。

如图 7.22(a)所示，在拉尼娜事件中，太平洋中部被强大的信风控制，形成很强的赤道洋流，由南美地区流向澳大利亚和印度尼西亚。此外，冷流沿厄瓜多尔和秘鲁海岸向赤道方向流动（后者称为秘鲁洋流），使秘鲁沿岸的涌升流增强，为鱼类提供丰富的食物。因此，涌升流强烈的沿岸都是世界著名的渔场。然而，每隔几年，拉尼娜事件就会被厄尔尼诺事件取代一次［见图 7.22(b)］。

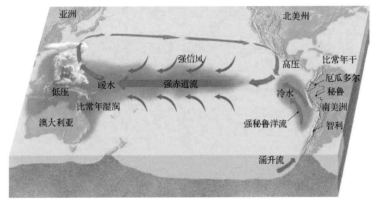

(a) 拉尼娜

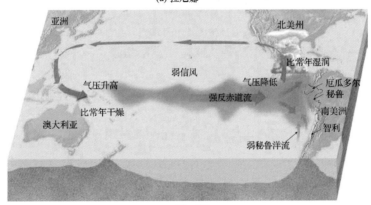

(b) 厄尔尼诺

图 7.22　厄尔尼诺、拉尼娜、南方涛动之间的关系。(a)在拉尼娜事件中，强大的信风驱动赤道洋流西移，同时强大的秘鲁洋流加速南美沿岸地区的冷水上升。(b)南方涛动发生时，太平洋东西部的气压产生跷跷板效应，导致信风减弱，暖水沿赤道东流，太平洋中东部海表温度升高，厄尔尼诺现象发生

7.9.1 厄尔尼诺的影响

厄尔尼诺以其对秘鲁、智利、澳大利亚等国的天气和经济的巨大灾难性影响而闻名。如图 7.22(b)所示，发生厄尔尼诺事件时，强烈的反赤道流使得大量暖水聚集，抑制了南美西岸含有大量营养物质海水的涌升，导致鱼类大量死亡，破坏了渔业。与此同时，秘鲁和智利内陆干旱地区产生异常降雨而引发严重洪水。这些气候异常多年前就已发现，但一直被认为是局地现象。

科学家现在承认，厄尔尼诺现象是全球大气环流的一部分，它会影响秘鲁之外更远地区的天气。历史上最严重的一次厄尔尼诺事件发生在1997—1998年，致使全球许多地方出现各种极端天气现象。在1997—1998年的厄尔尼诺事件中，猛烈的冬季风暴袭击了加利福尼亚海岸，造成了前所未有的海滩侵蚀、滑坡和洪水。在美国南部，暴雨给得克萨斯州和墨西哥湾区带来了大洪水。

虽然厄尔尼诺的影响存在不确定性，但是有些地区总受到影响。特别是在冬季，厄尔尼诺使得美国中北部地区和加拿大部分地区总出现气温偏高的现象［见图7.23(a)］；此时美国西南部和墨西哥西北部地区的冬季则异常潮湿，美国东南部却潮湿偏冷。在西太平洋地区，印度尼西亚、澳大利亚和菲律宾部分地区则异常干旱［见图7.23(a)］。厄尔尼诺现象的一个好处是，将大西洋飓风发生的次数减少到了低于平均水平。例如，厄尔尼诺使得2009年成为过去12年中飓风最不活跃的一年。

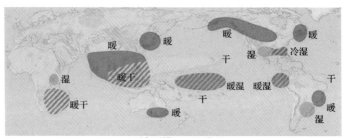

(a) 厄尔尼诺：12月到2月

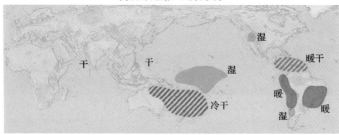

(b) 厄尔尼诺：6月到8月

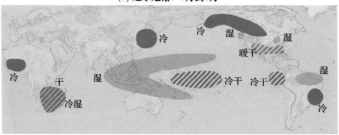

(c) 拉尼娜：12月到2月

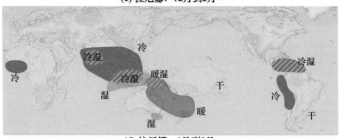

(d) 拉尼娜：6月到8月

■ 冷　■ 暖　░ 干　▒ 湿　▨ 冷干　▨ 冷湿　▨ 暖干　▨ 暖湿

图7.23　12月到2月、6月到8月厄尔尼诺和拉尼娜的气候影响。厄尔尼诺对北美冬季气候的影响最大，对热带太平洋地区冬季和夏季的气候也有影响。同样，拉尼娜对北美冬季气候影响显著，但对其他地区不同季节的影响很小

7.9.2　拉尼娜的影响

拉尼娜现象曾被认为是两次厄尔尼诺事件之间的正常情况，但气象学家现在认为它是一个重要的大气现象。研究人员注意到，当东太平洋的海温偏冷时，拉尼娜现象就会触发并形成一系列独特的天气现象［见图7.22(a)］。

典型的拉尼娜现象会使得美国西北地区更冷、更潮湿，北部平原地区冬季气温尤其偏低［见图7.23(c)］。同时，美国西南部和东南部地区则出现温度偏高的现象。在西太平洋地区，拉尼娜事件会使得大气湿度比正常年份大。2010—2011年拉尼娜现象导致澳大利亚发生洪水，这次洪水成为该国当年最严重的自然灾害之一，昆士兰州的大部分地区被洪水淹没（见图7.24）。拉尼娜现象的另一个影响是在大西洋上形成了更频繁的飓风活动。最近的一项研究指出，美国在拉尼娜年因飓风造成的灾害损失是厄尔尼诺年的20倍。

图7.24　2011年1月澳大利亚昆士兰州的罗克汉普顿，洪水淹没了大部分区域。2010—2011年的大洪水由强拉尼娜事件造成，澳大利亚附近异常温暖的海表温度造成了强降雨，缓解了该国其他地区长期的干旱

7.9.3　南方涛动

重要的厄尔尼诺和拉尼娜事件与大尺度大气环流密切相关。每当厄尔尼诺发生时，东太平洋大部分地区的气压就下降，而西太平洋地区的气压则上升［见图7.22(b)］。厄尔尼诺事件结束后，这两个区域的气压差又反向变化，引发拉尼娜事件［见图7.22(a)］。这种东西太平洋之间气压的跷跷板效应被称为南方涛动（见图7.25）。

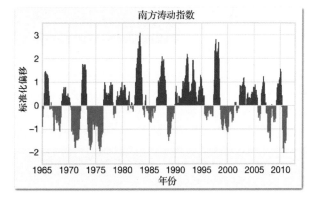

图7.25　南方涛动的变化。负值（蓝色）代表拉尼娜，正值（红色）代表厄尔尼诺。该图是通过对海表温度和海平面气压在内的6个变量要素分析得到的

风场将南方涛动的气压变化和与海洋升温有关的厄尔尼诺现象及与海洋降温有关的拉尼娜现象联系在一起。厄尔尼诺事件始于澳大利亚和印度尼西亚气压升高而东太平洋洋面气压降低［见图7.22(b)］，在一次很强的厄尔尼诺过程中，气压变化使信风减弱，发生反赤道流，暖水向东流动；大气环流的变化引起降水变化，使西太平洋的降水减少，而秘鲁和智利等干旱区的降水增加。如图7.22(a)所示，在拉尼娜过程中，环流的情况正好相反，强拉尼娜事件使信风加强，导致东太平洋异常偏干，而印度尼西亚和澳大利亚东北部可能发生极端的洪水。

概念回顾 7.9

1. 相对于印度尼西亚和澳大利亚，说明主要厄尔尼诺事件是如何影响秘鲁和智利的。

2. 发生拉尼娜事件时，热带太平洋两侧的海面温度如何变化？
3. 主要的拉尼娜事件是如何影响大西洋上的飓风季的？
4. 简要说明南方涛动及其与厄尔尼诺/拉尼娜的关系。
5. 说明厄尔尼诺/拉尼娜事件是如何影响北美洲冬季气候的。

聚焦气象

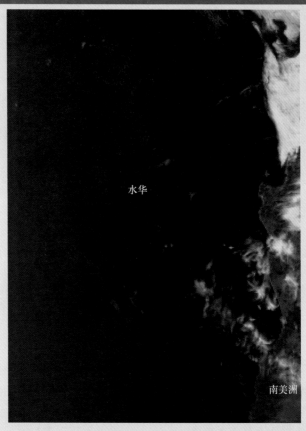

摄于 2010 年至 2011 年冬季的这幅真彩色图像，显示了南美洲海岸的绿色和蓝色漩涡，它们是由大量繁殖的浮游植物（含有氯丙基和其他色素的微小海洋生物）导致的。当营养丰富的冷水涌向海面时，浮游植物就会大量繁殖。当秘鲁洋流很强时，上升流在南美洲西海岸最明显。

问题 1　既然秘鲁洋流很强且使得浮游植物繁盛，那么这幅图表示的是厄尔尼诺事件还是拉尼娜事件？

问题 2　强上升流的周期是如何影响南美洲西海岸的商业捕捞的？

7.10　全球降水分布

　　图 7.26 显示了全球年平均降水分布。虽然这幅图看起来很复杂，但其降水分布特征可用全球风场和气压系统的知识来加以解释。一般来说，受高压影响的区域，通常伴随着下沉气流和辐散，易形成干旱；反之，受低压影响的区域，上升气流和辐合易产生充足的降水。然而，如果风压是影响降水的唯一因素，那么图 7.26 中的降水分布会简单得多。

　　气温也是影响降水的重要因素之一。由于冷空气携带水汽的能力低于暖空气，因此低纬地区（温暖地区）降水最多，高纬地区（寒冷地区）降水最少。

　　降水分布除了随纬度变化，陆地和海洋的分布也使得降水分布更复杂。在中纬度地区，离海岸越远，降水越少。例如，尽管位于同一纬度，美国内布拉斯加州北普拉特的降水量只是康涅狄格州布里奇波特沿海地区降水量的一半。此外，山脉的屏障作用也会改变降水分布，迎风坡降水丰富，而背风坡和邻近的平地降水缺乏。

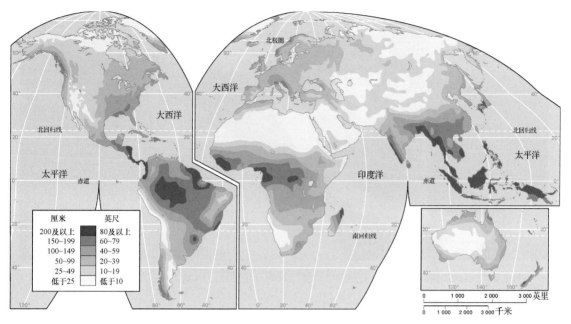

图 7.26　全球年平均降水分布

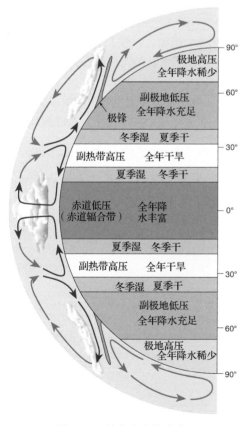

图 7.27　纬向降水带分布

7.10.1　降水的纬向分布

首先来看降水的纬向分布。假设地球完全是一个均匀的水球，然后加入海陆分布的变化。前面讨论过均匀地球上的每个半球都存在 4 个主要的气压带［见图 7.8(a)］，分别为赤道辐合带、副热带高压带、副极地低压带和极地高压带，这些气压带具有明显的季节变化特征。

理想化气压系统形成降水的机制如图 7.27 所示。赤道辐合带导致全年产生大量降水。南北半球赤道低压带之外分布的是副热带高压带，在这些地区全年气流下沉，导致干旱。潮湿赤道地区和干旱副热带地区之间的区域，同时受高压和低压系统的影响，由于气压系统随太阳季节性移动，过渡区域夏季受赤道辐合带的影响形成降水；冬季，受副热带高压向赤道地区移动的影响，多为干旱天气。

中纬度地区的降水主要来自气旋风暴（见图 7.28）。该区域的极锋是极地冷空气和西风带暖气流的交汇区，极锋位置在纬度 30°～70°之间移动，使得大部分中纬度地区获得充足的降水。极地受高压寒冷空气控制，水汽少，全年只有很少的降水。

图 7.28　不列颠群岛上空发展成熟的中纬度气旋的卫星图像。风暴使中纬度地区形成大量降水

7.10.2　陆地上的降水分布

上一节有关全球纬向降水的分布表明，丰沛的降水主要发生在赤道和中纬度地区，而副热带地区和极地相对干燥。

图 7.26 中许多与理想降水纬向分布特征不吻合的明显例外。例如，一些干旱区域位于中纬度地区，如南美南部的巴塔哥尼亚沙漠。这样的中纬度沙漠主要位于山脉的背风坡（雨影区）或内陆地区，而这里的水汽来源被阻断。

最显著的纬向降水分布异常出现在副热带地区，在这个区域不仅分布着世界上的很多大沙漠，同时也能发现降水丰富的区域（见图 7.26）。这个区域在副热带高压中心控制之下，东西侧环流具有不同的特征（见图 7.29）。下沉气流最强的东侧，大气状况稳定。由于这些反气旋通常位于海洋东侧，尤其是在冬季，导致靠近副热带高压东侧的大陆西部地区干旱（见图 7.29）。同时还可发现，北非的撒哈拉沙漠、非洲西南部的纳米布沙漠、南美的阿塔卡马沙漠、墨西哥西北部沙漠和澳大利亚沙漠都集中在南北纬 25°附近的大陆西侧。但是，高压西侧的下沉气流不强，且低空辐散气流通常流经暖水域，大气因此获得水汽，增加了不稳定性。因此，位于副热带高压西侧的陆地区域全年都可能有充足的降水。佛罗里达州南部地区就是一个很好的例子（见图 7.29）。

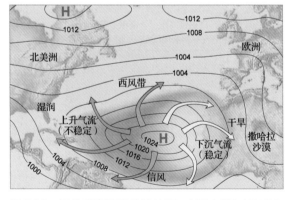

图 7.29　副热带高压系统的特征。高压东侧气流下沉，干旱；西侧气流辐合上升，不稳定

知识窗 7.2　假想大陆上的降水季节特征

图 7.D 显示了海陆分布对降水分布产生的影响。图中所示为北半球假想大陆的高度理想化降水分布情

况。这个"大陆"形状的依据是北半球不同纬度的海陆比。

这一理想大陆被分割为 7 个区域，每个区域都具有不同的降水季节特征。换句话说，同一区域（降水季节特征）内部的降水规律大致相同。这些形状各异、大小不一的区域其实反映了降水在北半球陆地上的常见分布。图中的城市具有各自所在区域的代表性降水属性。下面通过各个降水季节特征（1~7）来具体地分析海陆分布对降水分布的影响。

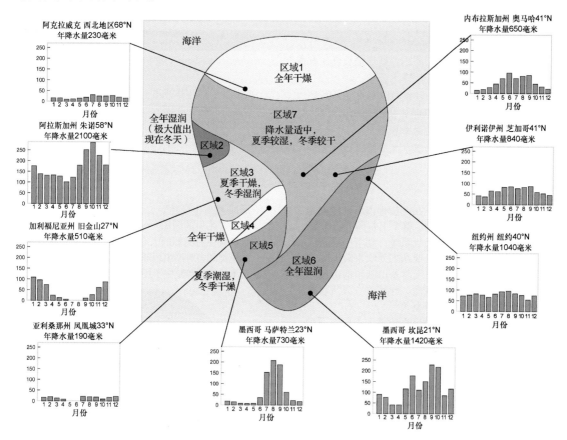

图 7.D　北半球假想大陆的理想化降水季节特征

首先，比较图中 9 座城市的降水类型。西海岸各地的降水季节特征可与图 7.27 中所示气压带和降水关系相比较：区域 6 相当于赤道低压带（全年湿润），区域 4 与副热带高压带一致（全年干燥），以此类推。

受极地高压影响极大的加拿大阿克拉威克降水量很少，而邻近赤道的新加坡全年每个月都有大量的降水。另外，两座城市的降水量因纬度不同及与海洋的相对位置不同而具有季节性变化。

旧金山和墨西哥的马萨特兰的降水量图显示了区域 3 和区域 5 各自特征明显的季节性变化。这种变化是由气压系统的季节性迁移造成的。阿拉斯加州朱诺市的数据显示，区域 2 的降水量峰值出现在秋季和初冬；导致这一特征的原因是北太平洋在寒冷月份盛行气旋性风暴。此外，这些风暴系统冬季总体向赤道方向迁移，仲冬最南可以影响到加利福尼亚州南部。

大陆的东边没有我们在西边见到的气压带降水特征，仅有极地干燥地带在大小与位置上与西边有共性。东边的降水特征与气压带降水季节特征最显著的不同体现为它没有一个副热带干燥地带，这一现象是由位于海洋上的副热带反气旋系统的特征造成的。地处北美洲南部的南佛罗里达地区全年降水充沛，而西海岸的下加利福尼亚半岛则比较干旱。从东海岸向内陆西移，可依据纽约、芝加哥、奥马哈的降水量观察到递减的趋势。但是这种趋势在多山脉的地区不成立；即便是阿帕拉契山脉这样的小规模山脉也会吸取降水量中的很大一部分。

纬度因素也会造成降水分布的不同。如果沿假想大陆的东半边向极地方向移动，就会注意到降水量的逐渐下降（比较坎昆、纽约和阿克拉威克就可以看出）。这一趋势也可依据较冷大气容纳水分的能力相对较低推断出来。

下面来看降水季节特征与以上区域有所区别的内陆地带，尤其是中纬度地区。内陆地带的降水机制一定程度上受季风环流的影响，较低的温度和离岸气流使得冬季较为干燥；而在夏季，来自海面的湿热气流在陆地上形成的热低压系统的作用下，造成大陆中部总体降水增加。

概念回顾 7.10

1. 全年干旱的地区是被高压控制还是被低压控制？
2. 描述赤道和极地附近的降水分布。
3. 地球上的主要副热带沙漠位于纬度20°和35°之间。a. 说出五个副热带沙漠的名称。b. 它们位于大陆的哪一侧（西部或东部）？c. 形成副热带沙漠的气压系统的名称是什么？
4. 列出极地区域少雨的两个原因。
5. 除了全球风和气压系统，还有哪些因素影响全球的降水分布？

思考题

01. 温暖夏季的某天，你正在芝加哥市离密歇根湖几个街区的市中心购物。整个上午风都很平静，表明附近没有主要的天气系统。到下午三点，会从密歇根湖吹来冷风或从郊外吹来暖风吗？

02. 科罗拉多州的博尔德位于落基山脉东部山麓，1月的某天暖和且西风强烈。导致这一天气状况的局地风可能是什么类型？

03. 本章中介绍的哪种局地风不依赖于不同地面加热速率的差？

04. 题图显示了北半球的三圈环流模型，在图上找到与如下特征对应的数字：a. 哈德莱环流；b. 赤道低压；c. 极锋；d. 费雷尔环流；e. 副热带高压；f. 极地环流；g. 极地高压。

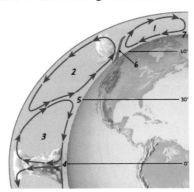

05. 如果地球不自转，且地表完全被水覆盖，那么小船从北半球的中纬度地区出发时它将漂向何方？

06. 说明与全球地面气压分布的如下语句：a. 南半球副极地低压区域存在唯一真实的分带气压分布；b. 北大西洋7月的副热带高压要比1月的强；c. 北半球副极地低压是由冬季更常见的各个气旋风暴导致的；d. 北亚的冬天会形成强高压环流。

07. 在关于木星的题图上，许多云带是由与地球上的哈德莱环流类似的大对流环流产生的。我们知道科里奥利力对产生地球上的风带的作用，能据此确定木星的自转是快于还是慢于地球吗？为什么？

08. 参考图7.26和图7.10，确定全球环流的哪些方面（极地高压、赤道低压）形成了下面的状况：a. 干旱的北非；b. 夏季出现季风的潮湿东南亚；c. 干旱的澳大利亚中西部；d. 湿润的南美洲东北部。

09. 各大洲的西岸为何通常出现冷流？这些冷流对某些沿岸地区（秘鲁和智利的阿塔卡马地区）的沙漠有哪些影响？

10. 题图显示了赤道太平洋地区的海面温度异常（与正常值的差）。根据该图回答如下问题：a. 制作这幅图时，南方涛动（厄尔尼诺或拉尼娜）处于哪个阶段？b. 这时的信风是强还是弱？c. 如果在这一事件期间你住在澳大利亚，会出现什么天气状况？d. 如果冬季你在美国东南部上大学，会出现哪些天气状况？

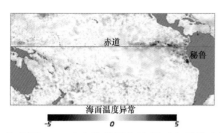

赤道

秘鲁

海面温度异常

-5   0   5

11. 参考图7.D，确定你的居住地属于七种降水模式中的哪一种。全球大气环流的哪些要素相互作用导致了这种降水模式？

12. 关于非洲的题图显示了7月和1月的降水分布，哪幅图表示7月的降水分布？哪幅图表示1月的降水分布？为什么？

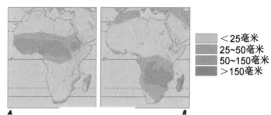

<25毫米
25~50毫米
50~150毫米
>150毫米

A   B

术语表

Aleutian low　阿留申低压
Azores high　亚速尔高压
Bermuda high　百慕大高压
bora　布拉风
chinook　钦诺克风
country breeze　乡村风
doldrums　赤道无风带
El Niño　厄尔尼诺
equatorial low　赤道低压
Ferrel cell　费雷尔环流
foehn　梵风
Hadley cell　哈德莱环流
horse latitudes　马纬度
Icelandic low　冰岛低压
intertropical convergence zone (ITCZ)　热带辐合带
jet stream　急流
katabatic or fall wind　下坡风或下降风
land breeze　陆风
La Niña　拉尼娜
macroscale wind　大尺度环流

mesoscale wind　中尺度环流
microscale circulation　小尺度环流
mistral　密史托拉风
monsoon　季风
mountain breeze　山风
polar easterlies　极地东风
polar front　极锋
polar high　极地高压
polar jet stream　极地急流
prevailing westerlies　盛行西风带
Santa Ana　圣安娜风
sea breeze　海风
Siberian high　西伯利亚高压
Southern Oscillation　南方涛动
subpolar low　副极地低压
subtropical high　副热带高压
subtropical jet stream　副热带急流
trade winds　信风
upwelling　上升流
valley breeze　谷风

第8章 气 团

　　生活在中纬度地区的大多数人肯定经历过夏季的热浪和严冬的寒潮。有时，突如其来的雷阵雨会让持续几天的闷热高温热浪天气戛然而止，带来几日相对凉爽舒适的天气；当寒潮来临时，晴朗温暖的天气会被厚厚的层云和降雪代替。这两个例子中的情况都是某种天气状况持续一段时间后，出现一次短期的天气突变，随后出现另一种天气，也许几天后天气会再次发生变化。

卫星图像显示了与干冷气团有关的湖泊效应降雪的过程

本章导读

• 定义气团和气团天气。

• 列出气团源区的基本准则，解释高压区域受欢迎的原因。

• 在地图上找到并标记影响北美的气团源区。

• 对气团进行分类。

• 描述修改移动气团的过程并给出两个例子。

• 综述与夏季和冬季均影响北美洲的气团相关的天气状况。

8.1 什么是气团

天气类型的特征是由气团的运动决定的。顾名思义，气团就是一个巨大的空气团，其水平范围一般在 1600 千米以上，垂直方向延伸数千米。在任意高度上，气团的物理属性（尤其是温度和湿度）在水平方向上都是均匀的。气团一旦从源区出发，就以自身的温度和湿度影响所过区域的天气（见图 8.1）。

图 8.2 所示为一个气团影响天气的很好例子。寒冷干燥的气团从加拿大北部向南移动，气团初始温度为 −46℃，到达中南部的温尼伯时，温度上升 13℃，气团温度变为 −33℃。此后，气团继续南移穿越大平原，进入墨西哥。在由北向南的移动过程中，气团本身的温度逐渐升高，同时也给所经过的地区带来了寒冷天气。因此，气团在本身物理属性发生改变的同时，也改变了所经过地区的天气。

图 8.1 生成于南大西洋高纬度地区的寒冷湿润气团

气团跨越纬度 20°甚至更大的范围，覆盖面积从几十万平方千米到上百万平方千米，因此气团

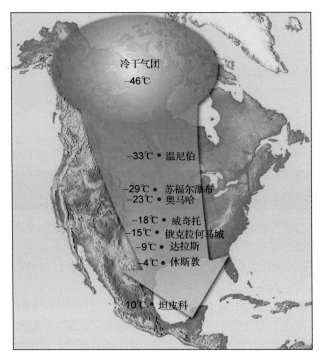

冷干气团
−46℃

−33℃ ● 温尼伯

−29℃ ● 苏福尔瀑布
−23℃ ● 奥马哈

−18℃ ● 威奇托
−15℃ ● 俄克拉何马城
−9℃ ● 达拉斯
−4℃ ● 休斯敦

10℃ ● 坦皮科

图 8.2　寒冷的加拿大气团南移时，会给所经地区带来冬季的寒冷天气。随着气团移出加拿大，气团逐渐升温，即气团同时被所经地区的天气影响而改变自身的物理特性

在水平方向上不是完全均匀一致的，同一高度的两个地点之间存在温度差和湿度差。但气团内部的这种差异要比穿越气团边界时的差异小得多。

气团经过某一地区可能需要几天，因此在气团影响下该地区可能会持续一段相对稳定的天气状况，即所谓的气团天气。当然，每天的天气仍然会发生一些变化，但这些变化与相邻气团中的天气变化是不一样的。

气团是一个重要的概念，因为它与大气扰动研究关系密切，许多重要的中纬度扰动都产生于不同性质气团的边界。

概念回顾 8.1

1. 定义气团。
2. 什么是气团天气？

8.1.1　气团的源区

气团是在哪里形成的？什么因素决定了气团的性质和均匀度？这两个基本的问题是密切相关的，因为气团源区极大地影响着气团的属性。

生成气团的地区称为源区。大气从地表获得热量，通过地表蒸发获得水汽，因此源区的性质很大程度上决定着气团的初始特性。理想的源区必须满足两个基本条件：第一，源区必须是性质比较均匀的大范围地面，不能有不规则的起伏地形，或者同时既有海洋又有陆地。第二，源区大气环流必须基本处于静止状态，使空气可在源区上空停留较长的时间，进而获得与地面相同的温度与湿度特征。一般来说，稳定的流场是指具有大范围静止风或微风的静止环流，或者缓慢移动的反气旋环流。

受气旋影响的区域不易形成气团。气旋的特点是地面风辐合，低空风不断将不同温度和湿度的空气带入气旋中心，由于没有足够的时间来消除温度差和湿度差，巨大的温度梯度不利于气团的形成。

图 8.3 显示了影响北美的气团源区。墨西哥湾、加勒比海和墨西哥以西的太平洋等区域生成暖气团，美国西南部和墨西哥北部的陆地上也生成暖气团。与此相反，北太平洋、北大西洋、北美北部等冰雪覆盖区和毗邻的北冰洋是冷气团的主要源区。显然，气团源区的范围和温度是随季节变化的。

由图 8.3 可见，中纬度地区没有主要的气团源区，源区主要集中在副热带和副极地区。实际上，中纬度地区是冷暖气团交汇的地区。中纬度气旋的辐合风融合不同属性的气团，使得该地区缺乏成为气团源区的条件，但这个纬度带是全球风暴最多发的区域。

概念回顾 8.2

1. 一个地区成为源区需要满足哪两个条件？
2. 具有气旋环流的区域为何通常不利于形成气团？

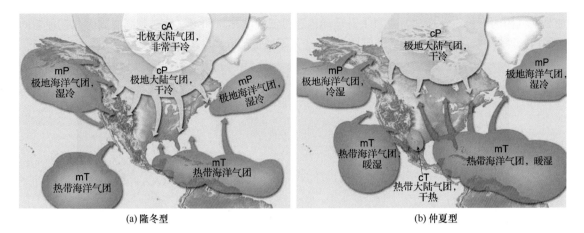

| (a) 隆冬型 | (b) 仲夏型 |

图 8.3　影响北美的气团的源区。源区主要分布在副热带和副极地地区，中纬度地区是冷暖气团交汇的地区。中纬度气旋的辐合风融合不同属性的气团，使得该地区缺乏成为气团源区的条件。极地气团和北极气团的差异很小，区别仅在于气团的寒冷程度不同。比较夏季和冬季可见，气团源区的范围和温度随季节发生变化

8.1.2　气团的分类

气团的分类根据是源区所在的纬度和下垫面性质——海洋或陆地。源区所在的纬度代表气团的温度条件，而下垫面性质在很大程度上影响着空气中的水汽含量。

气团常用两个字母的编码表示。按照源区的纬度（温度），气团分为三类：极地型（P）、北极型（A）和热带型（T）。极地型和北极型的差异通常很小，只表示气团的寒冷程度不同。小写字母 m（海洋）或 c（陆地）表示源区的下垫面性质，与气团的湿度有关。由于海洋性气团生成于海洋，所以其湿度要比生成于陆地的大陆气团大。

按照这种分类方法，可以确定以下几类气团：

- cA：北极大陆气团
- cP：极地大陆气团
- cT：热带大陆气团
- mT：热带海洋气团
- mP：极地海洋气团

注意列表中没有 mA（北极海洋气团），因为这种类型的气团很少见。尽管北极气团生成于北冰洋，但北冰洋全年都被冰覆盖，因此生成于北冰洋的气团的湿度特征近似于大陆气团。

概念回顾 8.3

1. 气团分类的依据是什么？
2. 比较如下气团的温度和水分特征：cA、cP、mP、mT 和 cT。
3. 为什么 mA 气团被排除在气团分类方案之外？

8.1.3　气团变性

气团形成后，通常会从源区移动到与源区性质不同的下垫面上。在移动过程中，气团不仅改变其所经地区的天气，气团自身的温度和湿度条件也会被不同的下垫面改变，这个过程如图 8.2 所示。气团温度升高或降低、湿度增大或减小以及垂直运动都会使气团变性。气团变性的程度可能很小，也可能大到完全改变气团的原始属性。

当 cA 气团和 cP 气团移到冬季海洋上时，会发生巨大的改变（见图 8.4）。水面蒸发使原来干燥的大陆气团获得大量的水汽，且下垫面的水温高于水面上大气的温度，大气被下垫面加热。而

加热使气团的不稳定性增加，垂直上升运动迅速将低层的热量和水汽输送到高层。因此在很短的时间内，寒冷、干燥、稳定的大陆气团 cP 就变为不稳定的 mP 气团。

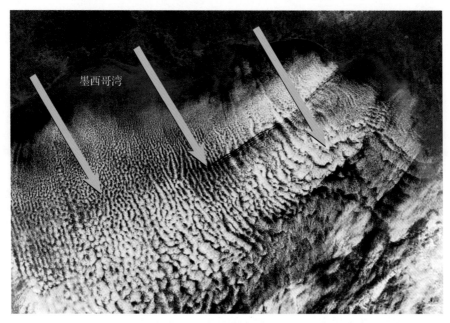

图 8.4　2007 年 12 月 16 日的卫星图像，显示了寒冷、干燥、无云的 cP 气团移至墨西哥湾的变性过程。云的发展过程反映了气团从相对温暖的水体获得的热量和水汽迅速改变了气团的物理属性

上面的例子中，当气团温度低于所经地区的下垫面温度时，在气团标记后加上小写字母 k。反之，当气团温度高于下垫面温度时，在气团标记后加上小写字母 w。注意，后缀 k 或 w 并不意味着气团本身是冷气团或暖气团，而只表示气团与下垫面相比是冷还是暖。例如，夏季，来自墨西哥湾的 mT 气团移到美国东南部时，通常记为 mTk。虽然气团本身属于暖气团，但其温度仍然低于所经陆地的温度。

k 或 w 可以表示气团的稳定性，因此可以判断气团对应的天气状况。气团温度低于下垫面温度时，气团低层大气受热后不稳定性增加，低层大气受热上升有利于形成云和降水。事实上，通常 k 气团对应积云，对应的降水为阵雨和雷雨。同时，由于大气的扰动和快速对流交换，能见度很高（降水时除外）。相反，当气团温度高于所经下垫面的温度时，低层大气温度降低，下垫面的冷却作用增大气团的稳定性，抑制空气的上升运动，不利于云和降水的生成。即使形成了降水，也只是小雨到中雨。此外，由于缺少垂直运动，烟和浮尘会集中在气团的低层，造成低能见度。在一年中的某些时候，某些地区经常出现平流雾现象。

除了气团与下垫面的温差导致气团变性，气旋、反气旋或地形导致的上升和下沉运动也会影响气团的稳定性。由垂直运动导致的变性通常称为机械变性或动力变性，这种变性与下垫面温度导致的变性无关。例如，当气团进入气旋时，也会发生明显的变性，气旋的辐合上升使气团变得更加不稳定。反之，反气旋使气团更稳定。当气团随地形抬升或下降时，也会造成稳定性的变化。抬升使大气稳定性降低，而下降则使大气稳定性增加。

概念回顾 8.4

1. 小写字母 k 和 w 指的是什么气团？
2. 列出与 k 气团和 w 气团相关的一般天气状况。
3. 气压系统或地形引发的垂直运动是如何改变气团的？

问与答：当一个冷气团从加拿大向南移向美国时，温度变化有多快？

当一个快速移动的冷气团进入美国北部大平原时，前几小时内已知温度会下降20℃～30℃。一个著名的例子是，1916年1月23日至24日，蒙大拿州布朗宁的温度从6.7℃下降到-48.8℃；另一个例子出现在1924年圣诞节的前一天，当时蒙大拿州费尔菲尔德晚上的温度从17℃下降到-29℃，12小时变化了46℃。

8.2 北美气团的特征

气团频繁地从人们的头顶通过，也就是说，人们每天经历的天气通常取决于这些巨大空气团的温度、湿度和稳定性。本节讨论主要北美气团的特性，表8.1中归纳了这些气团的特征。

表8.1　北美气团的天气特征

气团名称	气团源区	源区温度和湿度	气团稳定性	天气特征
cA	北冰洋和格陵兰冰原（冬季）	寒冷干燥	稳定	冬季寒潮
cP	加拿大内陆和阿拉斯加	冬季干冷	全年稳定	a. 冬季寒潮 b. 冬季在湖泊地区变性为cPk，在下风向湖岸产生湖泊效应降雪
mP	北太平洋	全年凉爽湿润	冬季不稳定，夏季稳定	a. 冬季低云、阵雨 b. 冬季西部山地迎风坡强地形降水 c. 夏季沿海低层云和雾，在内陆变性为cP
mP	西部大西洋	冬季湿冷，夏季潮湿凉爽	冬季不稳定，夏季稳定	a. 冬季偶尔引发东北风暴 b. 夏季偶尔出现晴朗凉爽的天气
cT	墨西哥北部内陆和美国西南部（夏季）	干热	不稳定	a. 干热无云，很少影响源区以外的区域 b. 偶尔造成大平原南部干旱
mT	墨西哥湾、加勒比海和大西洋西部	全年暖湿	全年不稳定	a. 冬季常变性为mTw，北移时，偶尔带来大范围降水和平流雾 b. 夏季湿热，频频有积云发展和雷暴阵雨发生
mT	副热带东太平洋	全年暖湿	全年稳定	a. 冬季在墨西哥西北部和美国西南部形成雾和毛毛雨，有时有中雨 b. 夏季有时到达美国西部地区，是对流性雷暴的水汽来源之一

8.2.1 极地大陆（cP）气团和北极大陆（cA）气团

根据气团分类，极地大陆气团和北极大陆气团是寒冷的干燥气团。极地大陆气团形成于50°度纬圈以北的加拿大和阿拉斯加被雪覆盖的内陆地区；北极大陆气团生成于更偏北的北极盆地和格陵兰冰原（见图8.3）。实际上，北极大陆气团的温度比极地大陆气团的更低，但由于这种温差很小，气象学家通常认为两种气团是一样的。

冬季　cP气团和cA气团都是寒冷且干燥的气团。由于冬季夜长昼短，且太阳高度角很低，太阳入射辐射无法完全弥补地面和大气损失的热量，地表温度极低，近地面1千米高度内的大气温度也很低，形成了强大稳定的逆温层，所以气团非常稳定。气团温度很低，下垫面冰冻，所以其混合比很小，cA气团的混合比约为0.1克/千克，有些cP气团的混合比可达1.5克/千克。

冬季开始后，cP气团或cA气团携带着寒冷干燥的天气离开源区，从大湖地区和落基山脉之间进入美国。由于高纬度地区和墨西哥湾之间没有大的屏障，cP气团和cA气团可以快速向南进入美国腹地。美国中东部地区冬季的严寒天气就与这种寒潮爆发密切相关。"极端灾害性天气8.1"中介绍的就是这类寒潮中的一种。通常，北美地区春季的最后一次冻结和秋季的首次冻结都与极地气团或北极气团引起的寒潮爆发有关。

夏季 cA气团主要在冬季出现，因此只有cP气团对夏季天气产生影响，强度也远低于冬季。夏季cP气团的源区属性与冬季完全不同，不同于冬季冰冻的地面，夏季更长的白天和更高的太阳高度角使得无冰雪覆盖的地面温度升高，因此夏季cP气团的温度和湿度都比冬季气团的高，但仍比北美南部地区的空气寒冷和干燥。美国东北部和中部地区的夏季热浪天气通常随着cP气团的南侵而结束，带来几天凉爽宜人的天气。

8.2.2 湖泊效应降雪：暖水上的冷空气

在本章章首的照片中可以看到，苏必利尔湖和密歇根湖的上空是寒冷干燥的cP气团从陆地穿越开阔水域时形成的厚降雪云带。一般来说，极地大陆气团不会生成厚云层和强降水。然而，在秋冬季节，大湖地区下风向沿岸会出现一种独特和有趣的天气现象。有时，当乌云从湖区移向岸边时，会出现间歇性的短时暴雪现象（见"极端灾害性天气8.2"）。在这种天气过程中，暴风雪从湖岸移向陆地的距离不超过80千米。这种发生在大湖地区下风岸的局地暴风雪，就是所谓的湖泊效应降雪（大湖地区的"湖泊效应降雪"最著名，实际上其他大型湖泊也存在这样的现象）。

湖泊效应降雪在很多毗邻湖泊的地区发生概率很高。出现次数最多的带状地区称为雪带，如图8.5所示。比较苏必利尔湖北岸加拿大安大略省的桑德贝和南岸美国密歇根州的马奎特的平均降雪量可知，马凯特位于苏必利尔湖的下风岸，受湖泊效应的影响，其降雪量远大于桑德贝（见表8.2）。

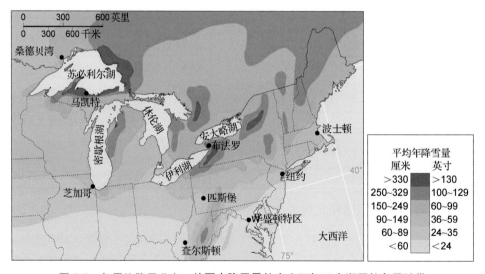

图8.5　年平均降雪分布。**从图中降雪量的大小可知五大湖区的多雪地带**

表8.2　加拿大安大略省的桑德贝和美国密歇根州的马奎特的月降雪量比较

安大略省桑德贝			
10月	11月	12月	1月
3.0厘米	14.9厘米	19.0厘米	22.6厘米
密歇根州马奎特			
10月	11月	12月	1月
5.3厘米	37.6厘米	56.4厘米	53.1厘米

是什么因素形成了湖泊效应降雪？原因与陆地和水体的热力差（第 3 章）和大气稳定度（第 4 章）有关。夏季，包括五大湖在内的水体吸收大量的太阳辐射及经过湖区的大气所释放的热量。尽管这些水体本身的温度不高，但存储了巨大的热量。相比之下，周围的陆地却不能有效地存储热量。因此，当秋季和冬季来临时，陆地表面温度迅速下降，而湖水的热量损失和温度下降都很缓慢。从前一年 11 月底到当年 1 月底，五大湖地区水体和陆地的平均温差是从湖区南部的 8℃到北部的 17℃。当一个非常寒冷的 cP 气团或 cA 气团向南穿过湖区时，会产生更大的温差（约达 25℃）。在这样巨大的温差作用下，湖泊与大气的相互作用就形成了巨大的湖泊效应降雪。图 8.6 描述了 cP 气团穿越一个大湖的过程。在移动过程中，大气从相对温暖的湖面获得大量热量和水汽，到达大湖的对岸时，这个 cPk 气团就是湿润且不稳定的，进而可能形成暴风雪。

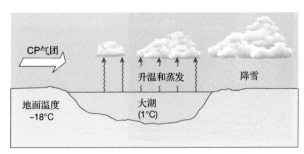

图 8.6 冬季，当极地大陆气团经过五大湖地区时，从下垫面获得的热量和水汽使得气团不稳定。气团的变性使湖泊的下风岸出现湖泊效应降雪

极端灾害性天气 8.1 西伯利亚寒流

在 1989 年 12 月 22 日的地面天气图上，有一个巨大的高压系统，其中心覆盖了美国东部三分之二的地区和加拿大的大部分地区（见图 8.A）。通常情况下，这样的一个大型反气旋在冬季是与大股极其寒冷的北极空气紧密相关的。当这类气团在北极圈附近的冻原形成后，在高空气流的引导下有时会向东南方向移动。这种情况的冷空气突然爆发被新闻媒体称为西伯利亚寒流，尽管气团的源区并不是西伯利亚。

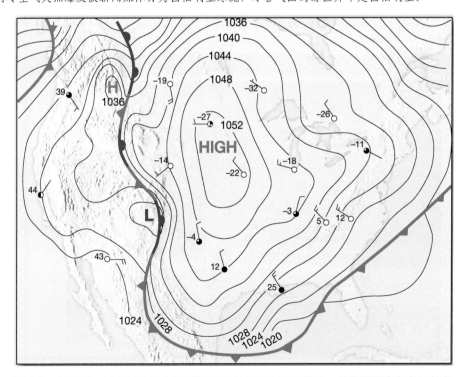

图 8.A 1989 年 12 月 22 日东部时间早上 7 点的地面天气图。从美国国家气象局提供的简化天气图上可以看到由极寒北极大陆气团引发的强大寒潮。这一天气事件使得最南端的墨西哥湾地区的温度降到了冰点以下。图中标记的温度为华氏度

图 8.B 北极气团入侵佛罗里达州和得克萨斯的柑橘种植园时，即使是现代化防冻设施也无法避免大量损失

1989 年 11 月的气候对秋末来说过于温和，整个美国超过 200 天创下了单日气温最高记录。但 12 月的情况就不一样了，落基山脉以东的天气被两股极地寒流主导，其中第二股极地寒流带来了破记录的严寒。

这个月共创下了超过 370 个日最低气温。

从 12 月 21 日至 25 日，这个如同极寒穹顶的高压系统向东南方向移动，造成了 370 个日最低气温。12 月 21 日，蒙大拿州哈佛市的夜间平均气温为-42.2℃，打破了 1884 年创下的记录。与此同时，托皮卡的-32.2℃是自 102 年前有记录以来的最低温度。

此后的三天，这个北极气团继续向东南方向移动。12 月 24 日，佛罗里达州塔拉哈西市的最低温度为-10℃，奥兰多当日的最低气温为-5.6℃。圣诞夜的北达科他州居然比佛罗里达中部和北部暖和！

不出所料，多个州当时的燃气需求量都创下了记录。北极气团进入得克萨斯州和佛罗里达州后，对农业造成的打击尤为严重。佛罗里达州的一些柑橘种植者的损失达 40%，有些蔬菜被完全冻死（见图 8.B）。

圣诞夜的北达科他州居然比佛罗里达中部和北部暖和。

圣诞节之后，这一史无前例的西伯利亚寒流从北极低涡带至美国的环流变性，因此美国大部分地区在 1990 年 1~2 月的气温明显高过往年。1990 年 1 月成为 96 年来第二温暖的 1 月。虽然 12 月极度严寒，但 1989—1990 年的那个冬天平均来说反而相对温暖。

问与答：我知道纽约州布法罗的湖泊效应降雪非常有名，但它有多糟糕？

布法罗位于伊利湖的东岸，因此确实会出现大量的湖泊效应降雪（见图 8.5）。最难忘的事件之一发生在 2011 年 12 月 24 日和 2022 年 1 月 1 日。这次有史以来持续时间最长的湖泊效应降雪，使得布法罗的降雪量达到 207.3 厘米。在此次风暴之前，12 月的整个降雪记录是 173.7 厘米。安大略湖东海岸也降了暴雪，一个气象站的降雪厚度记录甚至超过了 317 厘米。

聚焦气象

这幅多普勒雷达图像显示了早冬从安大略湖延伸到纽约的降水。

问题 1 图像中的主要气团是什么？

问题 2 主要降水形式是什么？产生它的过程是什么？

8.2.3 极地海洋（mP）气团

极地海洋气团形成于高纬度海洋。根据分类，mP气团是寒冷潮湿的气团，与冬季的cP气团和cA气团相比，冬季海洋表面的温度高于寒冷的大陆，因此mP气团的温度更高。

影响北美的mP气团主要有两个源区：北太平洋和加拿大纽芬兰到科德角一带的西北大西洋（见图8.3）。由于中纬度大气环流通常是自西向东运动的，来自北太平洋的mP气团对北美的影响大于来自西北大西洋的mP气团。大西洋mP气团通常东移至欧洲地区，而北太平洋mP气团对北美西海岸的天气有重要影响，尤其是在冬季。

太平洋mP气团 冬季，来自太平洋的mP气团通常始于西伯利亚的cP气团（见图8.7）。虽然气团很少静止在这里，但由于该源区地域辽阔，经过这个区域的大气仍然能够从下垫面获得相应的寒冷特性。随着气团东移至相对温暖的太平洋水域，低层大气获得丰富的水汽和热量，使寒冷、干燥、稳定的气团变得温暖、湿润和不稳定。当这个mP气团到达北美西海岸时，通常伴有低云和阵雨。当mP气团移至内陆西部山区时，地形抬升作用可能在山的迎风坡产生强降水或降雪。

夏季会使来自北太平洋的mP气团发生明显变性。因为在温暖季节，海洋温度低于周围大陆，且太平洋高压位于美国西

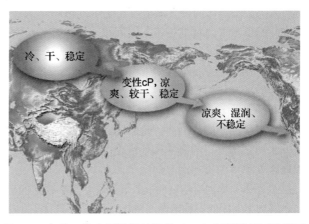

图8.7　冬季，北太平洋极地海洋（mP）气团始于西伯利亚极地大陆（cP）气团。当cP气团缓慢经过海洋时，变性为mP气团

海岸附近（见图7.10），所以西海岸是持续且温暖的向南气流。虽然海表附近的空气通常是条件不稳定的，但太平洋高压的存在意味着有下沉气流且高层大气是稳定的。因此，夏季美国西海岸多为低层云和多雾天气。一旦夏季mP气团深入内陆地区，就会受到炎热干燥的陆地表面的加热；下垫面加热及其产生的扰动降低低层大气的相对湿度，进而使云层消散。

北大西洋极地海洋气团 与太平洋mP气团类似，西北大西洋mP气团最初也由大陆向海洋移动的cP气团发展而来。但与太平洋mP气团不同的是，大西洋mP气团只是偶尔影响北美的天气。然而，当美国东北部被经过的低压系统北部和西北部边缘扫过时，大西洋mP气团会对美国东北部天气产生影响。冬季，强大的气旋性气流引导mP气团进入低压区域，影响范围主要是阿巴拉契亚山脉以东和北卡罗来纳州哈特拉斯角以北的地区。冬季大西洋mP气团入侵形成的最有名的天气现象是东北风暴，伴随着冰冻、低温、高湿和降水，使其成为最不受欢迎的天气。"极端灾害性天气8.3"中给出了一个典型的例子。

虽然冬季mP气团偶尔会带来东北风暴这样不受欢迎的天气，但夏季mP气团则可能带来宜人的天气。与太平洋源区类似，西北大西洋夏季也受高压控制（见图7.10），因此高层盛行下沉气流，低层大气在相对较冷水体的冷却效应作用下，大气稳定。反气旋南侧的气流将稳定的mP气团带至美国新英格兰地区，有时能到达南部的弗吉尼亚州。受该气团影响的地区具有晴朗凉爽的天气和良好的能见度。

8.2.4 热带海洋（mT）气团

影响北美的热带海洋气团的源区主要是墨西哥湾暖水区、加勒比海或大西洋西部（见图8.3），热

带太平洋也是 mT 气团的源区，但陆地受该源区的影响较其他源区要小得多。

不出所料，生成于海洋的 mT 气团温热潮湿且不稳定。mT 气团的入侵，使得副热带地区向北方干旱凉爽的地区输出了大量热量和水汽，因此这些气团无论什么时候对天气都是重要的，因为它们可以带来显著的降水。

北大西洋 mT 气团　生成于墨西哥湾–加勒比海–大西洋源区的热带海洋气团对落基山脉以东的美国天气影响最大。虽然源区在北大西洋副热带高压控制之下，但源区位于弱反气旋的西侧边缘，没有明显的下沉气流，因此该气团是中性的或不稳定的。

冬季，当 cP 气团控制美国中东部地区时，mT 气团只是偶尔进入这一地区。当气团向北移动时，低层大气会降温而变得更稳定，其变性为 mTw，因此不可能形成对流性降水。虽然不能形成大范围降水，但当 mT 气团北移进入气旋且被迫抬升后，就可能形成大范围降水。实际上，美国中东部地区大部分的冬季降水都是由来自墨西哥湾的 mT 气团沿移动气旋锋面抬升时形成的。

另一类与冬季 mT 气团北移有关的天气现象是平流雾。当温暖潮湿的气团移至寒冷的大陆时，下垫面的冷却作用使得近地层生成浓雾。

夏季，来自墨西哥湾、加勒比海和邻近大西洋的 mT 气团影响北美更大范围的天气，且比冬季维持更长的时间。因此，夏季 mT 气团对落基山脉以东地区的天气具有决定性影响。这是由于夏季北美东部盛行的海陆风环流使 mT 气团在夏季比冬季更频繁地深入北美大陆，造成美国中东部地区夏季多为炎热潮湿的天气。

夏季来自墨西哥湾区的 mT 气团最初是不稳定的，深入内陆后，温度更高的下垫面对低层大气的加热增加了气团的不稳定性，使其变为 mTk 气团。由于相对湿度高，对流活跃，有利于积云发展产生雷暴和阵雨（见图 8.8）。这是一种与 mT 气团相关的常见夏季天气现象。

图 8.8　夏季，墨西哥湾 mT 气团移至更热的陆地表面时，形成积云和午后阵雨

还要指出的是，来自墨西哥湾区–加勒比海–大西洋地区的气团是美国东部三分之二的地区的主要降水来源。美国西部山区大量隆起的地形使大气中的水汽大量流失，因此太平洋气团对落基山脉以东地区降水的贡献很小。

图 8.9 显示了美国东部地区年平均降水量的等雨量线分布（线条包围的区域具有相同的降水量）。等雨量线分布表明年平均最大降水量位于墨西哥湾区；距离 mT 气团源区越远，年平

均降水量越少。

北太平洋 mT 气团 与墨西哥湾 mT 气团相比，来自太平洋的 mT 气团对美国天气的影响要小得多。冬季，只有墨西哥西北部和美国西南部的天气受热带太平洋气团的影响。气团源区位于太平洋反气旋的东侧，因此下沉气流使高层大气具有稳定性。当气团北移时，下垫面的冷却作用增加了低层大气的稳定性，常常形成雾或毛毛雨。如果气团沿锋面或山坡抬升，可形成中雨。

有时，冬季来自副热带北太平洋的 mT 气团会与被称为菠萝寒流的天气现象联系在一起。与第 7 章提到的西伯利亚寒流不同，菠萝寒流除了给美国中部地区带来寒潮天气，也给加州南部和其他西海岸地区带来丰沛的降水。

美国西海岸大部分降水是由穿过阿拉斯加湾的冬季风暴造成的，这些风暴受暖湿 mP 气团控制。但在有些年份，强大的南支即极地急流会将温暖潮湿的 mT 气团从夏威夷群岛东北部引至美国西海岸（见图 8.10）。因此，mT 气

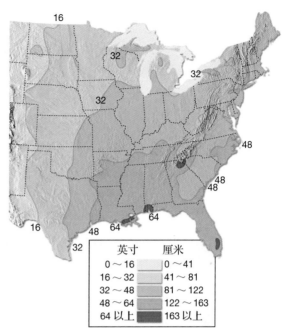

图 8.9　美国东部地区年平均降水量的等雨量线分布。离 mT 气团的源区——墨西哥湾的距离越远，降水量逐渐越小。等雨量线标值的单位为英寸

团为风暴的生成提供了条件，这些风暴给低海拔地区带来暴雨，给内华达山区带来暴雪。当森林大火使失去植被保护的山坡因持续降水而饱和后，就容易造成泥石流灾害。

多年来，人们认为夏季来自热带太平洋的气团对美国西南部和墨西哥北部天气的影响很小，当地罕见的夏季雷暴由来自墨西哥湾的 mT 气团提供丰沛的水汽。然而，现在墨西哥湾不再被认为是北美大陆分水岭以西地区主要的水汽来源；事实上，墨西哥中西部的热带北太平洋才是该地区更重要的水汽来源。

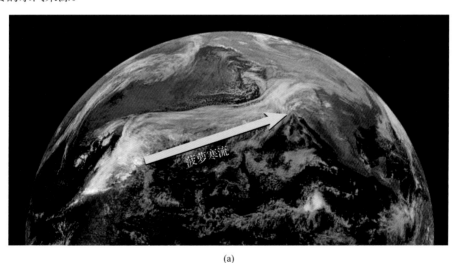

(a)

图 8.10　(a)2010 年 12 月 19 日太平洋上空的卫星图像。"菠萝寒流"的过程如下：强急流将 mT 气团从夏威夷附近带到加利福尼亚；(b)2010 年 12 月 17 日至 22 日，加州受"菠萝寒流"影响，圣加布里埃尔山的降水量超过 500 毫米，内华达山区的积雪厚度达到 1.5 米。南加州受到风暴冲击，沿岸和山区遭受泥石流和洪水灾害

(b)

图 8.10 (a)2010 年 12 月 19 日太平洋上空的卫星图像。"菠萝寒流"的过程如下：强急流将 mT 气团从夏威夷附近带到加利福尼亚；(b)2010 年 12 月 17 日至 22 日，加州受"菠萝寒流"影响，圣加布里埃尔山的降水量超过 500 毫米，内华达山区的积雪厚度达到 1.5 米。南加州受到风暴冲击，沿岸和山区遭受泥石流和洪水灾害（续）

夏季，mT 气团由太平洋源区北上，经过加利福尼亚湾进入美国西部内陆（见图 7.13），这个类似于季风的过程主要发生在 7～8 月。也就是说，气旋性气流将气团带来的潮湿空气引入因陆地下垫面加热而形成的热低压，促进了其发展。美国图森市出现在 7～8 月的最大降水就是由太平洋 mT 气团造成的（见图 8.11）。

图 8.11 (a)7 月，午后亚利桑那州南部索诺拉沙漠上空的积雨云。北太平洋东部的热带海洋气团是该地区夏季风暴的水汽来源。(b)亚利桑那州图桑市的月平均降水数据。最大降水出现在 7~8 月的西南沙漠地区，它是由于夏季太平洋 mT 气团的移动造成的

极端灾害性天气 8.2　湖泊效应降雪

俄亥俄州东北部是伊利湖降雪带的一部分，伊利湖降雪带一直向东延伸到宾夕法尼亚州西北部和纽约州西部（见图 8.5）。当冷风从西边或西北边吹过相对温暖且未结冰的伊利湖面时，这个地区的降雪量增加。俄亥俄州东北部的年平均降雪量为 200~280 厘米；在纽约州西部，这一数字甚至高达 450 厘米。

虽然该地区的居民已适应雪暴，但 1996 年 11 月出现得早且强大的雪暴还是让他们措手不及。从 11 月 9 日到 14 日，俄亥俄遭受了持续 6 天创记录的湖泊效应降雪。人们忙于在人行道上铲雪、清理堆满积雪的屋顶，而不只是扫扫秋来的落叶（见图 8.C）。

持续的雪飑（窄带状强降雪）在这 6 天中的积雪率为 5 厘米/小时。当冷空气从相对温暖的伊利湖上方经过时，产生了极其深厚且持久的低层大气不稳定，这便是此次降雪的原因。当时湖面温度为 12℃，与正常情况相比高了几度，而

图 8.C　1996 年 11 月 6 天的湖泊效应带来了厚达 175 厘米降雪（俄亥俄州的查尔顿创造了该州的新降雪记录）

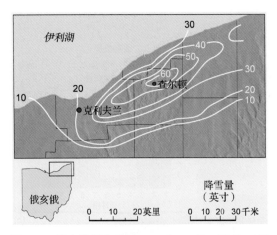

图 8.D 俄亥俄州东北部 1996 年 11 月 9 日至 14 日湖泊效应导致的降雪量（单位为英寸）。降雪最厚的地点是查尔顿附近，厚度达 175 厘米

1.5 千米高度的气温为−5℃。

从西北方向经过伊利湖的冷空气及 17℃的气温直减率共同作用，几乎立即造成湖泊效应降水和降雪。在有些时段，甚至出现雷电伴随雪飑的现象！

克利夫兰国家气象局降雪观测网的数据显示，俄亥俄降雪带中心的降雪量为 100~125 厘米，其中在查尔顿附近测得的积雪最深，6 天累计达 175 厘米，远超 1901 年创下的 107 厘米的俄亥俄州记录。此外，该站点 1996 年 11 月全月 194.8 厘米的降雪量也创下了俄亥俄州的月降雪记录，此前的记录是 176.5 厘米。

这场雪暴造成的影响十分严重。11 月 12 日，俄亥俄州州长宣布进入紧急状态，国民警卫队也被调往清理积雪，援救被大雪困住的居民。俄亥俄州东北部的树木和灌木被大范围破坏，原因是积雪潮湿、厚重，并且牢牢地冻在树枝上。据媒体报道，约有 16.8 万户家庭断电，其中部分家庭断电多日；大量积雪还导致许多房屋的屋顶坍塌。虽然俄亥俄州东北部的居民久经冬季雪暴的考验，但他们对 1996 年 11 月这次持续 6 天的雪暴记忆犹新。

极端灾害性天气 8.3　2011 年 1 月 12 日，一次典型的东北风暴

2011 年 1 月 12 日，一场典型的东北风暴席卷美国东海岸，并在三周内第三次给新英格兰地区带来了大量降雪（见图 8.E）。暴风雪前一天在南边形成，且在沿东海岸北移的过程中与另一个来自美国中西部的风暴系统汇合。

图 8.F 中的卫星图显示，这次暴风雪呈清晰的逗号状，形成于一个围绕低压中心的逆时针环流。来自北大西洋的湿冷 mP 气团被卷向暴风雪中心地带，并为该区域特别是风暴北部和西部带来了厚厚的云层。在新英格兰的部分地区，降雪率达到 7.6 厘米/小时。截至 1 月 12 日晚，很多地区的降雪量超过了 61 厘米。

图 8.F 卫星云图显示，2011 年 1 月 12 日一个称为东北风暴的强冬季风暴出现在新英格兰海岸附近。冬季东北风暴的天气特征是，强大的东北风将寒冷潮湿的极地海洋气团带到新英格兰地区和中部大西洋各州，丰沛的水汽与强大的辐合共同导致了大雪

图 8.E 2011 年 1 月 12 日暴雪后，波士顿的除雪工作正在展开

暴风雪导致超过 10 万人遭遇停电

在暴风雪的影响下，美国康涅狄格州和马萨诸塞州的部分地区的能见度小于 400 米，并且出现了持续至少 3 小时的七级以上的大风。这次暴风雪导致超过 10 万人遭遇停电，95 号州际公路和东北铁路部分关闭。康涅狄格州哈特福德市附近的布兰德利国际机场遭遇了创记录的单日 57 厘米降雪量。同时，佛蒙特州威明顿市的降雪量超过了 91 厘米。

摄于 2010 年 12 月 27 日的这幅卫星图像显示东海岸有一场强烈的冬季风暴。

问题 1　风暴的中心在哪里？

问题 2　什么气团正被卷入这个风暴，在右上区域产生浓云？

问题 3　这类风暴的名称是什么？

问题 4　再往南，东南部各州上空的冷气团无云，它的分类是什么？移到大西洋上空时，它如何变化？

8.2.5　热带大陆（cT）气团

北美大陆向南延伸至墨西哥时，陆地变得狭窄，因此无法满足形成热带大陆气团的条件。由图 8.3 可见，夏季只在墨西哥北部内陆和美国西南部干旱地区才能生成炎热干旱的 cT 气团。由于白天地表的强烈加热，使得当地极大的环境直减率和湍流都能扩散至高空。虽然大气不稳定，但由于湿度极低，天空依然万里无云，因此必然是无雨的炎热天气，气温日较差很大。虽然 cT 气团通常维持在源区，但有时也会进入大平原南部地区。长时间被 cT 气团控制时，就可能发生干旱。

1. 哪两个气团对洛基山脉东部的天气影响最大？

2. 与其他气团相比，哪个气团对太平洋东岸的影响更大？

3. 为何 cA 和 cP 气团通常席卷遥远的南方而进入美国？

4. 当 cP 气团冬季移过一个大型无冰湖泊时，会出现什么变化？

5. 为何来自北大西洋的 mP 气团很少影响美国东部？

6. 什么气团和源区为美国中东部地区提供了最多的水汽？

思考题

01. a. 我们知道冬季的所有极地（P）气团都是冷气团，冬季 mP 气团和 cP 气团哪个更冷？为什么？

   b. 我们知道热带（T）气团是暖气团，且有些气团要比另一些气团暖和。夏季 cT 气团和 mT 气团哪个更暖？为什么？

02. 气团源区是相对同质的大面积区域。如题图所示，阿巴拉契亚山脉和落基山脉之间的广阔区域就是这样的区域，但在这里不形成气团。为何这个区域不是源区？

03. 冬天在北冰洋上空形成的气团是 cA 气团还是 mA 气团？为什么？

04. 北美五大湖不是与湖泊效应降雪相关的唯一水体，加拿大的大湖也会出现这种现象。下面是大奴湖东南部定居点雷索卢申堡的降雪数据：

9月	10月	11月	12月	1月
2.5厘米	13.7厘米	36.6厘米	19.6厘米	15.4厘米

哪个月的降雪量最大？为什么？

05. 对于下面的每种情形中，指出气团是变得更稳定还是更不稳定，并说明原因：a. 冬季一个 mT 气团从墨西哥湾移向美国东南部各州的上空。b. 11月下旬一个 cP 气团向南移过苏必利尔湖。c. 1月北大西洋的一个 mP 气团进入新英格兰沿岸的低压中心。d. 冬季来自西伯利亚的一个 cP 气团向东移过北太平洋。

术语表

air mass　气团

air-mass weather　气团天气

arctic (A) air mass　北极（A）气团

continental (c) air mass　大陆（c）气团

isohyet　等雨量线

lake-effect snow　湖泊效应降雪

maritime (m) air mass　海洋（m）气团

nor'easter　东北风

polar (P) air mass　极地（P）气团

source region　源区

tropical (T) air mass　热带（T）气团

习题

01. 题图显示了12月早晨的气温（上面的数字）和 露点温度（下面的数字）。两个发育良好的气团正在影响北美洲，且它们被一个不受它们影响的广泛区域分隔。在图上画出每个气团的边界，并且正确标出每个气团的类别。

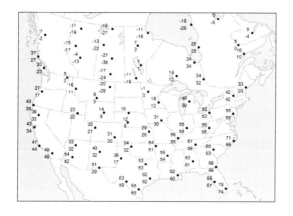

02. 参考图8.5。注意匹兹堡和查尔斯顿东部降雪较大的南北向区域。这个区域远离五大湖，因此不会出现湖泊效应降雪。推测这里降雪量较高的可能原因。你能解释降雪区域为这个形状的原因吗？

03. 新墨西哥州的阿尔伯克基位于西南沙漠中，年降水量仅为21.2厘米，各月的数据（厘米）如下：

1月	2月	3月	4月	5月	6月	7月	8月	9月	10月	11月	12月
1.0	1.0	1.3	1.3	1.3	1.3	3.3	3.8	2.3	2.3	1.0	1.3

哪两个月的降水量最大？这里的降水模式类似于西南部城市如亚利桑那州的图森。简要说明这两个月降水量最大的原因。

第 9 章　中纬度气旋

1992—1993 年，北美洲东部的冬季在 3 月中旬的一个周末以风暴天气结束。3 月 13 日和 14 日，当 93 号风暴来临时，南部的水仙花早已开放，人们正在迎接春季的到来。巨大的风暴给从阿拉巴马州到加拿大东部沿海省份的广大地区带来了创记录的低温、低压和降雪。这个巨大的风暴携带着狂风、大雪向阿帕拉契亚山脉山脊移动时，形成的暴风雪横扫了这个广阔的区域。虽然风暴中心的气压比有些飓风中心的气压还低，风力有时也和这些飓风的强度一样，但它不是热带风暴，而是一个典型的冬季气旋。

飞机上看到的沿冷锋发展的积雨云

本章导读

- 比较与暖锋和冷锋相关的典型天气。
- 解释锢囚的概念及与锢囚锋相关的天气。
- 描述挪威气旋模型。
- 列出典型中纬度气旋的生命周期的各个阶段。
- 当低压中心位于你所在的位置北边 200 千米时，描述与所经过的成熟中纬度气旋相关的天气。
- 解释高空气流中的辐散是中纬度气旋发展与加强的必要条件的原因。
- 列出形成影响北美洲的中纬度气旋的位置。
- 描述阻塞高压系统及它们对中纬度地区天气的影响。
- 描述与冬季北美洲大陆上方的一个锢囚锋相关的天气。
- 解释中纬度气旋的传送带模型，画出以其为基础的三个相互作用的气流（传送带）。

前几章介绍了天气的基本要素和大气动力学，使用这些知识可以认识中纬度地区天气模式的变化（见图 9.1）。中纬度地区大致包括从阿拉斯加州的南部到佛罗里达州的北美洲地区，基本是西风带地区，天气多由中纬度气旋产生。这些相同的天气现象被天气预报员简称为低压系统或低压。因为天气主要由中纬度气旋中的锋面造成，所以首先讨论这些气旋的基本结构（见图 9.2）。

图 9.1　沿冷锋生成的晚春风暴

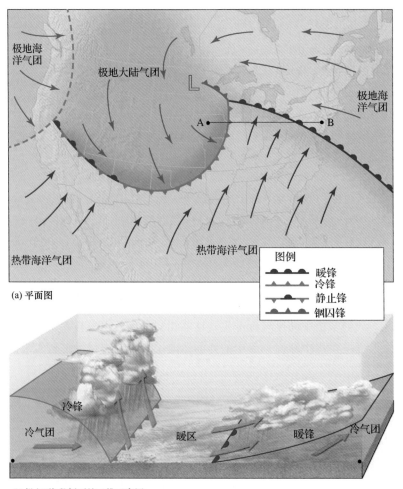

(a) 平面图

图例
暖锋
冷锋
静止锋
锢囚锋

(b) 沿AB线段剖面的三维示意图

图 9.2　中纬度气旋的理想结构。(a)表示锋面、气团和地面风场的概览图；
(b)暖锋和冷锋沿线段 AB 的三维剖面图

9.1　锋面天气

中纬度天气最突出的特征之一是变化的突然性和多样性（见图 9.1），这种突然变化大多数与天气锋的经过有关。锋是不同密度的气团之间的交界面，通常一个气团要比另一个气团暖和且含有更多的水汽。然而，锋面也可形成于任何两个不同的气团之间，考虑大尺度的不同气团时，二者之间的分界区域（锋）相对较窄，在天气图上用一条线表示。通常，锋面一侧的气团运动要比另一侧的气团运动快，因此活跃气团会进入另一个气团控制的区域并与之交绥。在第一次世界大战期间，挪威气象学家将气团相互作用的这一区域形象地比喻为战场上标为"锋"的前线。沿着这条"冲突"地带，中纬度气旋在西风带中发展和产生了大量的降水和恶劣天气。

当一个气团进入另一气团控制的区域时，虽然会沿锋面发生较小的混合，但是当这个气团爬升到另一气团之上时，仍然会保持原有的特性。无论哪个气团向前运动，密度较小的暖气团总是被迫抬升，而密度较大的冷气团则像楔子那样下冲。用来表示暖气团滑升到冷气团上方这个过程的术语是爬升。

锋面有五种基本形式：暖锋、冷锋、静止锋、锢囚锋和干线。

9.1.1 暖锋

当锋面的位置移动，使得较暖气团侵入冷气团所占据的区域时，该锋面就称为暖锋（见图9.3）。在天气图上，暖锋用指向冷气团的红色半圆形红线表示。在落基山脉东边，暖锋往往伴随着从墨西哥湾进入美国的热带海洋气团（mT），该气团通过滑行逐渐占据陆地冷气团的位置，气团分界处具有非常平缓的坡面，平均坡度约为 1:200（高度与水平距离之比），相当于径直朝暖锋行走200千米后，锋面被抬高1千米。

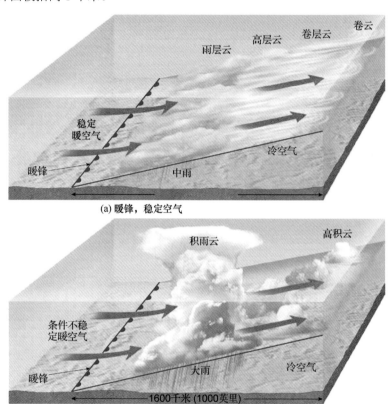

(a) 暖锋，稳定空气

(b) 暖锋，条件不稳定空气

图9.3 暖锋：(a)理想暖锋条件下的云和天气。在一年中的大多数时间，暖锋都会形成大范围的小到中雨；(b)在炎热的夏季，当条件不稳定时，大气被迫抬升，形成积雨云和雷暴

随着暖空气沿冷空气楔上升，暖空气开始扩展并绝热冷却，使得上升空气中的水汽凝结，形成云并且可能产生降水。图9.3(a)中的云列是暖锋临近的典型现象。暖风临近的第一个特征是在锋面前方约1000千米或更远的地方形成卷云。暖锋临近的另一个特征是喷气机的航迹，在晴朗的天空中，如果凝结的航迹持续数小时，就可断定那里出现了暖湿空气的上升运动。随着锋面的逼近，卷云变为卷层云，并且逐渐与浓密的高层云融合。在锋面前方约300千米处会出现较厚的层云和雨层云，并且可能开始降水。因为暖锋的坡度较缓，所以由锋面抬升作用形成的云层覆盖的区域很大，并且可能形成持续的小到中雨（见图9.4）。如果上面的气团较干燥（露点温度低），那么云很少会发展，也不会有降水。在炎热的夏季，当条件不稳定时，空气就会被迫抬升，形成塔状积雨云和雷暴［见图9.3(b)］。

如图9.3所示，暖锋降水发生在地面锋线位置的前方，所形成的降水下落时要经过下面较冷的气层。这样，在持续下小雨的时段内，大量的雨滴蒸发使得空气饱和，进而使层状云得到发展。这些层状云有时会快速向下发展，给需要靠肉眼观察着陆的小型飞机的飞行员带来麻烦：前一分钟还有不错的能见度，下一分钟就可能进云团（锋面雾）而看不见机场跑道。

图 9.4 暖锋降水

冬季，偶尔会出现暖气团被迫抬升到冰点温度的冷气团上方的情况，造成危险的驾驶条件。雨滴经过低于冰点的空气层时会变成过冷雨滴，过冷雨滴与地面接触时就会冻结，形成所谓的冻雨或釉状冰层。

暖锋过境时，温度通常会逐渐升高。因为两个邻近气团之间的温度差很大，温度的升高非常明显。此外，风向的变化也十分显著，这时风向会从东风或东南风变为南风或西南风（后面会专门介绍风向的变化）。逐渐侵入的暖气团的水汽含量和稳定性在很大程度上决定了天气转晴所需的时间。夏季，锋面后面的不稳定暖气团中存在积云，偶尔会出现积雨云。这些云虽然可能会产生强降水，但通常分布比较分散且持续时间短。表 9.1 列出了北半球暖锋过境时可能出现的典型天气状况。

表 9.1 北半球暖锋过境时可能出现的典型天气状况

天气要素	锋面过境前	锋面中	锋面过境后
温度	低	升高	暖
风向	东或东南	变化	南或西南
降水	冬季出现小到中雨、雪或冻雨，夏季可能有强降水	无雨或小雨	无，夏季偶尔有阵雨
云	大气条件稳定时为卷云、卷层云、层云、雨层云；大气条件不稳定时为积雨云	无云、层云或雾	晴空，夏季有积云或积雨云
气压	下降	下降或不变	先下降后上升
湿度	中等或偏高	上升	高，尤其是在夏季

9.1.2 冷锋

当活跃的冷气团进入暖气团控制的区域时，冷暖气团之间的不连续地带就称为冷锋（见图9.5）。

在天气图上，冷锋用蓝线表示，蓝线上有指向暖气团的蓝色三角符号。因为摩擦作用，接近地面的冷锋锋面的空气要比其上的空气移动得慢，导致冷锋锋面在移动过程中逐渐变得陡峭。平均而言，冷锋的坡度大致为1：100，约为暖锋的2倍。此外，冷锋前进的速度约为80千米/小时，比暖锋快50%。由于锋面坡度和移动速度的差异，相对于暖锋而言，冷锋造成的天气往往比暖锋更剧烈。

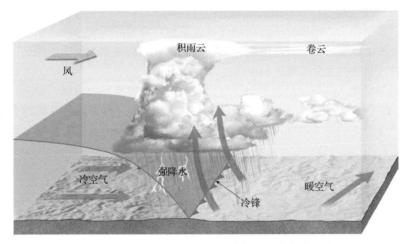

图 9.5　快速移动的冷锋和积雨云。暖空气不稳定时常出现雷暴

　　随着冷锋的临近，从西边或西北边可以远远看到塔状云出现。在锋面附近，可怕的黑色云带预示着将出现恶劣天气。沿着冷锋锋面的暖湿空气常被迅速抬升，释放出大量潜热，增加空气的浮力，使其变得不稳定，伴随着积雨云的发展成熟，频频带来倾盆大雨和大风。冷锋在较短的空间距离上产生与暖锋大致相同的抬升量，因此所产生的降水通常更强，持续时间较短（见图9.6）。冷锋经过时，伴随着明显的温度下降，风向由西南向西北转变。本章后面将说明这一风向转变的原因。

图 9.6　堪萨斯州维奇塔的棒球场。在这里，沿冷锋出现的积雨云导致了冰雹和大雨，停车场中的数十辆汽车被毁

冷锋后面的天气主要受极地大陆气团（cP）中空气下沉运动的控制，因此锋面过后立即出现温度下降和天气转晴现象。虽然高空下沉运动产生绝热加热，但对地面温度影响很小。冬季，冷锋过后漫长且晴朗的夜晚造成的辐射冷却，使得地面温度急剧下降。相反，在夏季的热浪期间，冷锋过后会带来舒爽的降温，有时晴朗凉爽的cP气团会取代炎热湿闷的热带海洋（mT）气团。

当冷锋后面的空气经过相对较暖的陆地表面时，地表辐射加热空气，产生浅层对流，在冷锋后面形成低积云和层积云，但高空下沉运动使得气层相对稳定，所以这些云在垂直方向不会发展得很厚，也很少产生降水。一个例外是第8章讨论的湖泊效应降雪，因为冷锋后面的冷空气在经过较暖的水面时，会获得大量的热量和水汽。

在北美洲，当极地大陆气团与热带海洋气团相遇时，最容易形成冷锋。但是，冬季较干的北极大陆气团（cA）侵入极地大陆气团或极地海洋气团时也可能形成冷锋。在陆地上，极地气团较干，所以北极冷锋带来的降雪可能很小。相反，北极锋经过较暖的水体时，可能造成强降雪和大风。表9.2列出了北美洲冷锋经过时的典型天气现象。

表9.2　北美洲冷锋经过时的典型天气现象

天气要素	锋面过境前	锋面中	锋面过境后
温度	暖	剧降	更冷
风向	南或西南	变化或阵风	西或西北
降水	无降水或阵雨	夏季为雷暴，冬季为雨或雪	晴朗
云	无云、积云或积雨云	积雨云	无云，或夏季有积云
气压	先下降后上升	上升	上升
湿度	高，特别是在夏季	急降	低、特别是在冬季

北美洲东部沿海一带有时会受到后门冷锋的影响。大多数冷锋来自西或西北方向，而后门冷锋则来自东或东北方向，并因此而得名。在中心位于加拿大的强大高压系统的顺时针环流的驱动下，来自北大西洋的寒冷、密集的极地海洋（mP）气团取代了大陆上较暖和较轻的气团，如图9.7所示。后门冷锋主要发生在春季，带来的是低温、低云和毛毛雨，偶尔也带来雷暴。夏季很少出现后门冷锋，如若出现，凉爽的空气就会将美国东北部的人们从仲夏的热浪中解救出来，因此很受欢迎。

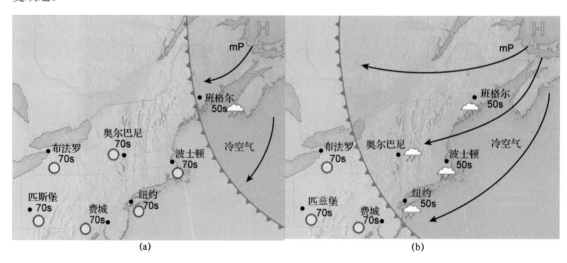

图9.7　东北地区后门冷锋天气。当来自北大西洋的湿冷极地海洋气团进入内陆时，潮湿的极地海洋气团使得早春的温暖天气变得寒冷和阴沉（图中的温度为华氏度）

9.1.3 静止锋

有时，来自锋面两侧的气流既不向冷气团方向运动又不向暖气团方向运动，而几乎平行于锋线运动，使得锋面的位置不再移动或者非常缓慢地移动，这种情况称为静止锋。在天气图上，静止锋的表示方法是蓝色三角形指向暖气团一侧，红色半圆指向冷气团一侧［见图 9.2(a)］。因为有时气流沿着静止锋爬升，所以有可能出现小到中雨。静止锋可在一个区域停留多天，这时可能发生洪涝。静止锋开始移动时，就会成为冷锋或暖锋，具体取决于气团的移动情况。

9.1.4 锢囚锋

第四种锋是锢囚锋，此时快速移动的冷锋超过暖锋，如图 9.8(a) 和图 9.8(b) 所示。随着冷空气的楔入，暖锋抬升，在前进的冷空气和沿其滑行的暖锋下部空气之间形成一个新锋面，这个过程就是所谓的锢囚［见图 9.8(b)］。

锢囚锋形成的天气变化较大，大多数降水由被迫抬升的暖空气形成［见图 9.8(c)］，但是当条件适合时，新生成的锋面本身也能产生降水。

(a) 成熟中纬度气旋

(b) 部分锢囚的中纬度气旋

(c) 完全锢囚的中纬度气旋

图 9.8　锢囚锋的形成阶段及其与中纬度气旋演变的关系。暖空气被迫抬升后，系统开始消亡，阴影区域表示最可能产生降水的区域

锢囚锋分为冷型锢囚锋和暖型锢囚锋。在图 9.9(a)所示的锢囚锋中，冷锋后面的空气要比其正在超越的空气冷，这是落基山以东最常见的锢囚锋类型，称为冷型锢囚锋。冷型锢囚锋常常产生暴雨，类似于冷锋形成的天气。同时，冷锋后面的空气也可能要比其正在超越的空气暖，形成暖型锢囚锋。这些暖型锢囚锋［见图 9.9(b)］常常发生在太平洋沿岸地区。这里较暖的极地海洋气团会侵入较冷的在陆地生成的极地气团。因为锢囚锋的复杂性，它们在天气图上既可画为暖锋又可画为冷锋，具体取决于是哪种类型的空气侵入。有时，天气图上用指明运动方向的紫色三角形和半圆紫色线表示锢囚锋。

(a) 冷型锢囚锋　　　　　　　　　　　　　(b) 暖型锢囚锋

图 9.9　(a)冷型锢囚锋；(b)暖型锢囚锋

9.1.5　干线

有时，仅用锋面边界两侧的温度差进行锋面分类可能会造成误导，因为湿度也会影响空气的

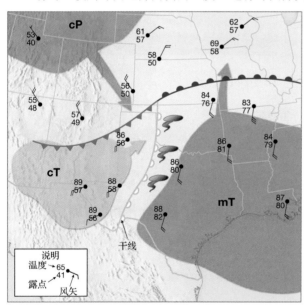

图 9.10　导致雷暴和龙卷风天气的干线位于得克萨斯州和俄克拉何马州的上空。注意，干燥的 cT 气团（低露点）东向移动并取代暖湿的 mT 气团，使天气就像快速移动的冷锋（图中的温度为华氏度）

密度。在其他所有因素相同时，湿空气要比干空气的密度小。夏季，发源于北部大平原并向东南方向移动的气团取代密西西比流域下游的暖湿气团。虽然向前移动的气团的温度不一定低于被其取代的气团的温度，但是这时锋面通常是以冷锋的形态发展的。简言之，此时较干空气的密度较大，因此在其推进的过程中，湿空气被迫抬升，这与冷锋的情况非常相似。这类锋面通过时，会出现湿度陡降但温度下降不明显的现象。这种类型的界面称为干线，它经常形成于南部大平原。来自西南部干燥的热带大陆（cT）气团与来自墨西哥湾的潮湿热带海洋（mT）气团相遇时，就会形成干线。干线现象出现在春季和夏季，常常沿着得克萨斯州到内布拉斯加州一线形成一个东向移动并穿越大平原的强暴雨带。比较边界西部 cT 气团和东部 mT 气团的露点温度，很容易确定干线（见图 9.10）。

概念回顾 9.1

1. 比较暖锋与冷锋的典型天气。
2. 列出冷锋天气通常比暖锋天气更恶劣的两个原因。
3. 说明天气谚语的依据。

4. 什么是后门冷锋？

5. 当静止锋的位置不变或变化很慢时，如何产生降水？

6. 干线在哪些方面与暖锋和冷锋不同？

聚焦气象

下面五幅图显示了通常沿锋面边界形成的云，其中的四种云是在稳定空气上升到温暖锋面边界时产生的，剩下的一种云是沿冷锋形成的。

(a)   (b)

(c)   (d)   (e)

问题 1　哪种云是沿冷锋生成的？

问题 2　假设一个暖锋正在靠近你，按照过你的头顶的顺序列出另四种云的名称。

9.2　中纬度气旋与极锋理论

中纬度气旋通常是直径超过 1000 千米、在南北半球从西向东运动的低压系统（见图 9.2）。北半球中纬度气旋的持续时间通常是几天到一周以上，是一种逆时针环流模式，其气流向内流向中心位置。大多数中纬度气旋都有从低压中心向外延伸的一个冷锋和一个暖锋。地面附近的辐合上升气流会使云系发展且经常形成降水。

早在 19 世纪，气旋就被认为会带来降水和灾害性天气。因此，气压计就被作为预报天气的最主要工具。然而，这种早期的天气预报方法在很大程度上忽略了气团的相互作用在天气系统形成过程中的作用，因此不可能确定有利于气旋形成发展的条件。

第一个气旋发展和变化的完整模型是在第一次世界大战期间由一个挪威科学家小组建立的。受德国封锁的影响，挪威人无法接收到关于大西洋的天气预报。为此，他们在整个挪威建立了密集分布的气象站。通过这些气象站，训练有素的挪威气象学家拓展了人们对天气的认识，在与天气相关的中纬度气旋方面尤其取得了巨大的进展。这个科学家小组中包括威廉·皮雅克尼斯、雅克比·皮雅克尼斯（前者的儿子）、雅克比的同学哈尔沃·索尔伯格和瑞典气象学家托尔·伯杰龙（见知识窗 5.2）。1921 年，这些科学家发表了他们的工作成果——一个有关中纬度气旋生成、发展和消亡的模型。这个标志大气科学转折点的见解被称为极锋理论，也称挪威气旋模型。虽然没有高空图的帮助，这些熟练的气象学家仍给出了在现代气象学中依然具有明显应用价值的模型。

在挪威气旋模型中，中纬度气旋的发展是与极锋相关的。回顾极锋分隔极地冷空气和副热带暖空气可知，在较冷的月份，极锋通常很容易确定，且在高空图上能够看到一个环绕地球的几乎连续的带状锋区。在地面上，这带状锋区被逐渐发生温度变化的区域割断，形成了不同的部分。沿着这个带状锋区，移向赤道的冷气团与移向极地的暖气团相遇，形成了大多数气旋。

概念回顾 9.2

1. 简述中纬度气旋的特征。
2. 根据挪威气旋理论，中纬度气旋形成于何处？

问与答：什么是温带气旋？

温带气旋是中纬度气旋的别称。气旋通常是指任何低压中心周围的环流，而不管其大小或强度。因此，飓风和中纬度气旋是两类气旋。热带气旋通常用于描述飓风。

9.3 中纬度气旋的生命周期

按照挪威气旋模型，气旋沿锋面形成且其生命周期大致可以预测。根据大气条件的不同，气旋的生命周期大致会持续几天到一周以上。研究表明，北半球每年约有 200 个中纬度气旋形成。图 9.11 给出了典型中纬度气旋的六个发展阶段，第一个阶段称为气旋生成，意思是气旋形成。

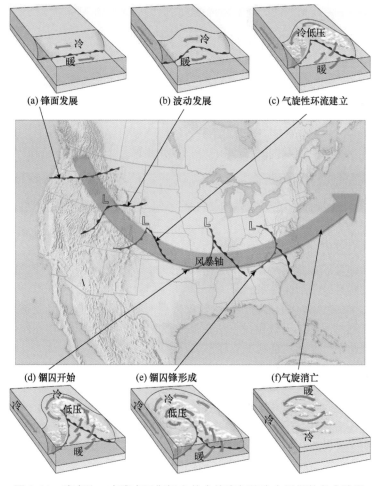

(a) 锋面发展　　(b) 波动发展　　(c) 气旋性环流建立

(d) 锢囚开始　　(e) 锢囚锋形成　　(f) 气旋消亡

图 9.11　雅克比·皮雅克尼斯提出的中纬度气旋生命周期的各个阶段

9.3.1 形成：两个气团的碰撞

当两个不同密度（温度）的气团反向沿锋面大致平行移动时，就可生成中纬度气旋。在经典的极锋模型中，极地大陆气团位于锋面的北侧，吹极地东风，而热带海洋气团受西风驱动位于锋面的南侧。条件适当时，这两个气团之间的锋面变成长约几百千米的波浪状［见图 9.11(b)］。这些波浪类似于水中形成的波，但尺度要大得多，有的波会减弱或消失，而有的波则会增大。当这些风暴增强或"加深"后，波的形状就发生变化，就像海洋中平和的涌浪运动到浅水区时变成高大的碎浪［见图 9.11(c)］。

9.3.2 气旋流的发展

随着波的演变，暖空气向极地方向前进形成暖锋，而冷空气向赤道方向前进形成冷锋。地面气流方向的这一变化伴随着气压模式的再次调整——形成闭合等压线，此时波脊位置的气压最低。因此，形成向内的逆时针环流，从图 9.12 所示的天气图可以清楚地看到这一现象。气旋性环流一旦形成，辐合就会使气流被迫抬升，当暖空气爬升到冷空气上方时更是如此。图 9.12 表明，暖气团（占据南方各州）朝东北方向的冷空气流动，前部的冷空气则朝西北方向流动。暖空气垂直于锋面，因此可以得出结论：暖空气正在侵入最初被冷空气占据的区域。因此，这个锋面必然是暖锋。同理可知，在波锋的左边（西面），来自西北的冷空气逐渐取代暖空气的位置，形成冷锋。

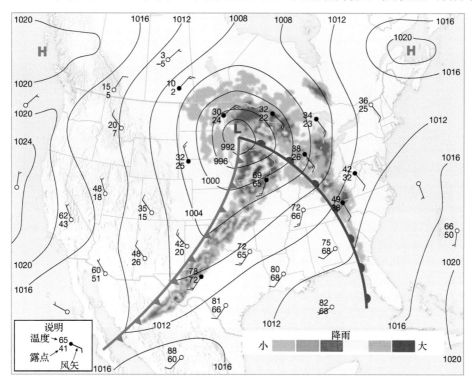

图 9.12　表示中纬度气旋环流的简化天气图，着色部分表示可能降水的区域（图中的温度和露点为华氏度）

9.3.3　中纬度气旋的成熟阶段

在中纬度气旋的成熟阶段，周围的气压继续下降，风力增强，锋面天气开始发展。天气情况变化较大，具体取决于季节及相对于气旋的位置。例如，冬季位于强大中纬度气旋正北的区域，可能会出现强降雪和暴风雪天气，而暖锋前面则可能出现冻雨天气。

9.3.4　锢囚：消亡阶段

通常，冷锋移动得比暖锋快，因此如图 9.11(d)和图 9.11(e)所示，冷锋开始追上暖锋并使其被迫抬升。这个过程形成锢囚锋，随着暖空气的抬升，锢囚锋不断增强。随着锢囚的出现，风暴常常增强。然而，随着更多暖空气被迫抬升，地面的气压梯度逐渐减弱，风暴自身也减弱。一两天内，暖空气被完全抬升到高空，而在地面上，气旋完全被冷空气包围［见图 9.11(f)］。因此，两个不同气团之间原本存在的水平温度（密度）差消失，气旋耗尽能量来源。地面摩擦会减缓空气流动，因此原来高度有序的指向低压中心的逆时针气流不再存在。

下面给出一个类似，以更清楚地了解冷暖气团相遇时所发生的事情。假设有一个被分隔为两半的大水槽，一半放红色的热水，另一半放蓝色的冷水。这时，如果将隔板拿掉，那么会发生什么？高密度冷水在低密度热水下面流动，并抬起暖水；当全部热水都到达水槽上部时，抬升过程停止。类似地，当所有暖空气都被抬升且气团之间的水平不连续不再存在时，中纬度气旋也就消亡了。

这幅图像由国际空间站上的宇航员拍摄。图上的虚线显示了锋面的近似位置。假设这个锋面位于美国中部上空，回答如下问题。

问题 1　图像中最高的云的类型是什么？
问题 2　显示的云图是典型的冷锋还是暖锋？
问题 3　锋面是正向东南移动还是正向西北移动？
问题 4　锋面东南的气团是 cP 气团还是 mT 气团？

1. 定义气旋生成。
2. 描述一个中纬度气旋的地面环流。
3. 解释锢囚过程后期热空气被迫抬升时，气旋开始变弱的原因。

9.4　理想的中纬度气旋天气

挪威气旋模型是一个可用来说明中纬度天气类型的工具，记住它对于了解和预测每天的天气很有帮助。

图 9.13 可用来解释一个成熟的中纬度气旋，注意其中的云和可能降水的区域。比较这幅图与图 9.26 所示的气旋卫星图，可以看出我们常说气旋的云的分布呈"逗号"状的原因。受高空西风带的影响，气旋一般都是向东移动穿越美国的。因此，我们可以确定气旋到达的第一个信号应出现在西边的天空。然而，当气旋移至密西西比流域时，常常改变轨迹而向东北方向移动，甚至偶

尔向北移动。典型情况是，一个中纬度气旋完全穿越一个区域需要两天以上的时间，在此期间大气状况可能突然发生变化，特别是在晚冬和春季，中纬度地区会出现最大的温度差。

下面根据图 9.13 来进行说明。假设有一个中纬度气旋经过你所在的区域，这时会出现什么样的天气和变化？为便于讨论，图 9.14 的顶部和底部分别给出了气旋的剖面图，这两个剖面的位置分别是图中的线段 AE 和线段 FG（记住，这些气旋是从西向东移动的，所以图 9.13 中气旋的右边首先经过所讨论的区域）。

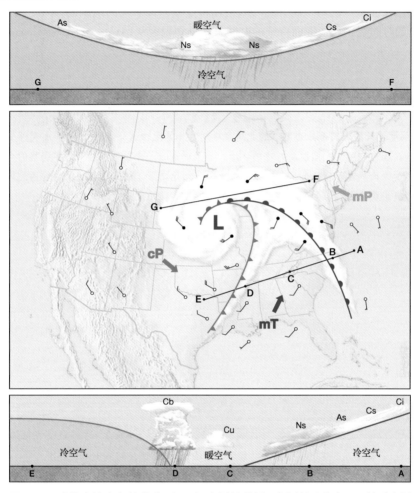

图 9.13　成熟中纬度气旋的典型云型。中图是总图，上图是沿线段 FG 的垂直剖面图，下图是沿线段 AE 的垂直剖面图。云的缩写见图 9.3 和图 9.5

首先，想象沿直线 AE 从右向左前进时天气的变化（见图 9.13 的底部）。在 A 点首先看到的是气旋临近的信号——卷云，这些高云要比锋面超前约 1000 千米以上，而且通常伴随着气压下降。随着暖锋的推进，厚云层开始形成。在首次看到卷云 12～24 小时后，往往出现轻微的降水（B 点）。随着锋面的临近，降水增加，温度上升，风向开始从东风变为西南风。当暖锋经过时，称为暖区的锋后（锋面的西边）区域受到热带海洋性气团的影响（C 点）。由于季节不同，受气旋这部分影响的区域可能出现高温、高湿、西南风、晴空及以积云或浓积云为主的少云天气。

温暖天气快速过境后，随之而来的是沿冷锋锋面的大风和降水天气。快速移动的冷锋逼近的特征是像墙一样的滚滚乌云（D 点）。恶劣的天气可能带来强降水，甚至冰雹和龙卷风。冷锋的过境很容易通过风向的剧烈变化来判别。来自南方或西南方的暖气流被来自西方或西北方的冷气流取代，导致显著降温，同时气压的升高预示着冷锋后面下沉的干冷空气的到来。锋面通过后，随着干冷空气的侵入，天气很快放晴（E 点），这时常会有一到两天的无云蓝天，直到另一个气旋来临。

在图 9.13 顶部的剖面 FG 上，低压中心以北的气旋则形成了完全不同的天气。在气旋的这个区域，仍然维持低温，低压中心临近的信号是气压的不断下降和天气越来越阴沉，并且可能带来不同程度的降水。冬季，气旋的这一区域经常形成降雪。锢囚过程一旦开始，气旋的性质就发生变化。因为锢囚锋要比其他锋面移动得慢，完整的叉骨状锋面结构逆时针方向旋转，如图 9.11 所示。因此，锢囚锋面呈"回弯"状。这一效应使得受锢囚锋影响的地区的天气更糟糕，因为它在这些地区持续的时间要比其他锋面持续的时间长（见知识窗 9.1）。

知识窗 9.1　预报工具——风

"每种风都对应一种天气。"

——英国哲学家、科学家弗朗西斯·培根（1561—1626）

生活在中纬度地区的人们都知道冬季的北风寒冷刺骨（见图 9.A）。相反，当风向突然变为南风时，则大受人们的欢迎，因为它可使人们脱离寒冷的环境。善于观察的人（或者学过气象学课程的人）可能会发现当风向从东南风变为南风时，糟糕的天气很快就会来临。相比之下，风向从西南风变为西北风通常会带来晴天。那么风与即将出现的天气之间究竟有什么联系呢？

图 9.A　艾奥瓦州西部的暴风雪造成 30 号高速公路的灾难性路况

现代天气预报需要高速计算机的处理能力和受过专门训练的人员的专业知识。不过，通过仔细的观察也可以合理地预测未来的天气，其中两个最重要的天气要素就是气压和风向。前面说过，反气旋（高压环流）伴随着晴天，而气旋（低压环流）常常带来云和降水。因此，关注气压是否上升、下降或平稳，就可以获得某些未来天气的征兆。例如，气压上升表明高压系统临近，且一般会出现好天气。

天气预报中风的使用也有重要意义。气旋在天气游戏中是个"坏蛋"，我们最关心这些风暴中心周围的环流，特别是当暖锋和冷锋过境时所发生的风向变化在预测未来的天气时很有用。注意，在图 9.13 中，随着暖锋和冷锋的通过，风的箭头按顺时针方向改变位置。例如，随着冷锋的通过，风向从西南风变为西北风。航海术语"顺转"指的就是这种情况下的风向变化。晴朗天气一般发生在有锋面经时，因此顺转风的出现预示着天气将变化。

相反，在气旋的北区，风向将逆时针方向变化，如图 9.13 所示。这种方式的风向变化称为逆转。随着中纬度气旋的接近，逆转风预示着寒冷和持续的糟糕天气即将来临。

表 9.A 总结了气压、风和未来天气的关系。虽然这些信息在美国大多数地区是通用的，但还要考虑局地

的影响。例如，气压升高和西南风变为西北风通常伴随着冷锋过境，预示晴好天气即将来临。然而，冬季住在大湖地区东南岸的人们却没有这么幸运，因为随着寒冷干燥的西北风穿过大面积的水域，它们会从较暖的水面获取热量和水分，当这些空气到达下风向的东南岸时，常常变得湿润和极不稳定，进而产生湖面效应降雪（见第8章）。

表9.A 气压、风和未来天气的关系

风向变化	气 压	气压趋势	临近天气
任意方向	1023百帕和更高	不变或上升	好天气继续，温度不变
西南变为西北	1013百帕和以下	快速上升	12～24小时内出现晴朗的寒冷天气
南变为西南	1013百帕和以下	缓慢上升	几小时内天气晴好，并且可以持续多天
东南变为西南	1013百帕和以下	不变或缓慢下降	晴朗的温暖天气，可能出现降水
东变为东北	1019百帕和以上	缓慢下降	夏季：微风，几天内不会有降水；冬季：24小时内有降水
东变为东北	1019百帕和以上	快速下降	夏季：12～24小时内可能有降水；冬季：雨雪且可能伴有大风
东南变为东北	1013百帕和以下	缓慢下降	持续1～2天降水
东南变为东北	1013百帕和以下	快速下降	36小时内由晴天转为暴风雨天气，冬季大幅降温

概念回顾 9.4

1. 一个成熟中纬度气旋经过时，其低压中心在你北面200～300千米的位置，描述天气的变化。
2. 如果上题中的中纬度气旋经过当地需要3天，那么哪天的温度最高和最低？
3. 一个成熟中纬度气旋经过时，低压中心在五大湖边上的某个城市的南面100～200千米，那么会出现什么冬季的天气？

9.5 高空气流与气旋形成

极锋模型表明，气旋生成发生在锋面变形的位置，类似于海洋中的波浪位置。在锋带中产生波动的地面因素有多个，如地形的不规则性（山脉）、温差（海洋和陆地的温差）和洋流的影响，这些因素可能会充分改变正常的气流（从西向东），在锋面上产生波动。此外，在地面气旋形成之前，高空会出现强大的急流。这一事实有力地表明了高空气流对气旋系统形成的作用和贡献。

早期进行气旋研究时，中高空的气流资料很少。后来，人们建立了地面气流和高空气流分布的相关关系，当高空气流是相对平直的纬向流时，地面很少生成气旋；然而，当高空气流开始出现大范围从北向南的弯曲时，就会形成大振幅的槽（低）和脊（高），气旋的活动加强，进而形成地面气旋，它们的中心几乎都位于急流轴下方高空槽的下游（见图9.14）。

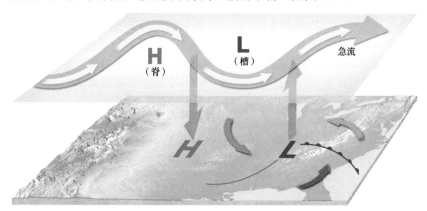

图9.14 高空急流弯曲与地面气旋发展的关系。中纬度气旋形成于高空低压（槽）的下游

9.5.1　气旋和反气旋环流

在讨论地面气旋如何生成及其如何受高空气流支配之前，先回顾气旋和反气旋风场的特点。我们知道，围绕地面低压的气流是向内的，并且使得质量辐合（集中到一起）。空气的积累伴随着地面气压的升高，因此可以假设地面低压中心会被快速填满并消失，就像咖啡罐被打开的瞬间，里面的真空就不再存在那样。然而，气旋往往会存在一周或更长的时间，这时，地面辐合必须由高空辐散来补偿（见图 9.15）。一旦高空辐散（扩展）大于或等于地面辐合，低压就得以维持。

气旋是暴雨天气的携带者，因此它们受到的关注要比与对应的反气旋更多。由于它们之间的密切关系，我们很难分开讨论这两个气压系统。例如，当地面的空气流入气旋时，通常也会造成地面反气旋的空气流出（见图 9.15），导致气旋和反气旋彼此相邻。像气旋那样，反气旋也依赖于高空气流来维持。在反气旋中，地面辐散需要高空辐合和下沉气流来保持平衡（见图 9.15）。

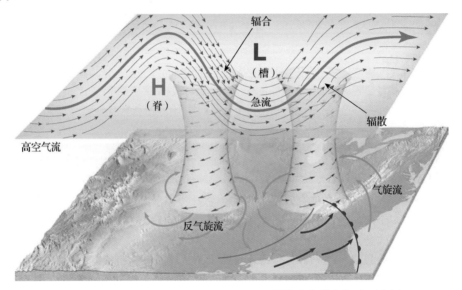

图 9.15　维持地面气旋、反气旋环流发展的高空辐散与辐合示意图

9.5.2　高空辐散与辐合

高空辐散是地面气旋生成的基本条件，因此了解它的作用至关重要。与地面反气旋不同的是，高空辐散并不是在所有方向上都有气流向外流出，而高空气流通常是按连续的波状曲线从西向东运动的。那么高空气流是怎样产生高层辐散的？形成高空辐散的机制之一就是所谓的速度辐散现象。在急流附近，风速变化很大，在进入高风速带时，空气因加速而被拉伸（辐散）；相反，当空气进入较慢的风速带时，就会产生堆积（辐合）情况。就像收费高速公路上每天发生的情景那样，离开收费站进入最高限速路段时，我们会看到汽车扩散现象（车辆之间的距离增大）；相反，当汽车减速付费时，我们会看到汽车取集现象（即辐合过程）。此外，对于速度辐散，高空辐散（或辐合）还涉及其他影响因素，包括风向变化产生的方向辐散和方向辐合。例如，方向性辐合（也称汇流）是气流汇聚到一个狭窄区域的结果。在高空图上，辐合发生在等高线变密的区域。我们同样可以用高速公路的例子来说明这一现象。由于施工，拥挤的三车道高速公路减少到两车道时，就出现辐合；辐散正好相反，发生在两车道变回三车道的情况下。

这些因素和其他因素的综合形成了高层大气的辐散区域，而且地面气旋环流通常是在高空槽下游地区得到发展的，如图 9.15 所示。因此，在美国，地面气旋通常形成于高空槽的下游（东侧）。一旦高空辐散超过地面辐合，地面气压就下降，气旋风暴就增强。

相反，急流带中的辐合区与地面反气旋旋转区则位于脊的下游（见图 9.15）。在这个急流区域，空气积累，产生下沉并增大地面气压，是有利于地面反气旋形成的位置。

高层气流对气旋生成有着显著作用，因此在做任何天气预报时，都要考虑高空气流的作用，同时说明了天气预报员常要解释高空急流的原因。

总之，急流对地面低压和高压系统的形成与加强都有贡献。风速和风向的变化使空气堆积（辐合）或散开（辐散）。脊的下游（东面）有利于高空辐合，而槽的下游则有利于高空辐散。位于高空辐合区下方的地面区域是高压区（反气旋），而高空辐散区则维持着地面气旋系统（低压）的形成和发展。

9.6 中纬度气旋的形成区域

中纬度气旋的形成与发展在地球上的分布并不均匀，而只在某些条件有利的地方发生，如山脉的背风侧和沿海地区。通常，中纬度气旋形成于对流层低层温度差显著的地方。图 9.16 给出了北美洲和相邻海洋上方气旋生成最多的位置。注意，形成气旋最主要的区域是落基山脉的东侧，其他重要区域有北太平洋和墨西哥湾。

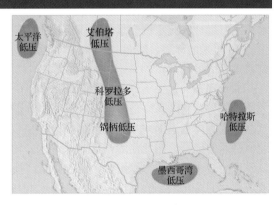

图 9.16 气旋形成的主要位置

影响北美洲西部的中纬度气旋生成于北太平洋，这些系统大多数朝东北方向的阿拉斯加湾移动。但是在冬季，这些风暴的运行轨迹会偏南一些，常常可以到达邻近的美国本土西海岸，偶尔会到达加利福尼亚州的南部。这些低压系统为美国西海岸的大部分地区带来了冬季降水。

大多数太平洋风暴在穿越落基山脉时，强度都会减弱，但它们常常在山脉东侧重新发展。最常见的气旋重新发展区域是科罗拉多州，还有其他更远的地方，如南边的得克萨斯州、北边的阿拉巴马州和加拿大等。在大平原重新发展的气旋通常向东移动，到达美国中部后，再向东北或北移动。许多气旋可以穿越大湖地区，使那里成为整个美国受风暴影响最多的地区之一。此外，有些风暴会沿卡罗林纳海岸随墨西哥暖洋流向北移动，将暴风天气带到整个美国的东北地区。

9.6.1 气旋移动类型

中纬度气旋一旦形成，大多数会向东移动，穿越北美洲，然后沿东北方向的路径进入北大西洋（见图 9.17），但也存在不少例外。

锅柄挂钩型 一个著名的特殊风暴路径称为锅柄挂钩，描绘了风暴所经过的弯曲路径（见

图 9.17）。在靠近得克萨斯州和俄克拉何马州的科罗拉多州南部的"锅柄"形狭长地区发展起来的气旋，首先向东南方向移动，然后转弯，直接向北穿越威斯康星州进入加拿大。

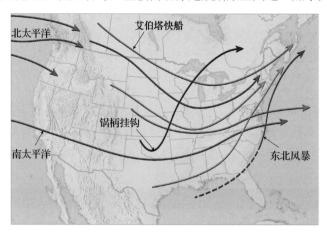

图 9.17　影响美国本土 48 个州的气旋风暴的典型路径

艾伯塔快船　艾伯塔快船是一种带有大风天气的寒冷气旋风暴，形成于加拿大艾伯塔省境内的落基山脉东侧（见图 9.17）。它们的移动速度很快，被称为"快船"，因为殖民时代最快的交通工具是一种有着相同名称的小船。艾伯塔快船带着极低的温度先向南进入蒙大拿州或达科他州，然后穿越大湖地区，带来的风速常常超过 50 千米/小时。艾伯塔快船移动速度快且与墨西哥湾的暖水相距很远，因此水汽含量低，不会产生大量降雪，只会在达科他州与纽约州之间狭长的地带产生约 10 厘米的降雪。然而，这些冬季风暴的发生相对较为频繁，因此对北方各州的冬季总降雪量有着重要的贡献。

东北风暴　从中大西洋海岸到新英格兰一带的典型风暴称为东北风暴（见图 9.17）。这些风暴之所以称为东北风暴，是因为沿海地区在风暴来临之前都刮东北风。从 9 月到次年 4 月，当冷空气从加拿大向南运动与来自大西洋的暖湿空气相遇时，便会频发猛烈的风暴。风暴一旦形成，东北风暴通常就会给东北沿海地区带来降水、雨夹雪和强降雪。由于环流产生的强大向岸风，这类风暴可能造成严重的海岸侵蚀、洪涝和财产损失。电影《完美风暴》就是根据 1991 年 10 月渔船遭遇强大的东北风暴的真实故事改编的。本书第 8 章中介绍过典型的东北风暴个例。

9.6.2　高空气流与气旋移动

如前所述，高空波状气流对地面的气旋生成和发展有着重要作用。此外，对流层中高层的气流极大地影响着气压系统移动的速度与方向。通常，地面气旋的移动方向与高空 500 百帕层的风向是一致的，但其速度只有高空气流的 1/4～1/2。正常情况下，气旋系统的移动速度是 25～50 千米/小时，一天的行程为 600～1200 千米，寒冷月份温度梯度较大时移动速度较快。

天气预报中最困难的任务之一就是预报风暴的路径。前面说过，高空气流可以引导气压系统的发展，因此下面来考察一个这种引导作用的例子，以便了解气旋路径是如何随高空气流变化而变化的。

图 9.18(a)所示为一个中纬度气旋四天内的位置变化示意图。注意图 9.18(b)对应的日期是 3 月 21 日，500 百帕上的等值线相对较为平直，在接下来的两天，气旋朝东南方向移动。到 3 月 23 日，500 百帕等值线在怀俄明州上空的槽的东边向北弯曲［见图 9.18(c)］，同样，第二天气旋路径也向北移动。虽然这是一个非常简单的例子，但它说明了高空气流的"引导"作用——用已发生的事实验证了高空气流对气旋运动的影响。对实际的气旋运动预报来说，需要有高空西风气流变化的

准确预测。因此，对中高对流层气流波动形势的预测是现代天气预报的重要部分。

(a) 3月21~24日的气旋移动

(b) 3月21日500百帕图

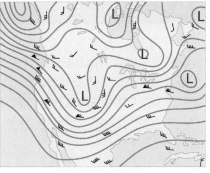

(c) 3月23日500百帕图

图 9.18　中纬度气旋的转向。(a)气旋（低压）在 3 月 21 日和 3 月 22 日几乎都沿东南方向直线移动，3 月 23 日早晨突然向北移动。这一方向变化对应于高空图上 3 月 21 日的平直气流(b)到 3 月 23 日的弯曲气流(c)

聚焦气象

　　这个中纬度气旋横扫了美国中部，产生了强阵风（风速高达 125 千米/小时）、雨、冰雹和雪，并于 2010 年 10 月 26 日引发了 61 次龙卷风。这个气旋创造了美国大陆有记录以来的最低气压（与飓风无关）——711.2 毫米汞柱。这个气压对应于 3 类飓风下测得的气压。使用表示风暴各部分的字母 A 至 E，回答如下问题：

概念回顾 9.6

1. 列出形成影响北美洲的中纬度气旋的四个位置。
2. 影响美国太平洋沿岸的中纬度气旋源自何处？
3. 艾伯塔快船的名称由来是什么？
4. 美国的哪些地区最容易受东北风暴的影响？
5. 描述气压为 500 百帕的中纬度气旋的运动。

9.7 反气旋天气与大气阻塞

由于内部的下沉气流，反气旋通常带来晴朗平静的天气。因为反气旋系统不会造成风暴天气，所以对其发展和移动的研究不如对中纬度气旋的研究那样深入。然而，反气旋不总是带来好天气。在北冰洋，冬季常常生成巨大的反气旋，这些冷高压中心可以运动到远至南边的海湾地区沿岸，影响约美国 2/3 地区的天气（见图 9.19）。这些密集的冷空气经常带来创记录的低温。

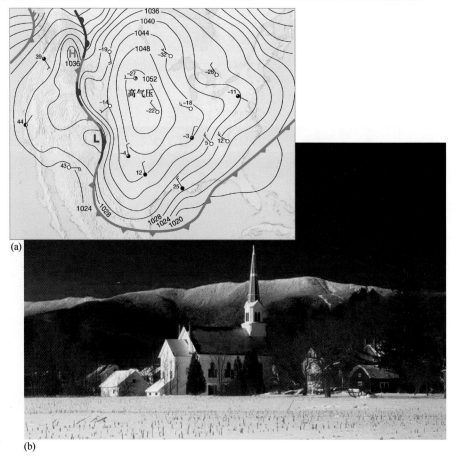

(a)

(b)

图 9.19 反气旋天气。(a)与寒冷北极气团相关的冷反气旋，影响北美洲 2/3 的东部地区，图中的温度单位是华氏度；(b)北极气团侵入新英格兰地区时，带来零度以下的严寒和晴朗天气

有时，大反气旋可在一个地区停留多天或数周。出现这种情况时，这些静止的反气旋会阻塞或改变中纬度气旋的移动方向，因此有时称它们为阻塞高压。出现阻塞时，美国的部分地区将维持一周或更长时间的干燥天气，另一部分地区则持续在气旋风暴的影响之下。这种情况在1993年夏季出现过，当强大的高压系统停留在美国东南部时，导致多个风暴滞留在中西部地区，使得东南部出现严重干旱，而密西西比河中上游地区则出现了创记录的灾害性洪水（见"极端灾害性天气9.1"）。

低压系统通常也会产生阻塞，这些低压系统称为切断低压系统，它们是被从由西向东运动的急流切断的（见图9.20）。与高空盛行气流失去联系后，这些切断低压可在一个地区停留数天，常常造成阴天和大量降水。

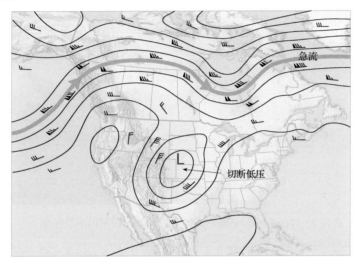

图9.20　切断低压系统由从西向东运动的急流切断。这些切断低压系统可在同一地方徘徊多天，并产生大量降水

概念回顾 9.7

1. 描述与冬天渗透至美国南部的强气旋相关的天气。
2. 什么是阻塞高压系统？
3. 切断低压系统通常带来什么类型的天气？

9.8　中纬度气旋个例研究

我们可由晚冬出现的中纬度强气旋来形象地了解天气。下面来看一个3月下旬穿越美国的风暴的发展过程。3月21日，这个气旋到达美国西海岸华盛顿州西雅图西北数百千米的地方。与其他太平洋风暴一样，这个风暴在美国西部增强并向东边的大平原移动。3月23日清晨，其中心到达堪萨斯州和内布拉斯加州的边界附近（见图9.21），此时气旋中心的气压为985百帕，其充分发展的气旋环流有一个暖锋和一个冷锋。

在随后的24小时内，风暴中心的移动开始变慢，向北偏移经过艾奥瓦州，中心气压降到982百帕（见图9.22）。虽然风暴前进缓慢，但锋面迅速向东偏北方向移动。冷锋的北部与暖锋重合，形成锢囚锋，3月24日早晨锋面基本呈东西向分布（见图9.22）。

此时，风暴造成了袭击美国中北部各州最严重的一次暴风雪。当冬季风暴在北边形成时，冷锋则从得克萨斯州西部（3月23日）向大西洋推进（3月25日）。在其向海洋推进的两天内，这个强大的冷锋生成了无数猛烈的强雷暴和19个龙卷风。

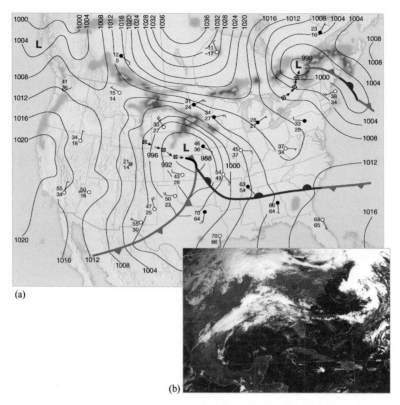

图 9.21　3 月 23 日的天气。(a)地面天气图；(b)显示云型的卫星图像（卫星云图）

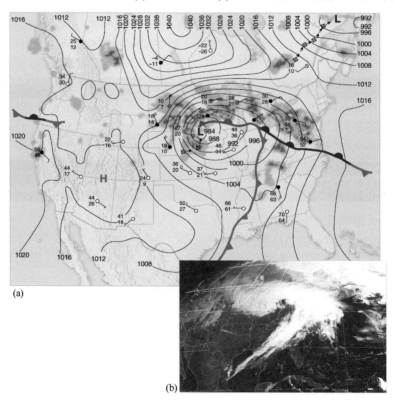

图 9.22　3 月 24 日天气图。(a)地面天气图；(b)卫星云图

3月25日，低压减弱（1000百帕）并分裂成两个中心（见图9.23）。虽然这个低压系统在大平原的残余部分3月25日后仍然造成了一些降雪，但此后几天完全消亡。

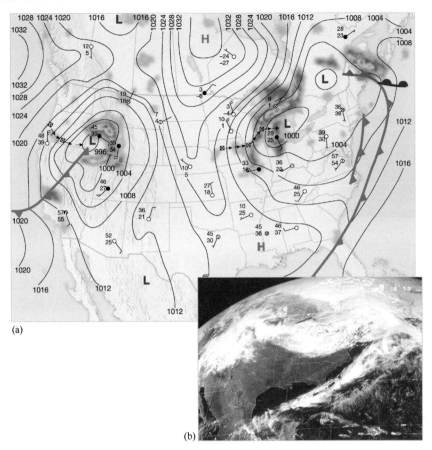

(a)

(b)

图9.23 3月25日天气图。(a)地面天气图；(b)卫星云图

现在我们已对这个风暴有了大概的了解，下面通过3月23日至25日的天气图（见图9.21至图9.23）详细了解这个气旋的过程。3月23日的天气图描述了这个典型气旋的发展，得克萨斯州沃斯堡上方该系统的暖区受到温度为21℃、露点温度为18℃的暖湿气团影响，暖区的风来自南面并且爬升到了位于暖锋北边的冷空气上方。相比之下，根据新墨西哥州罗斯维尔的资料，来自西北的冷锋后面的空气温度要比暖空气低11℃～22℃。

3月23日清晨沿锋面出现了一些较小的扰动。随后，风暴开始增强。3月24日的天气图显示了一个正在高度发展的中纬度气旋。等压线的数值和范围显示一个强大的低压系统已经影响到美国东部三分之二的地区。由风场可知，围绕低压的是强大的逆时针方向运动的气流。

在锢囚锋北边的风暴的冷半区，发生了美国中北部3月从未有过的严重暴风雪。在明尼苏达州和威斯康星州的杜鲁斯-苏必利尔地区，风速达到130千米/小时，非官方估计表明，连接这些城市区域的高架桥上的风速甚至超过160千米/小时。30厘米厚的雪被大风吹离了3～5米，三天内有些道路被迫关闭（见图9.24）。吹雪使得消防设备无法接近火区，导致苏必利尔地区的一家餐馆被大火焚毁。

3月23日下午和傍晚，冷锋在得克萨斯州东部的部分地区造成一次雹暴。随着冷锋的东移，冷锋影响到了除佛罗里达州南部之外的所有美国东南部地区，给所到之处带来了大量暴雨。大风、冰雹和闪电造成了巨大的破坏，而由风暴生成的19个龙卷风造成了更大的死亡和财产损失。

图 9.24　灾难性的暴风雪袭击了美国中北部地区

　　根据风暴损失报告可以轻易地确定锋面的路径。3 月 23 日晚，已有来自东部密西西比州和田纳西州的大风损失报告。3 月 24 日凌晨，亚拉巴马州塞尔玛报告出现了高尔夫球大小的冰雹；早晨 6:30，"州长龙卷风"袭击了佐治亚州的亚特兰大，造成了这次气旋的最大破坏，估计损失超过 5000 万美元，3 人死亡，152 人受伤。长约 20 千米的州长龙卷风轨迹正好从亚特兰大富人居住区穿过，包括州长的宅邸（龙卷风因此而得名）。最后，沿该冷锋造成的损失（冰雹和小龙卷风）3 月 25 日凌晨 4:00 发生在佛罗里达州北部。因此，从冷锋最初在得克萨斯州发威，历时一天半，横扫 1200 千米后，锋面离开美国，将能量倾泻到了大西洋中。

　　3 月 24 日早晨，冷锋后面的极地冷空气深入美国境内（见图 9.22）。得克萨斯州的沃斯堡，一天前还是暖空气的天下，现在却吹起了寒冷的西北风，零度以下的温度一直南下，影响到了俄克拉何马州的北部。然而，到了 3 月 25 日，沃尔斯堡又受到了来自南方气流的影响。出现这种情况的原因是，减弱或消亡的气旋不再控制这个区域的环流，且在 3 月 25 日的天气图上，路易斯安那州东部出现了一个高压，高压中心的下沉气流带来了晴天和微风。

　　你可能还发现到 3 月 25 日，当原来的风暴向东移去时，另一个气旋正从太平洋方向移来。这个新风暴以类似的方式发展，但其中心位置要偏北一些。不出所料，另一场暴风雪袭击了北部大平原，得克萨斯州、阿肯色州和肯塔基州出现了几个龙卷风，整个美国中部和东部又被降水天气笼罩。

　　总之，这个例子说明了春季气旋对中纬度天气的影响。在三天内，得克萨斯州的沃尔斯堡从温暖天气变为异常寒冷的天气，寒冷的晴天之后又是暴雨和冰雹。你能看到如此巨大的春季南北温度梯度是如何产生这些强大风暴的。回顾可知，正是在这些风暴的作用下，才将热量传送到了极地。然而，由于地球的自转，这种纬度间的热量交换变得更复杂。如果地球的自转速度慢一些，就会使南北向的气流得到充分交换而减小温度梯度，中纬度地区就不会有风暴天气。

　　极端灾害性天气 9.1　2008 年和 1993 年美国中西部大洪涝

　　洪水是河流自然行为的一部分，也是自然灾害中最致命的，破坏性最大的。小流域的突发洪水常由持续仅几小时的大暴雨引发（见第 10 章的"极端灾害性天气 10.1"）。相比之下，大河流域的主要区域性洪水常由大范围一定时段内的系列降水事件造成，美国中西部 2008 年和 1993 年的洪水就属于这类洪水。

　　2008 年 6 月中西部大洪水　2008 年 6 月，美国中西部的很多地方出现了破记录的大洪水。在中西部，大多数地区的 6 月都很潮湿，许多暴雨使得艾奥瓦州、威斯康星州、印第安纳州和伊利诺伊州出现了创记录的洪水，许多地方的降雨量甚至超过平均值的一倍以上。例如，印第安纳州马丁斯维尔的月降雨水量达到 511 毫米，约为该地年降水量的一半，是以前最高单月降水量记录的两倍多。

在洪水发生前两个月，急流有规律地南弯，进入美国中部地区，在中西部地区形成了有利于降雨低压中心的风暴轴。因此，中西部至少 65 个地区刷新了 6 月的降水记录，同时 100 多个地区的降水量排在了历史记录的前 2 位至前 5 位。在 6 月的暴雨之前，这些记录站中的许多都有过极端潮湿的春季和冬季，土壤水已经饱和，无法再容纳降雨带来的水量，因而造成了地表径流，使得河流水位上涨。

2008 年 6 月的洪水是印第安纳州历史上天气灾害代价最大的一次，艾奥瓦州遭受了大面积损失，99 个县中有 83 个县是受灾区。艾奥瓦州的 9 条河流的水位达到或超过有记录以来的洪水水位，数百万公顷的农田（约占整个州的农田的 16%）被淹没，居民区和商业区被淹，锡达拉皮兹市的 400 多个街区被淹（见图 9.B）。清单显示中西部受到影响的城镇和农村区域之多相当惊人。许多位于河边的社区被洪水冲毁，疯狂的洪水冲垮了保护城镇的河堤（见图 9.C）。

图 9.B　2008 年 6 月 14 日，锡达河洪水淹没了艾奥瓦州锡达拉皮兹市的大部分地区

图 9.C　1993 年，伊利诺伊州的门罗县，洪水涌过溃决的大堤。在破记录的 2008 年和 1993 年洪水中，由于堤坝无法承受洪水的压力，许多建筑物被洪水直接冲垮

农业总损失超过 70 亿美元，财产损失达到 10 亿美元。2008 年中西部区域的洪水是近 15 年来最严重的一次。

1993 年中西部大洪水 虽然 2008 年 6 月中西部有些地方的洪水水位是历史最高的，但就总体影响而言，这次洪水比不上 1993 年的大洪水。1993 年的大洪水可能是没有飓风的全美最大洪水，造成了约 270 亿美元的损失（按 2007 年可比价格计算）。

前所未有的罕见大雨导致密西西比河上游出现了 20 世纪雨最多的春季和初夏（见图 9.D）。整个中西部的土壤湿度早在 1992 年的夏秋季节就因丰沛的降水而饱和，冬季开始时土壤仍是湿润的，这种状况一直持续到了 1993 年春夏。密西西比河上游 4 月和 5 月的降水量要比同期高 40%。洪水泛滥一直延续到 7 月，流域内的大多数地区的降水量达到了正常年份的 2~3 倍。

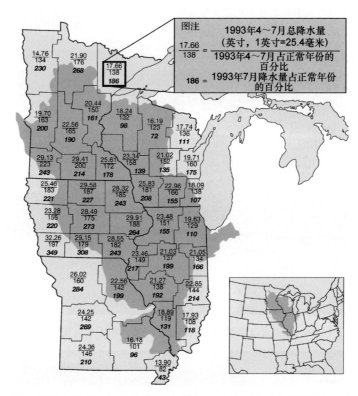

图 9.D 1993 年 4 月 1 日至 7 月 31 日密西西比河上游的降水量，造成密西西比河及其支流的洪水和灾害

中西部地区持续降水的原因是，美国被一个静止的天气模式控制。大多数阵雨和雷暴发生在北部平原的冷空气和南部暖湿空气的交界区域。6 月和 7 月，这个锋面在中西部地区南北向来回摆动。同时，一个很强的高压系统（百慕大高压）停留在美国东南部，阻挡了天气系统向东南部的移动。有些气象站的记录十分惊人，密苏里州西北部斯基德摩尔 7 月的降水量达到 644 毫米，而 7 月的正常降水量仅为 112 毫米；艾奥瓦西北部的奥尔顿，7 月降水量达到 518 毫米，艾奥瓦中南部的利昂，降水量为 525 毫米。这样的降水量无疑造成了密西西比河与中西部其他河流破记录的洪水，且与前期春夏季的异常降水有直接关系。

概念回顾 9.8

1. 当一个发育良好的春季风暴从 3 月 23 日至 25 日经过时，描述得克萨斯州沃斯堡的天气。
2. 与得克萨斯州沃斯堡的天气相比，明尼苏达州的德卢斯和威斯康星州的苏必利尔的天气如何？

9.9 现代观点：传送带模型

挪威气旋模型已被证明是描述中纬度气旋形成与发展的有用工具。虽然现代概念还未完全取代这个模型，但是高空大气资料和卫星资料为气象学家提供了深入了解这些风暴系统的结构与演变的信息。借助这些信息，气象学家发展了新的模型，以用于说明中纬度气旋的环流特征。

描述气旋内气流的新方法需要用一个新比喻。回顾可知，我们在用挪威气旋模型描述气旋的发展时，使用了两军在前线的战斗来比喻两个气团沿锋面的相互作用。因此，在介绍新模型时，我们使用现代工业的一个例子——传送带。如同传送带将物品或人员从一地传送到另一地那样，大气传送带将性质完全不同的空气从一个地方传送到另一个地方。

这个现代气旋生成的新概念称为传送带模型，它详细描述了气旋系统内部的空气流动。这个模型包括三支相互作用的气流：两支是来自地面的上升流，第三支是在对流层高层产生的下沉气流，如图 9.25 所示。

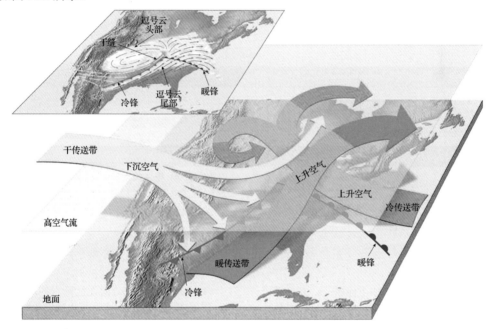

图 9.25 成熟中纬度气旋的现代模型示意图，标出了暖传送带（红）、冷传送带（蓝）和干传送带（黄）。插图显示云覆盖由暖传送带和冷传送带产生，而干缝由干传送带产生

暖传送带（红色）从墨西哥湾携带暖湿空气进入中纬度气旋的暖区（见图 9.25），随着这支气流向北流动，辐合作用使其缓慢上升。当它到达暖锋的倾斜边界时，上升加快并到达位于锋面下方的冷空气之上。在上升期间，暖湿空气绝热冷却，形成宽云带和降水。因为大气条件的不同，可能出现毛毛雨、降雨、冻雨和降雪。当这支暖气流到达对流层中部时，开始右转（向东），并且逐渐与由西向东的高空气流合并。在中纬度气旋中，暖传送带是造成降水的主要气流。

冷传送带（蓝色）是始于地面暖锋前面（北边）并向西朝气旋中心流动的气流（见图 9.25）。因为位于暖传送带之下，被下落经过暖传送带的雨滴所蒸发的水汽增大了湿度（在靠近大西洋时，该传送带具有海洋属性并给风暴供给相当的水分）。在靠近气旋中心时，辐合使得这支气流上升。在上升过程中，空气因绝热冷却达到饱和而对气旋的降水有所贡献。当冷传送带到达对流层中部时，气流的一部分围绕低压做气旋旋转，形成成熟风暴系统的逗号状头部（见图 9.26）。剩下的气流右转（顺时针）并进入西风气流，在这里它们与暖传送带平行，并且可能产生降水。

第三支气流称为干传送带，在图9.25中用黄色箭头表示。暖传送带和冷传送带都从地面开始，干

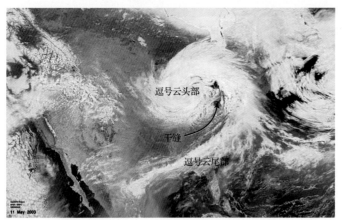

传送带则产生于对流层的最上层。作为上层西风气流的一部分，干传送带较冷、较干。一旦这支气流进入气旋，就会产生分支：一个分支在冷锋后面下沉，带来晴朗的天气，且通常伴随着冷锋过境时的温度下降。此外，这支气流在穿越冷锋时有很大的温差；另一个分支维持原来的西风气流方向，形成干缝（无云区），以分开逗号状云带的头尾（见图9.26）。

图9.26 美国东部成熟中纬度气旋的卫星图像，由图可以看出用逗号来比喻气旋云型的原因

总之，中纬度气旋的传送带模型详细描述了风暴系统的主要环流，考虑了成熟气旋风暴的逗号状云型特征和降水分布。

概念回顾 9.9

1. 简要描述中纬度气旋的传送带模型。
2. 被暖传送带携带的空气来源是什么？
3. 干传送带与暖/冷传送带有何不同？

问与答：有时人们将洪水说成是百年一遇的，这是什么意思？

"百年一遇"一词是误导，因为它会让人们认为这样的事件100年才发生一次。真相是，任何一年都会发生不常见的大洪水。"百年一遇的洪水"实际上是一种统计说法，表示某种规模的洪水在任何一年内发生的概率都是1%。随着收集的数据越来越多，或者河流盆地因为水流的影响而改变，许多洪水名称会随着时间而重新评估与改变。水坝和城市发展就是盆地中影响洪水的人文因素。

思考题

01. 参考所附天气图，回答如下问题：a. 各个城市的风向是什么？b. 影响每个城市的气团是什么？c. 识别冷锋、暖锋和锢囚锋。d. 城市A和城市C的气压趋势是什么？e. 哪个城市最冷？哪个城市最暖？

02. 以下问题涉及中纬度气旋及与之相关的锋面天气：a. 描述冷锋后面的天气，与这些天气状况相关的是什么气压系统？b. 产生大部分云并在

美国东部三分之二的地区降水的mT气团的源区是哪里？c. 当一个区域出现静止锋时，气象学家最关心什么类型的恶劣天气？

03. 题图显示了与一个中纬度气旋相关的锋面。将已编号的区域与冬季最可能和每个区域相关的降水类型对应起来。a. 雷暴；b. 小到中雨；c. 雨夹雪或冻雨；d. 大雪。

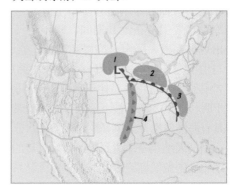

04. 美国的哪一半（西部或东部）有最多的锢囚锋？
05. 题图显示了2008年1月29日中午和下午6点的地面温度（华氏度）。这一天，一个令人不可置信的强大天气锋面移过了密苏里州和伊利诺伊州。a. 通过中西部的是什么类型的锋面？b. 描述这六小时内密苏里州圣路易斯的温度变化。c. 描述在此期间圣路易斯的风向变化。

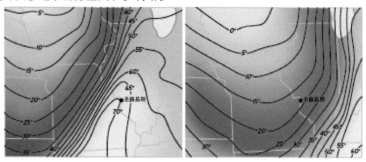

06. 画出冷锋和暖锋的垂直剖面图，要有如下元素：a. 每个锋面的形状和斜率；b. 每个锋面两侧的气团；c. 与每个锋面相关的云型；d. 与每个锋面相关的降水类型；e. 与每个锋面相关的温度和湿度特征。

07. 所附卫星图像显示了晚冬在美国上空形成的一个中纬度气旋的逗号状云图。a. 描述明尼苏达州北部（A，位于逗号头部）的天气。b. 描述阿拉巴马州东部（B，位于逗号尾部）的天气。

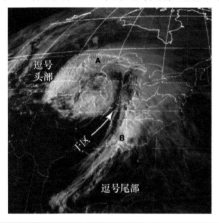

08. 相对于冬季和春季，夏季美国为何更少出现中纬度气旋？
09. 使用上升气流、下沉气流、辐散和辐合等术语，概述地面低压系统周围的环流与高空气流的关系。
10. 附图显示了美国上空急流的路径。a. 在哪里会形成低压系统的中心？b. 在哪里会形成高压系统？c. 高空低压（槽）位于何处？d. 高空高压（脊）位于何处？

11. 导致小区域山洪的天气与导致大区域洪水的天气有何不同？
12. 区分顺转风和逆转风。

术语表

backdoor cold front　后门冷锋
cold front　冷锋
conveyor belt model　传送带模型
cyclogenesis　气旋生成
dryline　干线
front　锋
midlatitude (midlatitude) cyclone　中纬度气旋

Norwegian cyclone model　挪威气旋模型
occluded front　锢囚锋
occlusion　锢囚
overrunning　爬升
polar-front theory　极锋理论
stationary front　静止锋
warm front　暖锋

习题

01. 参考下表中纬度气旋经过的三天内，伊利诺伊州香槟的天气观测数据。根据锋面经过时出现的风和温度变化，回答如下问题：a. 哪天的什么时间暖锋通过香槟？b. 列出说明暖锋经过香槟的两条证据。c. 午夜至第二天6点温度稍降的原因是什么？d. 哪天的什么时间冷锋通过香槟？e. 列出冷锋通过时的两个变化。f. 暖锋、冷锋或锢囚锋通过时，香槟出现雷暴吗？

伊利诺伊州香槟的气象数据

天	温度/°F	风向	天气和降水
第一天			
00:00	46	E	局部多云
3:00	46	ENE	局部多云
6:00	48	E	阴天
9:00	49	ESE	零星小雨
12:00	52	ESE	小雨
15:00	53	SE	中雨
18:00	68	SSW	局部多云
21:00	67	SW	局部多云
第二天			
00:00	66	SW	局部多云
3:00	64	SW	大部分晴朗
6:00	63	SSW	大部分晴朗
9:00	69	SW	大部分晴朗
12:00	72	SSW	大部分晴朗
15:00	76	SW	大部分晴朗
18:00	74	SW	多云
21:00	64	W	雷雨、阵风
第三天			
00:00	52	WNW	局部雷暴
3:00	48	WNW	多云
6:00	42	NW	局部多云
9:00	39	NW	大部分晴朗
12:00	38	NW	晴朗
15:00	40	NW	晴朗
18:00	42	NW	晴朗
21:00	40	NW	晴朗

02. 春季和夏季，来自墨西哥湾的一个暖湿（mT）气团偶然与来自西南部沙漠的一个暖干（cT）气团碰撞。在得克萨斯州、俄克拉何马州和堪萨斯州上空相遇的这些气团产生了干线。沿干线爆发的雷暴会产生地球上许多最恶劣的天气。当这两个气团相遇时，密度较低的气团爬上密度较高的气团，触发风暴天气。哪个气团的密度更大？假设两个气团中的空气温度相同。

03. 如果你在典型暖锋地面位置前方400千米的位置（斜率为1/20），你上方的锋面高度是多少？

04. 最初形成卷云时，计算你在典型暖锋前面多远的位置。

第10章　雷暴与龙卷风

　　本章和下一章的主题都是灾害性天气。本章分析与积雨云有关的局地强对流天气，即雷暴和龙卷风。第11章的重点是称为飓风（台风）的热带气旋。对研究人员来说，强对流天气的发生要比普通天气现象更有吸引力。由雷暴产生的闪电可能会成为让人敬畏和恐惧的特殊事件。当然，飓风和龙卷风同样引发了人们的巨大关注。单独爆发的龙卷风或飓风可能造成数十亿美元的财产损失和大量人员死亡。

闪电可能是许多人一年内遇到的最危险的天气灾害

本章导读

- 区分三类风暴产生的气旋。
- 列出形成雷暴的基本要求，在地图上找到雷暴活动频繁的位置。
- 画图说明气团雷暴的各个阶段。
- 说明剧烈雷暴的特点。
- 讲论超级单体雷暴的形成，区分飑线和中尺度对流复合体。
- 说明闪电和雷声的成因。
- 描述龙卷风的结构和基本特征。
- 概述可能形成龙卷风的大气条件和位置。
- 区分龙卷风监视与警报，描述多普勒雷达在警报过程中的作用。

10.1 名称的含意

第 9 章介绍了对天气变化起重要作用的中纬度气旋，但气旋一词的使用常让人产生困惑。对许多人而言，气旋一词仅指强风暴，如龙卷风或飓风。例如，当一个飓风肆虐印度、孟加拉或缅甸时，媒体报道常用气旋一词（该词在这一地区表示飓风）。例如，2011 年 2 月，气旋亚斯袭击澳大利亚造成的洪水和破坏成为媒体的新闻报道热点［见图 10.1(a)］。

类似地，有些地方也将龙卷风视为气旋。在电影《绿野仙踪》中，多萝茜的房子是被气旋从堪萨斯州的农场带到奥兹国的。事实上，艾奥瓦州立大学运动队的昵称就是"气旋"［见图 10.1(b)］。虽然飓风和龙卷风都是气旋，但大多数气旋不是飓风和龙卷风。术语气旋一般直指环绕任何一个低压中心的环流，而不论这个低压中心的大小和强度如何。

龙卷风和飓风要比中纬度气旋小得多，但要猛烈得多。中纬度气旋的直径约为 1600 千米以上，飓风的平均直径约为 600 千米，龙卷风的平均直径只有 0.25 千米，小到无法在天气图上表示。人们更熟悉的天气事件是雷暴，它与龙卷风、飓风和中纬度气旋更难区分。雷暴的环流特征是，具有强烈的垂直运动。虽然雷暴附近的风不像气旋那样螺旋状向内，但具有易变性和突发性。

图 10.1　(a)有时气旋一词的使用会引起混淆。南亚和澳大利亚的气旋在美国称为飓风。这幅图片显示了 2011 年 2 月袭击澳大利亚东部的气旋亚斯；(b)在美国大平原的部分地区，气旋等同于龙卷风。艾奥瓦州立大学运动队的昵称就是"气旋"

虽然雷暴远离气旋风暴，其形成完全依赖于自身，但仍与气旋有关。例如，雷暴常沿中纬度气旋的冷锋形成，偶尔龙卷风会从雷暴的塔尖积雨云下降到地面。飓风也能造成大范围的雷暴活动。因此，雷暴是以某种方式与这里介绍的三种气旋相联系的。

概念回顾 10.1

1. 列出并简要描述使用术语气旋的三种不同方式。
2. 比较中纬度气旋、龙卷风和飓风的速度与尺度。

10.2 雷暴

几乎所有人都见过由相对较暖的不稳定空气的垂直运动产生的小尺度大气现象。你可能见过热天开阔野外将尘土带到高空的尘卷风，也可能见过小鸟毫不费力地借助看不见的上升热气流滑翔。这些例子说明了雷暴发生和发展过程中的动态热不稳定性。雷暴是产生闪电和雷声的风暴，常产生阵风、大雨和冰雹。雷暴可由单个积雨云产生，只影响很小的区域，或者由多个积雨云产生，影响很大的区域。

暖湿空气在不稳定环境中上升时，就会形成雷暴。导致空气向上运动，进而形成雷暴所需积雨云的触发机制有多种，其中一种触发机制是地表加热不均匀。这种机制导致的雷暴，伴随的是分散且蓬松的积雨云，常形成于沿海热带气团内，夏天通常形成零散的雷暴。这类雷暴的寿命很短，很少造成大风和降雨。

相比之下，第二类雷暴不仅受地表不均匀加热的影响，而且与沿锋面或地形抬升的暖空气有关。此外，高空辐散也有利于这些雷暴的形成，因为这样会向上抽及底层的空气。这种雷暴有的会产生大风、冰雹、洪水和龙卷风等，因此十分猛烈。

每时每刻全球估计约有 2000 个雷暴正在形成。不出所料，大部分雷暴发生在暖湿、水气充沛且不稳定的热带地区。每天约有 4.5 万个雷暴发生，全球每年发生的雷暴数超过 1600 万个。这些雷暴每秒放出 100 次闪电来闪击地球（见图 10.2）。

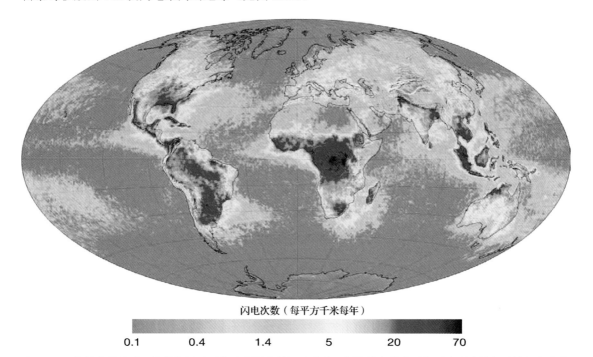

闪电次数（每平方千米每年）

| 0.1 | 0.4 | 1.4 | 5 | 20 | 70 |

图 10.2 空基光量传感器的数据显示了全球范围内的闪电分布，颜色的变化表示每平方千米的年平均闪电次数

美国全年约发生 10 万次雷暴和数百万次闪电。由图 10.3 可以看出，佛罗里达州和墨西哥湾东部地区雷暴发生的次数最多，每年雷暴活跃的天数为 70～100 天。落基山脉东边的科罗拉多州和新墨西哥州其次，每年的雷暴天数为 30～50 天。显然，美国西海岸、北部各州和加拿大很少有雷暴活动，因为暖湿的不稳定热带气团很少能到达这里。

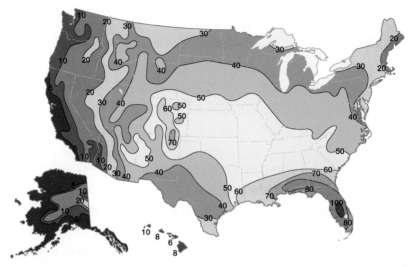

图 10.3 每年出现雷暴的平均天数。以潮湿副热带气候为主的美国东南部地区的大多数降水都是雷雨。东南部大多数地区平均每年的雷雨天数超过 50 天

概念回顾 10.2

1. 形成雷暴的要求是什么？
2. 地球上的什么位置最可能形成雷暴？

问与答：雷雨和雷暴有何区别？

从技术上讲，没有区别。雷雨是指相对较弱的风暴，此时出现小到中雨，闪电活动水平较低。然而，雷雨与雷暴之间无法具体区分。为避免混淆，美国气象局不使用雷雨一词。如果一场阵雨强到足以产生闪电，就称其为雷暴。

10.3 气团雷暴

在美国，气团雷暴常发生在从墨西哥湾向北移动的热带海洋气团（mT）中。暖湿气团的低层含有大量水汽，当其下部受热或沿锋面抬升时，就会变得不稳定。因为 mT 气团常在春季和夏季最不稳定，其下部被地表加热时，气团雷暴发生的频率最高。午后，当地面温度最高时，雷暴最活跃。由于地表加热作用对雷暴形成的局地差异，雷暴往往是分散和孤立的，不会形成带状或者其他分布类型。

10.3.1 发展阶段

20 世纪 40 年代，气象学家在佛罗里达州和俄亥俄州进行了重要的野外试验，以探测气团雷暴的动力学特征。称为雷暴项目的这项开创性工作起因于大量飞机因雷暴而失事。项目使用雷达、飞机、无线电探空仪和大范围的地面仪器观测网，得出了气团雷暴生命周期的三阶段模型，该模型 70 多年来基本上没有改变，如图 10.4 所示。

积云阶段　气团雷暴的产生主要是因为地表不均匀加热，导致上升气流最终产生积雨云。最初因浮力上升的热空气在晴好天气下产生积云，几分钟后积云就蒸发到周围的干空气中（见图 10.5）。这种初始的积云发展非常重要，因为是它们将水汽从地面带到高空中的。最后，当空气变得充分湿润几乎不再有蒸发时，云便开始垂直向上发展。

塔状积雨云的发展需要有持续的湿空气供给，释放的潜热可使新产生的暖空气上升到更高的位置。在这个阶段，雷暴的发展称为积云阶段，它由上升气流决定 [见图 10.4(a)]。

当云超过冻结高度时，伯杰龙过程就开始产生降水（见第 5 章）。当云中累积的降水多到上升

气流再也无法支撑时，降水就会拖曳空气产生下降气流。与此同时，云体周围的干冷空气加入下降气流，这一过程被称为夹卷。夹卷过程中进入云体的是较重的干冷空气，因此这个过程会增强下降气流，造成有些降水在下降过程中蒸发（冷却过程），进而冷却下降的空气。

成熟阶段　随着下降气流离开云底，出现降水，这标志着云的成熟阶段的开始[见图 10.4(b)]。在实际降水到达地面之前，下沉冷气流向四周扩散，且在地面可以感觉到下沉冷气流。地面出现的急剧冷阵风就是高空下降气流的特征。在成熟阶段，上升气流与下降气流一个挨着一个同时存在，使得云体不断增大。当云增长到不稳定区域的顶部（通常位于平流层底）时，上升气流就向四周扩散，形成像铁砧一样的顶部。通常，由冰晶组成的卷云形成的云顶会在高空风的作用下向下风向延伸。成熟阶段是雷暴最活跃的时段，有阵风、闪电和大雨，有时还有小冰雹。

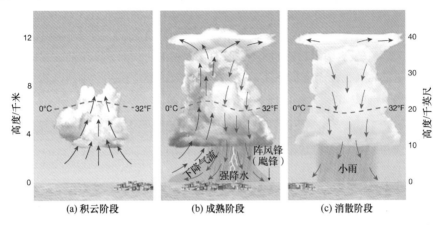

图 10.4　气团雷暴发展的几个阶段。(a)在积云阶段，强大的上升气流形成风暴；(b)成熟阶段的标志是强降水风暴局部有向下的冷气流；(c)向上的暖气流完全消失后，降水减少，云开始消散

消散阶段　下降气流和降水一旦开始，单体入会卷入周围更多的干冷空气，最终下降气流在整个云中占主导地位，标志着消散阶段的开始［见图 10.4(c)］。降水的冷却效应和高空冷空气的流入标志着雷暴活动的结束，因为没有来自上升气流的水汽供应，云很快就会蒸发。一个有趣的事实是，只有约 20% 的水汽在气团雷暴中凝结，作为降水离开云体，剩下 80% 因蒸发而回到大气中。注意，在一个独立的气团雷暴中可能有几个单体存在，也就是说，存在相邻的上升和下降气流带。观察雷暴时，可能会发现积雨云是由几个云塔组成的［见图 10.5(b)］。每个云塔都可能代表雷暴发展过程的不同阶段的一个单体。

图 10.5　(a)首先，上升暖气流产生晴好天气的积云，这些云很快就因蒸发而进入周围的大气，使空气湿度变大。随着积云的发展和蒸发过程的持续，空气最终潮湿到足以使新形成的云不再蒸发而持续生长。(b)发展的积雨云可能变成伊利诺伊州中部 8 月的塔状雷暴

气团雷暴发展阶段小结如下。

- 积云阶段：整个云体内以上升气流为主，并且开始从积云发展为积雨云。
- 成熟阶段：最强的时期，伴有暴雨且可能有小冰雹，出现一个挨着一个的下降和上升气流。
- 消散阶段：以下降气流和夹卷过程为主，整个结构蒸发消失。

10.3.2 发生区域

山区，如美国西部的落基山脉和东部的阿帕拉契亚山脉，要比平原地区各州出现更多的气团雷暴。靠近山坡的空气的加热强度要大于平原上的空气，因此白天发展起来的上坡运动有时就会产生雷暴单体。这些在斜坡上的单体可能几乎一直处于稳定状态。

虽然雷暴的生成要借助于地面高温，但是许多雷暴并不只靠地面加热来产生。例如，佛罗里达州的许多雷暴是由从海洋到陆地的空气辐合引起的（见图 4.22）。许多形成于美国东部约 2/3 区域的雷暴是作为环流辐合与中纬度气旋经过时的锋面楔入的一部分产生的。在赤道附近，雷暴的形成往往与赤道低压（也称赤道辐合带）有关。大多数这类雷暴并不剧烈，其生命周期也与描述气团雷暴的三阶段模型相似。

概念回顾 10.3

1. 哪个季节的哪一天的气团雷暴活动最强？为什么？
2. 为什么夹卷会加剧雷暴下降气流？
3. 综述气团雷暴的三个阶段。

10.4　强雷暴

强雷暴产生倾盆暴雨、突发洪水，以及强阵风、直线风、大冰雹、闪电甚至龙卷风。美国气象局局分类为"强"等级的雷暴，其风速大于 93 千米/小时，或者产生直径大于 1.9 厘米的冰雹，或者形成一个龙卷风。在美国每年约 10 万个雷暴中，约 10% 是强雷暴。

如上节所述，气团雷暴是一种局地的、生命周期相对较短的天气现象，快速发展成熟后就会消散。气团雷暴实际上会自己消失，因为下降气流切断了维持它们所需的水汽供应。因此，气团雷暴很少产生强烈天气。相反，其他不会很快消散的雷暴会持续活跃多个小时。有些较大、生命周期较长的雷暴甚至会成为强雷暴。

为什么有的雷暴能够持续多个小时？一个关键因素是垂直风切变的存在，即存在风向和风速随高度的变化。出现这样的条件时，为风暴提供水汽的上升气流不再是垂直的，而是倾斜的。由于这种倾斜，在云的高处形成的降水就会落入下降气流，而不像气团雷暴那样落入上升气流。这就使得上升气流保持其强度并连续向上发展。有时，上升气流会强到可将云顶推入稳定的平流层下层，这种情况称为过顶（见图 10.6）。

在塔状积雨云的下部，下降气流可以到达地面，密度较大的冷空气会沿着地面扩展。这一向外流出的下降气流的前部边缘就像一个楔子，迫使地面暖湿空气抬升进入雷暴。下降气流以这种方式维持上升气流的存在，进而保证雷暴的持续。考察图 10.6 可以发现，下降冷气流的向外流动而进入周围暖空气时，就像是一个"微型冷锋"。这种流出气流的边界称为阵风锋。随着阵风锋移过地面，剧烈扰动的空气会将尘土卷起，这时就可看见其推进的边界。当沿着阵风锋前进边缘的暖空气被抬升时，常形成卷轴云（见图 10.7）。阵风锋的推进造成的抬升，还为在距离初始积雨云数千米之外的地方形成新的雷暴提供了条件。

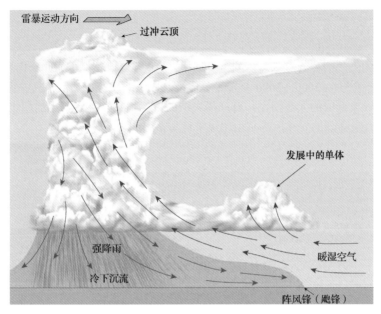

图 10.6 充分发展的塔状积雨云图解，显示了上升气流、下降气流和过顶。形成于倾斜上升气流中的降水落入下降气流。在云下，下沉冷空气沿地面扩展。向外延伸的下沉空气前缘楔入潮湿的地面空气，使其进入云层。最终，流出空气边界可能变成阵风锋，引发新积雨云的发展

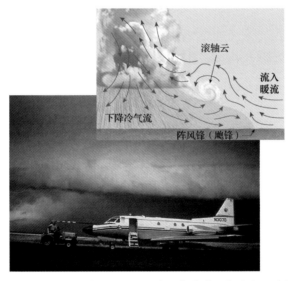

图 10.7 蒙大拿州迈尔斯城出现的滚轴云，有时沿阵风锋在流入气流和下降气流之间的涡流中产生

概念回顾 10.4

1. 强雷暴与气团雷暴不同吗？
2. 描述强雷暴中的下降气流对维持上升气流的作用。
3. 什么是阵风锋？

问与答：塔尖积雨云内部是什么样的？

答案是狂暴和危险。德国一位滑翔伞冠军卷入澳大利亚新南威尔士州塔姆沃思附近的一个大雷暴中后，没多久就昏迷了。上升气流将她抬升到了 8400 米的高空，冰包住了她，冰雹砸中了她。最终，她在 6890 米左右的高度恢复了知觉。她的 GPS 设备和计算机记录了她被风暴裹挟的运动轨迹。在闪电中剧烈摇晃后，她开始慢慢下降，最终在离起飞地 64 千米的地方着陆。

10.5 超级单体雷暴

最危险之一的天气由称为超级单体的雷暴造成，其他天气现象很少如此令人恐惧（见图10.8）。据估计，美国每年会发生2000~3000个超级单体雷暴。虽然超级单体雷暴只占雷暴的一小部分，但它们在灾害性天气造成的人员伤亡、财产损失中的占比很大。不到一半的超级单体雷暴会产生龙卷风，而且所有最猛烈的龙卷风都是由超级单体雷暴引起的。

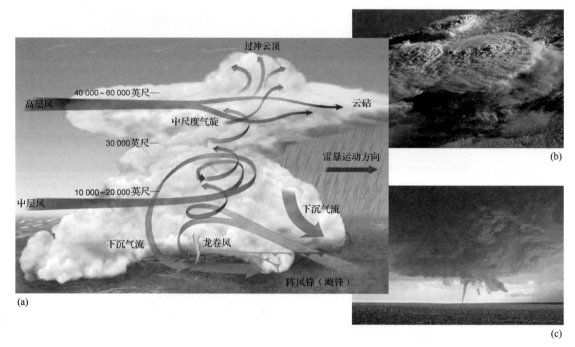

图10.8 (a)假想超级单体雷暴剖面图；(b)宇航员从空中拍摄的1994年9月沿加拿大曼尼托巴省和美国明尼苏达州边界的超级单体雷暴云团；(c)从地面上看，塔状超级单体雷暴生成了一个龙卷风

超级单体雷暴是一个强大的独立结构，向上的延伸高度有时可达20千米，并且能够维持几小时。这些巨大的云体直径可达20~50千米。

尽管超级单体是单体结构的，但是它们相当复杂，其垂直风廓线可以产生旋转上升气流。例如，当地面气流来自南面或东南面，高空风速增大，并且随着高度的增加，风向逐步变成西南风时，就可能出现这种情况。如果雷暴是在这种风场环境下发展的，那么上升气流就会旋转。在这种称为中尺度气旋的气旋气柱中，常常形成龙卷风（见图10.8）。

维持超级单体需要释放大量的潜热，这就要求对流层低层的温度较高及水汽含量较高。研究表明，距离地面几千米高度的逆温层有助于提供这一基本条件。前面讲过，逆温是一种非常稳定的抑制空气垂直运动的大气条件。逆温的出现似乎是通过抑制许多小雷暴的形成来帮助极少数非常大的雷暴发展的（见图10.9）。逆温阻止了对流层低层的暖湿空气与上层的干冷空气的混合，结果是地面加热使逆温层以下的空气温度继续升高、水汽含量增加。最后，局地逆温被下层的强力混合破坏。这时，下层的不稳定空气在这些地方爆发性地"喷发"，产生大型塔状积雨云。正是基于这些云所具有的集中且持续的上升气流，才形成了超级单体。有利于强雷暴形成的大气条件经常位于辽阔的区域，因此强雷暴常以多个风暴聚集在一起的群组形式发展。有时这种风暴群组以长带状出现，称为飑线；有时风暴群组形成圆形，称为中尺度对流复合体。然而，无论这些单体如何排列，都不是单个风暴的简单聚集，而是由一个共同的因素联系在一起的。

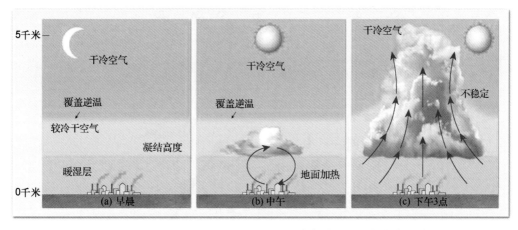

图 10.9 强雷暴的形成可能因距地面几千米高的逆温层的存在而增强

10.5.1 飑线

飑线是由多个雷暴形成的较窄带状区，其中有些雷暴是强雷暴。飑线主要出现在中纬度气旋的暖空气一侧，通常位于冷锋前 100～300 千米。这种由许多不同发展阶段的单体组成的线性积雨云带可以延伸 500 千米以上。平均而言，飑线会持续 10 多小时，有的甚至会持续一天以上。当飑线临近时，有时会在天空中出现乳房状云层，即一排排黑暗的乳房状云（见图 10.10）。

大多数飑线不是由冷锋被迫抬升产生的。有些飑线是在近地面暖湿空气和高空急流活动共同作用下发展起来的，当由急流产生的辐散及相应的抬升与来自南边的强大且持久的暖湿气流结合时，就形成飑线。

图 10.10 天空中暗黑的乳房状云，它有时是飑线的前兆。当积雨云达到最大体积和强度时，乳房状云通常就得以形成和发展。一般来说，乳房状云的出现是强雷暴的迹象

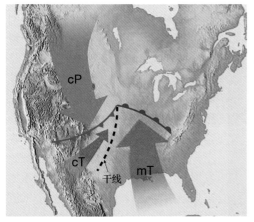

图 10.11 飑线雷暴频繁地沿干线发展，干线是暖干热带大陆气团与暖湿热带海洋气团的边界

强雷暴飑线也可能沿干线边缘形成。所谓干线，是指水汽发生突然变化的狭长地带。如图 10.11 所示，当来自美国西南部的热带大陆气团（cT）进入中纬度气旋的暖区时，就可能形成干线。密度较大的热带大陆气团在与密度较小的热带海洋气团交汇时，会使后者抬升。这时，因为锋面向干燥的热带大陆气团前进，所以沿冷锋很少有云形成和雷暴发展。干线在得克萨斯州的西部、俄克拉何马州和堪萨斯州最常见，如图 10.12 所示。通过比较飑线两侧的露点温度，很容易确定干线。东部热带海洋性气团的露点温度要比西部热带大陆性气团高 17°～25℃。当这个超常的飑线向东移动时，就会产生很多强对流天气，包括在 6 个州生成 55 个龙卷风。

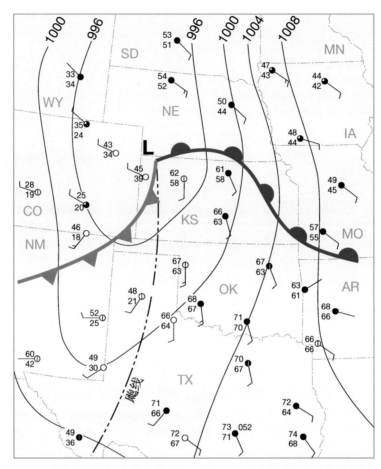

图 10.12　中纬度气旋的飑线造成龙卷风大爆发。飑线将暖干大陆热带气团和暖湿热带海洋气团分开。比较飑线两侧的露点温度，很容易确定干线，图中每个站点标出的较小数字就是露点温度（℉）

10.5.2　中尺度对流复合体

图 10.13　达科他州东部上空 MCC 的卫星照片

中尺度对流复合体（MCC）是由多个单独雷暴组成的大椭圆形或圆形雷暴集群。典型的 MCC 很大，覆盖区域约为 10 万平方千米，且其移动缓慢，可以持续 12 小时以上（见图 10.13）。MCC 在美国大平原地区出现得最频繁。条件合适时，MCC 就会由下午的一组气团雷暴发展而成，晚上，随着局地风暴的消亡，MCC 开始发展。由下午的气团雷暴转变成 MCC 需要低层的强弱暖湿气流。这个气流增强了大气不稳定性，进而激发了对流与云的发展。一旦有利条件占主导地位，MCC 就保持自我发展状态，随着阵风锋在已有单体附近形成更强大的单体。新的雷暴一般会在迎着低层暖湿气流的复合体边缘附近发展。虽然有时中尺度对流复合体产生强烈天气，但它们也是有益的，因为它们为美国中部农作物的生长提供了大量雨水。

极端灾害性天气 10.1　突发洪水——雷暴的头号杀手

龙卷风和飓风是自然界中最可怕的风暴，因此自然而然地是人们关注的焦点。在大多数年份，这些可怕事件直接造成的死亡人数并不多，因为大量死亡是由洪涝造成的（见图 10.A）。从 2001 年到 2010 年，美国与风暴有关的洪水的年均致死人数为 71 人，相比之下，龙卷风的年均致死人数为 56 人。飓风的年均致死人数受 2005 年飓风卡特琳娜的巨大影响（超过 1000 人）。除 2005 年外的其他所有年份，飓风的年均致死人数不到 20 人（见图 10.A）。

洪水是河流自然行为的一部分

洪水是河流自然行为的一部分，大多数都有与时空变化很大的大气过程有关的气象学起因。大河流域的主要区域性洪水常由大范围内长时间的系列降水事件造成。前一章讨论过这类洪水的例子。相对而言，仅持续一两小时的强雷暴活动可能会在小流域触发洪水，下面就讨论这种情况。

突发洪水是短时间内出现的大流量局地洪水。快速上升的水位常来不及预警就已发生，冲毁道路、桥梁、房屋和其他重要设施（见图 10.B）。河道内的水流量迅速达到最大值后，很快减小。洪水在清扫河道时，往往会带有大量的沉积物和杂物。影响突发洪水的因素包括降雨强度和持续时间、地表状况和地形等。城市地区的表面由大量不透水的能快速形成径流的不透水屋顶、街道和停车场组成，因此也很容易形成突发洪水（见图 10.C）。事实上，最近的研究表明，美国（不包括阿拉斯加和夏威夷）不透水地表的面积超过 112600 平方千米，比俄亥俄州的面积略小一些。突发洪水常由移动缓慢的强雷暴或由一系列雷暴重复经过同一地区带来的倾盆大雨引起。有时突发洪水由飓风和热带气旋的强降水引起。偶尔，漂浮的杂物和冰块会在天然或人为障碍前堆积而阻碍水流，当这种临时堤坝溃决后，凶猛的水流就会像突发洪水一样汹涌而出。

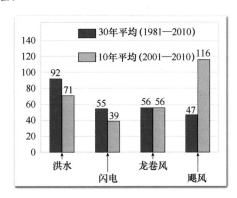

图 10.A　两个时段美国年均风暴致死人数。飓风致死人数受 2005 年飓风卡特琳娜的巨大影响（死亡 1000 多人）。在这幅图上，其他年份的飓风年均致死人数不到 20 人

图 10.B　2009 年 7 月，在新墨西哥州的哈格曼附近，突发洪水形成了这个杂物堆并冲毁了道路

突发洪水是大流量短时局地洪水。突发洪水可以发生在全国的任何区域，但在山区特别常见，因为那里的坡陡会使径流快速进入狭窄的山谷。当土壤因前期降水已经饱和或由不渗透物质组成时，灾害最严重。

为什么有这么多人死于突发洪水呢？除了突发性（很多人正在睡眠中），人们并不重视流水的威力。深度仅为 15 厘米的洪水可以冲倒一个人，大多数汽车在仅 0.6 米深的洪水中就会飘走。全美有一半以上因突发洪水造成的死亡都与汽车有关！因此，千万不要在被洪水淹没的路上开车！

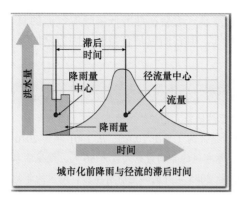 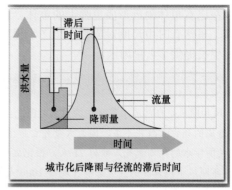

图 10.C　城市地区极易形成突发洪水，因为大量不透水表面会使强降水快速形成径流。曲线图显示了假设条件下城市化对水流的影响。注意，当降水开始时，河流水位未上升，因为水从降落地点到进入河流需要时间，这一时间称为滞后时间。注意，当区域从乡村变为城市时，滞后时间变短，洪峰变高

概念回顾 10.5

1. 什么是干线？
2. 简要描述沿干线形成飑线的过程。
3. 什么环境会形成中尺度对流复合体？

10.6　闪电和雷声

在美国，大多数年份由闪电造成的与风暴有关的死亡人数仅次于洪涝。虽然报道称美国每年因闪电而死亡的人数约为 60 人，但还有一些未被报道的。据估计，美国每年死于闪电的人数高达 100 人，而受伤的人数可能超过 1000 人。

对洪水、龙卷风和飓风会发布常规的监视、警报和预报，为什么对闪电没有这些呢？原因是闪电发生的地理位置太广，发生频率太高。每年闪电要击中地面数千万次，闪电分布太广、发生频率太高，因此不可能为每个人发布每次闪电警报。由于这个原因，闪电成为许多人一年内可能遇到的最危险的天气灾害（见表 10.1）。

表 10.1　美国闪电造成的伤亡

排序	地点和活动	百分比	排序	地点和活动	百分比
1	开阔地（包括运动场）	45%	5	农场和建筑、建筑工地工程车（敞篷）	5%
2	树下躲雨	23%	6	接打有线电话（室内最危险的行为）	4%
3	水上运动（游泳、划船和垂钓）	14%	7	打高尔夫球（错误地躲在树下）	2%
4	打高尔夫球（开阔地）	6%	8	使用收音机和无线电设备	1%

一个风暴只有当人们听到雷声后才能被认为是雷暴，因为雷声由闪电产生，所以闪电是同时出现的（见图 10.14）。闪电与干燥天气下触摸金属物体时的电击现象相似，但强度却有天壤之别。

在大积雨云的形成过程中，不同的部分会充不同的电，这意味着云在发展过程中，有些部分会充负电，其他部分充正电。闪电的目的是让电流从负电区域向正电区域流动（反之亦然），使得这种充电差异保持平衡。空气是不良电导体（良绝缘体），因此闪电发生前的电位差（充电差异）很大。

最常见的闪电类型发生在云内带有相反电荷的区域，或都发生在带有相反电荷的云之间。所有闪电中约 80%属于这一类型，通常称为片状闪电，因为这种闪电发生时会扩散而照亮一片云区。片状闪电不是闪电的唯一形式，而是闪光受到云的遮挡时的普通闪电。第二种闪电是发生在云与地球表面之间的放电，这才是最壮观的闪电。这种云地闪电约占所有闪电中的20%，是最具破坏性和最危险的闪电形式。

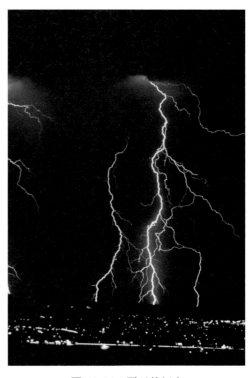

图 10.14　夏天的闪电

极端灾害性天气 10.2　下击暴流

下击暴流是一种产生于某些积云和积雨云下部的强局部下沉空气区。下击暴流不同于典型的雷暴下降气流，它们的强度更大并且集中于更小的区域内（见图 10.D）。下击暴流的水平尺度通常小于 4 千米，因此有时也称其为微暴气流。当下击暴流到达地面时，空气会向四处扩展，就像从水龙头中流出来的水柱碰到水槽后四处散开一样。几分钟内，下击暴流就会消失，而地面的空气则继续扩展。下击暴流的直线风速可达160 千米/小时，其破坏作用相当于一个弱龙卷风。

当雨滴蒸发冷却空气时，下击暴流的空气加速。较冷的空气密度也较大；空气密度越大，其"下降"得就越快。下击暴流的第二种机制是下落降水的拖曳作用，虽然单个雨滴不会有多大的拖曳作用，但数百万个下落雨滴的力量则相当可观。

图 10.D　照片显示雨轴从积雨云向下延伸，表明丹佛斯泰普尔顿机场附近有强大的下击暴流

下击暴流对飞机的飞行具有极大危险性

下击暴流带来的强风是非常危险和有害的。例如，1993 年 7 月，在加大拿安大略省的派克瓦

史附近，成千上万棵树被下击暴流连根拔起；1984 年 7 月，在美国的田纳西河上，一艘 28 米长的游轮被下击暴流倾覆，11 人丧生。下击暴流对飞机具有极端危险性，尤其是在飞机起飞和降落时。片刻之间，云内的气流就会从上升气流变为下击暴流。如图 10.E 所示，假设飞机准备着陆时遇到了下击暴流，当飞机进入下击暴流时，开始遇到的是逆风，使飞机上升，为了降低抬升，飞行员要使机头向下；然而，数秒后又遇到了顺风。这时，因为风顺着飞机运动，大量气流在机翼之上，为飞机提供的升力明显减小，导致飞行高度突然降低且可能坠毁。由于大多数机场都部署了与下击暴流有关的风向变化探测系统，这种严重的飞行灾害已经显著减少。此外，飞行员同时也要接受在起飞和降落时如何处理下击暴流的训练。

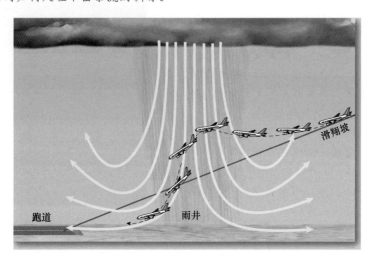

图 10.E　在这幅效果图中，箭头表示下击暴流向下和向外的空气运动。一架准备降落的飞机通过下击暴流时，首先被强逆风抬升，接着因下降气流和顺风而突然下降

问与答：在美国，雷击地面的频率是多少？

　　自 20 世纪 80 年代末以来，人们就能实时检测整个国家的云地闪电。自 1989 年以来，美国闪电探测网每年在 48 个州共记录到 2500 万次云地闪电。此外，约有一半的闪电至少有一个击地点，因此每年平均至少有 4000 万个击地点。除了云地闪电，云层中的闪电次数为云地闪电的 5～10 倍。

10.6.1　闪电发生的原因

　　虽然人们并不完全清楚闪电发生的原因，但由于闪电主要发生在积雨云的成熟阶段，所以云内充电的起因一定取决于云内的快速垂直运动。在中纬度地区，这类高大云体的形成主要发生在夏季，这也说明了很少在冬季看到闪电的原因。另外，在云发展到 5 千米高度以上之前，闪电很少发生，因为在 5 千米这一高度之上才会冷到开始产生冰晶。

　　有些云物理学家认为，云的不同部位的充电出现在冰珠形成过程中。实验表明，随着雨滴的冻结，带正电的离子开始集中在云滴较冷的区域，而带负电的离子则集中在较暖的区域。因此，当一个云滴从外向内冻结时，冰壳带正电而内部带负电。随着内部开始冻结，云滴膨胀使其外壳破碎。带正电的小碎冰片由扰动气流携带着向上运动，而相对较重的云滴主要携带着负电荷向云底运动。因此，积雨云的上部带正电，而下部带负电（见图 10.15）。

　　随着云的移动，通过负电粒子的排斥作用，带负电的云底直接改变地面的带电状况。因此，云下方的地面获得净正电荷。这些带电差异在闪电放电之前，可积累到数百万伏甚至上亿伏，云内负电荷区通过频繁地电击地面，或者在云内放电，或者在与邻近云的正电荷区之间放电，分别形成地闪、云闪和云间闪等闪电现象。

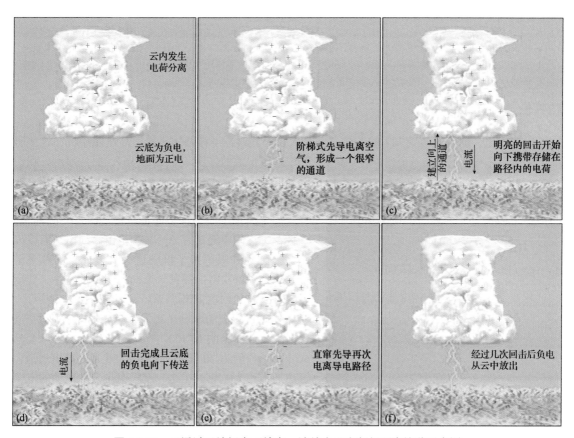

图 10.15 云通过云地闪电而放电，请结合正文仔细研究这些示意图

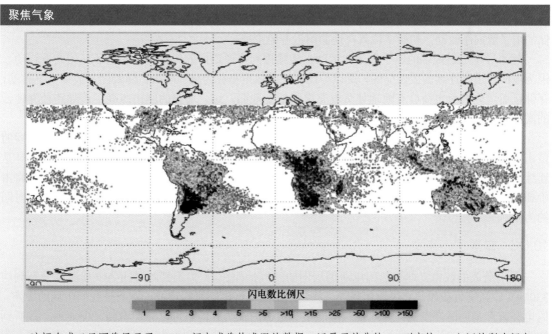

闪电数比例尺

1 2 3 4 5 >5 >10 >15 >25 >60 >100 >150

这幅合成卫星图像显示了 NASA 闪电成像传感器的数据，记录了从北纬 35° 到南纬 35° 之间的所有闪电。

问题 1 图像表示的是哪三个月？是 6~8 月还是 12~2 月？为什么？

问题 2 陆地上的闪电为何多于海面上的闪电？

10.6.2　雷击

云地闪电（地闪）最受人们的关注，并且人们对其进行了详细的研究。高速照相机在这些研

图 10.16　摄像机拍摄的一个光闪中的多个雷击

究中起了很大的作用（见图 10.16）。照片显示，我们看到的闪电实际上是云和地表之间非常快的电击。我们将持续近 0.1 秒的明亮条纹状放电称为闪电。组成每次闪电的单个成分称为雷击，每次雷击间隔约 50 毫秒，每次闪电通常有 3~4 次雷击。闪电之所以闪烁，是因为人眼识别了组成这一放电现象的单个雷击。此外，每次雷击都有一个向下传播的先导，其后紧跟着明亮的回程雷击。

当靠近云底的电场在其下方释放出电子时，空气立即被电离（见图 10.15）。一旦空气被电离，就会形成一个半径约为 10 厘米、长度约 50 米的导电通道，这个通道称为先导。在这一过程中，云底移动的电子开始向下流动进入这一通道。这个电流增大了导管前部的电压，进而使导电通道在进一步电离的过程中继续延伸。这个最初的通道向地面的延伸是在短时间内发生且肉眼几乎看不见的，因此将这一延伸称为先导闪电。一旦这个通道接近地面，地面的电场就会使剩余的通道电离。随着通道的完成，沿通道存储的电子就向下流动，初始电流就在地面附近开始形成。

随着导电通道低端的电子向地球运动，连续排列在通道内的位置更高的电子开始向下移动。因为电流通道是连续向上延伸的，所以与此对应的放电被称为返回雷击。随着回击波锋向上移动，存储在通道内的负电荷会有效地使负电充电降低到地面。这一增强的回击照亮了传导路径并使云的底部几千米放电。在这个阶段，数万库仑的负电荷到达地面。

第一次雷击通常紧跟着多个雷击，这些雷击显然会从云内较高的部位带出电荷。每个后续的雷击都是从直窜先导开始的，可使传导通道再次电离并在云与地面之间产生电位差。直窜先导是连续的，但比阶梯式先导分叉少。当两次电击之间的电流停止间隔超过 0.1 秒时，下面的电击将由阶梯先导开始，其传导路径与初始雷击的不一样。由三到四个雷击构成的每个闪电的总持续时间约为 0.2 秒。

10.6.3　雷声

闪电造成的放电立即加热闪电通道周围的空气，即在 1 秒不到的时间内就使温度升高到约 33000℃。当空气被如此之快地加热时，就会产生爆炸性的膨胀和声波，这就是我们听到的雷声。闪电和雷声是同时产生的，因此就有可能估算雷击的距离。闪电可以立即看到，但要迟一些听到雷声，因为声波的传播速度相对较慢，约为 330 米/秒。如果看到闪电 5 秒后才听到雷声，那么闪电应发生在约 1650 米远的地方。

我们听到的雷声来自离我们一定距离的长长闪电路径，在闪电路径上离我们最近的一端产生

的雷声，要比在最远一端产生的雷声先到达我们的耳朵，这样就使得雷声持续的时间变长。在此基础上，如果受到山体和建筑物的反射，雷声声波到达的时间会进一步延迟。当闪电发生在 20 千米以外时，就很少能听到雷声，这种类型的闪电通常称为热闪，它与有雷声的闪电没什么差别。

概念回顾 10.6

1. 雷声是如何产生的？
2. 片状闪电和云地闪电哪种更常见？
3. 什么是热闪？

问与答：到底有多少人被闪电击中致死？

根据美国气象局的数据，约有 10% 的雷击受害者死亡，90% 的雷击受害者生还。然而，生还者中的许多会遭受严重的终身伤害和残疾。

10.7 龙卷风

龙卷风是一种持续时间很短的局地风暴，它在所有最具有毁灭性的自然灾害中名列前茅（见图 10.17）。由于发生的地点不确定和猛烈的风力，龙卷风每年都会造成许多人员死亡。有些遭遇龙卷风袭击的地区几乎被完全摧毁，龙卷风经过的地方就像战争中被炸弹轰炸过一样。

图 10.17　2003 年 6 月 24 日，南达科他州曼彻斯特附近的一个 EF4 强度的龙卷风。龙卷风是接地的猛烈旋转空气柱，当空气柱中的水汽凝结时，或者含有尘埃或杂物时，就可看见。当空气柱在空中不造成地面破坏时，我们可以看见的部分就称为漏斗云

2011 年的"风暴春天"就是这样一个例子。2011 年 4 月生成了 753 个龙卷风，创下了单月龙卷风个数的记录。4 月 25 日至 28 日是最致命和最具毁灭性的爆发期：美国南部遭到了 326 个龙卷风的袭击，造成了惊人的生命和财产损失。据估计，死亡人数为 350～400，损失达数十亿美元，袭击阿拉巴马州塔斯卡卢萨的龙卷风造成的死亡和损失尤其引人注目。几周后，5 月 22 日又一个龙卷风袭击了中西部地区。在密苏里州的乔普林，龙卷风夺走了 150 多人的生命（见图 10.18）。

龙卷风（有时也称螺旋风或旋风）是极其猛烈的风暴，它以旋转的空气柱或涡旋的形式从积雨云向地面延伸。有些龙卷风内的气压估计要比风暴外的气压低 10%。在涡旋中心特别低的气压的抽吸作用下，地面的空气从各个方向冲进龙卷内。随着气流的进入，空气围绕核心螺旋式向上，最后与雷暴母体中的塔状积雨云内的主气流合并。

(a)

(b)

图 10.18　2011 年 5 月 22 日，达到 EF5 级的毁灭性多涡旋龙卷风袭击了密苏里州的乔普林，造成 150 多人死亡，近 1000 人受伤。(a)5 月 24 日鸟瞰图；(b)地面遭受破坏的场景

　　由于气压的快速下降，被吸入风暴的空气膨胀和绝热冷却。如果空气冷却到露点温度以下，凝结就会产生恐怖的白云，当云移过地面，吸入灰尘和碎片后，就可能变成黑云。当气压下降不足以形成必要的绝热冷却条件时，被吸入的干空气不形成凝结漏斗。在这种情况下，只在从地面吸入物质并将它们带到高空时，才能看到涡旋。

　　龙卷风可由单个涡旋组成，但许多较强的龙卷风都由围线龙卷风中心运动的许多较小的强涡旋组成，这些涡旋称为抽吸涡旋（见图 10.19）。后一类龙卷风称为多涡旋龙卷风。抽吸涡旋的直径约为 10 米，且通常在 1 分钟内形成和消亡，它们可以发生在所有尺度的龙卷风中，包括巨大的"楔形"龙卷风和狭窄的"绳状"龙卷风。龙卷风路径上大多数狭长地带的极度破坏，都是由短时抽吸涡旋造成的。报道的几个龙卷风同时出现情况，实际上都是多涡旋龙卷风。

强龙卷风具有巨大的气压梯度，因此其最大风速有时超过 480 千米/小时。例如，科学家使用多普勒雷达观测资料测出 1999 年袭击俄克拉何马市的毁灭性龙卷风的风速达到 486 千米/小时。然而，目前还没有使用传统风速计的可靠风速测定。

大多数龙卷风通过时，气压变化是根据几个有限的风暴来估计的，这些数据恰好是在龙卷风从气象台站附近经过时，或由携带移动设备的气象学家进行风暴追踪研究时，获得的。人们无数次试图在龙卷风的路径上安放仪器，但这种努力很少成功。最成功的一次是 2003 年 6 月 24 日在南达科他州的曼彻斯特的一个小山村。气象学家追踪一个超级单体雷暴时，在猛烈

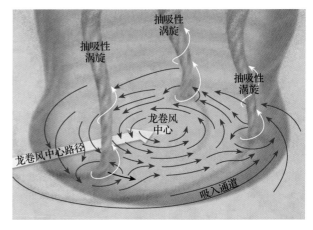

图 10.19 有的龙卷风具有多个抽吸涡旋，这些较小的强涡旋的直径约为 10 米，逆时针方向围绕龙卷风中心运动。因为这种多涡旋结构，一栋建筑物可能遭到严重破坏，而 10 米之外的另一栋建筑物可能只受到轻微损坏

的龙卷风路径上直接安放了专门设计的探测器。龙卷风直接通过控制器，探测器测得 40 秒内气压剧烈下降约 100 百帕（见图 10.20）。获得这样的数据相当有挑战性，因为龙卷风的生命极短、高度局地化且非常危险。然而，多普勒雷达的出现提高了人们研究龙卷风的能力，这种技术可使气象学家更安全地识别龙卷风。

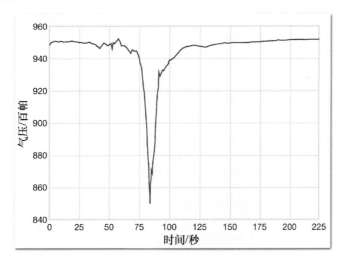

图 10.20 2003 年 6 月 24 日，一个强龙卷风直接经过一台探测器时，探测器在 40 秒内测得的 100 百帕气压下降。图 10.17 是该龙卷风的真实照片

概念回顾 10.7

1. 为何龙卷风的风速很高？
2. 说明大多数龙卷风特有的可见漏斗云的形成过程。
3. 什么是多涡旋龙卷风？龙卷风都是这种类型的吗？

10.7.1 龙卷风的发生与形成

龙卷风的形成与产生大风、强降雨（有时是倾盆大雨）和灾害性冰雹的强雷暴有关。虽然冰雹不一定出现在龙卷风之前，但强雷暴大冰雹区附近往往是强龙卷风最可能发生的地方。所幸的

是，只有 1% 的雷暴产生龙卷风，但能够潜在生成龙卷风的雷暴数量要比这个数字大得多。虽然气象学家仍然不能确定触发龙卷风形成的因素，但有一点是清楚的，即龙卷风是雷暴内强烈的上升气流与对流层内的风相互作用的结果。

龙卷风可以形成于任何恶劣天气条件下，如冷锋、飑线和热带气旋（飓风）等。通常最强龙卷风的形成与超级单体有关。在强雷暴中形成龙卷风的一个重要先决条件是，有一个中尺度气旋的发展。中尺度气旋是在强雷暴中发展起来的旋转垂直空气柱，其典型直径为 3～10 千米。这种大涡旋常于龙卷风生成前 30 分钟形成。

中尺度气旋的形成取决于垂直风切变。从地面向上运动时，风向从南风变为西风的同时，风速增大。风速的切变（即高空风速较强、地面附近风速较小）产生如图 10.21(a) 所示绕水平轴的滚动。条件合适时，风暴中的强上升运动会使得水平滚动空气向垂直方向倾斜［见图 10.21(b)］。这样，就产生了云内的初始旋转。

最初，中尺度气旋较宽、较矮，且旋转得较慢。接着，中尺度气旋在垂直方向上伸展，在水平方向上变窄，使得向内旋转的涡旋的风速加快（就像滑冰运动员收缩胳膊一样，或像水槽中的水加速进入下水道一样）。然后，变窄的旋转空气柱向下伸展到云底下方，产生旋转缓慢的暗云墙。最后，快速旋转的一个细长涡管在云墙底部出现，形成漏斗云。若果漏斗云接触地面，就生成龙卷风。

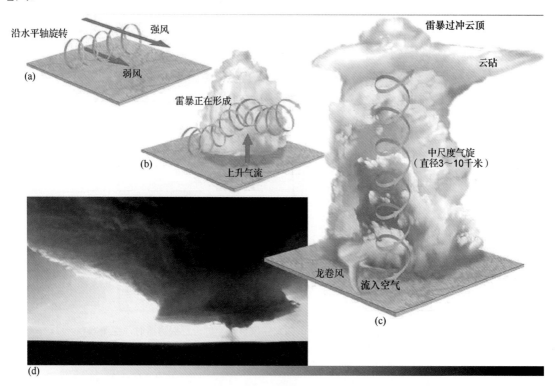

图 10.21　龙卷风形成之前，常有中尺度气旋形成。(a)高空风比地面风强（称为风速切变）时，产生绕水平轴的滚动；(b)强雷暴上升气流使水平旋转的空气向垂直方向倾斜；(c)具有垂直旋转气柱的中尺度气旋形成；(d)有龙卷风发展时，它会在中尺度气旋下部沿缓慢旋转的云墙下降。图中的超级单体龙卷风于 1996 年 5 月袭击了得克萨斯州的大草原地区

中尺度气旋的形成并不意味着一定有龙卷风跟着形成，在所有的中尺度气旋中，大约只有一半产生龙卷风，目前还不清楚原因。因此，预报员不能事先确定哪个中尺度气旋会孕育龙卷风。

10.7.2　龙卷风气候学

强雷暴及其产生的龙卷风最常沿中纬度气旋的冷锋或飑线生成，或者与超级单体雷暴有关。在整个春季，与中纬度气旋有关的气团最可能形成强烈对比的大气条件。此时，来自加拿大的极地大陆气团仍然非常干冷，而来自墨西哥湾的热带海洋气团则暖湿而不稳定，这种反差越大，风暴强度就越大。这两种气团最可能在美国中部相遇，因为那里没有明显的自然屏障将美国中部地区与北极或墨西哥湾隔离开来。结果，与全美其他地区或世界上的其他地区相比，这一地区产生了更多的龙卷风。图 10.22 给出的美国 27 年间平均每年龙卷风的发生率也说明了这个事实。

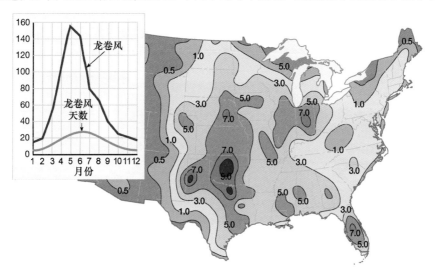

图 10.22　美国 27 年间每 26000 平方千米面积上的龙卷风发生率，曲线图是同一时期
美国各月的龙卷风数和龙卷风天数

从 2000 年到 2010 年，美国平均每年报告的龙卷风数近 1300 个，而且年与年之间实际发生的数量有很大的变化。例如，在这 11 年的时间里，2002 年的龙卷风数量最少，为 935 个，而 2004 年的数量最多，为 1819 个。龙卷风可发生在一年内的任何一个月。在美国，4～6 月是龙卷风发生频率最高的时段，12 月到 1 月是龙卷风活动最少的月份。从 1950 年至 1999 年的 50 年间，美国本土 48 个州报告的近 40522 个龙卷风中，5 月平均每天几乎出现 6 个。在其他极端情况下，12 月和 1 月每两天才有一起龙卷风报告。

40%以上的龙卷风发生在春季，秋季和冬季一共只占大约 19%（见图 10.22）。1 月下旬和 2 月龙卷风发生的频率开始增加，美国中部墨西哥湾各州有最大的发生频率。3 月，高值中心向东移动，到达东南部大西洋各州，4 月龙卷风发生的频率到达峰值。

5～6 月，最大发生频率中心通过大平原南部后，到达大平原北部和大湖地区。最大中心的这种移动是因为暖湿空气的穿透增强，但此时仍有大量干冷空气来自北部和西北地区。因此，5 月后湾区各州受暖空气影响，不再有冷空气入侵，使得龙卷风发生的频率下降。6 月后，全美的情况都是如此。冬季的降温使得冷暖气团之间的交汇少之又少，龙卷风发生的频率在 12 月份降至最低。

极端灾害性天气 10.3　强龙卷风后的幸存

2004 年 7 月 13 日上午 11 点左右，伊利诺伊州中部和北部的大多数地区进入龙卷风监视状态。一个大超级单体在该州西北部形成并正向东南部非常不稳定的环境移动（见图 10.F）。几小时后，超级单体进入伍德福德县并开始降雨，显示出了增强的信号，美国气象局局在中部时间下午 2:29 发布强雷暴警报。几分钟后，

图 10.F 2004年7月13日,强度等级为EF-4的龙卷风在伊利诺伊州伍德福德县罗诺克镇附近的乡村留下了一条长约37千米的轨迹,帕森斯制造工厂就在该镇的西边

龙卷风开始发展;23分钟后,约400米宽的龙卷风暴在伊利诺伊农村留下了一条长约15千米的轨迹。

只有不到1%的龙卷风达到这样的猛烈程度

是什么使得这个风暴如此特别呢?在2004年美国的1819个龙卷风中,这个龙卷风的强度为EF-4级。美国气象局估计其最大风速为385千米/小时,只有不到1%的龙卷风可以达到这样的猛烈程度。然而,最为引人注目的是,罗诺克镇以西的帕森斯制造厂直接受到风暴最猛烈的袭击时,竟然未造成任何人员伤亡。当时,有150人在工厂的三座厂房里。约22500平方米的厂区被夷为平地,汽车被扭成一团,杂物散落了几千米(见图10.G)

图 10.G 宽约400米的龙卷风的风速高达385千米/小时,帕森斯制造厂遭到毁灭性破坏

150人是如何生存下来的?

150人是如何躲过这一劫的?答案是"深谋远虑,未雨绸缪"。30多年前,当公司老板鲍伯·帕森斯在他的第一间厂房工作时,一个小龙卷风紧挨厂房掠过,吹破了窗户。后来,他在建造新工厂时,决定将休息室建设成钢筋混凝土墙、水泥顶厚20厘米的双层结构,作为龙卷风避难所。此外,工厂还制定了恶劣天气应急计划。当7月13日下午2:29强雷暴警报发布时,应急响应团队的负责人立即得到通知。他立刻到室外观察,看到了一个正在发展的漏斗云的旋转云墙,于是他用无线电通知办公室启动恶劣天气应急计划,通知员工立即进入指定风暴避难所。因为工厂每半年都要进行一次龙卷风应急训练,所以每名员工都知道去哪儿、做什么。所有员工不到四分钟就全部进入避难所,应急响应团队的负责人在下午2:41龙卷风摧毁工厂前2分钟最后进入避难所。2004年,全美国龙卷风造成的死亡人数只有36人,而原本人数会高出很多。龙卷风避难所的修建和有效的恶劣天气应急计划使得帕森斯制造厂的150名员工在生死之间有了完全不同的结果。

问与答:什么是龙卷风走廊?

龙卷风走廊是新闻媒体和部分人所用的昵称,泛指龙卷风频繁发生的大范围区域(见图10.22)。龙卷风走廊的中心是从得克萨斯州的大草原地区到俄克拉何马州,以及从堪萨斯州到内布拉斯加州。注意,龙卷风走廊之外的地区每年也发生狂暴的龙卷风,龙卷风几乎出现在美国的任何地方。

10.7.3 龙卷风的特征

龙卷风的平均直径为150～600米,以大约45千米/小时的速度掠过地面,扫过的路径长度平均约为26千米。大多数龙卷风都发生在冷锋稍前一些的西南风区域中,因此大多数向东北方向运动。图10.23中伊利诺伊的例子就是这种情况的最好说明。该图还说明了许多龙卷风与所描述的"平均"龙卷风并不吻合。

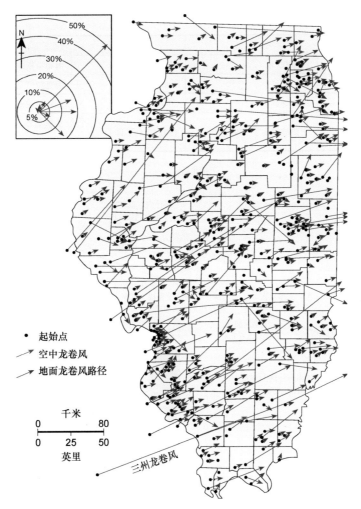

图 10.23　伊利诺伊州的龙卷风路径图（1916—1969 年）。由于大多数龙卷风发生在冷锋前面一些的西南风区域，所以它们通常向东北方向运动，伊利诺伊州的龙卷风证实了这一点。图中 80% 以上的龙卷风的运动方向在东和东北之间

　　美国每年报告的龙卷风成百上千，其中一半以上是相对较弱或生命期较短的龙卷风。大多数这种小龙卷风的生命周期不超过 3 分钟，路径长度很少超过 1 千米，宽度不到 100 米。龙卷风的典型风速约为 150 千米/小时。少见但生命周期较长的猛烈龙卷风如表 10.2 所示。虽然大型龙卷风在全部报告的龙卷风中所占的比例很小，但它们的影响往往是毁灭性的。这类龙卷风的寿命有时长达 3 小时以上，会在长达 150 千米，宽约 1 千米的路径上持续造成严重破坏，最大风速超过 480 千米/小时（见图 10.24）。

表 10.2　龙卷风极值

龙卷风特征	数　据	日　期	地　点
全球最致命的龙卷风	1300 人死亡，12000 人受伤	1989 年 4 月 26 日	孟加拉萨托利亚和玛尼格节
美国最致命的龙卷风	695 人死亡	1925 年 3 月 18 日	密苏里州-伊利诺伊州-印第安纳州
美国最致命的龙卷风爆发	747 人死亡	1925 年 3 月 18 日	密苏里州-伊利诺伊州-印第安纳州
24 小时内爆发最多的龙卷风	147 个龙卷风	1974 年 4 月 3 日至 4 日	美国中部 13 州
单月爆发龙卷风的最大数量	753 个龙卷风	2011 年 4 月	美国

龙卷风特征	数 据	日 期	地 点
直径最大的龙卷风	约 4000 米	2004 年 5 月 2 日	内布拉加州哈勒姆，EF-4
风速最高的龙卷风	135 米/秒	1999 年 5 月 8 日	俄克拉何马州桥溪
高度最高的龙卷风	3650 米	2004 年 7 月 7 日	加利福尼亚州红杉国家公园，
输运距离最远的龙卷风	支票被输运了 359 千米	1991 年 4 月 11 日	从堪萨斯州的斯道克顿到内巴拉斯加的维纳通

图 10.24　(a)1925 年 3 月 18 日发生的三州龙卷风（横穿密苏里州、伊利诺伊州和印第安纳州）是美国有记录以来最致命的龙卷风。这个龙卷风在地面上移动了 350 千米，造成 695 人死亡、2027 人受伤，并且这些数字是一天内在龙卷风路径上发生的；(b)这张历史性照片记录的是 1925年 3 月 21 日伊利诺伊州墨菲斯伯勒社区被三州龙卷风摧毁三天后的情景

概念回顾 10.8

1. 最有利于形成龙卷风的大气条件是什么？
2. 龙卷风季节是什么时候？它为何在这个时间出现？
3. 为什么龙卷风发生频率最高的地区会变化？
4. 大多数龙卷风向哪个方向移动？为什么？

10.8　龙卷风的破坏性

　　因为龙卷风能够产生自然界中最强的风，所以可以完成几乎不可能完成的任务，如可以让一根稻草穿透厚厚的木板、将大树连根拔起等（见图 10.25）。虽然有些破坏看起来不可能由龙卷风造成，但在工程设备中进行的试验表明，风速超过 320 千米/小时后，就可能出现难以想象的情景。1931 年，龙卷风将一节载有 117 名乘客、重达 83 吨的火车车厢卷入空中，移动 24 米后掉入沟中；1932 年，在南达科他州的苏福尔斯附近，一根宽 15 厘米、长 4 米的钢梁被龙卷风从桥上刮下，飞行 300 米后穿透了一棵直径为 35 厘米的阔叶树；1970 年，在得克萨斯州的卢博克市，一个 18 吨重的钢罐被龙卷风卷走近 1 千米。所幸的是，大多数龙卷风的风力没有这么强。

(a)   (b)

图 10.25 (a)1991 年 4 月堪萨斯州威奇托附近一个龙卷风的风力大到足以让金属板插入电线杆；(b)1999 年 5 月 4 日，在俄克拉何马州的桥溪，一次龙卷风爆发将一辆卡车的残骸吹到了一棵树上

10.8.1 龙卷风的强度

　　大多数龙卷风造成的损失与极少数袭击城市区域或毁灭整个社区的风暴有关。这类风暴造成的损失大小主要取决于风的有效强度等级。人们观测到了龙卷风强度、大小和生命周期的大量数据。常用来表示龙卷风强度的是增强藤田强度指标，简称 EF 指标（见表 10.3）。龙卷风的风速无法直接测量，因此 EF 指标的分级是通过评估风暴造成的损毁程度来确定的。虽然 EF 指标被广泛使用，但它并不完善。它只从损毁程度来估计龙卷风的强度，而不考虑被龙卷风袭击的目标的结构特性。建造合理的建筑物可以承受非常强的风力，而很差的建筑物遭受到同样甚至更弱的风力时会完全毁坏。

表 10.3 增强藤田强度分级

分级	风速（千米/小时）	破坏程度
EF-0	105～137	轻度破坏。墙体和屋顶轻微损坏
EF-1	138～177	中等破坏。屋顶损坏严重，拔起树木，吹倒移动房屋，旗杆弯折
EF-2	178～217	较大破坏。大多数移动房屋被毁，固定房屋被移离地基，旗杆倒地，软木树皮被掀开
EF-3	218～265	严重破坏。硬质树皮被掀开，大多数房屋被毁
EF-4	266～322	摧毁性破坏。学校建筑物、完好的居民建筑物被毁
EF-5	＞322	难以置信的破坏。中等和高大建筑物结构严重变形

　　龙卷风过境带来的气压下降在造成损失的过程中只起次要作用。大多数建筑物都有足够的排气通道以适应这种气压的突然下降。打开窗户曾被认为是一种使室内和室外大气压力平衡以减小损失的方法，但是现在不再推荐这样做。这是因为，如果龙卷风离建筑物很近且受到气压下降的影响，那么强大的风力可能已经造成了严重的破坏。

　　虽然龙卷风破坏的很大一部分是由强风造成的，但大多数龙卷风造成的伤亡则来自空中飞舞的杂物。平均而言，除闪电和突发洪水外，每年因龙卷风造成的死亡人数要比其他任何天气事件造成的都多。在美国，龙卷风年均造成的死亡人数约为 60 人。然而，每年的实际死亡人数与平均人数之间有很大的差异。例如，1974 年 4 月 3 日至 4 日，密西西比河以东 13 个州有 147 个龙卷风爆发，造成的死亡人数超过 300 人，近 5500 人受伤（见图 10.26）。

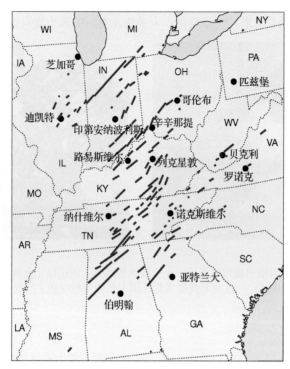

图 10.26　1974 年 4 月 3 日至 4 日，在 16 小时内，147 个龙卷风袭击了 13 个州。图中给出了许多龙卷风的路径。这是一次最大且损失最严重的龙卷风事件。风暴夺走了 315 人的生命，使得 5500 多人受伤。共有 48 个"杀手龙卷风"，其中强度为藤田 5 级的有 7 个，藤田 4 级的有 23 个（这次事件发生在使用 EF 分级之前，它用 F 等级来描述。按照 F 等级，风速的划分标准是如下：F0（< 115 千米/小时），F1（115～179 千米/小时），F2（180～251 千米/小时），F3（252～330 千米/小时），F4（331～416 千米/小时），F5（> 416 千米/小时）

10.8.2　死亡率

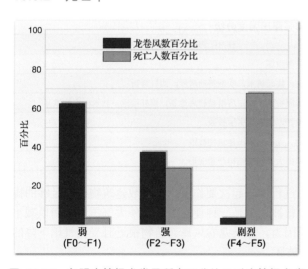

图 10.27　各强度等级龙卷风所占百分比及对应等级龙卷风造成的死亡百分比。这一研究是在使用 EF 等级指标之前完成的，因此风暴的强度等级仍采用 F 等级分类。对应的等级和风速如下：F0（< 115），F1（115～179），F2（180～251），F3（252～330），F4（331～416），F5（>416）

造成人员死亡的龙卷风只占一小部分。2010 年，美国发生了 1543 个龙卷风，其中只有 22 个是"杀手龙卷风"，接近平均水平。换句话说，对大多数年份来说，美国全年只有不到 2% 的龙卷风成为"杀手龙卷风"。虽然造成死亡的龙卷风的百分比小，但每个龙卷风都有潜在的致命危险。图 10.27 比较了龙卷风死亡率与风暴强度的关系，我们可发现很有意思的结果。从这幅图可以清楚地看出，多数龙卷风（63%）是弱龙卷风，而且随着龙卷风强度的增大，风暴数量减少，而龙卷风的死亡率分布正好相反。虽然只有 2% 的龙卷风被分级为暴风，但它们包揽了近 70% 的死亡人数。如果有关于龙卷风成因的问题，那么肯定不是关于这些暴风的破坏效应的。强龙卷风会使其所影响的地区混乱一片，有时甚至需要采取战时的应急措施。

1. 说出常用的龙卷风强度等级，这个强度等级是如何确定的？
2. 美国平均每年因龙卷风致死的人数是多少？
3. 美国平均每年有多大比例的龙卷风是"杀手龙卷风"？

10.9 龙卷风预报

强雷暴和龙卷风都是小尺度短时段的天气现象，因此具有最难精确预报的天气特征，但这类风暴的预测、探测和监控又是专业气象人员必须提供的重要服务，其监视和警报的及时发布和播出，对保护生命和财产来说至关重要。位于俄克拉何马州诺曼的风暴预测中心（SPC）是美国气象局局和国家环境预测中心的分支机构，其任务是提供及时和准确的强雷暴和龙卷风预报和监视报告。

每天发布两次强雷暴预报。"第一天预报"确定未来 6～30 小时内可能受到强雷暴影响的地区；"第二天预报"确定第二天的情况。这两次预报都会给出预计的天气类型、覆盖范围和强度。许多地方气象部门也会在当地发布天气预报，给出未来 12～24 小时的剧烈天气变化。

聚焦气象

这幅卫星图像显示了 2007 年龙卷风经过威斯康星州北部后留下的对角路径。

问题 1　这个龙卷风向哪个方向前进？是向东北方向还是向西南方向？
问题 2　这个龙卷风是更可能出现在冷锋前面，还是更可能出现在冷锋后面？为什么？
问题 3　这个龙卷风是更可能发生在 3 月，还是更可能发生在 6 月？为什么？

10.9.1 龙卷风监视和警报

龙卷风监视是指警告公众特定地区的特定时段内有龙卷风发生的可能性。监视对已包含在剧烈天气预报中的地区进行精细预报服务。监视覆盖的典型区域面积约为 6.5 万平方千米，监视时长为 4～6 小时。龙卷风监视是龙卷风警报系统的重要组成部分，因为这个警报系统是全面探测、跟踪、警报和响应所需的动态过程。通常要持续监视极端天气事件集中出现的地区，因为这些地区的龙卷风威胁可能影响到至少 26000 平方千米的区域，且影响至少会持续 3 小时。当龙卷风的威胁范围有限且持续时间很短时，不会发布监视消息。

因此，龙卷风监视的目的是提醒人们龙卷风的可能性，而龙卷风警报则由当地气象局在龙卷风实际上已经可见或已被天气雷达发现时正式发布，警告人们高概率发生的危险即将来临。龙卷风警报发布的区域要比监视发布的区域小得多，通常覆盖一个或多个县。此外，警报的有效时间也较短，通常为 30～60 分钟。龙卷风警报是根据实际观测发出的，因此警报发布时龙卷风可能已经发展起来。然而，大多数警报是在龙卷风形成前发布的，有时会提前几十分钟，具体要依据多普勒雷达资料和有关漏斗云或云底旋转的观测报告决定。

如果风暴的方向和大致速度已知，就可估算出其最可能的路径。龙卷风的运动往往没有规律，其警报区域一般从龙卷风的发现地点向下风向延伸，呈扇状。过去 50 年来，随着预报的改进和技术的发展，龙卷风造成的死亡人数已显著下降，如图 10.28 所示。在美国人口快速增长的时期，龙卷风死亡率趋势却在下降。

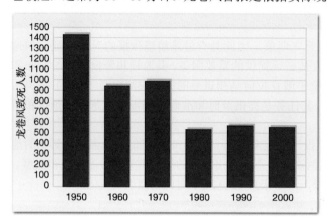

图 10.28　1959—2009 年间，按年代划分的美国龙卷风致死人数。虽然自 20 世纪 50 年代以来人口快速增长，但龙卷风的致死人数仍有明显的下降趋势

如前所述，即使是在龙卷风发生频率最高的地区，某处被龙卷风袭击的概率也很小。然而，虽然概率可能很小，但龙卷风会带来许多概率上的例外。例如，堪萨斯州的小镇柯代尔，连续三年（1916 年、1917 年和 1918 年）的同一天即 5 月 20 日都遭到了龙卷风袭击！毋庸置疑，龙卷风的监视和警报任何时候都不能掉以轻心。

10.9.2　多普勒雷达

全美国范围内多普勒雷达的安装，显著提升了人们跟踪雷暴路径及发布警报的能力（见图 10.29）。常规气象雷达是通过传送短脉冲电磁波来工作的，其发射的电磁波中的很少一部分被雷暴散射并返回雷达。返回信号的强度指示了降雨的强度，而根据信号发射与返回的时间差就可求出雷暴的距离。要确定龙卷风和强雷暴，就必须探测出它们的环流形态特征。然而，除偶然情况外，常规雷达无法发现龙卷风的螺旋雨带和产生的钩形回波。

(a)　　　　　　　　　　　　　　　　(b)

图 10.29　(a)美国的多普勒雷达站；(b)车载多普勒雷达，这种便携式装置可供研究人员在野外研究恶劣天气事件

多普勒雷达不仅能够完成常规雷达的任务，而且具有直接测量运动的能力（见图 10.30）。多普勒雷达工作的原理被称为多普勒效应（见图 10.31）。云中空气的运动是通过比较反射信号的频率和原始脉冲的频率来确定的。朝向雷达的降水运动增大反射脉冲的频率，远离雷达的降水运动降低反射脉冲的频率。这些频率变化可用朝向和远离雷达设备的速度来解释。警用汽车测速雷达的原理同样如此。遗憾的是，多普勒雷达设备无法测定与雷达平行的空气运动，如果要获得云团内风场的完整结构，就必须使用两台或更多的雷达设备。

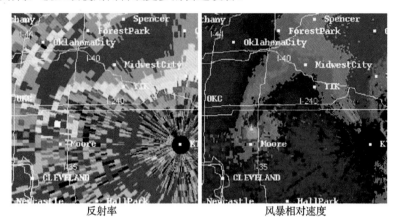

反射率　　　　　　　　　　风暴相对速度

图 10.30　1999 年 5 月 3 日发生在俄克拉何马州摩尔附近的龙卷风的双多普勒雷达图。左图（反射率）表示超级单体雷暴的降水；右图是降水沿雷达波束的移动，表示降水或冰雹朝向或远离雷达的速度。在这个例子中，雷达离龙卷风特别近，足以将龙卷风看得清清楚楚（大多数时间只能测出弱气旋和中尺度气旋）

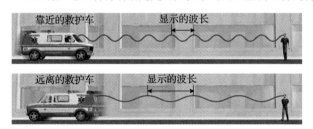

图 10.31　每天都见到的多普勒效应示例：源和观察者之间的相对运动引起的波长变长和变短示意图

问与答：龙卷风袭来时，躲在移动房屋里有多危险？

移动房屋在美国的占比相对较小。然而，根据美国气象局的数据，从 2000 年到 2010 年，在所有龙卷风致死人数中，约 52%发生在移动房屋里。

多普勒雷达可以探测强雷暴内中尺度气旋的初始形成和发展过程，注意，强雷暴出现在龙卷风形成与发展之前。几乎所有的中尺度气旋（96%）都会造成破坏性的冰雹、强风或龙卷风。产生龙卷风的中尺度气旋（约 50%）有时具有明显较强的风速和陡峭的风速梯度。中尺度气旋有时可在龙卷风形成 30 分钟之前，于其母体风暴中被识别，如果是大风暴，那么识别距离可达 230 千米。此外，接近雷达时，有时可能探测到单个龙卷风的环流。自从全美多普勒雷达网使用以来，龙卷风的平均提前预警时间从 20 世纪 80 年代后期的不到 5 分钟增加到现在的约 13 分钟。

并不是说有了多普勒雷达就没有问题了，要注意那些增强藤田强度指数低的弱龙卷风。因为多普勒雷达使得这些龙卷风的预报和探测成为可能，可能出现龙卷风的大量警报就使得龙卷风很少造成伤害。因为及时预警使得龙卷风很少甚至不造成生命威胁，于是公众对龙卷风放松了警惕。还要指出的是，并不是所有携带龙卷风的风暴都有清晰的雷达信号，其他风暴也会给出虚假信息。因此，有时龙卷风的探测是一个主观过程，对所示的图像要用多种方法解译。将来，训练有素的观察人员将成为警报系统的重要组成部分。

虽然存在某些操作问题，但是多普勒雷达的优点还是很多的。作为一种研究工具，它不仅可以提供龙卷风形成的有关资料，而且可以帮助气象学家获得有关雷暴发展、飓风的结构和动力学特征及影响飞行的扰流的知识。

概念回顾 10.10

1. 区分龙卷风监视和龙卷风警报。
2. 相对于普通雷达，多普勒雷达有何优点？

思考题

01. 如果你居住在俄亥俄州，听说龙卷风正在靠近，你应立即寻找避难所吗？如果居住在艾奥瓦州呢？

02. 题图中的哪个位置更可能出现干线雷暴？为什么？

03. 下沉空气通过压缩（绝热）来加热，但雷暴下降气流通常是冷的，为什么？

04. 研究发现超级单体雷暴的形成与逆温有关。然而，积雨云却形成于不稳定的环境，逆温与非常稳定的大气条件有关。解释这两种现象之间的联系。

05. 题表列出了美国60年来出现的龙卷风数量。为何2000—2009年的数量远高于1950—1959年的数量？

美国出现的龙卷风

1950—1959 年	4896 次
1960—1969 年	6813 次
1970—1979 年	8579 次
1980—1989 年	8196 次
1990—1999 年	12138 次
2000—2009 年	12729 次

06. 图10.28中显示美国21世纪前十年的龙卷风致死人数不到20世纪50年代的40%，即使人口数量已有明显上升。你认为死亡人数下降的原因是什么？

07. 由第11章的内容可知，飓风靠近时，人们会监控和报告它的强度，但龙卷风的强度在其过境之前都无法确定和报告，为什么？

术语表

air-mass thunderstorm 气团雷暴
cumulus stage 积云阶段
dart leader 直窜先导
dissipating stage 消散阶段
Doppler radar 多普勒雷达
dryline 干线
Enhanced Fujita intensity scale (EF-scale)
  增强藤田强度指标
entrainment 夹卷
flash 闪电
gust front 阵风锋
leader 先导
lightning 闪电
mature stage 成熟阶段
mesocyclone 中尺度气旋

mesoscale convective complex (MCC)
  中尺度对流复合体
multiple-vortex tornado 多涡旋龙卷风
return stroke 回程雷击
severe thunderstorm 剧烈雷暴
squall line 飑线
step leader 阶梯式先导
stroke 雷击
supercell 超级单体
thunder 雷声
thunderstorm 雷暴
tornado 龙卷风
tornado warning 龙卷风警报
tornado watch 龙卷风监视

习题

01. 看到闪电15秒后听到了雷声,雷击离你有多远?

02. 查看图10.23的左上角,确定移向E(东)至NNE(北北东)的龙卷风的百分比。

03. 以下两图是以图形方式统计美国龙卷风,进而向公众展示的两种常见方式。哪些州的龙卷风数量最多?这些州面临最大的龙卷风威胁吗?描述美国的龙卷风灾害时,哪幅图更有用?图10.22中的地图与这两幅图相比有优势吗?

45 年间美国各州的年均龙卷风数量

45 年间美国各州每 10000 平方英里的年均龙卷风数量

第11章 飓 风

　　美国人称快速旋转的风速有时超过 300 千米/小时的热带气旋为飓风——世界上最强烈的风暴，而亚洲人则称其为台风。飓风是最具破坏性的自然灾害之一。飓风登陆后，可摧毁海岸附近的区域，造成成千上万人伤亡。然而，飓风也有其好的一面——可以为所经过的广大地区带来大量降水。因此，佛罗里达海岸度假村的经理害怕飓风季节的来临，而日本的农场主则可能欢迎飓风带来的雨水。

2008 年 9 月 14 日，飓风艾克过后一片狼藉。风暴眼直接从得克萨斯州的加尔维敦顿掠过

本章导读

- 定义飓风并描述飓风的基本结构与特征。
- 在地图上识别飓风形成区域并讨论有利于飓风形成的条件。
- 区分热带低气压、热带风暴和飓风。
- 列出并探讨减弱飓风强度的因素。
- 使用萨菲尔-辛普森分级，并解释飓风强度是如何确定的。
- 讨论飓风破坏的三大类别及例子。
- 列出为跟踪和预报飓风提供数据的四个工具。
- 比较飓风监视和飓风警报，并将它们与飓风预报关联起来。

11.1 飓风概况

毫无疑问，热带地区的天气是宜人的。例如，南太平洋和加勒比海的岛屿因其天气没有明显的日变化而闻名于世。和煦的微风、适宜的温度以及突如其来但短暂的阵雨正是人们期望的舒适天气。然而，让人意外的是，这些看似平静的海岛偶尔也会出现地球上最猛烈的风暴（见图 11.1）。

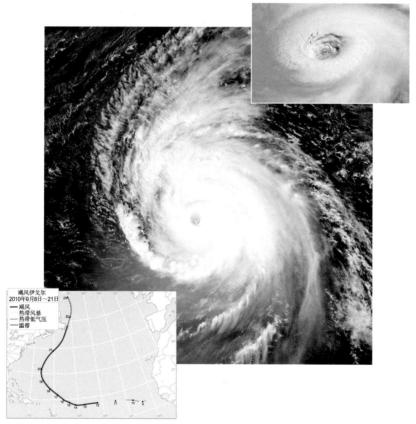

图 11.1　2010 年 9 月 16 日飓风伊戈尔的卫星图像。最大持续风速达到 213 千米/小时，右上角是从国际空间站拍摄的伊戈尔发展成熟的飓风眼数字照片。飓风影响最大的区域是纽芬兰地区，大多数破坏是由伊戈尔的强降水引发的洪水造成的

飓风是形成于热带或副热带海洋的强低压中心，具有强对流（暴雨）活动和强气旋性环流，维持这一系统所需的风速必须达到 119 千米/小时以上。与中纬度气旋不同，飓风没有不同的气团和锋面相伴随，产生、维持飓风强大风速的能量来自形成风暴的高大积雨云释放的巨大潜热。

形成于世界各地的这些强热带风暴被冠以不同的名称：在西北太平洋被称为台风，在西南太平洋和印度洋被称为气旋。在后面的讨论中，这些风暴将被称为飓风。

大多数飓风形成于纬度5°~20°的热带海洋，但例外是南大西洋和南太平洋很少形成飓风（见图11.2）。西北太平洋形成的风暴最多，平均每年约有20个。所幸的是，生成于美国东部和南部沿海地区的飓风，平均每年大约只有5个能在北大西洋的暖水区发展起来。

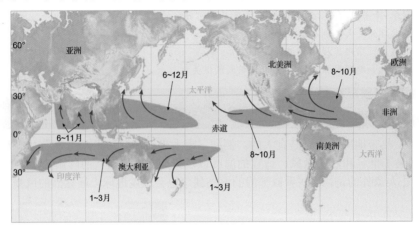

图11.2 这幅图显示了飓风形成得最多的区域（红色）、主要发生的月份及最常见的路径。在南北纬5°以内的区域，因为科里奥利力太小而不形成飓风。较高的海洋温度是飓风形成的必要条件，因此在南北纬20°以上的区域、南大西洋与东南太平洋的冷海水区域很少形成飓风

虽然每年都有很多热带扰动发展，但只有少数几个热带扰动可以达到飓风的程度。根据国际协议，飓风的持续风速必须达到119千米/小时，成熟飓风的直径平均为600千米，直径变化范围为100~1500千米。从飓风边缘到飓风中心，气压下降有时可达60百帕，即从1010百帕降至950百帕。

如图11.3所示，巨大的气压梯度产生了飓风快速向内的螺旋状风场。随着空气接近风暴的中心，风速增大。这种加速可用角动量守恒定律来解释（见知识窗11.1）。

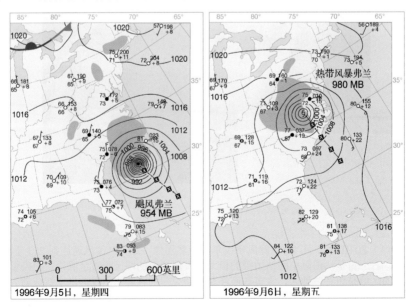

图11.3 1996年9月5日至6日早晨7点飓风弗兰的天气图。9月5日，飓风风速超过190千米/小时，随着飓风向内陆运动，强降雨造成突发洪水，致使30人丧生，经济损失超过30亿美元。图中的台站数据信息来自墨西哥湾和大西洋沿海的带有遥感仪器设备的浮标站

随着地面暖湿空气向风暴中心推进，开始向上抬升形成塔状积雨云，这种包围风暴中心的环形强对流活动墙称为眼墙，飓风的最大风速和最大降雨就发生在这里。眼墙周围是弯曲的云带，其尾部螺旋状向外伸出。飓风顶部的空气是向外流出的，使上升空气离开风暴中心，进而给更多从地面进入的气流腾出了上升空间。

风暴的正中心是飓风眼（台风眼），即众所周知的特征区域，这里没有降水，也没有风。图 11.4（b）中的曲线显示了 2004 年 2 月 29 日至 3 月 2 日热带气旋蒙蒂登陆时马迪气象站的风速与气压记录，可以看出伴随飓风眼墙出现的显著气压梯度和大风，而眼区内则相对为静风状态。眼区是被大量弯曲云墙包围的没有极端天气干扰的世外桃源。眼区内的空气慢慢下沉并被压缩加热，形成风暴中最热的区域。虽然很多人以为眼区是晴朗的蓝天，但通常情况并非如此，因为眼区的空气下沉很少强烈到足以形成无云的情况。因此，虽然这一区域的天空显得很明亮，但在不同的高度上往往都散布着云。

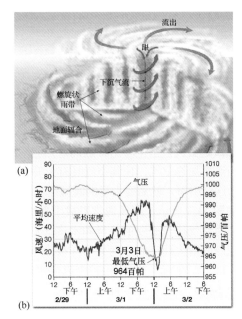

图 11.4 (a)飓风剖面图，注意垂直方向的尺度被夸大。风暴中心相对平静的飓风眼是飓风最显著的特征。在眼区，下沉空气被压缩加热。眼的周围是眼墙，这里是风力和降雨最强的区域。飓风顶部空气的流出十分重要，它为地面辐合提供了条件。(b)2004 年 2 月 29 日至 3 月 2日，气旋蒙蒂经过西澳大利亚马迪时，地面气压和风速观测结果。眼墙内的风速最大，眼区内的风速最弱，气压最低。在澳大利亚，人们将飓风称为气旋

知识窗 11.1 角动量守恒

为什么风暴中心附近的风速更快而边缘的风速较慢？要明白这一现象，就要了解角动量守恒定律。该定律说，一个围绕旋转中心（轴）旋转的物体的速度与其到轴的距离的乘积是一个常数。我们可以想象一根细绳一端系着一个物体转圈的现象。如果将细绳向里拉，物体到旋转轴的距离就会减小，旋转物体的速度就会增大，即旋转质量半径的减小被旋转速度的增大所平衡。角动量守恒的另一个典型例子是花样滑冰运动员在冰上展开双臂的旋转（见图 11.A）。双臂以身体为轴做圆周运动，当她收拢双臂时，就减小了双臂做圆周运动的半径，因此双臂旋转得更快，身体其他部位也要一起旋转，因此加快了身体的旋转速度。

同理，当一个气块向风暴中心运动时，其到中心的距离和速度的乘积必须保持不变。因此，当空气从外部边缘向内运动时，其旋转速度必然增大。

下面对一个假设飓风的空气水平运动应用角动量守恒定律。假设距风暴中心 500 千米的空气速度为 5 千米/小时，当空气移动到距中心 100 千米的位置时，速度将达 25 千米/小时（假设没有摩擦力），若该气块继续向风暴中心运动，直到其半径为 10 千米，那么此时空气的速度将是 250 千米/小时，但摩擦力会减小这一数值。

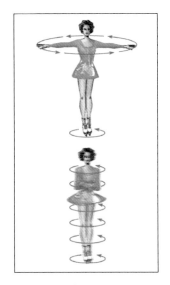

图 11.A 当花样滑冰运动员展开双臂时旋转变慢，收拢双臂时旋转变快

11.2 飓风的形成与消亡

飓风是由大量水汽凝结释放的潜热驱动的热引擎，典型的飓风一天产生的能量就十分巨大。释放的潜热加热空气，使其空气具有上升的浮力，降低地面气压，进而使更多的空气快速流入。要发动这台引擎，就需要大量的暖湿空气，并且需要连续地供给以使其不断运转。

如图 11.5 所示，飓风通常形成于夏季和初秋。在这段时间，海水表面温度在 27℃ 以上，以便保证为空气提供必要的热量和水汽（见图 11.6）。这一海水表面温度的要求决定了在海水温度相对较冷的南大西洋和东南太平洋很少有飓风形成。同理，纬度 20° 以上的海区也极少生成飓风（见图 11.2）。然而，在南北纬 5° 以内水温足够高的区域也无法生成飓风，因为这个区域的科里奥利力小到无法触发必要的旋转运动。

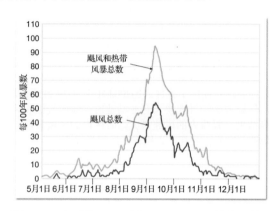

图 11.5 大西洋 5 月 1 日至 12 月 31 日热带风暴和飓风的频率。图中的曲线给出了 100 年间的风暴数。显然，8～10 月是风暴最活跃的时间

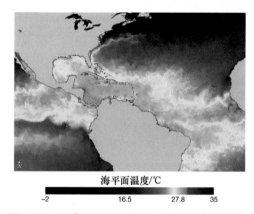

海平面温度/℃

图 11.6 形成飓风的要素之一是海水表面温度高于 27℃。这张 2010 年 6 月 1 日拍摄的卫星照片用不同颜色标出了飓风形成季节的海洋表面温度

11.2.1 飓风的形成

许多热带风暴在大洋西部可以发展为飓风，但是其生成地往往位于遥远的大洋东部。这些地区杂乱地分布着称为热带扰动的云团和雷暴，有时它们可以发展，但气压梯度较小，并且几乎不旋转。大多数情况下，这些对流活动区会消亡，但热带扰动有时也会发展得较大，导致很强的气旋性旋转。

几种情况会触发热带扰动。有的热带扰动由强大的对流引起并伴随赤道辐合带（ITCZ）而抬升；有的热带扰动则是在中纬度的槽侵入热带地区时形成的。热带扰动常常始于信风带中称为东风波的大型不稳定波动，之所以称为东风波，是因为它们从东向西慢慢移动。这些热带扰动会生成许多进入北大西洋西部威胁到北美地区的最强飓风。

图 11.7 是东风波的示意图。在这幅图中，线条不是等压线而是流线，它平行于风向，用来表示表面气流。分析中纬度天气时，天气图上往往会画出等压线；相反，在热带地区，海平面的气压差很小，因此等压线并不总有用。这时，流线就很有帮助，因为它们反映了海洋表面风在什么地方辐合和辐散。

东风波轴的东侧是向极地移动的流线，它们越来越紧密地集中在一起，表面地面气流是辐合的，使得空气上升并形成云。因此，热带扰动位于东风波的东侧。在东风波轴的西侧，海面气流向赤道流动时是辐散的，因此这里出现晴朗的天空。非洲经常生成东风波扰动，这些风暴随着盛行信风向西运动时，会遇到加那利冷流（见图 3.9）。如果扰动穿越这个洋流稳定的冷水区域后依然存在，那么它会在中大西洋温暖水面上的水汽和热量的影响下重新活跃。从这时开始，扰动就可能发展为更强的系统，有的甚至会发展为飓风。

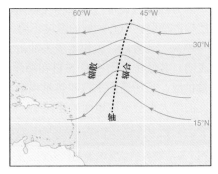

图 11.7 北大西洋副热带东风波，流线表示低层空气流。在东风波轴线的东侧，当风场稍微偏极向运动时，风场是辐合的；在轴线的西侧，当风场向赤道运动时，风场是辐散的。热带扰动往往伴随着东风波的辐合气流。东风波可以延伸 2000～3000 千米，且随着信风从东向西运动，速度可达 15～35 千米/小时。按照这一速度，其每周或 10 天就会携带一个热带扰动穿越大西洋

即使有时会出现有利于飓风形成的条件，许多热带扰动也不会增强。其中的一种情况就是信风逆温，它会抑制扰动的进一步发展。这种情况发生在受副热带高压控制的下沉气流区域。这里，强大的逆温减弱了空气上升的能力，因而抑制了强雷暴的发展。另一个因素是高层的强风使热带扰动不能增强，因为当高层出现强风时，强大的高层气流会使云顶释放的潜热扩散，而潜热是风暴持续成长和发展的必要条件。

当有利于飓风发展的条件出现时，会发生什么呢？当潜热被雷暴群释放时，会使扰动得到能量补充，导致扰动发生的地区变暖。因此，空气密度降低，地面气压下降，形成一个弱低压区和气旋性环流。随着风暴中心气压的下降，气压梯度变大，相应地，地面风速增大，带来更多的水汽使风暴增长；水汽凝结释放潜热，被加热的空气上升；上升空气的绝热冷却触发更多的凝结和潜热释放，造成浮力进一步增加，以此类推。与此同时，正在发展的热带低压顶部的高压也在发展，使得空气从风暴顶部向外流出（辐散）。如果没有顶部的向外流出气流，低层的流入气流很快就会使地面气压升高，阻碍风暴的进一步发展。

虽然每年都会出现很多的热带扰动，但只有少数几个能够真正发展为成熟的飓风。前面说过，只有风速达到 119 千米/小时的热带气旋才被称为飓风。根据国际协议，少数热带气旋可以根据风速的大小来命名。当气旋的最大风速小于 63 千米/小时，称其为热带低压；风速持续为 63～119 千米/小时的气旋被称为热带风暴，在这个阶段会为其命名（如安德鲁、弗兰、奥帕尔等）。热带风暴发展为飓风时，继续为其保留相同的名称。全球每年发生 80～100 个热带风暴，约有一半会发展为飓风。

问与答：什么是飓风季？

不同地区有不同的飓风季。美国人最感兴趣的是大西洋风暴。大西洋飓风季通常是从 6 月到 11 月，在这六个月间，该区域会出现 97% 以上的热带活动。飓风季的"核心"是从 8 月到 10 月（见图 11.5）。在这三个月间，会出现 87% 的小飓风（1～2 级）和 96% 的大飓风（3～5 级），峰值活动时间是从 9 月初到 9 月中旬。

11.2.2 飓风的消亡

下面的情况之一发生时，飓风的强度就会减弱：①移动到不再提供湿热空气的海面上；②登陆；③到达高空大尺度气流不适合的地区。理查德·安特斯对第一类飓风的生命过程描述如下：

许多飓风（台风）受高空槽的影响，从东南方向接近北美或亚洲大陆，然后转向东北方向离开大陆。这一方向的变化将风暴带到海水温度较低的高纬度地区，并且很可能与极地干冷气团相

遇。因为热带气旋常与极锋相互作用，的怪冷空气从西面进入热带气旋。随着潜热释放的减弱，高层辐散变弱，中心区域的温度下降，地面气压升高。

飓风一旦登陆，很快就失去冲击力。例如，注意图 11.3 中的等压线，9 月 6 日飓风弗兰登陆后表明，其低压要比 9 月 5 日在海洋上时弱得多。这种快速消亡的重要原因是风暴失去了水汽和热量供应。当所需的水汽和热量供应不再存在时，凝结和潜热释放必然消失。此外，陆地表面粗糙度的增大也会造成地面风速减小，导致风向更直接地指向低压中心，有助于消除较大的气压差。

概念回顾 11.2

1. 驱动飓风的能量来源是什么？
2. 飓风为何不在赤道附近形成？南大西洋和南太平洋东部很少出现飓风的原因是什么？
3. 哪几个月会在大西洋海盆出现最多的热带风暴和飓风？为什么？
4. 列出抑制热带扰动加强的两个因素。
5. 区分热带低气压、热带风暴和飓风。
6. 飓风移到陆地上方时为何强度会快速减小？

11.3 飓风的破坏性

与飓风有关的巨大财产和生命损失都是由不常见但威力巨大的风暴造成的。表 11.1 列出了 1900—2011 年袭击美国的最致命的 10 个飓风。1900 年，摧毁得克萨斯州毫无防备的加尔维斯敦的飓风，不仅是美国历史上最致命的飓风，而且是影响美国的所有自然灾害中最致命的。当然，人们现代记忆中最致命和损失最大的风暴是发生在 2005 年 8 月的飓风卡特琳娜，它横扫了墨西哥湾区的路易斯安那州、密西西比州和阿拉巴马州的沿海地区。虽然飓风登陆之前已有成千上万的人撤离，但仍有数千人遭遇风暴灾难。除了造成巨大的人员受灾与伤亡，到 8 月 25 日卡特琳娜还造成了无法估算的巨大经济损失。1992 年飓风安德鲁创造了美国历史上自然灾害损失最高的记录——约 250 亿美元，在算出卡特琳娜造成的经济损失之前，这一数字已被改写多次，而卡特琳娜造成的损失最终达 1000 亿美元以上。虽然飓风造成的经济损失由多个因素决定，包括被影响地区的人口数量、人口密度和海岸地形等，但最重要的因素仍然是风暴的强度。

表 11.1　1900—2011 年袭击美国且致死人数最多的 10 个飓风

排　名	飓　风	年　份	分　级	死亡人数
1	得克萨斯州（加尔维斯敦）	1900	4	8000*
2	佛罗里达州东南部（欧基乔比湖）	1928	4	2500～3000
3	卡特琳娜	2005	4	1833
4	安德鲁	1957	4	至少 416
5	佛罗里达群岛	1935	5	408
6	佛罗里达州（迈阿密）、密西西比州、阿拉巴马州、佛罗里达州（彭萨科拉）	1926	4	372
7	路易斯安那州（格兰德岛）	1909	4	350
8	佛罗里达群岛、得克萨斯州南部	1919	4	287
9（并列）	路易斯安那州（新奥尔良）	1915	4	275
9（并列）	得克萨斯州（加尔维斯敦）	1915	4	275
*这个数字可能高达 10000～12000				

2004 年在大西洋上出现的飓风（NASA）。

问题 1 这个风暴是出现在北大西洋还是出现在南大西洋？为什么？

问题 2 这个风暴是更可能出现在 3 月还是更可能出现在 9 月？

问题 3 这个区域的飓风是更常见还是更少见？为什么？

11.3.1 萨菲尔–辛普森分级

研究过去的风暴后，人们建立了萨菲尔–辛普森分级，以对飓风的相对强度进行排序（见表 11.2）。飓风危害及损失程度的预测常以这个分级来表示。当热带风暴变成飓风时，美国国家气象局为其确定一个等级（分类），分类的依据是在飓风生命周期的特定阶段测得的数据，以及其范围和强度在登陆之前假设不变时估计的损失大小。情况发生变化时，需要对风暴分类进行重新评估，以保证及时通知负责公众安全的官员。根据萨菲尔–辛普森分级，可以监测飓风的潜在灾害，并且制定相应的预警和应对措施。等级 5 代表最具破坏力的飓风，等级 1 则代表最不严重的飓风。确定为等级 5 的风暴很少，能够达到该等级的登陆美国大陆的飓风只有三个：1992 年肆虐佛罗里达州的安德鲁飓风，1969 年给密西西比州造成严重灾害的卡米尔飓风，以及 1935 年横扫佛罗里达群岛的劳动节飓风。飓风造成的破坏来自三个方面：风暴潮、风灾和内陆洪涝。

表 11.2 萨菲尔–辛普森飓风分级

等 级	中心气压/百帕	风速/（千米/小时）	风暴潮/米	破 坏 程 度
1	≥980	119～153	1.2～1.5	小
2	965～979	154～177	1.6～2.4	中
3	945～964	178～209	2.5～3.6	大
4	920～944	210～250	3.7～5.4	极大
5	＜920	＞250	＞5.4	灾难性

问与答：较大的飓风强于较小的飓风吗？

不一定。实际上，飓风的强度与规模之间的相关性不大。飓风安德鲁就是一个非常强的飓风（5 级），但其规模很小（强风仅从飓风眼向外延伸 150 千米）。研究表明，强度的变化和规模彼此无关。

11.3.2 风暴潮

毫无疑问，沿海地区最具毁灭性的破坏是由风暴潮造成的。风暴潮不仅会造成沿海地区的大部分财产损失，而且其致死人数占飓风致死人数的 90%。风暴潮就像宽为 65～80 千米的圆顶水浪，它在登陆地点附近横扫海岸。如果平滑所有的海浪活动，那么风暴潮达到的高度可能超过正常潮汐的高度（见图11.8）。此外，大量的海浪活动会叠加到风暴潮上。可以想象这个巨大的水潮会给沿海低洼地区带来怎样的破坏（见图11.9）。最严重的风暴潮发生在类似墨西哥湾这样的一些地方，这些地区的大陆架很浅，坡度较缓。另外，局地特征如海湾、河流等会使得风暴潮高度加倍、速度增大。例如，在孟加拉国的三角洲地区，大多数陆地海拔不到2米。1970年11月13日，风暴潮发生在正常高度的潮汐淹没地区，官方报道造成20万人死亡，而非官方统计的死亡人数达50万人。这是现代最大的自然灾害之一。1991年，相似的风暴潮再次袭击了孟加拉国，这次风暴夺走了14.3万人的生命，摧毁了其经过的沿海城镇。

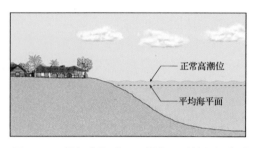

图 11.8 叠加高潮后，风暴潮可以摧毁沿海地区。最具毁灭性的风暴潮发生在深度较浅且平缓的大陆架海岸地区，墨西哥湾就是这样的地区

图 11.9 2008年9月16日，飓风艾克登陆三天后得克萨斯的水晶沙滩。风暴登陆时，持续风速达到165千米/小时，异常的风暴潮摧毁了图中所示的大多数区域

关于飓风风暴潮产生的原因，常见的误解是风暴中心非常低的气压形成了局部真空而使海水上升。然而，相对而言，这个真空效应并不重要。风暴潮形成最重要的因素是强大的向岸风使得海水堆积，飓风的风力使得海水逐渐向岸上移动，造成海面升高，同时形成巨大的海浪。在北半球，随着飓风向海岸移动，风暴潮总是在飓风眼的右侧最强，因为这里的风是吹向海岸的。此外，在风暴的这一侧，飓风的向前运动同样对风暴潮有贡献。在图11.10中，假设峰值风速175千米/小时的飓风以50千米/小时的速度向海岸移动，这时，风暴前进方向右侧的净风速可达225千米/小时；而在飓风的左侧，飓风的离岸风速被与反向的飓风移动速度抵消，净风速仅为125千米/小时。因此，面向临近飓风左侧的海岸地区的海水水位，在风暴登陆时实际上会降低。

11.3.3 风灾

大风导致的破坏也许是飓风一系列损害中最显著的，如标志物、楼顶材料的碎片和室外的小物体都可能在飓风到来时成为危险的"导弹"。对某些建筑物结构来说，飓风的风力足以将其完全摧毁。移动房屋（房车）是最危险的，高大建筑物也极易受到飓风大风的影响。风速一般随高度增加而增大，因此建筑物的高层最脆弱。最近的研究建议，除非发生洪水，人们最好停留在10层以下的楼层中。在建筑规范得到良好执行的地区，风造成的破坏通常没有风暴潮的破坏严重。但是，大风影响的区域比风暴潮的更大，因此可能造成更大的经济损失。例如，1992 年，飓风安德鲁造成了佛罗里达州南部和路易斯安那州约 250 亿美元的经济损失。

飓风可能产生龙卷风而增大风暴的破坏力。研究表明，约一半以上的登陆飓风至少可以生成一个龙卷风。2004 年，由热带风暴和飓风产生的龙卷风数量特别多。热带风暴邦妮和 5 个登陆飓风查理、弗朗西斯、加斯顿、伊万和珍妮生成了近 300 个龙卷风，影响到东南部和中部大西洋地区的各州（见表 11.3）。飓风弗朗西斯创造了单个飓风产生龙卷风最多的记录。2004 年由大量飓风生成的龙卷风使得该年的龙卷风数量达到了创记录的数字——比以往记录多 300 多个。

图 11.10　北半球正向海岸前进的飓风风场。风暴的最大风速是 175 千米/小时，它正以 50 千米/小时的速度移向海岸。在风暴前进方向的右侧，175 千米/小时风速的风向与风暴前进（50 千米/小时）方向一致，因此风暴右侧的有效风速为 225 千米/小时；而在风暴的左侧，飓风风向与风暴前进方向相反，因此净风速为 125 千米/小时，风向为背离海岸。风暴潮在风暴前进方向右侧被袭击的海岸地区最大

表 11.3　2004 年美国由飓风和热带风暴引起的龙卷风数量

名　　称	龙卷风数量	名　　称	龙卷风数量	名　　称	龙卷风数量
热带风暴邦妮	30	飓风弗朗西斯	117	飓风伊万	104
飓风查理	25	飓风加斯顿	1	飓风珍妮	16

11.3.4　内陆洪涝

伴随大部分飓风而来的暴雨是飓风带来的第三个威胁——洪水。2014 年飓风季致死人数超过 3000 人，基本上都发生在海地，因为热带风暴珍妮带来了暴雨，进而引发了山洪和泥石流。

飓风艾格尼丝（1972 年）表明，即使不起眼的风暴也会带来破坏性。按照萨菲尔–辛普森分级，虽然飓风艾格尼丝的等级为 1，但它是 20 世纪造成损失最大的飓风之一：造成约 20 亿美元的经济损失和 122 人死亡。最大的毁灭性灾害归因于美国东北部的大洪水，特别是宾夕法尼亚州出现了创记录的降雨。哈里斯堡 24 小时降雨量接近 320 毫米，舒奇尔县西部 24 小时降雨量超过 480 毫米，而艾格尼丝并未在其他地方造成这样的灾难性降雨。当风暴接近宾夕法尼亚州时，在佐治亚州引发了一些洪水，但大多数农场主却欢迎这些降水，因为在此之前那里干旱已有一段时间。因此，实际上降雨对农作物的价值远超洪水造成的损失。

另一个众所周知的例子是飓风卡米尔（1969 年），虽然这个飓风导致的超常风暴潮给沿海地区带来了严重的破坏，但它登陆两天后在弗吉尼亚州蓝领山脉造成了更多人的死亡。它使得许多地区的降雨量超过 250 毫米，猛烈的洪水夺去了 150 多人的生命。

总之，沿海地区的重大破坏和生命损失主要是由风暴潮、大风和内陆洪涝造成的。一般的人员死亡都由风暴潮造成，因为风暴潮会毁坏整个岛屿的屏障或沿海的数个街区。虽然大风的破坏性不如风暴潮那样严重，但它影响的区域更大，如果这些地区的建筑物不规范，就可能造成特别严重的经济损失。随着飓风深入内陆，其强度减弱，大多数大风灾害发生在距离海岸约 200 千米以内的区域。远离海岸线后，减弱的风暴可能会在风力小于飓风风速后造成大范围的洪水。有时，内陆洪涝造成的破坏超过风暴潮的破坏。

2008 年 5 月，飓风灾害的所有三个分级投入使用，这年的第一个北印度洋气旋袭击了缅甸。图 11.B 中的卫星照片显示了位于孟加拉湾的风暴及其路径和带来的降水。这个风暴摧毁了丰饶的伊洛瓦底三角洲（见图 11.C）。根据联合国估计，在受灾最严重的地区，超过 90% 的住房被毁坏。此外，在该国最大城市仰光的部分地区，也造成了人员死亡和财产损失。共约 3 万平方千米的区域受到显著影响，包括缅甸近四分之一人口的家庭。

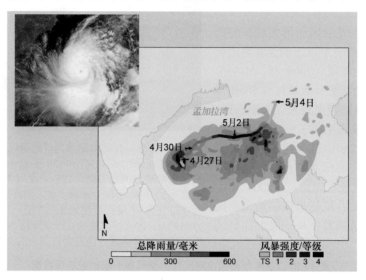

图 11.B　小卫星照片显示了 2008 年 5 月 1 日位于孟加拉湾的气旋纳吉斯。按照萨菲尔-辛普森分级，纳吉斯是 4 级风暴，其风速达 210 千米/小时。虽然 5 月 2 日登陆前其强度减弱为 2 级，但纳吉斯仍然具有大风和强降水。图中显示了由热带降雨观测计划卫星数据得出的从 2008 年 4 月 27 日至 5 月 4 日沿纳吉斯路径的累积降雨量，总降雨量达 600 毫米。图中的彩色线段表示由不同数据集得到的风暴路径与强度

在受灾最严重的地区，90% 以上的房屋被毁 3.6 米高的风暴潮和倾盆大雨（有些地方达到 600 毫米）带来了大范围的洪水。这个低海拔地区聚集的大量人口和密集的低质量住宅，使得情况更严重。政府报告的死亡人数接近 8.5 万，另有 5.4 万人失踪。这样，死亡人数可能超过 10 万人。这是自 1991 年以来亚洲地区最致命的气旋。很多人在风暴中活了下来，但约 200 万人无家可归。

图 11.C　气旋纳吉斯带来的风暴潮和强降雨造成低洼的伊洛瓦底江三角洲出现了严重洪涝，成千上万人丧生，200 多万人无家可归

1. 萨菲尔-辛普森分级的目的是什么？
2. 飓风破坏的三种类型是什么？请分别简要说明。
3. 北半球飓风行进的哪一侧有强风和最大的风暴潮？是在左侧还是在右侧？为什么？

聚焦气象

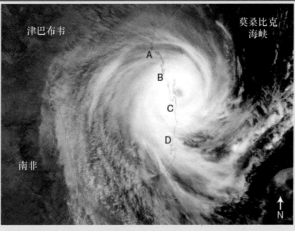

这幅卫星图像显示了 2007 年 2 月 22 日沿非洲莫桑比克海岸登陆的热带气旋法维奥。这个强风暴从东向西移动，其多个部分登陆后，持续风速达到 203 千米/小时。

问题 1　识别飓风眼和眼壁。

问题 2　根据风速，使用萨菲尔-辛普森分级分类这个风暴。

问题 3　对于图中标注字母的位置，哪个位置会出现最大的风暴潮？为什么？

11.3.5　飓风强度评估

萨菲尔-辛普森分级法是评估飓风强度的方便工具。然而，由于在地面上很难得到正确描述飓风强度的观测值，有时很难评估飓风强度。因此，必须评估风暴中风速最大的眼墙部分。评估地面强度的最好方法之一就是对飞机观测的风速进行调整。

高空风比地面风强，因此由高空风值调整到地面期望的风值时，就需要降低高空观测值。然而，直到 20 世纪 90 年代，人们仍不能确定适当的调整因子，因为地面眼墙的观测有限，以至于无法建立可被广泛接受的飞机飞行高度上的风速与地面风速之间的关系。20 世纪 90 年代初，普遍使用的调整因子为 75%～80%（即假定地面风速是 3000 米高度风速的 75%～80%）。然而，有些科学家和工程师则坚持认为地面风速只是飞行高度风速的 65%。

1997 年年初，一种名为全球定位系统（GPS）下投式探空仪的新仪器投入使用。这种设备被操作人员从飞机上扔下，自带的小降落伞使其慢慢下落并穿越风暴（见图 11.11）。在降落过程中，设备不断发出有关温度、湿度、气压、风速和风向信息。这种技术首次提供了从飞机高度到地面精确测量飓

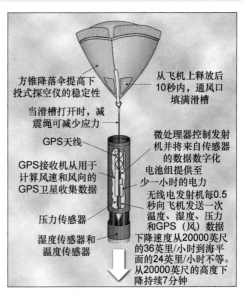

方锥降落伞提高下投式探空仪的稳定性

当滑槽打开时，减震绳可减少应力

GPS天线

GPS接收机从用于计算风速和风向的GPS卫星收集数据

压力传感器

湿度传感器和温度传感器

从飞机上释放后10秒内，通风口填满滑槽

微处理器控制发射机并将来自传感器的数据数字化

电池组提供至少一小时的电力

无线电发射机每0.5秒向飞机发送一次温度、湿度、压力和GPS（风）数据

下降速度从20000英尺的36英里/小时到海平面的24英里/小时不等。从20000英尺的高度下降持续7分钟

图 11.11　GPS 下投式探空仪常被称为下投式探空仪。这种柱状设备的直径约为 7 厘米，长 40 厘米，重量为 0.4 千克。该设备由操作人员从飞机上投下，自带的降落伞使其缓慢穿过风暴，每隔半秒就获取、发送一次温度、气压、风和湿度测量数据

风内的强风的手段。

在几年时间内，数百台 GPS 下投式探空仪被投放到飓风中。这些设备积累的数据显示，眼墙处的地面风速约为飞行高度风速的 90%，而不是 75%～80%。根据这个新发现，美国国家飓风中心现在使用 90%这个数值从飞机高度的观测风速来估计飓风在地面的最大风速，表明某些历史记录的风暴风速可能被低估了。

例如，1992 年飓风安德鲁的地面风速估计为 233 千米/小时，是 3000 米高空飞机探测到的风速的 75%～80%。当美国国家飓风中心的科学家使用 90%来重新估计风暴的地面风速时，他们得出地面最大的持续风速是 266 千米/小时，比 1992 年最初的估计快 33 千米/小时。因此，2002 年 8 月飓风安德鲁的强度正式从等级 4 改为等级 5。这一修改使得飓风安德鲁成为美国历史记录中仅有的第三个达到 5 级的风暴（另两个分别是佛罗里达群岛 1935 年的飓风和 1969 年的飓风卡米尔）。

概念回顾 11.4

1. 为什么估计飓风的地面强度很难？
2. 什么是 GPS 下投式探空仪？
3. 使用提供的 GPS 下投式探空仪，判断哪个飓风的强度从 4 级增长到 5 级。

11.4 飓风的探测、跟踪和监控

图 11.12 是一些著名大西洋飓风的路径。是什么因素决定了这些路径？可以认为风暴路径是由整个对流层的环境流场引导的。飓风的运动被喻为河流中漂浮的树叶，不同的是，承载飓风的河流没有固定的边界。在从赤道到北纬 25°的纬度带内，热带风暴和飓风通常朝西微偏极地的方向移动。这是因为半永久性高压（称为百慕大高压）环流确定了风暴朝极地方向移动 [见图 7.10(b)]。在这个高压中心的赤道一侧盛行东风，因此引导风暴向西运动。如果这个高压中心在西大西洋较弱，则风暴往往向北运动；在百慕大高压的极地一侧，盛行西风则引导风暴往回向东运动。风暴是转回海洋方向还是继续向前登陆，常常很难确定。

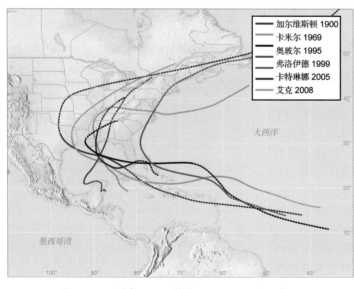

图 11.12　图中显示了某些重要飓风的路径变化

在距离飓风仅几百千米即仅一天路程的地方，可能会出现晴朗的天空和几乎无风的天气。在气象卫星投入使用之前，这样的情况很难给人们发出风暴来临的警示。在美国历史上，最严重的自然灾害是在 1900 年 9 月 8 日袭击毫无防备的得克萨斯州加尔维斯敦的飓风。由于风暴的强度及缺乏及时预警，城市遭到突然袭击，造成 6000 多人丧生，其他地方至少也有 2000 多人死亡（见图 11.13）。

在美国，早期预警系统大大减少了飓风造成的人员伤亡。然而，与此同时，财产损失却上升到了天文数字，主要原因是沿海地区人口的快速增长及相应的社会经济发展。

图 11.13　1900 年飓风袭击加尔维斯敦后的情景：整个街区被夷为平地，仅存的建筑物周围碎片堆积成山

11.4.1　卫星监测

如今，人们可以使用许多工具来监测和跟踪飓风路径，进而进行预报和预警。在众多的工具中，用于观测热带气旋的是气象卫星。飓风发源地即热带和副热带地区是大片辽阔的海洋，因此常规观测受到限制。在这类广阔地区获得气象资料的需求，现在基本上都由气象卫星实现。一个风暴最初形成气旋性流场和螺旋状云带等典型飓风特征时，就可被卫星发现和监测。

气象卫星的出现很大程度上解决了热带风暴的探测问题，并且显著提高了监测水平。然而，卫星是遥感探测器，要在数万千米之外估算出风速极不寻常，而且对风暴的定位也存在误差，目前还不能精确确定风暴的详细结构特征。因此，必须要由综合观测系统来提供精确预报和预警所需的资料。

11.4.2　空中侦察

空中侦察是获取飓风信息的第二个重要来源。自 20 世纪 40 年代首次进入飓风飞行试验以来，飞机上所用的仪器设备变得越来越复杂（见图 11.14）。当飓风到达某个范围时，载有特殊设备的飞机就可直接飞入可怕的风暴，精确测量风暴的详细位置及其发展状态。风暴内的飞机直接将数据发给预报中心，预报中心收集和分析大量不同来源的资料。然而，空中侦察得到的观测值是有局限性的，因为只有飓风离海岸相对较近时才能进行空中侦察；此外，观测是不连续的，也不能覆盖整个风暴。相反，空中侦察只能提供飓风很少一部分的"快照"式数据。尽管如此，飞机获得的资料对分析当前的风暴特征及预报未来的风暴活动仍然至关重要。

对飓风预报和预警程序最主要的贡献是，人们加深了对风暴结构和特征的了解。虽然卫星遥感技术取得

▲图 11.14　在大西洋地区，大多数飓风监测由密西西比州基斯勒空军基地的空军侦察中队实施。飞行员飞入飓风中心，测量所有的天气要素并提供准确的飓风眼位置。所用飞机是图中后面的那架。美国国家海洋和大气局（NOAA）大多使用小型专业喷气机（前面这架）进行研究，以帮助科学家更好地了解这些风暴

了进展，但要在不久的将来仍然保持当前的预测精度，仍然需要空中侦察。

图 11.D　2005 年 8 月 28 日下午 1 点飓风卡特琳娜的图片，可以看到墨西哥湾的大部分地区被巨大的风暴覆盖。飓风以等级 1 的强度穿越佛罗里达州，进入墨西哥湾后增强为 5 级风暴，风速达 257 千米/小时，阵风更强；风暴中心的气压为 902 百帕。第二天卡特琳娜登陆时，强度减弱为 4 级

卫星可以跟踪飓风的形成、移动和发展过程。卫星上的专用仪器还可以提供数据，这些数据转换为图像后，可供科学家分析风暴的内部结构和发展机制。这里的图像和文字描述的是飓风卡特琳娜，它是 100 多年来美国遭受的最具毁灭性的风暴之一。

图 11.D 来自 NASA 的大地卫星，是显示卡特琳娜逼近墨西哥湾海岸的"传统"照片。

图 11.E 是来自 GEOS-East 卫星的彩色增强红外（IR）图像。回顾第 2 章中物体发射辐射的波长与温度的关系可知，较长的红外波长对应较低的温度，而较短的波长指示较高的温度。塔状积雨云的最高层要比其他较低高度的云顶冷（垂直发展较弱的云）。在卡特琳娜登陆前几小时拍摄的这张照片中，很容易看到最高的云顶（最冷）和最强的风暴。气象学家使用彩色增强图像来帮助解释卫星观测结果。彩色增强可让他们方便快捷地找到特别感兴趣的特征。

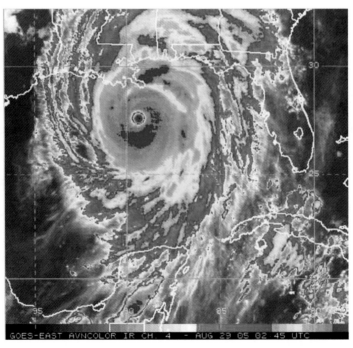

图 11.E　由 GOES-East 卫星拍摄的 2005 年 8 月 29 日飓风卡特琳娜登陆前数小时的彩色增强红外照片，红色和橙色区域表示飓风活动强度最大的位置

来自 NASA QuikSCAT 卫星的图 11.F 看上去截然不同。该图给出了飓风卡特琳娜登陆前短时间内地面风的详细情况。注意，图中给出的是相对风速而不是实际风速。卫星发出的高频无线电波一部分被海洋反射回卫星。风暴导致的粗糙海面产生强信号，平滑海面返回弱信号。要由返回到卫星的信号类型来确定风速，科学家就要将由海洋浮标获得的测风数据与卫星接收到的信号强度进行比较。当浮标观测数据太少而不能与卫星数据比较时，就无法确定实际的风速。作为替代，图中给出了相对风速的清晰图像。

图 11.G 给出的是风暴多卫星降水分析（MPA）。该图显示了所有降水类型，还给出了风暴路径。图中的结果是根据多天的热带降雨观测计划（TRMM）卫星数据和其他卫星数据得出的。

图 11.H 所示为另一种卫星图景。观察飓风不同部分的降雨模式对预报员来说非

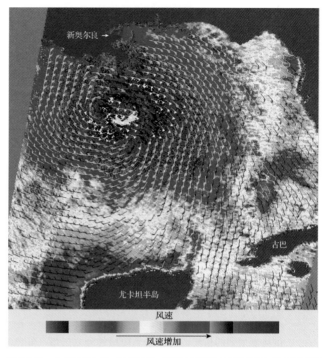

图 11.F 由 NASA QuikSCAT 卫星拍摄的 2005 年 8 月 28 日飓风卡特琳娜的照片，图中给出了相对风速，紫色区域的风速最大，因此形成了完整的飓风眼，图中羽状线表示风向

常有用，因为这有助于确定风暴的强度。科学家发展了一种方法来处理 TRMM 上 3 小时内的降水雷达（PR）数据，并以三维方式显示。每次当卫星通过世界上任何地方的已命名热带气旋上空时，PR 就会传送数据，产生风暴的三维快照。这种图像可以提供风暴中不同部分的降雨强度信息，如眼墙与外围雨带的对比等。图中还给出了云高和风暴内"热塔"的三维图像，眼墙内较高的热塔通常预示着风暴的增强等。

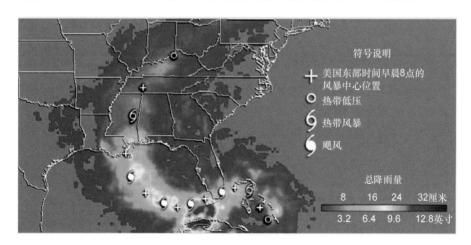

图 11.G 2005 年 8 月 23 日至 31 日飓风卡特琳娜的路径和降雨量。降雨量是由卫星数据推算出来的。在古巴东北部和佛罗里达群岛，最大总降雨量（深红色区域）超过 300 毫米，佛罗里达州南部的降雨量为 120～200 毫米（绿色到黄色区域）。密西西比州海岸的降雨量为 150～230 毫米（黄色到橙色区域）。登陆后，卡特琳娜穿过密西西比州、田纳西州西部和肯塔基州，直到俄亥俄州。由于风暴移动太快，这些地区的总降雨量（绿色到蓝色区域）一般小于 130 毫米

图 11.H　2005 年 8 月 28 日热带降雨观测计划（TRMM）卫星拍摄的飓风卡特琳娜的照片。在风暴内部的剖面图上，一侧显示的是云高，另一侧显示的是降雨率。高大的降雨云可以提供风暴增强的信息。可以看到较冷的独立云塔（红色）：一个位于外围雨带中，另一个位于眼墙中。眼墙的云塔在海洋上空上升到 16 千米，且伴有强降水区。靠近风暴核心位置的高大云塔通常是风暴增强的标志。拍摄这张照片后不久，卡特琳娜就从 3 级迅速增强为 4 级

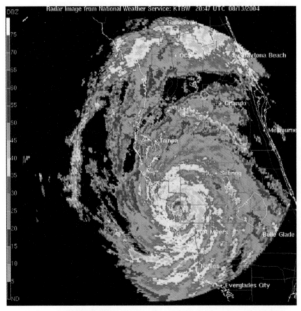

图 11.15　2004 年 8 月 31 日，刚刚在佛罗里达州沙罗特港登陆的飓风查理的多普勒雷达图像。海岸雷达的监测范围是 320 千米

11.4.3　雷达和数据浮标

雷达是观测和研究飓风的第三种基本工具（见图 11.15）。当飓风接近海岸时，就会被安装在陆地上的多普勒天气雷达捕获。多普勒雷达可以提供有关飓风详细的风场、降水强度和风暴的移动信息。这样，地方气象局的工作人员就能发布特定地区的短期洪水、龙卷风和大风预警。通过复杂的数学计算，可以为预报员提供来自雷达资料的重要信息，如降雨量预测等。雷达的局限性是不能"看到"离海岸 320 千米以外的地方，而发布飓风关注和预警的距离必须比这大得多。

快速增强的风暴可能突然袭击脆弱的沿海地区。2007 年飓风温贝托在不到 19 小时的时间内就从一个热带低压出乎意料地增强为飓风，袭击了得克萨斯州的阿瑟港附近区域。2004 年，飓风查理在临近海岸时，最大风速 6 小时内由 175 千米/小时增大到 230 千米/小时，使得佛罗里达州西南沿海部分地区猝不及防。

一种称为 VORTRAC（涡旋目标雷达跟踪和环流）的新技术于 2007 年成功完成测试并于 2008 年投入使用。这种技术可以捕获风暴临近陆地时于临界时间内具有潜在危险的飓风强度的突然变

化，有助于改进短期飓风预警。在 VORTRAC 技术出现前，监测登陆飓风强度的唯一方法是用飞机在风暴中投放下投式探空仪。这种操作只能每隔 1～2 小时进行一次，意味着不能及时探测到气压的突然下降和相应的风速增大。

VORTRAC 使用沿墨西哥湾和从缅因州到得克萨斯州大西洋沿岸的多普勒雷达网络。每个雷达单元都可以测量风的来向和去向，但是在 VORTRAC 建立以前，没有单独的雷达可以预测飓风的旋转风和中心气压。这种技术使用一系列数学公式组合来自各部雷达的数据与有关大西洋飓风结构的知识，得出风暴的旋转风场图。VORTRAC 还可以推断出飓风眼的气压，而气压是飓风强度最可靠的指标（见图 11.16）。每部雷达都可给出 190 千米范围内的样本条件，预报员使用 VORTRAC 可以每隔 6 分钟更新一次风暴的状态信息。

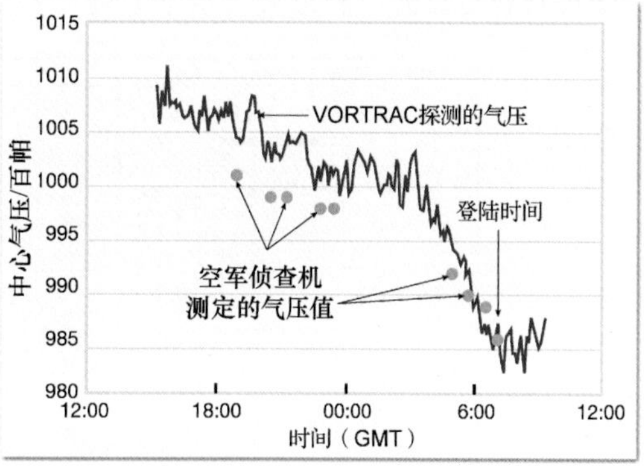

数据浮标　数据浮标是第四种获取研究飓风所需资料的方法（见图 12.3）。这些遥控的漂浮设备安放在墨西哥湾和大西洋沿岸的固定地点，在图 11.3 所示的天气图中可以看到几个海上站点的漂浮数据信息标注。从 20 世纪 70 年代早期开始，这类设备就已提供可靠的数据，并且是每日天气分析和飓风预警系统的重要组成部分。浮标只能表示海洋表面状况连续直接观测的平均情况。

图 11.16　该图显示了飓风汉伯特的 VORTRAC 系统的测试结果，这个风暴于 2007 年 9 月 13 日逼近路易斯安那州和得克萨斯州时迅速增强。VORTRAC 系统估算的结果与飓风汉伯特的实际中心气压，以及登陆前空中侦察的结果十分吻合。VORTRAC 还捕获了风暴迅速增强的信息，指出在没有任何飞机数据的最后四小时，气压快速下降

11.4.4　飓风监视和警报

利用上面介绍的观测方法获得的数据，并与复杂的计算机模型相结合，气象学家就可预报飓风的路径和强度，及时发布监视和预警报告。

飓风监视是一种信息发布，告知沿海特定地区可能出现飓风。风力达到热带风暴的强度时再准备相关工作很困难，因此飓风监视信息必须在热带风暴强风速出现前的 48 小时发布。飓风警报则在沿海某一地区可能受到飓风影响之前 36 小时发布。在出现危险高潮位或用危险高潮位结合异常大浪的情况下，即使风速未达到飓风的强度，飓风警报也不能解除。在飓风监视和警报确定过程中，两个因素特别重要。第一个因素是，必须有适当的提前时间，保证生命安全，并使财产损失降到最低；第二个因素是，预报员必须尽可能减小过度警报。然而，这是一项很困难的任务。显然，发布警报的决定意味着要在保护公众需求和最小化过度警报之间达到完美的平衡。

11.4.5　飓风预报

飓风的预报是任何警报程序中最基本的部分，这类预报包括如下几个方面：我们确实需要知道风暴的去向，预测风暴的路径称为路径预报；当然，预报还要考虑风的强度、可能的降雨量和风暴潮的可能范围等。

路径预报　路径可能是最基本的信息，如果连风暴的去向都无法确定，其他任何有关风暴特征的准确预测都将变得毫无价值。准确的路径预报至关重要，因为这可让人们及时撤离风暴经过的地带。所幸的是，路径预报已逐渐得到改善。2001—2005 年，路径预报误差只有 1990 年的一半。在大西洋飓风非常活跃的 2004—2005 年，12～72 小时的飓风路径预报准确性达到或接近历史最高水平。于是，美国国家飓风中心发布的官方路径预报就从提前 3 天延长到了提前 5 天（见图 11.17）。目前五天路径预报的准确性相当于 15 年前三天预报的准确性。这一巨大的进步归功于计算机模型的改进和海洋卫星资料数量的惊人增加。

尽管路径预报准确性有所改善，但预报仍存在不确定性，因此还要对相对较大的海岸地区发布飓风警报。2000—2005年，美国飓风警报覆盖的海岸线平均长度是510千米，比过去10年的平均长度730千米有了显著改善，尽管如此，也只有平均约1/4的平均警报区域有飓风经过。

飓风其他要素预报　与路径预报的改善相比，过去30年来飓风强度（风速）预报的误差并没有显著改变。飓风登陆后的降水量准确预报也没有把握，但在风暴路径信息完整、了解地面风场结构且有可靠海岸和近海（水下）地形资料时，做出即将发生的风暴潮的准确预报是可能的。

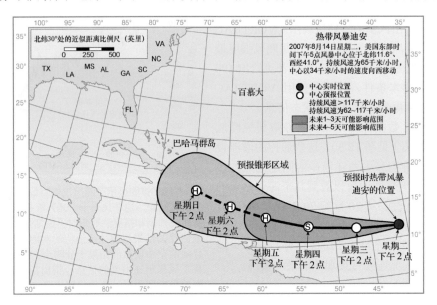

图 11.17　2007 年 8 月 14 日下午 5 点发布的热带风暴迪安的 5 天路径预报。一旦飓风路径预报由国家飓风中心发布，就称其为概率预报图。这个圆锥形表示的是风暴中心的可能路径，由沿预报路径（12 小时、24 小时、36 小时等）的一系列圆圈组成，每个圆圈都随时间变大。根据 2003—2007 年的统计数据，大西洋热带气旋的全部路径有 60%～70% 的时间完全落在圆锥形内

概念回顾 11.5

1. 美国历史上最恶劣的自然灾害是什么？为何美国不可有再出现类似的事件？
2. 列出为跟踪与预报飓风提供数据的四个工具。
3. 区分飓风监视和飓风警报。
4. 什么是路径预报？它为什么很重要？

思考题

01. 为何世界上有的地方的人希望飓风季到来？

02. 飓风有时被人们称为"热引擎"，为这些高能引擎提供能量的燃料是什么？

03. 附图显示了近 150 年来热带气旋的路径和强度，它是根据美国飓风中心和联合台风警报中心的风暴路径得到的。a. 哪个区域出现了最多的 4 级和 5 级风暴？b. 热带中心如赤道附近为何不会形成飓风？c. 解释南大西洋和南太平洋东部出现的风暴。

04. 参考图 11.4b 中的图形，解释气压曲线的斜率最大时风速最大的原因。

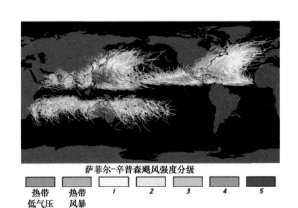

萨菲尔-辛普森飓风强度分级

| 热带低气压 | 热带风暴 | 1 | 2 | 3 | 4 | 5 |

05. 尽管观测工具和飓风预报技术持续增强，但飓风致死人数却在增多，为什么？

06. 假设 2016 年 9 月 5 级飓风加斯顿的路径如附图所示，回答如下问题：a. 说出加斯顿成为飓风必须经历的各个阶段。b. 休斯敦会出现最快的风和最大的风暴潮吗？为什么？c. 这个风暴接近达拉斯沃思堡时，会造成的最大威胁是什么？

07. 查看题图所示的被一个 4 级飓风造成的破坏情况。哪三种类型的破坏是由它造成的？为什么？

08. 天气预报员可以告知观众即将来临飓风的级别，但只能在龙卷风发生后才能报告其强度，为什么？

术语表

easterly wave　东风波
eye　飓风眼
eye wall　眼墙
hurricane　飓风
hurricane warning　飓风警报
hurricane watch　飓风监视

Saffir-Simpson scale　萨菲尔-辛普森分级
storm surge　风暴潮
tropical depression　热带低压
tropical disturbance　热带扰动
tropical storm　热带风暴

习题

回答习题 1 至习题 5 时，参考图 11.3 中飓风法兰的气象图。

01. 哪一天法兰的风速最高？为什么？

02. a. 24 小时内这些地图表示的飓风中心移动了多远？b. 24 小时内这个飓风的移动速度是多少？

03. 图 9.21 中中纬度气旋的东西向直径约为 1930 千米（此时使用 1008 百帕的等压线定义这个低压中心）。测量 9 月 5 日飓风法兰的直径。使用 1008 百帕等压线表示这个风暴的外边缘。这幅图与中纬度气旋相比如何？

04. 求 9 月 5 日飓风法兰的气压梯度。根据 1008 百帕等压线测量从查里斯顿到风暴中心的距离。

05. 图 9.21 中的气象图显示了一个发育良好的中纬度气旋。计算从怀俄明州-爱达荷州边界的 1008 百帕等压线到这个低压中心的气压梯度。假设这个风暴中心的气压为 986 百帕，距离是 1000 千米。这个答案与习题 4 中的答案相比如何？

06. 飓风丽塔是飓风卡特琳娜之后，于 2005 年 9 月下旬袭击墨西哥湾沿岸的主要风暴。题图中显示了它从 9 月 18 日从多米尼加共和国北部一个未命名的热带扰动到 9 月 26 日于美国伊利诺伊州消散期间的气压和风速。使用该图回答如下问题：a. 哪些线代表气压？哪些线代表风速？为什么？b. 这个风暴的最大风速是多少？c. 飓风丽塔的最低气压是多少？d. 根据风速，这个风暴的最高萨菲尔-辛普森分级是多少？哪天能达到这个级别？e. 风暴登陆后，飓风丽塔的级别是多少？

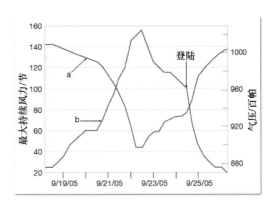

第 12 章　天气分析和预报

人们渴望详尽且准确的天气预报。从美国国家航空航天局为评估天气状况而发射卫星，到各个家庭希望知道即将到来的周末的天气是否适合远足，无不体现人们对准确预测天气的期盼。各行各业业，如航空公司和水果生产商，对准确天气预报也有很强的依赖性。此外，建筑、石油平台和工业设施的设计需要具备极端天气方面的知识，包括雷暴、龙卷风和飓风等。我们不再满足于短期天气预报，而期待着精确的长期天气预报。

2008 年 5 月，美国堪萨斯州昆特附近，超级单体雷暴生成龙卷风。天气雷达是一种即时预报工具，也是极端天气预警的常用技术

本章导读

- 说明美国气象局的任务。
- 区分天气分析与天气预报。
- 描述数值天气预报的基础
- 列出并区分不同的天气预报方法。
- 解释高空气流中的哪种特殊模式影响地面天气。
- 区分天气预报和 30 天与 90 天气候预测。
- 解释正确预报百分比不总是天气预报的较好度量的原因。
- 讨论气象卫星的红外成像和可见光成像的优缺点。

什么是天气预报？简而言之，天气预报就是针对未来特定时间的天气情况所做的科学估计（见图 12.1）。天气预报常用最重要的气象要素表示，包括温度、云量、湿度、降水、风速和风向等。由下面的描述，我们可以看出天气预报非常艰难：

想象在直径为 1.2 万多千米的旋转球体上，一个包含不同物质和气体（其中最重要的一种是以不同浓度存在的水）的系统被一个约 1.5 亿千米外的核反应器加热。有趣的是，这个球体还以一定的朝向围绕核反应器公转，在一年内的不同时间有着不同的加热。此后，有人被指派去观察混合气体（厚约 30 千米的覆盖了近 5 亿平方千米区域的一层流体），并预测这层流体中的某点两天后的状态。这就是天气预报员所面临的问题。

图 12.1　准确的天气预报对很多人类活动来说很重要，如 2011 年 7 月 8 日亚特兰蒂斯号航天飞机的发射

12.1　气象业务概述

负责收集并播报天气相关信息的美国政府机构是美国国家气象局（NWS），它是美国国家海洋和大气管理局（NOAA）的分支机构，工作任务如下：

美国国家气象局为美国提供天气、水文和气候预测及气象预警，区域包括美国领土、滨海地区和海洋，保护财产和安全并促进国家经济增长。美国国家气象局的数据和产品进入国家数据库，数据库可被其他政府机关、私人公司、公共机构及全球机构使用。

也许美国国家气象局提供的最重要的服务是灾害性天气预测和预警，包括雷暴、洪水、飓风、龙卷风、寒冬及高温。美国联邦应急管理局认为，公开宣布的紧急事件中的 80%与气象有关。类似地，交通部门的报告也表明，每年超过 6000 起车祸是由天气造成的。在全球人口增加的背景下，天气对经济的影响逐渐增大。因此，为了提供更准确的、更长时间的天气预报，美国国家气象局承受着巨大的压力。

仅仅制作短期天气预报就是一项庞大的工作，涉及复杂而精细的过程，包括收集天气资料，将这些资料传输到中心地区，并且编译全球尺度的资料。做完这些后，要通过分析资料对天气形势现状做出准确估计。在美国，收集全球天气信息的机构是位于马里兰州坎普斯普林斯的国家环境预测中心。美国国家气象局的这个分支机构负责准备天气图表、预报国家和全球尺度的天气。这些预报发布到区域天气预报机构，在那里它们被用来制作区域和当地的天气预报。

气象预报的最后一个环节是发布各种各样的天气预报。125 个天气预报机构定期发布区域和当地的天气预报、航空预报和天气预警。当地天气预报可在天气频道或地方电视台上看到，这类节目的天气预报信息均来自美国国家气象局（见图 12.2）。此外，美国国家气象局还免费为公众和私人天气预报机构（如 Accu Weather 公司和 WeatherData 公司）提供全部数据和产品（图、表、天气预报）。

图 12.2 美国地方电视台的天气预报由美国国家气象局天气预报部门发布

随着个人计算机和网络的普及，人们对更高质量的可视化天气预报的需求逐渐增加，其中需要用到计算机制图。大多数地区新闻广播中的天气动画都由私人公司发布，这一工作并是美国国家气象局的职责。私人公司针对特定受众，将美国国家气象局的天气预报产品定制成各种专项天气报告服务。例如，对于农场，天气报告可能要包括霜降预警，而对于科罗拉多州丹佛的冬季天气预报，则要包括雪橇度假村的降雪状况等。

注意，尽管私人公司在向大众宣传天气信息方面起着重要作用，但美国国家气象局依然是美国灾害性天气预警的官方发布者。美国国家气象局下属的两个主要气象中心负责这方面的工作：一个是位于俄克拉何马州诺曼的风暴预警中心，其职责是监视强雷暴和龙卷风（见第 10 章）；另一个是位于佛罗里达州的迈阿密国家飓风中心/台风预警中心，负责大西洋、加勒比海、墨西哥湾急流和太平洋东部飓风的观测和预警（见第 11 章）。

总之，美国提供天气预报和天气预警的过程分成三个阶段。首先，在全球范围内收集和分析资料，得出大气实况图像；然后，由美国国家气象局运用各种科技手段建立未来的大气状态，这个过程称为天气预报；最后，通过私人公司向公众发布天气预报。美国国家气象局是监测、预警和发布极端天气事件的唯一机构。

概念回顾 12.1

1. 美国气象局的任务是什么？
2. 在所有宣布的紧急情况中，约有多少与天气有关？
3. 美国气象局的什么机构生成当地和区域天气预报？
4. 列出提供天气预报的三个步骤。

12.2 天气分析

在制作天气预报之前，预报员必须对当前的天气形势有准确的认识。这项艰巨的工作称为天气分析，包括收集、传送、整理海量的观测数据。大气总在不断地变化，因此这些分析一定要快速地完成，而具有高速运算能力的超级计算机将有助于进行天气分析。

12.2.1 获取数据

气象站的一项艰巨工作是收集短期天气预报所需的数据。在全球范围内，联合国的一个专门机构——世界气象组织（WMO）负责国际间气象资料的交换。全球有超过 185 个国家和地区参加了这个组织，世界气象组织将这些国家和地区的资料进行标准化处理。

地面观测 全球 10000 多个地面观测站、7000 多艘海洋观测船、数百个浮标和石油平台每天 4 次记录天气状况，即分别在世界标准时 0000、0600、1200 和 1800 记录数据（见图 12.3）。这些数据代表的天气信息通过交换系统快速传送到全球各地。

在美国，由 125 个区域天气预报机构收集天气信息并传送给中央数据库。美国国家气象局（NWS）的合作机构——美国联邦航空管理局（FAA）管理大多数城市机场的观测站，共管理近 900 个自动地面观测系统（ASOS）。这些自动观测系统提供包括温度、露点、风、能见度、天空状况、雨雪情况在内的天气观测信息（见图 12.4）。有些情况下，自动观测可以辅助或取代人工观测，因为它可以提供偏远地区的天气观测信息。然而，有些研究表明，在某些特定天气要素的观测中，人工观测更准确，如云量和天空状况等。

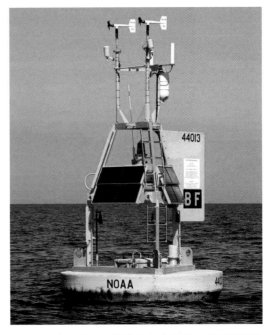

图 12.3 常用来记录海洋上方大气状况的数据浮标。这个浮标收集到的数据通过卫星传送到地面基准站

高空观测 对制作可靠的天气预报而言，高空观测也很重要（见图 1.24）。全球近 900 个探空站每天都在世界标准时 0000 和 1200 施放携带无线电探空仪的探空气球进行高空观测，大多数高空探测站都建在北半球，其中 92 个高空探测站由美国国家气象局管理。

无线电探空仪是一台包括温度、湿度和压力传感器的便携式设备，它随探空气球一起上升到大气中。通过追踪无线电探空仪，可探测不同高度的风速和风向。这类观测通常持续约 90 分钟，探空仪可以上升到 35 千米以上的高度。随着高度的增加，气压降低，探空气球最终达到破碎点并爆炸。当探空气球爆炸时，一个小降落伞会张开，探空仪将缓缓降落回地面。如果你发现了这样的无线电探空仪，务请根据所附地址归还仪器，以便再次使用。

获取海洋上的高空数据非常困难，只有少数船只可以发射无线电探空仪。有些商业航班会帮助记录海洋上的高空资料，通常记录风、温度及航线上偶尔出现的湍流。

有些前沿科技提高了人们获取高空资料的能力。例如，人们使用一种特殊的雷达——风廓线雷达来探测距地面 10 千米的风速和风向。不同于间隔 12 个小时施放探空气球的方法，这种方法每 6 分钟就可探测一次。此外，卫星和天气雷达在大气探测中的作用也变得越来越重要。这些科学方法的重要性将在后面的内容中讨论。

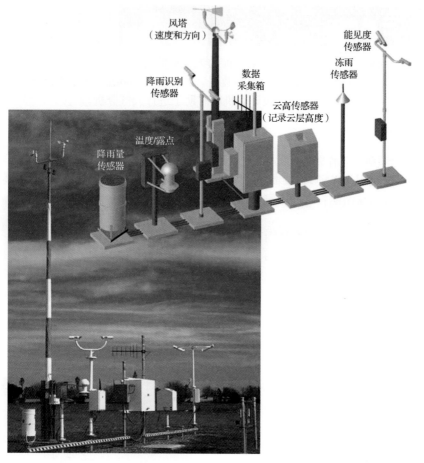

图 12.4　自动地面观测系统可以观测天空的云量，测量温度、露点、风速和风向，甚至探测当前天气，如是否下雨或下雪

尽管气象资料的获取有了很大进展，但仍有两大难题：第一，由于仪器误差和数据存储传输误差，探测资料可能不准确；第二，气象探测在某些地区很难实现，甚至不可能进行，尤其是在海洋和山区。

12.2.2　绘制天气图

获得海量的气象资料后，气象分析员要用一种预报员容易阅读的方式来展现这些资料，即在一系列天气图中画出这些数据（见知识窗 12.1）。这些图之所以称为天气图，是因为它们展现了实时的天气状态，提供了大气环流特征。因此，在经验丰富的预报员眼中，天气图是一张展示了大气形态的照片，其中包括温度、湿度、压力和风场等信息。

美国国家气象局和预报中心每天要制作 200 幅以上的天气图表和不同高度的大气状况图。以前天气图是手工绘制的，现在则由计算机统一完成数据分析和绘图［见图 12.5(a)］。计算机绘制好天气图后，天气分析员进一步完善它并对可能的错误和遗漏进行修正与补充。

作为地面天气图的补充，每天需要绘制两个时次的高空天气图，分别是 850 百帕、700 百帕、500 百帕、300 百帕和 200 百帕等压面的高空图。在这些高空图中，使用等高线（每隔几米或每隔几十米绘一条等高线）而非等压线来表示气压场。这些等高线图中还要用虚线绘出等温线。高空图提供了大气的三维图像，图 12.5 是一幅简要地面天气图和同一时刻的 500 百帕高空图。

总之，天气分析包括收集和整理描述当前大气状态的海量气象观测数据，这些数据随后通过大量不同种类的天气图表示出来，以反映地面和规定高度层的当前天气类型。

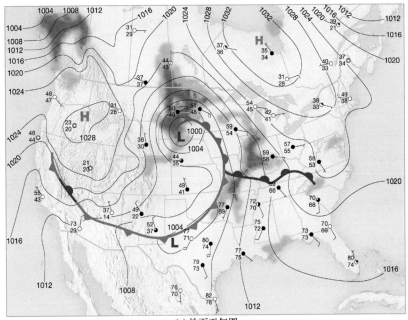

(a) 地面天气图

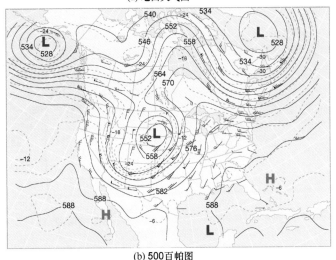

(b) 500百帕图

图 12.5　简化天气图：(a)上午 7:00（美国东部标准时间）的地面天气图，描述的是一个成熟的中纬度气旋；(b)同一时刻 500 百帕高空天气图，等值线间隔为 6 米

知识窗 12.1　制作天气图

要绘制地面天气图，首先就要填写所选观测站的资料。图 12.A 是国际协议规定的天气图符号。通常情况下，天气图上包含的气象要素包括温度、露点、气压及其趋势、云（高度、类型和云量）、风速和风向，以及过去和现在的天气状况。这些气象要素通常按图 12.A 中国际协议规定的天气图符号绘制在气象站标志旁边固定的位置上，以便于以后阅读（唯一的例外是风矢量箭头，它随气流方向变化）。例如，通过图 12.A 可以发现，温度标注在图例的左上角，且温度数据一直出现在左上角位置。

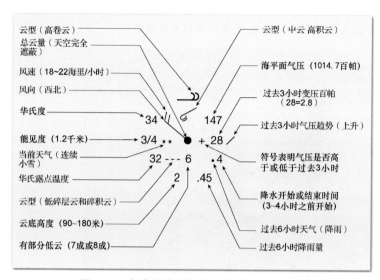

图 12.A 气象站常用气象要素绘图位置示例

天气要素的绘制见图 12.B 的左图。天气要素填写完成后，开始在天气图上绘制等压线和锋面（见图 12.B 的右图）。等压线通常画在地面天气图上，间隔一般为 4 百帕（1004、1008、1012 等）。等压线应尽可能准确地根据站点标出的气压值来绘制。我们看到，在图 12.B 的右图中，1012 百帕等压线约在气压为 1010 百帕的气象站和气压为 1014 百帕的气象站的中间穿过。通常情况下，由于观测误差和其他一些错误，绘图时要对等压线做平滑处理，以使等压线和整个天气图相匹配。很多气压场的不规则性是局地影响导致的，这和天气图上的大尺度大气环流没有太多的关系。等压线画完后，要标出高低压中心。

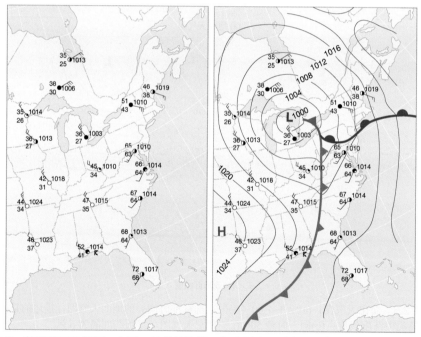

图 12.B 简易地面天气图。左图：气象站资料，包含温度、露点、风向、风速、云量和气压；右图：含有等压线和锋面的天气图

锋面是不同气团之间的分界面，它们通常位于天气图上天气要素突变的地区。许多气象要素都会在锋面上出现突变，通常要考虑所有要素的变化才能准确地确定锋面位置。在地面天气图上，可以通过如下几点看出要素的变化，进而较容易地确定锋面位置：

（1）短距离内有明显的温度差异。

（2）短距离内风向变化（顺时针方向）约 90°。

（3）锋面前后的湿度通常出现变化，即露点温度有变化。

云和降水类型也为确定锋面位置提供了线索。

在图 12.B 中，上述所有特点都很容易在锋区找到。然而，并非所有锋面都如同图例那样可以轻松确定。在有些个例中，地面天气图上锋面前后气象要素的差异并不明显。在这种情况下，确定锋面时，流场相对简单的高空图就起重要作用。

概念回顾 12.2

1. 天气分析的过程是什么？
2. 天气预报机构负责收集和传送天气数据。完成这些任务的其他方法有什么？
3. 无线电探空仪在天气预报中的作用是什么？
4. 简要解释天气图在天气预报中的作用。

问与答：谁是第一位天气预报员？

在美国，人们通常将本杰明·富兰克林视为第一位制作长期天气预报的人，因为他 1732 年就在其《贫穷的理查德历书》中做了这一预测。然而，这些预测主要基于民俗而非天气数据。无论如何，富兰克林可能都是第一位记录风暴系统移动的人。1743 年，当他住在费城时，下雨天阻止了富兰克林观看月蚀。通过后来和其兄弟的通信，他认为在波士顿可以看到月蚀，但这个城市几小时后也开始下雨。这些观察使得富兰克林认为风暴阻止了他在费城观看月蚀，因为这个风暴后来移向了波士顿。

12.3　计算机在天气预报中的应用

在 20 世纪 50 年代末之前，所有天气图都是手工绘制的，并且是制作天气预报的基本工具。预报员利用各种技术，从最近的天气图表显示的天气类型出发，外推出未来的天气情况。一种预报方法是将现在的天气类型和过去类似的天气类型相对比，在对比现在和过去的天气类型的过程中，气象专家可以预测出当前的天气系统在几小时或几天后可能发生的变化。这种方法称为经验法，它有助于预报员预报天气。利用气象经验诊断当前天气图是天气预报的基础，在短期预报（24 小时预报或少于 24 小时的预报）中仍然起着重要作用。

后来，人们开始使用计算机绘制地面和高空天气图。随着科技的进步，计算机最终取代了天气预报的人工劳动。计算机在提高天气预报的准确性和细节上起到了关键作用，同时延长了预报时间，可以对长期天气预报提供有益的帮助。

12.3.1　数值天气预报

数值天气预报是用数值方法模拟当前大气过程来预报天气的一种科学方法（数值一词可能会给大家带来困扰，因为所有类型的天气预报都基于大量的气象数据，都可以列在这个标题之下）。数值天气预报的理论基础如下：大气中气块的运动遵循一定的物理规律，而这些物理规律可以用数学物理方程表示出来（见知识窗 12.2）。如果我们能够求解这些方程，就可以由现在的大气状态推知未来的大气状态，通过温度、湿度、云和风来描述天气。这种方法类似于根据牛顿运动定律，由计算机从火星现在的位置预测出其未来的位置。

知识窗 12.2　数值天气预报

几个世纪以来，人们深入地认识地控制大气运动的物理规律，且可用数学方程将其表达出来。20 世纪 50 年代早期，气象学家开始利用计算机预报天气，因为计算机是求解这些数学方程的有效工具。当时，这类数值天气预报的目的是，预报大尺度大气运动的变化。本书中讨论了与这些方程相关的很多过程：其中的两个运动方程描述了在气压梯度力、科里奥利力和摩擦力作用下大气水平运动随时间的变化；静力学方程描述了大气中的垂直运动；热力学第一定律说明了大气加热、散热或者膨胀、压缩引起的温度变化；还有质量守恒和水汽守恒两个方程；最后，理想气体定律或者状态方程给出了三个基本变量——温度、密度和气压之间的关系。

天气预报模型首先需要观测资料来描述当前大气的状态，然后用方程来计算每个变量的新值，通常时间间隔是 5~10 分钟，这个时间间隔也称时间步长。上一步的计算结果将作为下次计算的初值，对每个空间点和高度层进行计算。每个模型都有描述每个预报点之间距离的空间分辨率。通过反复求解大气控制方程，模型就可预报大气未来的状态。天气预报员根据模型输出结果进行固定时次的天气预报，如 12 小时、24 小时、36 小时、48 小时和 72 小时天气预报。

尽管数值天气预报模型很复杂，但大多数模型的预报仍然存在误差。限制模型准确性的因素有三个：①物理过程的描述不充分，②初始观测值的误差，③模型分辨率造成的误差。虽然模型建立在精确的物理规律基础之上，且能够抓住大气的主要特征，但它对复杂的大气系统进行了简化。在目前的数值模型中，很多过程是不全面的，如陆面过程和下垫面状态。由于数值天气预报模型中存在很多非线性过程，初始观测值的误差在计算机的数值计算过程中会随时间增大。最终，所有空间尺度的物理状态都可能影响大气变化。此外，数值模型的空间分辨率太低，以致难以计算很多重要的过程。事实上，很多大气系统运动的尺度太小，甚至小到从来未被观测到，因此不可能加入模型。

下面用一个简单的例子来说明物理过程误差或者观测误差引起的预测不准确性。图 12.C 基于给定变量 Y 的预测值，预测方程如下：

$$Y_{t+1} = aY_t - Y_t^2$$

式中，Y_t 是 t 时刻的变量值，Y_{t+1} 是一个时间步长后的变量值，a 是一个常数。

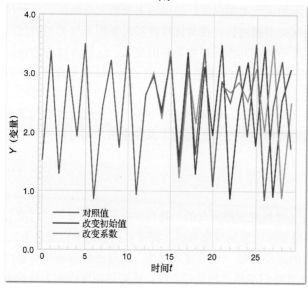

图 12.C 小误差最初对预测不产生显著影响，但是随着时间的增加，误差被显著放大

每步的预报结果都是下一步计算的初值，就像数值天气预报模型的输出是接下来的计算的输入那样。图 12.C 中的紫线是在已知初值（如气象观测值）$y_{t=0}$ = 1.5 和 a = 3.75 的条件下，经过一系列时间步长后的方程解。曲线显示了所用方程描述大气演变过程的精度对预测结果准确性的影响程度。蓝线是系数 a 从 3.75 变成 3.749 后的 Y 值。类似地，将 $Y_{t=0}$ 的值从 1.5 调整为 1.499，可以看到一个小观测误差是如何随时间增加而增大的，图中的红线显示了初值的增长是如何影响预测结果的。小误差在预测的初始阶段可能只造成小的偏差，但这个误差会随着时间增加而显著增大。我们无法观测到大气的很多小尺度特征，也无法让计算机模型包含所有的过程，因此数值天气预报存在理论上的限制。

数值天气预报使用了能够模仿真实大气运动的计算机模型。所有的数值模拟都基于相同的物理方程，但在方程的运用方式和参数选取方面却不尽相同。例如，侧重于特定区域的模型的分辨率较高，而侧重于全球尺度大气模拟的模型的分辨率较低。美国使用了几个不同的数值模型。

数值天气预报的第一步是将当前大气的全部要素（温度、风速、湿度和气压）输入计算机模型，这些要素值代表了预报大气的初始状态。进行几十亿次运算后，可以预报这些基本气象要素的短期（5~10 分钟）变化。新数值算出后，模型继续计算下一个 5~10 分钟的预报。以上类推，可以生成 6 天或更长时间的天气预报。

美国国家气象局利用数值模型绘制大量的天气预报图。这些机器绘制的天气图显示了未来某一时间的大气状况，称为预报图。大多数数值模型都可以制作预报高空天气模型变化的预报图。此外，有些模型也可生成其他天气要素的预报，如最高温度、最低温度、风速和降水概率等。即使是最简单的数值模型，也需要进行大量的计算，因此在超级计算机出现之前这些模型是无法使用的。

天气预报数值结果产生后，就需要比较以前的预报结果精度，采用统计方法对计算机模型的预报结果进行修正。这一过程称为模型统计输出（MOS），用于订正模型可能产生的误差。例如，某些模型可能多报降水量、高报风速、或者低报和高报温度等，因此美国国家气象局的预报员和私人气象预报公司一直致力于改进 MOS，他们依据自己的气象知识来修正已有模型，以期最终克服模型的缺点（见图 12.6）。

总之，气象学家采用物理方程来建立大气数值模型，通过初始大气状态求解预报方程，进而预报未来的天气。当然，这是一个复杂的过程，因为地球大气是一个非常复杂的动力系统，只能通过数值模型对其进行粗略的近似。另外，由于方程组本身的性质，小初始数据误差可能造成输出结果的巨大差异。即便如此，

图 12.6 美国国家气象局的预报员每年为公众和商业公司提供近 200 万次天气预报

这些模型依然给出了令人惊异的结果——比非数值模型的预报结果好得多。

12.3.2 集合预报

天气预报所面临的最大挑战之一就是大气系统的混沌现象，特别是当两种非常类似的大气扰动经过一段时间后，可能发展成两种完全不同的天气类型。一种扰动也许会加强，而另一种扰动可能会耗散。为了证明这一点，麻省理工学院爱德华·洛伦兹教授使用了名为"蝴蝶效应"的比喻。洛伦兹是这样描述的：亚马孙雨林的一只蝴蝶扇动翅膀，产生一个很小的扰动，这个扰动开始传播，并且逐渐在时间和空间上放大。按照洛伦兹的比喻，两周以后，这个很小的扰动已在堪萨斯州变成了一个龙卷风。显然，这个比喻的要点是，洛伦兹试图说明，大气初始状态的微小变化可能对其他地区的天气模型产生巨大影响。

为了处理大气固有的混沌行为，预报员采用了集合预报技术。简单地讲，这种方法是指在仪器观测误差允许范围内稍微改变初始条件，使用同一个计算机模型进行大量的天气预报。本质上讲，集合预报就是试图评估气象观测中不可避免的误差或疏忽是如何影响预报结果的。

集合预报的重要成果之一是给出了有关预报的不确定性信息。例如，假设我们要使用现有的天气数据来绘制美国东南部 24 小时降水的天气预报图。现在，我们连续多次进行相同的计算，每次计算都只对初始状态进行小调整。如果大多数预报图显示东南部地区会降水，预报员就给予这一预报高可信度。另一方面，如果集合预报的结果之间的差异很大，那么预报的可信度就很低。

12.3.3 预报员的作用

尽管计算机速度越来越快、数值模型不断改进、科学技术不断更新，但天气预报图仍然只能提供大气运动的一般趋势。因此，气象预报员的气象知识和经验判断在天气预报中仍起主要作用，尤其是在短期天气预报中。

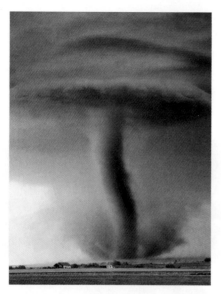

图 12.7　图中龙卷风这种天气现象的尺度很小,无法在计算机制作的预报图中表示。这类天气事件的探测主要依赖于天气雷达和地球同步卫星

经论证后,各种预报图被送往美国国家气象局下属的各个地方天气预报机构。气象预报员的职责是结合数值预报结果和当地的环境与区域天气特征,做出特定地点的天气预报。但是,可用的数值预报天气图花样繁多,导致这一任务更加复杂。例如,通常情况下采用两个不同的数值模型预测某天的最低温度时,一个模型的预报效果在某些天或某些地区要比其他模型更好。因此,预报员的工作最多就是每天在两个模型中选择一个最优的模型,或者整合两个模型的数据。模型结果多了,就会面临多个选择而使问题复杂化。

预报员经常对模拟预报结果进行细化。例如,夏季的单个雷暴因尺度过小而无法在模型中被恰当地表现;此外,龙卷风、雷暴、下击暴流等天气现象也无法用已有的预报技术进行预报(见图 12.7)。这时就要重点利用卫星和天气雷达来监测与追踪这些天气现象。

概念回顾 12.3

1. 简要描述数值天气预报。
2. 天气预报图与天气图有何不同?
3. 计算机生成的数值模型预报的是什么?
4. 什么是集成预报?
5. 与传统数值天气预报相比,集成预报还提供什么信息?

聚焦气象

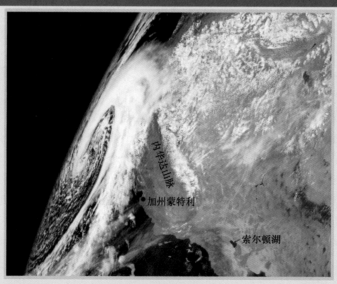

内华达山脉

•加州蒙特利

索尔顿湖

　　这幅冬季卫星图像显示了从太平洋移向加利福尼亚州的大问号形云图。加利福尼亚州南部海岸的绿色和青绿色海水表明出现了水华。此外,还要注意索尔顿湖南部的绿色区域,它被分类为沙漠气候。
　　问题 1 导致逗号形云图的风暴系统的名称是什么?
　　问题 2 风暴经过时,加利福尼州蒙特雷的天气可能是什么?

12.4　其他预报方法

　　尽管计算机模型生成的数值预报趋势图是现代天气预报的基础，但气象学者也使用其他的预报方法。这些经过时间考验的方法包括持续性预报、气候学预报、类比法和趋势预报等。

12.4.1　持续性预报

　　也许最简单的天气预报方法是持续性预报。持续性预报是指基于天气持续几小时甚至几天不变的趋势来进行预报。例如，如果某个地区下雨，那么我们可以合理地假设这个地区接下来的几小时内会持续下雨。持续性预报并未考虑天气系统的强度和运动方向的变化，也不能预报风暴的形成和消散。由于这些限制和天气系统的快速变化，持续性预报的时间准确性通常不超过 6～12 小时，最多 1 天。

12.4.2　气候学预报

　　另一种相对简单的天气预报方法使用气候资料——多年累积的天气平均统计量进行预报，这种方法称为气候学预报。例如，考虑到美国亚利桑那州尤马 90% 的时间为晴天，于是将一年中的每天预报为晴天的准确率约为 90%。同样，如果将美国俄勒冈州波特兰的 12 月份全部预报为阴天，预报准确率也约为 90%。

　　气候学预报在农业经济决策中非常有用。例如，在美国内布拉斯加州相对干燥的中北部地区，即沙丘地区，为便于玉米的生长实施了中心灌溉。然而，农民面临着选择哪种杂交玉米品种的问题。在内布拉斯加州的东南部（内布拉斯加州最温暖的地区），高产且可以广泛种植的品种似乎是合理的选择。然而，区域气候数据显示，由于沙丘温度偏低，4 月末种植的玉米直到 9 月末才能成熟，而 9 月末这里遭受霜冻的概率为 50%。因此，农民可以利用这一重要气象信息来选择更适合在沙丘上短期生长的杂交玉米种子。

　　气候数据的一种有趣应用是预测"白色圣诞节"，即地面积雪超过 2.5 厘米的圣诞节。如图 12.8 所示，美国明尼苏达州北部和缅因州北部经历"白色圣诞节"的概率超过 90%。相比之下，佛罗里达州南部的人们在圣诞节期间看到雪的概率就很低。

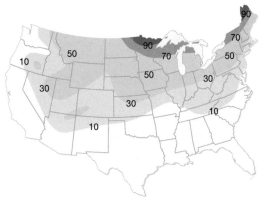

图 12.8　白色圣诞节的概率

12.4.3　类比法

　　类比法是一种复杂的天气预报方法，其理论基础是天气现象至少会重复出现。因此，预报员就会从过去的资料中找到与现在的天气事件相匹配的得到确认的天气模型。在古今对比中，预报员可以预报当前天气的发展方式。

　　在计算机模拟出现之前，类比法是天气预报的重要方法。一种称为模式识别的类比法仍是改进短期模式预报的重要工具。

12.4.4 趋势预报

趋势预报是另一种天气预报方法，其目标是确定锋面、气旋、云区和降水等天气系统的移动速度和移动方向。利用这些信息，预报员就可以通过外推来预报这些天气现象的未来位置。例如，如果一个雷暴以 56 千米/小时的速度向东北方向移动，那么位于东北方 112 千米的地区将会在两个小时后遭受雷暴的袭击。

天气事件会在移动速度或强度上增大或减小，或者改变移动方向，因此趋势预报仅在几小时内才是最有效的。趋势预报对生命周期短的灾害性气候事件的预报特别有效，如预报冰雹、龙卷风和下击暴流，这类预警事件的预报必须快速且位置准确地发布。这种类型的预报常被称为临近预报，它主要依赖于天气雷达和地球同步卫星。这些工具对探测暴雨区域和触发剧烈天气的情况很重要。为便于整合多种数据源的数据，制作临近预报高度依赖于交互式计算机的使用。龙卷风的快速预报是体现临近预报特性的一个例子。

> **概念回顾 12.4**
>
> 1. 如果今天正在下雪，那么持续预报采用什么预报明天的天气？
> 2. 使用临近预报技术时，通常预报的是什么类型的天气现象？
> 3. 简要描述天气预报类比法的基础。
> 4. 什么术语适用于严重依赖于天气雷达和卫星的超短天气预报技术？
> 5. 天气预报员将基于平均天气统计的预测天气技术称为什么？

12.5 高空环流和天气预报

第 9 章中建立了地面气旋扰动和高空西风气流之间的密切联系，这个联系非常重要，特别是当其被应用到天气预报中时。为了理解雷暴的发展和中纬度气旋的产生与运动，气象学家必须同时了解高空大气状况和地面大气状况。

12.5.1 高空图

每天产生两个时次的高空图，分别是世界标准时（GMT）0000 和 1200（即午夜和正午）。高空图分别绘制在 850 百帕、700 百帕、500 百帕、300 百帕和 200 百帕等压面上，使用等高线（间隔以几米或几十米为单位）表示气压，类似于地面图上的等压线。高空图上还包括用虚线绘制的等温线，以及湿度、风速和风向等。

850 百帕和 700 百帕图 图 12.9(a)是一幅标准的 850 百帕图，它与 700 百帕图的布局大致相同。两幅图中都包括黑实线表示的等高线（等高线的间隔为 30 米），还包括等温线（单位是摄氏度）。如果包括相对湿度，那么相对湿度大于 70%的区域用绿色阴影表示。风用黑色箭头表示。

850 百帕图描述的是海平面上方平均高度 1500 米的天气形势。在无山地区，这个高度在受地表加热冷却影响剧烈的日平均温度扰动层之上（在海拔较高的地区，如科罗拉多州的丹佛，850百帕代表的就是地面层）。

预报员常在 850 百帕图上观察冷暖平流的影响区域。被冷平流影响的地区，风穿越等温线，从较冷的地区吹向较暖的地区。图 12.9(b)中的 850 百帕图显示冷空气向南流动，即从加拿大流向密西西比流域。这个区域的等温线（红色虚线）比较密集，意味着受其影响的地区将经历快速的降温过程。

与之相反，暖平流沿美国东海岸流动，将暖空气输送到较冷的地区，并且通常伴随着对流层底层大范围的抬升运动。如果被暖平流影响的地区的湿度相对较高，那么抬升运动会形成云，进而可能引发降水［见图 12.9(c)］。

850 百帕高度的温度也可提供很有用的信息。例如，预报员在冬季用零度等温线作为降雨地区和降雪或冻雨地区的分界线。此外，850 百帕层没有像地表那样的温度日循环变化，因此该图提供了一种估计日最高地面气温的方法：夏季，地面最高气温通常要比 850 百帕高 15℃左右；冬季，地面最高气温通常要比 850 百帕高 9℃左右。

700 百帕的环流在海平面以上 3 千米左右，它决定了气团性雷暴的产生机制。因此，700 百帕高空风用于预报这些天气系统的运动。使用这类图的经验如下：当 700 百帕高度层的温度达到 14℃或更高时，不会发生雷暴。暖 700 百帕高度层就像盖子那样限制了地面暖湿气流的上升运动，否则这些上升气流可能会形成塔状积雨云。强高压中心伴随的下沉运动可能引起偏暖的高空环境。

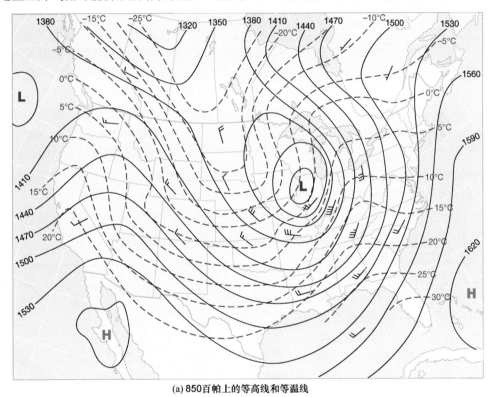

(a) 850百帕上的等高线和等温线

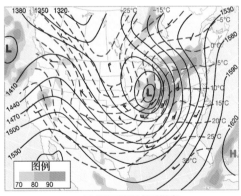

(b) 850百帕上的等温线

(c) 850百帕的相对湿度

图 12.9　典型的 850 百帕高空图。(a)实线是等高线（等高线的间隔为 30 米），虚线是等温线（单位是摄氏度）；(b)冷暖平流区域用彩色箭头标示。(c)相对湿度大于 70%的区域用绿色阴影标出

500 百帕图 500 百帕高度层约在海平面上方 5.5 千米，地球大气质量的一半位于该层之上，另一半位于该层之下。如图 12.10 所示，美国东部有一个低压槽，而美国西部受高压脊的影响。低压槽可能伴随着对流层中层的雷暴，高压脊对应晴好天气。当模型预报低压槽发展时，雷暴可能会增强。

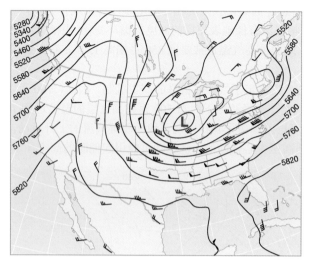

图 12.10　500 百帕高空天气图。北美中东部低压中有一个发展成熟的低压槽，大陆西岸的高压中有高压脊。等高线间隔为 60 米

预报员发现，使用 500 百帕图可以有效地预报地面气旋风暴的运动，因为地面气旋运动的方向和 500 百帕气流方向相同，而速度约为 500 百帕气流速度的 1/4 或 1/2。有时在高空槽内会形成一个低压（图 12.10 中的闭合等高线），出现这种情况时，逆时针方向旋转的风和显著的垂直抬升运动等特征会产生暴雨。

300 百帕和 200 百帕图 300 百帕图和 200 百帕是两幅常规的高空图，代表对流层顶，高度约为 10 千米，低温可达60℃，且可以清楚地看到极地急流。因为急流冬季偏低而夏季偏高，300 百帕图多用于冬季和早春，200 百帕图则多用于温暖季节。

为了描述高空环流，这些高空图通常绘制有等风速线，即相同风速的等值线。风速高值区用彩色阴影表示，如图 12.11 所示。急流中风速较大的那部分称为急流核。

对预报员而言，200 百帕图和 300 百帕图之所以重要，是因为急流发生在以高空辐散为主的区域，高空辐散引发上升气流，有利于地面辐合和气旋的发展（如图 9.15）。当急流核很强时，就会加深低压槽，导致气压更低，风暴更强。

急流在灾害性天气的发展和超级单体寿命的延长方面也有重要作用。雷暴发生在有上升气流的地区，上升气流为雷暴提供水汽；当上升气流位于下沉气流附近时，下沉气流将干冷空气夹卷到雷暴中。雷暴是生命周期相对较短的一种典型天气事件，当下沉气流成长到控制整个云团后，将使雷暴消散（如图 10.4）。超级单体通常在急流附近发展，在这里，雷暴顶端

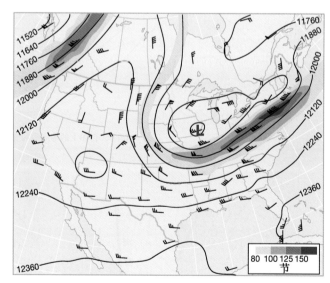

图 12.11　200 百帕高空天气图。急流（粉色）和急流核（红色）的位置如图所示。等高线的间隔为 120 米

的风速可达底部风速的 2～3 倍。这就促使雷暴在垂直生长过程中发生倾斜，进而分开上升气流和下沉气流。这样，下沉气流就无法抵消上升气流，单体就不会因下沉气流而消散，雷暴就得到进一步增强。

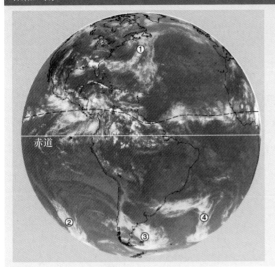

赤道

这是使用红外成像技术得到的地球卫星图像。在这类图像上，趋于产生降水的高冷云看起来是白色的，而低云看起来是灰色的。最热的无云区域看起来是黑色的。

问题1 以环绕地球的虚线为中心的云带产生什么现象？

问题2 基于云带的位置，判断这是北半球的冬季还是夏季。

问题3 与四组编号后的云相关联的天气现象是什么？

问题4 获取这幅图像时，地球上的什么区域是温暖且无云的？

12.5.2 高空气流与地面天气预报

前面介绍了高空环流和短期天气现象之间的联系，如高空风是怎样引导和促进雷暴发展的。下面了解西风带波动的长期变化及其对天气的影响。中纬度风场由温度差引起，当热带暖气团和极地冷气团相遇时，这种温差尤其明显。两个不同气团的分界线就是西风带对流层顶附近极地急流所在的位置。

有时，西风气流会沿一条相对较直的路径自西向东流动，这种流动形式称为纬向流动。雷暴就在这一纬向带状流中快速穿过美国大陆，特别是在冬季。这种情况将引起天气状况的快速变化，交替出现小到中雨和晴好天气。

然而，高空气流常由具有较大南北向气流分量的长波槽与脊组成，这就是气象学家所说的经向环流。这种环流模式一般缓慢地自西向东移动，但有时会静止甚至反向移动。随着这种波动形式的逐渐东移，高空气流中的气旋性雷暴也随之东移而穿越大陆。

图12.12所示为2003年2月1日中心离美国太平洋海岸不远的低压槽。在接下来的4天中，低压槽东移到俄亥俄州的峡谷并加深。从等高线的变化可以看出低压槽的加深，低压槽周围的等高线2月4日比2月1日更密集。高空槽中有一个气旋性系统，它在图12.12所示的地面图中发展成雷暴，是地面的主要控制系统。到了2月5日，这一扰动在美国东部造成了相当大的降水（注意，在地面图上，低压中心位于500百帕低压槽偏东的位置——这是此类天气型的典型特征）。

一般来说，大幅度天气模式可能生成极端天气。冬季，强低压槽倾向于生成暴雪；夏季，强低压槽常伴随着强雷暴和龙卷风。与之相反，大幅度高压脊则引发热夏和暖冬。

有时，天气系统会停留在某个地区，使得地面天气形势每天的变化很小，极端情况下每周的变化也很小。静止锋或者移动缓慢的低压槽中，或者低压槽偏东的地区，会经历长时间的降水或雷暴天气。与此相反，高压脊中或高压脊偏东的区域会经历长时间的干热天气。

极地急流的强度和位置具有季节性波动的特点。急流在冬季和早春最强（风速最大），此时热带暖气团和极地冷气团之间的对比最强烈。随着夏天的到来，温度梯度减小，西风带减弱。急流的位置随太阳垂直照射位置的变化而变化。随着冬季的到来，急流的平均位置向赤道移动。在隆冬季节，急流可能会南下至佛罗里达州中部。由于中纬度气旋的移动路径受高空环流的影响，美国南方的灾害性天气多发生在冬季和春季（飓风季节除外）。夏季，由于急流向极地移动，美国北方地区和加拿大的强雷暴和龙卷风数量增加。这时，风暴轴更偏北，使得大多数风暴向阿拉斯加州移动，导致从太平洋沿岸一直到南方的大多数地区形成长时间的干燥夏季天气。

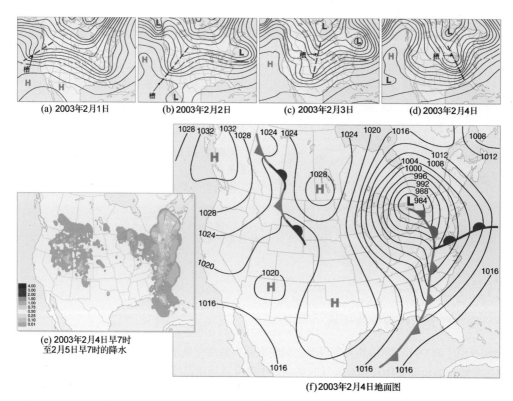

(a) 2003年2月1日   (b) 2003年2月2日   (c) 2003年2月3日   (d) 2003年2月4日

(e) 2003年2月4日早7时
至2月5日早7时的降水

(f) 2003年2月4日地面图

图 12.12 2003 年 2 月 1 日到 2 月 4 日，高空槽的移动和强度。地面图上生成了强气旋性雷暴，它随高空槽的移动而移动

　　另外，急流位置与你生活的地区的关系也很重要。冬季，如果急流移至你所在地区的南边，那么从加拿大入侵的寒冷空气就会给你所在的地区带来严冬天气。夏季的情形正好相反，急流核位于加拿大，落基山脉以东的美国大部分地区主要受热带暖湿气团的影响。如果冬季或早春强大的中纬度气旋在高空气流的引导下快速通过你所在地区的南方，就会出现暴风雪和严寒天气。夏季，如果急流正好在你的上空，就会不断出现暴雨甚至冰雹和龙卷风。

　　严冬　考虑漫长冬季受高空气流影响的一个例子。正常情况下，1 月的高空脊通常位于落基山脉上方，同时高空槽横跨美国东部三分之二的地区。然而，如图 12.13 所示，1977 年 1 月正常情形下的环流模式被强化。加深的高空槽使得冷空气持续南下，引发了美国中东部大部分地区有史以来最低的温度（见图 12.14）。因此，人们在家中使用更多的天然气取暖。为了节省

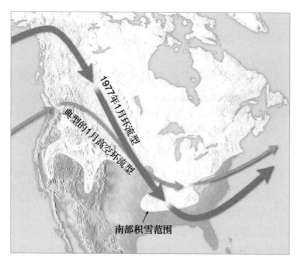

图 12.13 1977 年冬，大幅度的高空盛行西风给阿拉斯加州带来了暖冬，给美国西部带来了干旱，给美国中东部带来了低温

天然气，有些工厂只好停工。俄亥俄州受到的影响尤其严重，工作日变成了一周四天，大量工厂关闭。

当美国东部和南部的大部分地区处于严寒中时，西部的大部分地区受强高压脊的影响，出现了持续偏暖的气温和晴朗的天气。遗憾的是，高压脊阻碍了太平洋风暴的移动，而通常冬季主要靠太平洋风暴给这些地区带来所需的降水。水汽的匮乏在加利福尼亚州尤其严重，而1月正处在为期三个月的雨季的中间。

在美国西部的大部分地区，冬季的降雨或降雪是夏季稀少降水的补充。由于上一年的干旱，很多地区面临着水库几乎见底的困境。尽管很多州担心缺少降水和低温会造成经济损失，但高空环流模式的加深反季节性地给阿拉斯加州带来了暖空气。即使是气温经常低至40℃的费尔班克斯，在这个温暖的1月，也有很多天的温度在冰点以上。

总之，高空气流的波动很大程度上控制了中纬度天气扰动的分布和强度。因此，准确的天气预报取决于我们预报长期和短期高空环流变化的能力。尽管气象学家目前还不能制作长期天气预报，但我们希望未来的研究可为气象预报员提供如下问题的答案：下个冬天比这个冬天更冷或更暖吗？明年西南地区会遭遇干旱吗？

图 12.14　极地气团入侵美国东部

概念回顾 12.5

1. 冬季观察极地急流时，哪种上层图表最有效？
2. 冬季，如果急流在你的南部，那么温度更可能是升高还是降低？
3. 什么是急流核？
4. 预报员从 850 百帕图上能得到哪两种信息？

12.6　长期天气预报

美国国家气象局提供大量计算机生成的天气预报，预报时间范围从几小时到两周以上。然而，7 天以上的天气预报的准确率相对偏低。此外，美国国家气象局下属的气候预测中心提供 30 天和90 天的气候预测。气候预测不是通常意义上的天气预报，而是关于某地天气比平常更干更湿或者更冷更暖的推测。

每年，从某三个月开始，按月制作 13 个未来 90 天的气候趋势序列。例如，首先制作 9 月、10 月和 11 月的气候趋势，然后制作下个月的 90 天气候趋势（10 月、11 月和 12 月），以此类推。

图 12.15 所示为 2011 年 9 月、10 月和 11 月温度和降水的 90 天气候趋势。在温度气候趋势中，美国西南部、中北部和东北部这段时间的温度要比往常暖和［见图 12.15(a)］。标为"无明显趋势"的地区在预报期间没有高于或低于正常情况的气候信号。图 12.15(b)中的降水气候趋势显示：堪萨斯州、内布拉斯加州和南达科他州的大部分地区要比正常情况湿润，而从得克萨斯州西南部到亚利桑那州东南部的部分地区要比正常情况干旱。

这类月或季节的气候趋势是根据不同标准做出的。气象学家以温度和降水等气象要素的 30 年平均值来定义某个地区的气候，同时考虑冬季积雪和冰的范围、夏季持续的干旱或降水等气象要素。预报员还会考虑现在的温度和降水类型。例如，在 2011 年及之前的几年内，美国西南部的降水量低于正常气候值。根据气候数据，这种天气模式将逐渐向正常状态变化，而不会发生突变。据此，预报员预测这种降水低于正常值的趋势至少会持续到 2012 年年初的几个月。

业已证明，赤道太平洋地区的海表温度对全球，特别是冬季很多地区的温度和降水类型具有预报价值。关于这种关系的讨论见第 7 章。

尽管季节天气预报已有所改善，但中期预报的可信度依然令人失望。虽然人们发现了冬末和夏末的一些预报技巧，但对天气波动剧烈的"过渡季节"的气候趋势，预报几乎没有可靠性而言。

图 12.15　2011 年 9 月、10 月和 11 月的中期预报（90 天气候预测）：(a)温度；(b)降水。"无明显趋势"表示没有高于或低于正常情况的气候信号

概念回顾 12.6

1. 在长期（月度）天气图上能够预测哪两种天气要素？

12.7　预报准确率

> 无论科学有了怎样的进步，珍惜自己职业生涯的科学家绝不会冒险去预报天气。
>
> ——法国物理学家弗朗索瓦·阿拉果（1786—1853 年）

现在有些人依然认为阿拉果的观点是正确的！然而，在阿拉果提出这个观点后的近两个世纪中，科技确实有了很大的进步。美国国家气象局可以提供准确的天气预报和极端天气预警（见图 12.16）。政府可以根据这些天气预报制定保护生命财产安全的政策，电力行业、农业、建筑业、旅游业的人员也离不开天气预报。

美国国家气象局如何衡量天气预报的准确性呢？例如，当预报降水事件的准确性超过 80% 时，是否就意味着预报工作做得很好呢？不尽然。在衡量预报的优劣时，不仅仅考虑预报的准确性。例如，洛杉矶平均每年仅有 11 天的降水记录，因此洛杉矶的降水概率是 11/365（约 3%）。因此，如果预报员预报一年中的每天都无雨，那么准确率就可高达 97%。尽管预报的准确率很高，但这不是精确的天气预报。

衡量预报的优劣时必须考虑气候资料。因此，预报员衡量天气预报的准确性时，预报结果准确的概率必须超过平均气候概率。例如，在洛杉矶，预报员必须正确预报实际降水日中的几天，才能证明其预报是准确的。

唯一用百分比来表示的天气预报量是降水。人们使用统计资料来研究相似天气类型下发生降水的概率。尽管降水预报的准确率可以高达80%以上，但降水的量级、发生时间和持续时间的预报并不准确。

图 12.16　佛罗里达州迈阿密国家飓风中心的气象学者正在查看 2004 年 9 月 16 日飓风伊万的卫星图像，飓风眼正穿越阿拉巴马州的海岸

美国国家气象局提供的天气预报质量如何？总体来说，超短期预报（0～12 小时）的准确性很高，尤其是对中纬度气旋等较大天气系统的形成和移动等的预报。在过去的 20 年里，短期降水预报（12～72 小时）的准确性有了明显提升。然而，降水的具体分布取决于中尺度天气结构，如单个雷暴等，而这些是现有数值模型预报不了的。因此，天气预报可能预报出某个地区的降雨量为 5 厘米，但该地区的某个城镇的降雨量很少，而相邻社区的降雨量可能为 10 厘米。

相对而言，最高温度、最低温度和风场的预报相当准确。中期预报（3～7 天）在过去几十年间有了明显的提高。大尺度气旋风暴可在几天前预报出来。然而，到目前为止，对于 7 天以上的逐日预报来说，采用现有方法制作的预报并不比根据气候资料得出的预估准确。

很多因素限制了现代天气预报技术。前面说过，观测网只能覆盖全球的有限区域，因此人们对地球上广阔海陆表面的监测不充分，对对流层高层的观测也不充分。此外，物理规律很难应用到于大气这样的混沌系统，因此现在的大气模型还很不完善。

然而，数值天气预报极大地提升了预报员预报高层大气环流变化的能力。当高空环流和地面天气形势的联系更密切时，天气预报员就可以更准确地预报天气。

总之，在过去的几十年里，短期天气预报和中期天气预报的准确性有了稳步提高，特别是对中纬度气旋的产生和移动的预报。这一成功很大程度上取决于技术的发展、计算机模型的改进及对大气运动认识的不断加深。但是，准确预报七天以上的逐日天气的能力仍然相对较低。

概念回顾 12.7

1. 预报技术是什么意思？
2. 举例说明正确预报百分比不总是较好预报的度量的原因。
3. 哪个天气要素的预测以百分比概率表示？
4. 除了预报美国大多数区域几天内的天气，现代预报技术并不能准确地预报天气的原因是什么？

12.8　卫星在天气预报中的作用

1960 年 4 月 1 日，第一颗气象卫星 TIROS 1 的发射，标志着气象学进入空间领域（TIROS 的全称是"电视及红外观测卫星"）。在工作的 79 天内，TIROS 1 拍摄了上千张照片，证明了卫星对研究地球来说非常有用。随后，美国陆续发射了 TIROS 系列的 30 余颗卫星。除了专用电视摄像机，每颗卫星还装备了可在夜间"看到"云的红外传感器。

和系统中的其他气象卫星那样，TIROS 1 是南北向围绕地球旋转的极地轨道卫星[见图 12.17(a)]。

极地轨道卫星低空（约 850 千米）围绕地球运动，转一圈仅需约 100 分钟。通过适当地变换轨道，这些卫星每绕地球一圈就向西移动约 15°。因此，它们每天能够获得整个地球的两幅完整图像，可在几小时内覆盖大范围的区域。

另一种气象卫星称为地球静止卫星（或地球同步卫星），它于 1966 年首次发射到赤道上空的轨道上［见图 12.17(b)］。这些卫星的旋转速度与地球自转的速度相同，因此持续静止在地球上某点的上空。地球同步卫星的轨道高度约为 35000 千米，高于极地轨道卫星的轨道高度。在这个高度的轨道上，可以保持卫星和地球同步旋转。当然，地球同步卫星拍摄的图像的清晰度，不如低轨道卫星拍摄的图像。

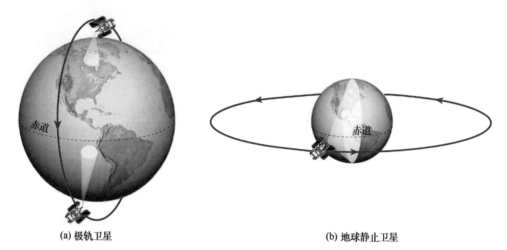

(a) 极轨卫星　　　　　　　　　　　　**(b) 地球静止卫星**

图 12.17　气象卫星。(a)在南北极上空约 850 千米高的轨道上运行的极地轨道卫星；(b)在赤道上空约 35000 千米高的轨道上自西向东运动的地球同步卫星，其旋转速度和地球的自转速度相同

12.8.1　气象卫星图像

最新的一代气象卫星称为地球同步环境卫星（GOES），它们提供北美及邻近海洋地区的可见光、红外和水汽图像，这些图像都是电视天气频道经常用到的卫星图像。包括欧盟、印度、中国、日本和俄罗斯在内的其他国家，也发射过类似的气象卫星。这些卫星可以帮助气象学家监测无法用天气雷达或极地轨道卫星监测的大尺度天气系统的运动与发展。旋涡状的云即使跑到地球上最偏远的地方，也可以轻易地被卫星找到（见图 12.18）。这些卫星在监测热带风暴和飓风的发展与移动方面，也起重要作用。

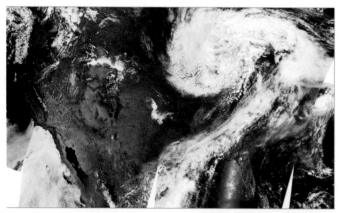

图 12.18　气象卫星可以追踪雷暴和获取大气数据。这是用 MODIS（中分辨率成像光谱仪）于 2011 年 6 月 11 日拍摄的一个成熟中纬度气旋的彩色混合图像

可见光图像　GOES 卫星上装有探测地球反射太阳光的设备，这种设备生成可见光图像，而图 12.19 就是一幅可见光图像（可见光图像类似于普通相机拍摄的图像）。可见光图像显示了云顶及其他地球表面反射的光的强度，因此这些图像类似于地球的黑白照片。亮白色区域主要是云顶或冰雪覆盖的区域，这些区域的反照率较高；陆地表面反射的光的强度弱

于云反射的光,因此呈深灰色;海洋反射的光很少,因此几乎为黑色。

可见光图像对于分辨云的形状、结构和厚度很有用处。大体上说,云越厚,其反照率就越高,在卫星图像上就越亮。此外,积雨云看上去起伏较大,而层云像是平坦的毛毯。图 12.19(b)所示为具有过冲云顶的塔状积雨云的可见光图像特写,从中可以清楚地看到云顶穿过对流层后的逆温层。

红外图像 与可见光图像相比,红外图像捕获的是物体发射(而非反射)的辐射,因此有利于确定易于产生降水或形成雷暴的云。红外图像是用计算机绘制的,它将较暖的物体(如地球表面)显示为黑色,而将较冷较高的云顶显示为白色。高云顶比低云顶更冷,因此易于产生暴雨的积雨云顶就显得很亮,而中云则呈淡灰色。晴好天气下的低云、层云和雾都相对较暖,因此在红外图像上呈暗灰色而很难与地球表面区分。

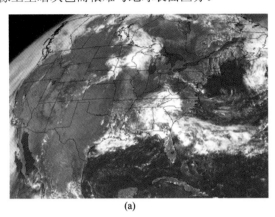
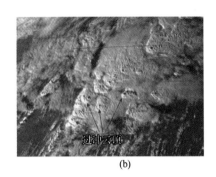

图 12.19 可见光图像。(a)GOES 卫星于 2011 年 7 月 15 日正午拍摄的可见光云图。照片显示了地球不同下垫面反射的阳光,与黑白图片很像。(b)可见光图像,其中心是塔状积雨云的过冲云顶的特写

与图 12.19(a)所示的可见光图像相比,图 12.20(a)是同一区域的红外图像。两幅图都是在 2011年 7 月 15 日拍摄的。这是一个炎热的夏天,明尼苏达州和威斯康星州的部分地区及东南地区出现了雷暴。可以看到,南达科他州上空的云在可见光图像上是白色的,而在红外图像上是灰色的。这些地区被 2000~6000 米高的中云覆盖。相比之下,明尼苏达州东部和威斯康星州西部的云在可见光图像和红外图像上更亮。这些地区具有高耸的积雨云,正在经历气团性雷暴带来的暴雨。在图 12.20 所示的红外图像上,也可轻易地分辨美国东南地区的单个雷暴。

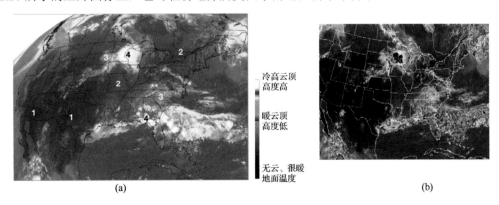

图 12.20 红外图像。(a)2011 年 7 月 15 日正午 GOES 卫星拍摄的红外图像。图中的 1~4 分别表示:①无云;②低云(积云),云顶高度低于 2000 米;③顶部高度为 2000~6000 米的云;④冷高云顶,可能有塔状积雨云和雷暴。(b)时段与(a)相同的彩色红外图像,深红色区域是塔状积雨云的位置

为了更好地解读红外图像，气象学家有时会用到伪彩色。人们通常认为最高最冷的云顶最可能发生暴雨，因此用亮色表示。例如，图 12.20(b)中明尼苏达州-威斯康星州边界上空的红色区域，就是图 12.20(a)所示红外图像上的亮白色区域。

可见光图像和红外图像的比较 红外图像的主要优点是，能够昼夜观测地球向天空发射的辐射，进而一天 24 小时地观测雷暴的运动。此外，红外图像对于区分冷高云和暖低云很有帮助。

利用反射阳光生成的可见光图像无法在夜间生成，但可见光图像的优点是分辨率高，因此有可能观测到更小的特征。图 12.21 是图 12.19 所示可见光图像的一部分的特写。由图可以看到密苏里州东部和艾奥瓦州晴好天气下的积云带，以及明尼苏达州东南部上空正在发展的积雨云的起伏云顶。因此，可见光图像是显示云的结构和中纬度气旋及飓风等风暴系统的理想工具。

水汽图像 水汽图像提供了另一种认识地球的途径。波长为 6.7 微米的大部分地球辐射是由水汽发射的。卫星上安装的探测这个狭窄波段的辐射的探测器，可以有效地绘制大气中的水汽含量分布图。图 12.22 中的亮白色区域是水汽集中区域，暗色区域的空气则较为干燥。锋面多发生在水汽含量相关较大的气团之间，因此水汽图像是确定锋面边界的重要工具。

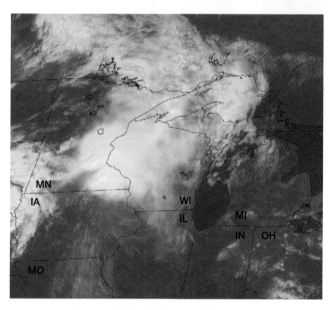

图 12.21　GOES 卫星于 2011 年 7 月 15 日拍摄的美国中北部各州的可见光云图

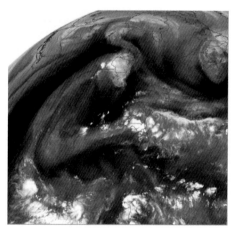

图 12.22　GOES 卫星于 2011 年 7 月 15 日拍摄的水汽图像，颜色越白，水汽含量越高

12.8.2 卫星探测的其他内容

专用技术的发展已使得气象卫星不再只是对着地球的摄像机。例如，有些卫星可以探测不同高度的温度和水汽含量，有些卫星可以测量高空的降水量，有些卫星可以监测偏远地区的风场等。例如，热带降水探测项目（TRMM）提供的图片就很好地说明了卫星降水测量技术（见知识窗 1.1）。

聚焦气象

下面这些东太平洋和北美洲部分地区的卫星图像是在 2001 年 7 月 14 日的同一时间获得的，其中一幅是红外图像，另一幅是可见光图像。

(a)

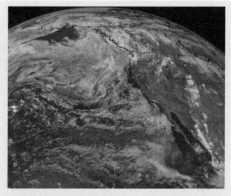
(b)

问题1 哪幅图像上的云型和模式更易识别？

问题2 哪幅图像是使用红外成像技术得到的？为什么？

问题3 洛基山脉东部的西部大平原上是什么类型的云？

问题4 东太平洋上空主要是高云还是中低云？

概念回顾 12.8

1. 卫星是如何帮助人们识别最有可能形成降水的云的？
2. 与极轨卫星相比，地球同步卫星有何优点？
3. 与可见光图像相比，红外图像有何优点？

问与答：美国的第一幅天气图是何时制作的？

美国的气象观测于 1870 年 11 月由美国气象局的前身完成，基于这些观测，1871 年制作了第一幅每日美国天气图。早期的天气图中包含等压线，描述了所选位置的天气状况，但是预报价值很低。直到 20 世纪 30 年代，美国气象局才开始使用气团和锋面分析技术。1941 年 8 月，引入了新的每日天气图。为了包含各类锋面，图中使用了站点模型——在 100 个位置表示天气状况的一组符号。尽管外观不断变化，但每日天气图的基本结构保持不变。

思考题

01. 讨论天气分析与天气预报的不同。

02. 下面的雷达图像显示了与一个中纬度强气旋相关的降水模式（红色和黄色表示大雨，绿色和蓝色表示小到中雨）。使用趋势预报，并假设这个气旋在未来24小时内的强度不变，回答如下问题：a. 在未来6～12小时内，哪些州会出现与冷锋相关的雷暴？b. 亚拉巴马州的温度在未来24小时内是上升还是下降？为什么？c. 宾夕法尼亚州在图像生成后的24小时内是更暖还是更冷？为什么？d. 对于纽约州和佐治亚州，图像生成时哪个州的上空更可能出现卷云？

03. 解释天气预报与90天气候预测之间的不同。

04. 附图是简单的高空气流图，显示了高空气流和急流的位置。类似于此的天气模式在北美洲上空相对正常。假设长期天气预报已证实这一气流模式在春天和初夏的大部分时间里都会持续，回答如下问题：a. 美国东南部的90天气候预测表明的是比正常情况下更湿润、更干燥还是机会均等？b. 你是如何得出这一结论的？

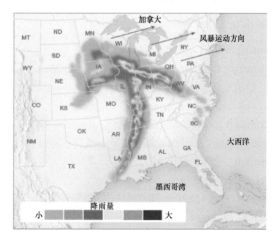

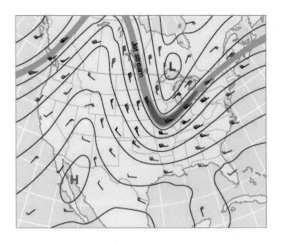

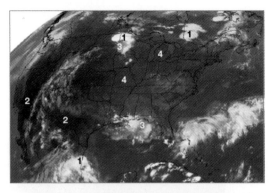

05. 描述数值天气预报的基础。

06. 使用下面的气象站模型确定该位置的如下天气要素：a. 风向和风速；b. 温度；c. 露点温度；d. 天空云量；e. 气压计气压；f. 云型；g. 当前天气；h. 过去6小时的降水量。

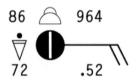

07. 数值天气预报和类比天气预报有何区别？

08. 下面的红外卫星图像显示了正午北美洲的一部分，将图像上的符号与a~d匹配起来：a. 这些区域无云，红外传感器正在测量非常温暖的地表温度；b. 这些区域含有少量的积云，云顶高度为2000米；c. 这些区域被高度为2000~6000米的中云覆盖；d. 这些区域的红外传感器正在测量高寒云顶，云顶可能与高耸积雨云和雷暴相关。

09. 在同一幅图上画出极轨卫星和地球同步卫星的假设轨道（围绕地球的两个轨道），确保所画的轨道能够指出与地球表面的相对高度。a. 列出极轨卫星的一个优点。b. 列出地球同步卫星的一个优点。c. 说明地球同步卫星轨道在地球表面上方约36000千米的原因。

10. 题图显示了两个不同仲冬日的急流核的位置。美国东南部的哪天更暖和？为什么？

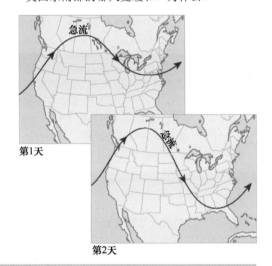

术语表

weather analysis　天气分析
weather forecast　天气预报
Weather Forecast Office　天气预报机构

wind profiler　风廓线雷达
World Meteorological Organization (WMO)
　世界气象组织

习题

01. 题图中标出了几个气象站。使用右表中3月某天的典型天气数据，回答如下问题：a. 在题图的副本上，使用国际符号画出温度、风向、气压和云量；b. 根据图12.B，通过添加4百帕间隔的等压线、冷锋和暖锋及低压符号，完成这幅天气图；c. 根据你掌握的春季中纬度气旋的知识，描述如下位置的云型和降水量：①宾夕法尼亚州费城；②加拿大魁北克；③加拿大多伦多；④艾奥瓦州苏城。

02. 许多天气报告中都包含7天气候预测。查看这样的一个报告，并记下最后一天（第七天）的预测。然后，在此后的每一天，写下当天的天气预报。最后，实际记录当天的天气状况。将7天前的预测与实际发生的情况进行对比，7天前的预报有多准确？这天的5天预测有多准？这天的2天预测有多准？

3月的典型天气数据

位　　置	温度/华氏度	气压/百帕	风向	云量/十分之一
北卡罗来纳州威明顿	57	1009	SW	7
宾夕法尼亚州费城	59	1001	S	10
康涅狄格州哈特福德	47	1001	SE	天空被云覆盖
明尼苏达州国际瀑布	−12	1008	NE	0
宾夕法尼亚州匹兹堡	52	995	WSW	10
明尼苏达州杜鲁斯	−1	1006	N	0
艾奥瓦州苏城	11	1010	NW	0
密苏里州春田	35	1011	WNW	2
伊利诺伊州芝加哥	34	985	NW	10
威斯康星州麦迪逊	23	995	NW	10
田纳西州纳什维尔	40	1008	SW	10
肯塔基州路易斯维尔	40	1002	SW	5
印地安那州印地安那波利斯	35	994	W	10
佐治亚州亚特兰大	49	1010	SW	7
西弗吉尼亚州亨廷顿	52	998	SW	6
加拿大多伦多	44	985	E	9
纽约州奥尔巴尼	50	998	SE	7
佐治亚州萨凡纳	63	1012	SW	10
佛罗里达州杰克逊维尔	66	1013	WSW	10
弗吉尼亚州诺福克	67	1005	S	10
俄亥俄州克利夫兰	49	988	SW	4
阿肯色州小石城	37	1014	WSW	0
俄亥俄州辛辛那提	41	997	WSW	10
密歇根州底特律	44	984	SW	10
加拿大蒙特利尔	42	993	E	10
加拿大魁北克	34	999	NE	天空被云覆盖

第13章 空气污染

川流不息的公路提醒人们，汽车是主要的空气污染源之一

本章导读

- 列出几个自然空气污染源并识别它们。
- 区分主要污染物和次要污染物。
- 列出主要污染物并综述它们对人和环境的影响。
- 讨论烟雾的不同含义并描述光化学烟雾的形成。
- 小结自 20 世纪 70 年代以来的空气质量趋势。
- 描述风对空气质量的影响。
- 画图显示逆温并将其与混合深度关联起来。
- 对比地表逆温和高空逆温。
- 探讨酸雨的形成并列出它对环境的一些影响。

13.1　空气污染的危害

　　空气污染一直是人类健康和幸福的威胁。美国国家研究委员会指出，美国生活在重污染城市的人们，因为长期暴露在污染物中，生命会缩短 1.8～3.1 年。此外，因为美国近地面臭氧浓度的升高，导致每年约有 4000 多人早逝。空气污染物对农作物的生产也有负面影响，美国每年的农业成本为此要多付出 10 亿美元以上。在世界上的其他地方，特别是发展中国家，空气污染对生活和农业的负面影响更严重。

　　与只需 1.2 千克食物和 2 千克水相比，每个成年人平均每天需要约 13.5 千克的空气。因此，空气的清洁对我们而言与食品和水的清洁同样重要。

　　空气从来不会是绝对干净的，因为总是存在许多自然空气污染源（见图 13.1）。火山爆发释放的火山灰和气体、碎浪中的盐粒、植物释放的孢子、森林大火和山火烟雾以及风吹起的尘埃等，都是自然空气污染的例子（见图 13.2）。然而，自从人类在地球上出现，就开始频繁地向空气中释放这些自然污染物，尤其是灰尘和烟雾。例如，在图 13.3 中，狂风将农田中的干土吹到了空中。

　　人类学会生火后，火灾事故和人为纵火数量不断增加。即使是在今天，在世界上的许多地方，燃烧秸秆仍然是清扫农业土地的一种方式（即所谓的刀耕火种），而这会使空气中充满烟雾，降低能见度。无论出于什么目的，当人们清理土地上的自然植物时，土壤就会裸露并被风吹到空气中。当我们考虑现代工业化城市的空气污染时，人类导致的这些污染形式虽然也很明显，但相比而言就显得微不足道。

　　虽然有些空气污染最近才出现，但其他类型的污染已经存在几个世纪，如烟雾污染困扰了伦敦几个世纪。1661 年，当约翰·伊夫林撰写《防烟》（或《论空气的不适与笼罩伦敦的浓雾》）一书时，污浊的空气问题一直困扰着伦敦。在这本书中，伊夫林记录了一名旅行者距离伦敦还很远时，"还没看到这个城市，却已闻到这个要去的地方"。事实上，直到 20 世纪伦敦仍然有着严重的空气污染问题。只是到了 1952 年，遭受毁灭性烟雾灾害后，伦敦才真正开始采取果断措施来净化空气。

图 13.1　这些佐治亚州南部被吹到天空的森林大火的烟雾是自然空气污染的一个例子。2011 年 4 月 28 日的闪电引起了大火，到 5 月 8 日卫星图像捕获到这一情景时，大火面积已达 62000 公顷

然而，空气污染现象并不是伦敦独有的，随着工业革命的到来，许多城市出现了严重的空气污染。人们不只是简单地加速自然源污染，而且找到了污染空气的许多新途径（见图13.2）和新污染源。19世纪中晚期，由于人们寻求在不断增长的新铸造厂和炼钢厂工作，美洲和欧洲的许多城市的人口迅速增加。因此，城市环境被不断增加的工业废气污染。在《艰难时世》一书中，查尔斯·狄更斯生动地描述了19世纪后期工业区的情景：

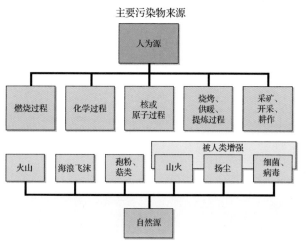

图13.2　主要污染源示意图

这是一座机器的城市，高高的烟囱没完没了地吐出长长的巨蛇般的烟雾，从不间断。城里有一条黑色的运河，还有一条被染成紫色的河流。

显然，糟糕的空气质量并不是困扰这些地方的唯一环境污染问题。然而，值得注意的是，那时城市空气污染的加剧并未引起人们的极大关注和警觉。相反，烟囱喷出的烟雾和煤灰却成为发展与繁荣的象征（见图13.4）。例如，著名律师和演说家罗伯特·英格索尔在1880年的一次演讲中说道："我愿天空充满美国工业之烟，而在那烟云之上将悬挂着永久承诺的彩虹。这，就是我的使命所在。"随着世界人口的快速增长和工业化的加速，大气中的污染物数量大幅增加。

1952年12月，伦敦发生了悲剧性的空气污染事件，详见"极端灾害性天气13.1"。持续了5天的这一灾难造成4000多人死亡，人们遭受的最大痛苦是高龄人群的呼吸道和心脏问题。1953年和1962年，极端的空气污染再次使伦敦笼罩在黑色的烟雾中，1953年、1963年和1966年纽约市出现了同样的情况。这些事件之后，国家通过立法和设立标准，并且控制技术的发展，降低了这类事件的发生频率和严重程度。然而，卫生部门仍然担心虽然空气的污染程度得到降低，但每天存在的空气污染仍会对人们的肺部和其他器官产生缓慢的影响。

图13.3　人类活动加剧自然空气污染的例子。1937年5月，美国堪萨斯州埃尔克哈特附近发生了尘暴，原因是人们为了耕种土地，破坏了保护土壤的自然植。严重的干旱使得耕地在强风面前十分脆弱。类似这样的尘暴在20世纪30年代的大平原地区被称为黑色风暴

图13.4　烟囱冒烟的这类景象曾是经济繁荣的象征

13.2 空气污染源和类型

空气污染是指空气中的粒子和气体浓度危及了人类健康和生命福祉，或者破坏了环境的有序功能。污染物分为两类：主要污染物和次要污染物。主要污染物是从确定的污染源直接排放出来的，一旦排放，就立即污染空气。次要污染物是大气中的主要污染物发生某些化学反应后产生的，组成烟雾的化学物质就是最典型的例子。在某些情况下，主要污染物对人类健康和环境的影响不如它们生成的次要污染物严重。

13.2.1 主要污染物

图 13.5 按质量比列出了主要的主要污染物。每种污染物的源是不一样的。例如，发电厂是二氧化硫最主要的排放源；行驶在道路上的汽车则是二氧化碳、氧化氮和挥发性有机化合物的最大排放源。显然，与其他排放源相比，大街和高速公路上无数的轿车与卡车是最大的污染源。下面介绍主要的主要污染物。

颗粒物　颗粒物（PM）是空气中固体颗粒和水滴混合物的总称。有的颗粒较大、较黑，肉眼就可看见，如煤灰和烟雾；其他颗粒物太小，只能在电子显微镜下看到。颗粒大小的变化范围很大，细颗粒的直径小于 2.5 微米，粗颗粒的直径大于 2.5 微米。这些颗粒产生于许多固定排放源或移动排放源（见图 13.6）。细颗粒物（PM2.5）主要源于汽车、发电厂和工厂，以及居民的壁炉和柴炉的燃料燃烧。粗颗粒物（PM10）的排放源主要包括行驶于道路上的汽车、材料加工、粉碎、研磨和大风。有的颗粒由其排放源直接排放，如烟囱和汽车。在有些情况下，排放物（如二氧化硫）会与空气中的其他化合物作用，形成细颗粒。

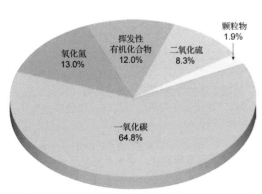

图 13.5　2009 年按质量比估计的美国主要污染物。2009 年的排放总质量是 1.07 亿吨

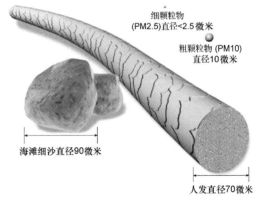

图 13.6　颗粒物是极小固体粒子和液态水滴的混合物。颗粒的大小直接影响人体健康。直径小于 10 微米的颗粒常常通过鼻子和喉咙进入肺中。一旦吸入，这些颗粒就会造成严重的健康问题。PM10 表示直径大于 2.5 微米但小于 10 微米的"可吸入粗颗粒"。PM2.5 表示小于 2.5 微米的"细颗粒"

颗粒通常是最明显的空气污染物形式，因为它们会降低能见度，并在所接触的物体表面留下灰尘。此外，颗粒还会携带溶解在其内部的污染物或者被其表面吸收的污染物。早期人们使用总悬浮颗粒（TSP）这个指标来表示颗粒物，包括所有直径在 45 微米以内的颗粒。1987 年，美国环境保护署（EPA）推出了仅与直径小于 10 微米的颗粒（PM10）有关的新标准。1997 年，EPA 基于 PM2.5 再次修改了这一颗粒物标准。

极端灾害性天气 13.1　1952 年伦敦大烟雾

在长达几个世纪的时间里，英国的主要大城市都被烟雾污染，伦敦尤其因糟糕的空气质量而闻名于世。早在 19 世纪初，伦敦的烟雾就因"伦敦雾"而闻名。1853 年，查尔斯·狄更斯在其小说《荒凉山庄》中使用了这个单词，且在其他几部小说中形象地描述了伦敦的污浊空气。

伦敦持续 5 天的空气污染事件之一发生在 1952 年 12 月。从 12 月 5 日到 9 日，城市被黄色的酸性烟雾笼罩，上千人过早地死亡，数百万人陷入生活困境（见图 13.A）。是什么造成了这个异常事件呢？类似于其他的空气污染事件，是多种混合物的排放和气象环境共同导致了这次异常事件。

当时，因为天气异常寒冷，伦敦市民燃烧了大量的煤来取暖。从烟囱涌出的烟雾及来自伦敦许多工厂烟囱的烟雾无法扩散，积聚在很浅但非常稳定的气层中。"盖住"这些烟雾的是与南不列颠群岛上空高压中心有关的稳定逆温层。

图 13.A　1952 年的伦敦雾持续了
5 天，造成数千人死亡

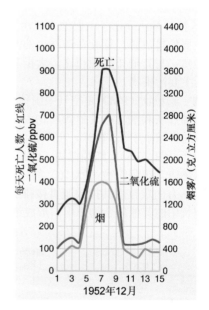

图 13.B　1952 年伦敦大烟雾的死亡人数和污染
水平。烟和二氧化硫在许多站点监控，这些站点
每天平均死亡 10 人

烟雾浓厚得人们看不见自己的脚

烟雾从 12 月 5 日开始发展，最初虽然不是特别浓厚，但是具有烟雾的特征。由于逆温发展良好，微风撬动饱和空气，形成一层厚为 100～200 米的雾。随着夜幕的降临，充分的辐射冷却使得雾变得浓厚，随着越来越多的烟雾进入饱和空气，很多地方的能见度骤降到几米。12 月 6 日，微弱的冬季太阳未能"烧掉"这些烟雾。污浊的黄色烟雾变得越来越浓厚，以致晚上的行人即使在自己熟悉的环境下也找不到路。烟雾如此浓厚，以致人们都看不见自己的脚！

到 12 月 9 日，风也未吹散污浊的空气。在伦敦中心地带，连续 114 个小时的能见度不到 500 米，连续 48 小时的能见度不到 50 米。在希思罗机场，从 12 月 6 日早晨开始，48 小时内的能见度小于 10 米。大量污染物被释放到大气中，据估计，在这次事件中，1000 吨烟雾颗粒、2000 吨二氧化碳、140 吨盐酸和 14 吨氟化合物进入大气。此外，还有 370 吨二氧化硫转化成了 800 吨硫酸。

1952 年 12 月，这个声名狼藉的事件被人们称为"大烟雾"（伦敦烟雾事件），有的人将伦敦称为"雾都"。即使是在相对常见"豆羹"雾的城市，这也算是传奇的事件。无论使用什么样的名称，这次异常的空气污染事件都被视为英国及西欧和北美开始关注现代空气污染控制的分水岭。

专家认为，伦敦烟雾事件仅在 1952 年 12 月就让约 4000 人死亡（见图 13.B）。此外，有些研究人员认为另有 8000 名伦敦人在 1953 年的 1 月和 2 月因烟雾的滞后效应或污染的延续而相继死亡。有此分析人士不同意这种看法，认为后来增加的死亡人数是由流感造成的。还有一些人认为许多死亡可能是由烟雾和流感共同造成的。鉴于这些不同的观点，有篇文章对这种情况做了如下描述："争论表明，即使是在今天，有关这次烟雾的影响仍有许多未解之谜，这些烟雾一直在威胁着大城市，尤其是在那些污染法律法规不健全的发展中国家。"

有关 1952 年伦敦著名空气污染事件影响的争论不仅仅是学术之争。虽然伦敦不再出现"伦敦烟雾"，但是污浊的空气仍然在威胁着各大城市。据世界卫生组织（WHO）估计，室外污染每年造成全世界约 80 万人死亡。伦敦雾的一些教训还未被人们普遍接受。

可吸入颗粒物　可吸入颗粒物包括细颗粒物和粗颗粒物。这些颗粒可在呼吸系统内堆积，进而带来多种健康问题。粗颗粒会恶化呼吸道环境，让人出现哮喘。细颗粒主要与其他健康问题有关，如心脏病、肺病、呼吸系统问题、肺功能减弱甚至过早死亡等。这些影响对敏感性人群（包括老人、儿童和心肺疾病患者）极其危险。除了导致健康问题，颗粒物还是导致美国许多地方的能见度降低的主要原因。空中颗粒物还可能损坏油漆和建筑物（见知识窗 13.1）。

知识窗 13.1　正在改变气候的空气污染

知识窗 3.3 中介绍了城市的空气污染通过抑制夜间的长波辐射损失，影响了城市的热岛效应。城市气候的研究还表明，污染物可能具有"云催化"作用，增加城市及其下风向的降水。然而，这些影响并不是污染物影响城市气候的唯一方式。

在大多数大城市，颗粒层会显著减少到达地面的太阳辐射量。在有些城市中，太阳辐射减少量达到总接收量的 15%或更多，因此短波紫外辐射最大会减少 30%。这种入射太阳辐射能量的减少是变化的。在空气污染过程中，太阳辐射的减少要比空气质量好的时期的多得多（见图 13.C）。另外，当太阳高度角较低时，颗粒在地面附近能够更有效地减弱太阳辐射。因为随着太阳高度角的降低，太阳辐射通过污染空气的路径变长。因此，当颗粒物量一定时，冬季高纬度地区城市的太阳辐射减少得最多。

图 13.C　中国上海的空气污染事件，由此不难理解城市中到达地面的太阳辐射量减少的原因

与周围的乡村地区相比，城市的相对湿度一般要低 2%~8%。原因之一是城市较热。第 4 章中讲过，随着温度的升高，空气中的水汽含量增大，相对湿度减小。原因之二是城市地面因蒸发（城市降水快速形成径流进入下水道，蒸发减少）减少了供给大气的水汽。

虽然城市的相对湿度较低，但会较多地出现云和雾。为何成立这个明显的悖论？答案之一可能是城市区域的人类活动产生了大量凝结核。当吸湿性（吸水性）凝结核丰沛时，即使空气不饱和，水汽也容易在这些凝结核上凝结。

这幅由 NASA 水文气象卫星拍摄的照片显示了 2009 年 9 月 2 日的洛杉矶县。几场大火产生的灰暗烟雾污染了空气。出现的积雨云同样起源于野火。

问题 1　根据图 13.2，发现野火是主要污染物的自然来源。这一事实表明图像中的烟是"自然污染物"。然而，这些火是人为导致的。这种空气污染"自然"吗？对于这个例子，最合适的术语或短语是什么？

问题 2　野火是如何导致积雨云的？

二氧化硫　二氧化硫（SO_2）是无色的腐蚀性气体，主要由含硫燃料（主要为煤和石油的燃烧）产生。二氧化硫的主要来源包括发电厂（见图 13.7）、冶炼厂、炼油厂和造纸厂等。SO_2 一旦进入空气，就会不断地转化为三氧化硫（SO_3），三氧化硫与水汽或水滴作用后形成硫酸（H_2SO_4）。以非常小的颗粒为介质时，硫酸离子（SO_4^{2-}）可在大气中传送很长的距离，当它最终在空气中被"清除"后，或者附着在物体表面上时，就会导致称为酸雨的严重环境问题，详见下一节的探讨。

高浓度 SO_2 可能会导致户外活动的哮喘患者出现短暂的呼吸障碍。短时间内哮喘患者在 SO_2 浓度较高的环境中做中等强度运动时，可能会出现肺功能减弱的现象，并且可能伴随出现气喘、胸闷或者呼吸急促现象。长时间处在高浓度 SO_2 的高颗粒物环境中，还会加重其他健康问题，如呼吸道疾病和心血管病等。

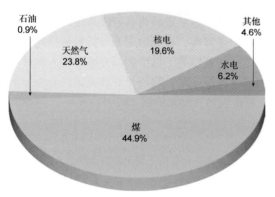

图 13.7　美国（2010 年）电力生产的能源分布。二氧化硫的主要来源是燃煤发电厂，燃煤发电厂所发的电量约占美国总电量的 45%

问与答：既然烧煤会产生大量的二氧化硫，那么为何不多烧碳呢？

烧煤确实会产生大量的二氧化硫。在美国，约 45% 的电力来自烧煤（见图 13.7）。此外，煤还是许多热密集工艺的燃料，如炼铁、炼铝、加工混凝土和墙板等。有的国家甚至要比美国更依赖于煤。

氧化氮　氧化氮是燃料或空气中的氮与氧在高温下发生反应的产物。这些气体也可在某些细菌氧化含有氮的化合物时自然形成。首先形成的是一氧化氮（NO），它在大气中进一步氧化形成二氧化氮（NO_2）。常用 NO_x 来表示这些气体。虽然 NO_x 是自然形成的，但它在城市中的浓度要比在农村地区高 10～100 倍。氧化氮呈红褐色，会降低城市空气的能见度。NO_2 的浓度很高时，还会给心脏和肺带来问题。当空气比较潮湿时，NO_2 与水汽发生反应，生成硝酸（HNO_3）。像硫酸那样，这种腐蚀物也会带来酸雨问题。另外，氧化氮是高度活跃的气体，因此在烟雾形成中也发挥着重要作用。

挥发性有机化合物　挥发性有机化合物（VOC），也称碳氢化合物（烃），广泛存在于由氢和碳组成的固态、液态和气态化合物中，在自然界中的量很大，期中甲烷（CH_4）的量最多。但是，甲烷不与其他物质发生化学反应，且对健康没有副作用。在城市中，汽车中汽油的不完全燃烧是 VOC 的主要来源。虽然其他来源的碳氢化合物有的具有致癌性，但城市空气中的大多数 VOC 本身不会造成显著的环境问题。然而，在后面的讨论中你会看到，当 VOC 与某些其他污染物（特别是氧化氮）发生反应时，会产生有毒的次要污染物。

一氧化碳　一氧化碳（CO）是由煤、石油和木材等中的碳不完全燃烧时，生成的无色、无味的有毒气体。它是量最多的重要污染物，在美国，约 3/4 的排放来自汽车和燃油发动机。

虽然一氧化碳会很快地从空气中清除，但它是非常危险的。一氧化碳可从肺部进入血液系统，减少对器官和组织的氧气输送。因为一氧化碳看不到、闻不着，因而会让人在毫无知觉的情况下中毒。一氧化碳量较小时，会让人发困、反应迟钝和判断能力下降。一氧化碳浓度很高时，会造成人员死亡。在一氧化碳浓度很高的地方，如通风不良的隧道和地下车库，一氧化碳会严重威胁人的健康。

图 13.8 中显示了 2010 年 4 月全球的平均一氧化碳浓度分布。在世界上的不同地区和不同季节，一氧化碳的浓度和排放源都有显著变化。例如，在非洲，一氧化碳的季节变化与大范围的农业燃烧有关，且随着季节的不同在赤道南北移动。在其他地区，燃烧也是重要的一氧化碳来源，如亚马孙流域和东南亚地区。另一方面，在美国、欧洲和中国，最高的一氧化碳浓度出现在城市近郊，因为这些地方的汽车和工厂密度较高。在某些年份，北美和俄罗斯的森林大火也是重要的一氧化碳源。

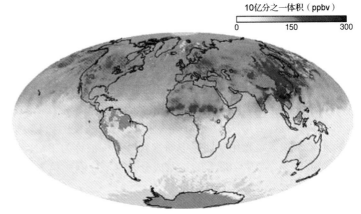

图 13.8　2010 年 4 月对流层中约 3600 米高度的一氧化碳平均浓度分布。数据由 NASA 的 Terra 卫星上的传感器获得。一氧化碳的浓度用体积的十亿分之一（ppbv）表示。图中的黄色表示浓度很低，浓度逐渐增大时，分别用橙色和红色表示。可能受到云层的影响，传感器未获得数据的区域用灰色表示。卫星观测图像通常可以显示某地释放的污染物经过长距离传输后，对远离排放源的地区的空气质量的影响

铅　铅（Pb）非常危险，因为它可在人体血液、骨骼和软组织中积累。铅会损害许多器官的功能，即使其剂量很低，也可能损害儿童的神经系统。

过去，汽车是大气中铅排放的主要来源，因为汽油中添加了铅。自从 EPA 强制使用无铅汽油后，美国城市空气中铅的浓度下降明显（表 13.1）。然而，在大工业源（如冶炼厂）的附近，偶尔仍会发生违反空气质量标准的情况。

表 13.1　空气质量与排放趋势

浓度变化百分比			排放变化百分比		
	1980—2009 年	1990—2009 年		1980—2009 年	1990—2009 年
NO_2	−48	−40	NO_x	−48	−44
O_3 8 小时	−30	−21	VOCs	−57	−43
SO_2	−76	−65	SO_2	−65	−61
PM10 24 小时	—*	−38	PM10	−83	−67
PM2.5	—*	−27	PM2.5	—*	−50
CO	−80	−65	CO	−61	−51
Pb	−93	−73	Pb	−97	−60

13.2.2　次要污染物

　　前面讲过，次要污染物不会直接进入大气，而由大气中的主要污染物发生反应生成。前面提到的硫酸就是次要污染物。主要污染物二氧化硫进入大气后，与氧结合生成三氧化硫，然后与水结合，生成具有刺激性和腐蚀性的硫酸。

　　城市和工业区的空气污染常称烟雾。1905 年，伦敦物理学家哈罗德·德斯维奥克斯将"烟"和"雾"合并成了这个单词。德斯维奥克斯合并的这个词确实是伦敦主要空气污染危害的恰当表述，因为它是多雾时期燃煤的产物。

　　如今，烟雾不再是烟和雾的组合，而是普通空气污染的同义词。

　　光化学反应　许多生成次要污染物的化学反应是由强太阳光引起的，因此这类反应被称为光化学反应。一个最普通的例子是氧化氮吸收太阳辐射而触发的一连串复杂反应。存在某种挥发性有机化合物时，会形成大量活跃的刺激性有毒次要污染物。所有这些有毒的气体和颗粒混合物被称为光化学烟雾。光化学烟雾中通常含有一种被称为 PAN（过氧氮）的物质，它对植物有害，并且会刺激眼睛。光化学烟雾的主要成分是臭氧。回顾第 1 章可知，臭氧是在平流层中自然形成的，但在地面附近形成的臭氧是污染物。

　　产生臭氧的反应由强太阳光触发，因此这类污染物只在白天形成，峰值出现在较热且无风晴天的午后。臭氧浓度夏季最高。不同地区"臭氧季"的出现时间是不同的。虽然 5～10 月是最典型的臭氧季，但美国南部和西南部的阳光地带可能全年都面临臭氧问题。相对而言，北方各州的臭氧季较短，如在北达科他州是 5～9 月。

　　臭氧对健康和环境的影响已有许多论述。例如，根据美国环境保护署（EPA）的报告，臭氧导致的健康问题包括肺功能的显著损害和呼吸系统症状的加重，如胸痛和咳嗽等。臭氧还会使人的呼吸道更易受到感染，引发肺炎，加剧呼吸系统疾病，如哮喘。这些影响一般发生在人们于室外锻炼、工作或游玩的时候。夏季的臭氧含量最高时，在室外活动的儿童受这些影响的风险最大。此外，如果长期处于中等臭氧水平的环境下，那么可能使肺组织结构发生不可逆的变化，如导致肺过早老化。

　　臭氧还会影响植物和生态系统，导致农作物和木材减产，树苗成活率降低，植物更易受到病虫害的影响等。对生存期长的物种而言，这些影响可能会在多年或数十年后才显现，因此对森林生态系统具有潜在的长期影响。地面臭氧对树木和其他植物的损害还会使自然景观受到影响。

　　火山烟雾　虽然烟雾很大程度上是人类造成的大气灾害，但自然界也会产生这种灾害。在活火山地区（如夏威夷）就有这样的例子。图 13.9 显示了漂浮在夏威夷岛上空的浓密雾霾——火山烟雾。在这个地区，当来自基拉韦厄火山的二氧化硫和水蒸气在阳光照射下结合时，就会形成烟雾。组成烟雾的微小硫酸盐颗粒能够很好地反射光线，因此在空中观察时就很容易看到。2008 年 12 月 2 日，当这一事件发生时，在基拉韦厄最高峰附近的夏威夷国家火山公园，SO_2 浓度超过了健康值。除了降低能见度，火山烟雾还会加重哮喘这样的呼吸系统问题。火山烟雾并不局限于夏威夷，在其他火山地区也会发生。

概念回顾 13.2

　　1. 区分主要污染物和次要污染物。

　　2. 列出主要污染物。哪种污染物最丰富？哪两种污染物与光化学烟雾有关？

3. 什么是光化学反应？光化学烟雾的主要成分是什么？
4. 什么是火山雾？

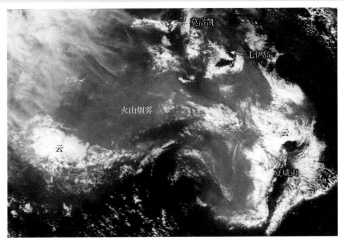

图 13.9　NASA 的 Aqua 卫星于 2008 年 12 月 3 日拍摄的夏威夷岛上空的火山烟雾照片。当夏威夷大岛基拉韦厄火山喷出的二氧化硫与大气中的氧气和水汽相结合时，产生了自然形态的烟雾。火山烟雾在这一地区相对较为常见，但有时范围不如这次宽广

13.3　空气质量的变化趋势

虽然表 13.1 表明我们在空气污染控制方面取得了很大的进展，但我们呼吸的空气的质量仍然会导致严重的公共健康问题。经济活动、人口增长、气象条件和日常对控制排放的管理力度等，都会影响空气污染物的排放趋势。到 20 世纪 50 年代，对排放最大的影响仍与经济和人口增长有关。排放是随着经济和人口增长而增加的，经济衰退时期排放量下降。例如，20 世纪 30 年代排放的显著下降是由经济大萧条导致的（见图 13.10）。排放还会随着人们对不同产品需求的变化而增加。例如，第二次世界大战以来人们对汽油的需求增大，而与此相关的炼油厂和汽车增加了排放。

20 世纪 50 年代，美国的有些州发布了针对烟和颗粒物排放的通用空气污染标准。1970 年，美国通过了《清洁空气法》，这是在减少空气污染方面的重大进步。根据这一立法，美国设立了环境保护署（EPA），以通过制定空气质量和排放标准来控制污染。

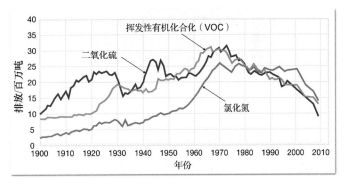

图 13.10　1900—2009 年全美排放趋势。1970 年前，经济活动和人口增长是影响空气污染物排放的主要因素。随着经济的增长和人口的增加，排放也增加；经济低迷时期的排放减少。例如，1930 年出现的惊人排放减少是由经济大萧条导致的。自 1970 年以来，大多数排放的下降趋势是由《清洁空气法》导致的

13.3.1　质量标准的建立

1970 年的《清洁空气法》严格规定了 4 种主要空气污染物——颗粒物、二氧化硫、一氧化碳、氧化氮，以及次要污染物臭氧的标准。这五种污染物被确认是分布最广泛和最有害的。如今，它们加上铅后，被作为标准污染物列入美国国家环境空气质量标准（见表 13.2）。表 13.2 中显示的每种污染物的主要标准，基于人类可以接受但不产生明显不良影响的最高值，最高值减去 10%～

表 13.2　美国国家环境空气质量标准

污染物	标准值	
一氧化碳（CO）		
8 小时平均	9ppm	(10mg/m³)
1 小时平均	35ppm	(40mg/m³)
二氧化氮（NO₂）		
年平均	0.053ppm	(100μg/m³)
臭氧（O₃）		
1 小时平均	0.12ppm	(235μg/m³)
8 小时平均	0.08ppm	(157μg/m³)
铅（Pb）		
季节平均		0.15μg/m³
PM10		
24 小时平均		150μg/m³
PM2.5		
年平均		15μg/m³
24 小时平均		35μg/m³
二氧化硫（SO₂）		
年平均	0.03ppm	(80μg/m³)
24 小时平均	0.14ppm	(365μg/m³)
1 小时平均	75ppb	

50% 后得到的就是安全值。

对某些污染物，同时制定了长期和短期标准值。建立短期标准值是为了避免污染的快速影响，建立长期标准值是为了防止慢性影响。快速影响是指污染物浓度在几小时至几天的时间内可能威胁到人的健康；慢性影响是指可能在一年以上的时段内对人体的生理功能造成损伤。要指出的是，这些标准值使用的是人类的健康标准值，而不基于它们对其他物种或大气化学成分的影响。自 1970 年开始实施以来，《清洁空气法》经过了多次修订。

到 2009 年，美国仍有约 8100 万人居住在一项或以上污染物不符合空气质量标准的县（见图 13.11）。由图 13.11 可以清楚地看出 EPA 将臭氧描述为"最普遍的环境空气污染问题"的原因。居住在臭氧含量超标的县的人数，比居住在受其他 5 种污染物影响的县的总人数还多。

事实上，有些地方的空气质量还未达到标准并不意味着空气质量未得到改善。美国在减少空气污染方面取得了显著进步。如图 13.5 所示，美国 2009 年五种主要污染物的总量为 1.07 亿吨，而 1970 年《清洁空气法》实施时，这五种污染物的排放量为 3.01 亿吨，2009 年的总排放量比 1970 年的低了约 65%。如表 13.1 所示，所有污染物都表现出实质性的下降趋势。这一空气质量的改善是在城市化快速发展时期取得的。但是，有些控制污染的方法在提高城市空气质量方面还未达到期望的效果。

提高空气质量方面的进展不如预期的原因之一与社会经济发展有关。例如，单辆汽车的主要污染物排放物有了巨大的改善，但是，与此同时，美国人口增加了 50%，汽车的行驶里程总数上升了 168%（见图 13.12）。换句话说，污染控制改善了空气质量，但是其正效应部分地被汽车数量的增加所抵消。

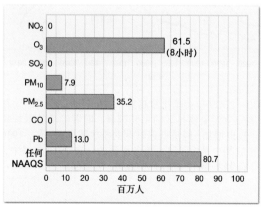

图 13.11　生活在空气质量浓度超过 2009 年发布的美国国家环境空气质量标准（NAAQS）的县的人数。例如，790 万人所在的县的 PM10 浓度超过了国家标准。尽管在减少排放方面取得了实质性进展，但在全美范围内仍有近 8100 万人生活的县的空气质量超过基本国家标准

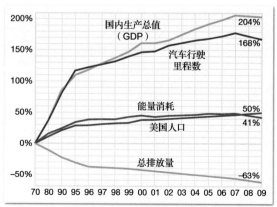

图 13.12　发展和排放的比较。从 1970 年到 2009 年，GDP 增加了 204%，汽车里程数增加了 168%，能源消耗增加了 41%，美国人口增加了 50%。与此同时，六中主要空气污染物的总排放量降低了约 63%

13.3.2 空气质量指数

空气质量指数（AQI）是向公众发布逐日空气质量报告时所用的标准化指标，这个指标试图回答这样的问题：今天空气的清洁度或污染度怎样？因此，空气质量指数可以提供未来几小时或几天内人们吸入的污染空气对健康的影响信息。根据《清洁空气法》，EPA 计算了五种主要污染物的AQI：地面臭氧、颗粒物、一氧化碳、二氧化硫和氧化氮。在美国，地面臭氧和空气中的颗粒物是对人类健康危害最大的污染物。

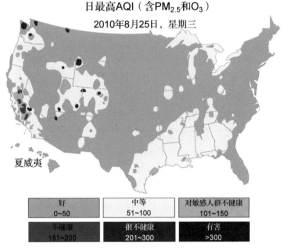

日最高AQI（含$PM_{2.5}$和O_3）
2010年8月25日，星期三

夏威夷

| 好 0~50 | 中等 51~100 | 对敏感人群不健康 101~150 |
| 不健康 151~200 | 很不健康 201~300 | 有害 >300 |

图 13.13　2010 年 8 月 25 日美国国家 AQI 预报图。为便于读图，不同的 AQI 已用不同的颜色表示

空气质量指数的取值范围是从 0 到 500（见图 13.13），数值越高，空气污染程度及其对健康的影响就越大。当 AQI 等于 100 时，通常对应于国家空气污染物容许的标准；当 AQI 低于 100 时，通常认为空气质量是令人满意的；当 AQI 超过 100 时，通常认为空气质量开始对敏感人群的健康不利。随着数值的升高，逐渐对所有人的健康不利。AQI 的分类使用不同的颜色表示，因此人们可容易且快速地了解所在地区的空气污染是否达到有害健康的程度。

概念回顾 13.3

1. 美国的《清洁空气法案》是何时推出的？它们的标准污染物是什么？
2. 比较 1970 年和 2009 年发布的主要污染物。
3. 什么是空气质量指数？

13.4　影响空气污染的气象因素

影响空气污染最明显的因素是排放到大气中的污染物数量。经验告诉我们，即使是在较长时段内排放相对稳定的情况下，仍然会出现每天的空气质量变化很大的现象。事实上，空气污染通常不是由污染物的剧增导致的，而是由特定大气条件的变化导致的。"极端灾害性天气 13.2"中给出了一个典型的例子。

解决污染的办法是稀释污染物。如果释放到空气中的污染物未分散，空气的毒性就会增大。影响污染物扩散最重要的两个大气条件是风的强弱和大气的稳定度。这两个因素是决定性因素，因为它们决定了污染物离开污染源后，以怎样的速度与周围的空气混合而稀释。

风
10米/秒

风
5米/秒

图 13.14　风速对污染物稀释的影响。风速减小，污染物的浓增大

13.4.1　风

风速影响污染物浓度的方式如图 13.14 所示。假设从一群烟囱中每秒喷出主要污染物。如果风速为 10 米/秒，

那么每次喷出的污染"云"之间的距离应为 10 米。如果风速减为 5 米/秒，那么"云"之间的距离将为 5 米。由于风速的直接效应，当风速为 5 米/秒时，污染物的浓度是风速为 10 米/秒时的 2 倍。这就很容易理解空气污染问题很少发生在大风时的原因。

风速影响空气质量的第二个方面是，风力越强，空气扰动越强。因此，强风可以更快地使被污染的空气与周围的空气混合，进而稀释污染物。相反，风很弱时很少有空气扰动，导致污染物的浓度维持在高值。

极端灾害性天气 13.2　从空中看空气污染事件

2010 年 10 月初，一个高压系统盘踞在中国的东部，空气质量开始变差。10 月 9 日和 10 日，中国国家环境监测中心的公告称，北京附近和东部 11 个省市的空气质量达到"差"到"有害"的程度。居民被告知要采取措施做好自我保护。有些地区的能见度下降到 100 米，新闻报道称至少 32 人因为能见度差在交通事故中死亡。数以千计的人受到哮喘和其他呼吸困难疾病的折磨。

NASA 的 Aqua 和 Terra 卫星上的设备捕获到了这次空气污染事件的真实图像，如图 13.D 所示。图中右侧的奶白色和灰色覆盖物是烟雾，亮白色覆盖物是云。另两幅 NASA 的 Aqua 卫星图像显示了气溶胶（见图 13.E）的浓度和二氧化硫（见图 13.F）的浓度。二氧化硫的主要来源是燃煤发电厂和冶炼厂，其峰值浓度是正常值的 6~8 倍。气溶胶指数表明存在吸收紫外线的颗粒，其大部分来自农业焚烧和工业生产过程。图 13.E 中显示了气溶胶指数为 3.5 的一些地区。当指数为 4 时，气溶胶会浓密得让人难以看到中午的太阳。

图 13.D　2010 年 10 月 8 日中国部分地区的严重空气污染

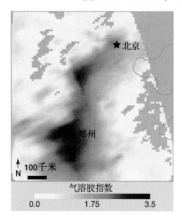

图 13.E　2010 年 10 月中国中部上空的气溶胶指数分布。灰色区域表示资料缺失地区

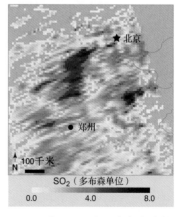

图 13.F　2010 年 10 月中国中部上空的二氧化硫浓度分布。灰色区域表示资料缺失地区

10月11日，天气发生变化，冷锋带来的洁净降水和强风净化了天空，取代了与高压系统共存的污浊空气。显然，如果没有人类活动带来的排放，这次污染事件就不会发生。显然，大气条件对空气质量的变化起关键作用。

13.4.2 大气稳定度

既然风速控制着最初与污染物混合的空气量，那么与大气稳定度有关的垂直运动就决定着污染物与上层洁净空气混合的范围。地面与对流运动可以到达的高度之间的距离称为混合深度。通常，混合深度越大，空气质量越好。当混合深度达到几千米时，污染物与大量的空气混合并快速稀释。当混合深度较浅时，污染物被局限在很小的体积内，容易达到有害健康的浓度。

当空气稳定时，垂直运动受到抑制，混合深度较小。相反，不稳定大气激发垂直空气运动，增大混合深度。太阳辐射加热地球表面，增强垂直运动，因此混合深度下午时较大。同理，夏季各月的混合深度要远大于冬季。

逆温表示大气非常稳定且混合深度明显受到限制的情形。较冷空气上方的暖空气就像盖子那样阻止上升运动，将污染物困在地面附近相对狭小的范围内。这一效应在图 13.15 的照片中得到生动的说明。早期引用的大多数空气污染过程都与逆温的发生有关，这种逆温有时会在同一个地方维持几个小时到几天。

地面逆温 太阳加热会在上午的晚些时候和下午增大环境直减率，使低层空气变得不稳定。然而，夜间会出现相反的情况：逆温紧挨地面发展，形成非常稳定的大气条件。形成地面逆温的原因是，相对于上层空气，地面是更有效的辐射体。因此，夜间地面向天空的辐射会使得地面的冷却比大气快，使得靠近地面的空气最冷，进而形成图 13.16(a)所示的垂直温度廓线。太阳升起后，地面就被加热，逆温消失。

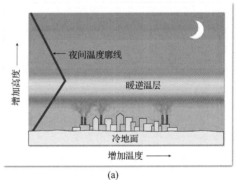

(a)

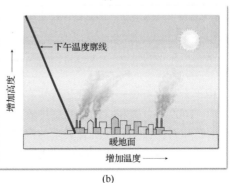

(b)

图 13.15 洛杉矶市中心的空气污染，逆温就像盖子那样盖住了下方的污染物

图13.16 (a)地面逆温的标准温度廓线；(b)太阳加热地面时温度廓线的变化

虽然地面逆温很薄，但在地面不平的地区也可能较厚。这是因为，冷空气的密度比暖空气的密度大，地面附近变冷的空气会从高地和斜坡下沉到邻近的低地与河谷。显然，这种较深的地面逆温在太阳升起后不会很快消失。因此，虽然河谷因为便于水路运输常被建成工业区，但也更容易出现厚逆温层而对空气质量产生负面影响。

高空逆温 持续时间长的大范围空气污染过程与高压中心（反气旋）的下沉气流中的逆温有关。空气下沉到较低高度时，因压缩作用而升温。地面附近总有扰动存在，大气中位置最低的该部分一般不会加入环流下沉运动，因此高空逆温就会在低空的扰动带与下沉的暖空气层之间形成（见图 13.17）。

困扰洛杉矶的空气污染常与北太平洋副热带高压东部的气流下沉有关，还与邻近的太平洋冷水和城市周围的山地有关。当风将较冷的空气从太平洋带到洛杉矶时，暖空气就会被推到高空中，产生或增强作用类似于盖子的逆温。由于周围山体的阻挡，烟雾无法运动到更远的内陆地区，空气污染就被限制在盆地中，直到天气发生变化使其消散。显然，一个地区的地理位置对空气的质量有着重要影响，洛杉矶地区就是一个最好的例子。

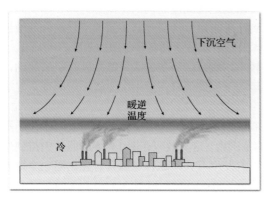

图 13.17　高空空气的下沉和压缩增温，常常使得缓慢移动的高压中心形成高空逆温

概念回顾 13.4

1. 大多数空气污染事件都由污染物排放量的急剧增加引发吗？为什么？
2. 描述风影响空气质量的两种方法。
3. 什么是混合深度？它与空气质量有什么关系？
4. 对比地表逆温与高空逆温的形成。
5. 洛杉矶的地理位置是如何影响空气污染的？

问与答： 我听说有些地方有烧木头的壁炉，而壁炉是重要的空气污染源，是真的吗？

答案是肯定的。木材燃烧产生的烟雾会在一定区域内积聚并将人们置于高度的空气污染中，尤其是在寒冷的晚上出现逆温时。木材燃烧产生的烟雾中含有大量的颗粒物和有害空气污染物，包括一些致癌化合物，比燃烧石油和天然气的熔炉冒出的烟还多。例如，在加州湾区，木材燃烧产生的烟雾是最大的颗粒物污染源。在冬季的晚上，平均 40%或更多的细颗粒物来自木材燃烧产生的烟雾。一些社区现在禁止安装未经 EPA 认证的传统壁炉。此外，在许多地方，为了降低空气污染，人们被要求晚上不要燃烧木头。

13.5　酸雨

由于大量化石燃料（主要是煤炭和石油）的燃烧，美国每年释放到大气中的硫和氧化氮达数百万吨。2009 年，硫和氧化氮的总排放量达到 2300 万吨，排放源主要包括发电厂、工业过程（如矿石冶炼和石油加工）及所有类型的汽车。经过一系列复杂的化学反应后，这些污染物的一部分转化成酸，然后作为雨或雪沉落到地面，这被称为湿沉降。相反，在一些天气干燥的地区，酸性化合物可能进入尘埃或烟雾，进而作为干沉降落回地面。干沉降颗粒和气体在地面被雨水冲刷，使得径流的酸性增强。大气中约一半的酸是以干沉降形式落回地面的。

1852 年，英格兰化学家安格斯·史密斯创造了"酸雨"一词，专指英格兰中部地区的工业排放对降水的影响。一个半世纪后，这一现象不仅是许多环境科学家研究的热点，而且是国际政治事务中的重要议题。虽然史密斯早就清楚地意识到了酸雨造成的环境破坏，但直到 20 世纪中期人们才意识到酸雨的大范围影响。20 世纪 70 年代后期，公众的广泛关注使得政府开始出资来研究酸雨问题。

13.5.1 酸雨的范围和强度

降水本身是弱酸性的。大气中的二氧化碳溶解于水后，成为弱碳酸，其他天然形成的少量酸也会增大降水的酸性。人们曾经认为无污染降水的 pH 值约为 5.6（见图 13.18）。然而，对未被污染的边远地区的研究显示，降水的 pH 值通常为 5。遗憾的是，在距离人类活动中心数百千米的范围内，降水的 pH 值要低得多。这类降雨或降雪称为酸雨。

事实上，人们发现北欧和北美东部的大范围酸雨已有一些时日（见图 13.19）。研究表明，其他地区也会出现酸雨，包括北美西部、日本、中国、俄国和南亚地区。除了局地污染源，美国东北部和加拿大东部也有部分酸性源于数百千米外的南部和西南部工业区，许多污染物会在大气中停留 5 天之久，因此可能会被传输很远的距离。

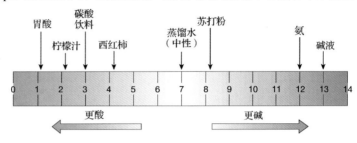

图 13.18　pH 值是确定溶液酸碱度的常用指标，共取值范围是从 0 到 14，值为 7 表示溶液呈中性，值低于 7 表示溶液呈酸性，值大于 7 表示溶液呈碱性。图中给出了某些常见物质的 pH 值，如蒸馏水呈中性（pH 值为 7），但雨水天然呈酸性。注意，pH 值的刻度是对数刻度，即 pH 值增 1，酸度减 10 倍。因此，pH 值为 4 时的酸度是 pH 值为 5 时的酸度 10 倍，是 pH 值为 6 时的酸度的 100 倍

在解决该问题的所有因素中，最有效的因此是技术，即在最靠近污染源的位置降低污染的技术。持续的强风出现在较高的高度，因此较高的烟囱可将污染物释放到更高的位置而改善局地的空气质量。虽然这种高大的烟囱能够加快污染物的稀释和扩散，但也会长距离地输送污染物。这时，烟流尾羽的低污染浓度不会直接造成健康问题或者局地污染问题。遗憾的是，北美东部的大气过程完全混合了污染物，因此几乎无法区分远程污染源和局地污染源的相对影响。

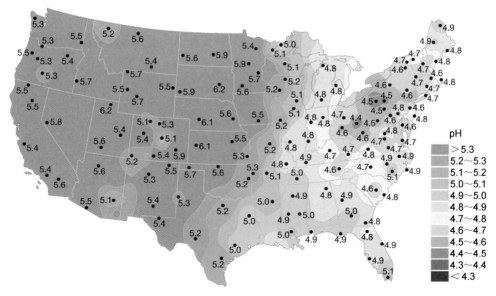

图 13.19　2008 年美国降水的 pH 值分布。未污染雨水的 pH 值是 5。美国东北部的酸雨最严重

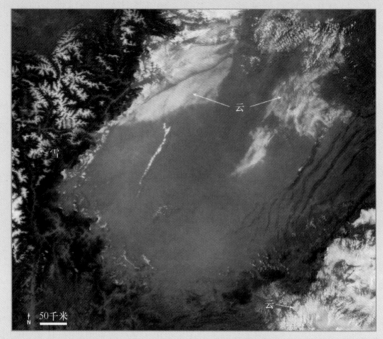

2011 年 5 月 6 日，空气污染在四川盆地形成了一层半透明的薄纱。暗灰色的薄雾、明亮的白云、附近山上的积雪形成了强烈的对比。部分污染源来自城市和工业，因为燃煤是一种重要的能源。一周前这里的能见度很好，没有发生空气污染事件。

问题 1 在 5 月 6 日出现的污染中，你认为二次污染物是什么？

问题 2 如果这个地区输出的污染物持续几周不变，那么为何一周空气相对洁净而下一周空气被污染？

13.5.2 酸雨的危害

从外观上看，酸雨给人的感觉和味道与洁净的雨水几乎相同。酸雨对人的危害不是直接的。在酸雨中行走或在呈酸性的湖水中游泳，不比在未受酸雨影响的雨中行走或水中游泳更危险。然而，形成酸雨的二氧化硫和氧化氮污染物确实会损害健康。这些气体在大气中相互作用形成的硫酸盐和硝酸盐颗粒，会随风长距离输送并被人吸入肺部，引发心脏病和肺功能紊乱，如哮喘和支气管炎。

在有些地区，酸雨对环境的破坏作用相当大。酸雨广为人知的破坏作用是，降低了斯堪的纳维亚和北美东部数以千计湖泊与河流的 pH 值。相应地，土壤中被酸性水溶解的铝增多，当这种水进入湖泊时，就会使得湖泊中的鱼类灭绝。此外，生态系统会在不同层次上受到各种相互作用的影响，这意味着评估酸雨对这些复杂系统的影响相当困难且代价高昂。

即使是在小范围内，酸雨的影响在湖泊与湖泊之间也有着很大的差异，这些差异大多与湖泊周围的土壤和岩石的性质有关。某些矿物质如岩石和土壤中的钙可以中和酸性溶液，因此由这类物质包围的湖泊很少呈酸性。相反，缺少这种缓冲物质的湖泊会受到严重影响。即使这样，在某个时期内，随着湖泊周围土壤中的缓冲物质被消耗殆尽，未酸化湖泊的 pH 值可能会下降。

除了对有些湖泊的养鱼业产生影响，研究指出酸雨还可能会降低农作物的产量和森林的生产力。酸雨不但对树叶有害，还会破坏根系并从土壤中过滤掉营养矿物质（见图 13.20）。最后，酸雨还会腐蚀金属，破坏结构破坏（见图 13.21）。

总之，酸雨通过大气将酸性化合物送到地面。这些酸性化合物是作为燃烧和工业活动的副产品被带入空气的。大气既是不受欢迎的化合物从排放源到存储地的通道，又是燃烧产物转化为酸性物质的媒介。除了对水生系统的有害影响，酸雨还存在大量的其他有害影响。本章前面指出的氧化氮和二氧化硫排放的减少，不仅能够改善空气质量，而且可以降低许多地区的降水的酸性（见表 13.1 和图 13.10）。湖泊与河流的长期监测表明，有些酸性水体缓慢地得到了恢复，但酸雨仍是复杂的全球性环境问题。

图 13.20 酸雨对森林的破坏在欧洲和北美东部地区已得到证实。图中加利福尼亚州北部阿巴拉契亚山脉的这些树就是一个例子

图 13.21 酸雨加速了石雕和建筑的化学风化

聚焦气象

这座高大的烟囱是西弗吉尼亚州丘陵起伏山谷中的发电厂的燃煤锅炉的一部分。高大的烟囱通常与这类发电厂及许多工厂相关。大片的辐射雾笼罩着地面。

　　问题 1　照片中的时间更可能是清晨还是午后？为什么？

　　问题 2　画图说明照片拍摄时可能的垂直温度剖面。

　　问题 3　烟囱存在使得当地空气质量更好的两个原因是什么？

概念回顾 13.5

1. 哪些主要污染物与酸雨的形成相关？
2. pH 值为 4 的物质与 pH 值为 6 的物质相比，哪种更酸？
3. 根据图 13.19，说出美国哪里的降水酸性最强。
4. 酸雨对环境有什么影响？

思考题

01. 第1章中说过我们应关心大气中的臭氧耗竭。从本章的内容来看，似乎去除臭氧是个好主意。请澄清这个相互矛盾的观点。

02. 表13.1中显示了空气质量和排放的趋势。解释表中部分臭氧的单位是"浓度变化百分比"而部分是"排放变化百分比"的原因。

03. 今天汽车的平均排放量远低于30～40年前。排放量的急剧降低为何不如期望的那样产生正面影响？解释时请包含本章中的一幅图。

04. 汽车是主要的空气污染源。使用电动汽车（如附图中的汽车）是降低排放量的方法之一。尽管这些汽车几乎不将污染物排放到空气中，那么为何它们仍与主要污染物的排放有关？

05. 假设你正在一个城市的机场。由于雾霾降低了能见度，这个城市发出了空气质量警报。当飞机起飞并爬升时，空气突然变得更洁净。请画

图说明这种突然变化。

06. 如附图所示，空气污染降低了到达地表的阳光照射量。对于如下情形，哪些情形下的阳光照射量降低最多？为什么？a. 夏季的高纬度城市；b. 冬季的高纬度城市；c. 夏季的低纬度城市；d. 冬季的低纬度城市。

07. 图9.3中的暖锋剖面和图9.5中的冷锋剖面显示了冷空气上方的暖空气，即显示了逆温。尽管逆温与锋面相关，但它们对空气质量几乎没有负面影响，为什么？

08. 臭氧有时也称"夏季污染物"，为什么夏季也称"臭氧季"？

09. 使用高大的烟囱可以提升当地的空气质量。然而，高大的烟囱也可能导致其他地方的污染问题，为什么？

术语表

acid precipitation　酸雨
air pollutants　空气污染物
Air Quality Index (AQI)　空气质量指标
mixing depth　混合深度
photochemical reaction　光化学反应

primary pollutant　主要污染物
secondary pollutant　次要污染物
smog　烟雾
temperature inversion　逆温

第14章 变化的气候

本章与第 15 章的主题是天气的长期累积——气候。气候不仅仅是大气平均状况的表现。为了准确地反映某个地方、某个区域的气候特征，还应包括大气变化和极端情况。一个人只要有机会周游世界，就会发现地球上竟有这么多人难以置信的、多姿多彩的气候。

莫纳罗亚气象观测站是夏威夷岛的一个重要大气研究基地，它从 20 世纪 50 年代就开始采集数据、监测大气变化。观测站位于海拔高度为 3397 米的火山上，这里具备监测导致气候变化的大气成分的理想条件

本章导读

- 列出气候系统的五个圈层并举例说明。
- 说明了解过去的气候变化之所以重要的原因，讨论检测这类变化的几种方法。
- 讨论与气候变化的自然原因有关的四个假设。
- 描述人类改变大气成分的几种方法。
- 回顾大气对人类改变大气成分的响应。
- 对比正、负反馈机制并给出例子。
- 讨论全球变暖的几种可能的后果。

14.1 气候系统

　　气候对人类有着重大的影响，同时人类对气候也有很大的影响。事实上，如今类引发的全球气候变化时常成为新闻头条。为什么气候变化这么具有报道价值？原因是关于人类活动及其对环境的影响的研究表明，人们正在不经意地改变着气候。与地质变化（自然变化）不同的是，人类的影响非常巨大，甚至超过了自然变化的影响，因此主宰着近代气候的变化。此外，这些变化很有可能持续多个世纪。气候变化的未知影响对人类和其他生物都有破坏作用。本章的后面将解释人类从哪些方面改变全球气候。

　　记住，地球是由许多相互作用的部分组成的复杂系统。系统某些部分的变化，常以极不明显且缓慢的方式引起其他部分的变化。气候与气候变化的研究深入认识了这些事实。

　　要认识和研究气候，就要知道影响气候的不仅仅是大气（见图 14.1）：

图 14.1　阿拉斯加州得纳利国家公园的这张照片反映了气候系统的五个主要部分

　　大气是一个复杂系统的中心组成部分，这个复杂系统是一个相互依赖、相互作用的所有生命赖以生存的全球环境系统。气候可被广义地定义为这个环境系统的长期作用。要充分理解和预测气候系统中的大气变化，就必须认识太阳、海洋、冰盖、固态地球以及所有的生命形态。

　　事实上，我们必须意识到存在这样一个气候系统，它包括大气圈、水圈、固态地球、生物圈和冰雪圈。冰雪圈是指地球表面的固态水部分，包括雪、冰川、海冰、淡水冰以及冻原（永冻层）。这个气候系统包括五个圈层的能量和水汽交换。这些交换将大气圈与其他圈层联系起来，使得气候系统成为一个极其复杂的内部交换体。气候系统的变化不是单独出现的。当气候系统的一部分发生变化时，其他组成部分会发生相应的反应。气候系统的主要组成部分示意图如图 14.2 所示。

图 14.2　气候系统的主要组成部分示意图。系统的不同组成部分之间在各种时间和空间尺度上发生无数的相互作用，使得气候系统变得非常复杂

气候系统提供了一个研究气候的结构。气候系统的各个组成部分之间的相互作用和交换产生了联系这五个圈层的复杂网络。在我们研究气候变化和世界气候的过程中，会不断地显示这种复杂的关系。

概念回顾 14.1

1. 列出气候系统的五个圈层。

14.2　气候变化的检测

气候不仅有着地域性变化，而且随时间自然地发生变化。在人类出现于地球上的漫长岁月里，地球上发生了许多从暖到冷、从湿到干的循环往复的变化。事实上，地球上的每个地方都经历过巨大的气候变化，如从冰期气候到副热带沼泽气候或沙丘气候的变迁。我们是怎么知道这些变化的？这些变化的原因是什么？下面介绍科学家对地球气候历史的解释，并探讨导致气候变化的一些重要原因。

如今，我们可以使用精确的测量仪器来研究大气的组成和动力机制。但是，这些方法是近代发明的，因此只能提供一小段时间范围内的数据。要充分了解大气的特征并预测未来气候的变化，就必须揭示气候在更长的时间范围内是如何变化的。

仪器只观测了两个世纪的数据，时间越往前，数据就越少、越不可靠。为了解决缺少直接观测数据的问题，科学家必须使用间接证据来解释和重建过去的气候。代用资料来自气候变化的自然记录和历史资料，如海底沉积物、海冰、孢粉、化石花粉及树轮生长等（见图 14.3）。科学家分析

图 14.3　加利福尼亚州怀特山脉上的古狐尾松。树轮研究是科学家重建过去气候的一种方法。有些树的树龄超过 4000 岁

代用资料和重建过去气候的研究工作被称为古气候学。这项工作的主要目的是认识过去的气候，进而在自然气候变化的背景下评估现在和未来的气候变化。下面简单介绍一些重要的代用资料。

14.2.1　海底沉积物——气候资料的仓库

我们知道，地球系统的各个部分是紧密联系在一起的，因此一个部分的变化会引起其他任何或所有部分的变化。下面介绍大气和海洋温度的变化是如何反映在海洋生物上的。

大多数海底沉积物中都包含曾生活在海表附近（海气界面附近）的微生物的遗体。这些微生物死亡后，它们的壳会缓缓地沉到海底，成为沉积记录的一部分。这些生活在海表附近的微生物的数量和种类随气候条件发生变化，因此这些海底沉积物就成了全球气候的有用记录：

我们预计，在大气与海洋的交界面的任何区域，海表的年平均温度比较接近大气的温度。海洋表面和邻近大气的温度达到平衡，换句话说，气候变化应反映在生活在海洋表面的微生物的变化上。海洋中大范围区域的沉积物主要由浮游有孔虫的壳组成，这些动物对水温的变化非常敏感，因此这些沉积物和气候变化之间的联系应该更明显。

为了认识气候变化，科学家对隐藏在海底沉积物中的"大型数据库"越来越感兴趣。自 20 世纪 60 年代后期开始，美国参与了一些重要的国际项目，其中的开创性项目是始于 1968 年的配有挑战者号研究船的深海钻孔计划。1983 年，深海钻孔计划被海洋钻孔计划取代，并装备了新的钻船乔迪斯·决心号。2003 年 10 月，综合海洋钻孔项目启动。这个新国际项目拥有多艘船只，其中的一艘是 2007 年投入使用的长达 210 米的巨轮地球号（见图 14.4）。该项目的主要目的是收集早先无法获取的钻孔岩芯。这些新数据将拓展人们对地球系统的认识，包括对气候变化类型的认识。

海底沉积物对认识气候变化重要性的一个著名例子是揭示了冰期的大气变化。由海底沉积岩芯获得的温度变化记录，对我们认识近期的地球气候历史来说至关重要。

14.2.2　氧同位素分析

图 14.4　是世界上最先进的科学钻探船——地球号，其钻探深度可达水下 2500 米处的海底下方 7000 米。这是综合大洋钻探计划的一部分

同位素分析基于对两种氧同位素比例的精确测量：最常见的 ^{16}O 和较重的 ^{18}O。H_2O 分子由 ^{16}O

或 ^{18}O 组成，但较轻的同位素 ^{16}O 更易从海洋蒸发。因此，降水（包括冰川）中 ^{16}O 较多，这就使得更重的同位素 ^{18}O 在海洋中的浓度增大。因此，在冰川扩张时期，就有更多的 ^{16}O 在冰中富集，导致海水中 ^{18}O 的浓度增加。相反，在温暖的间冰期，冰川迅速减少，更多的 ^{16}O 回到海洋，因此海洋中的 $^{18}O/^{16}O$ 比例也相应地下降。现在，如果有古代的 $^{18}O/^{16}O$ 比例变化记录，那么我们就可确定什么时候是冰期，进而知道气候是在什么时候变冷的。

所幸的是，我们确实拥有这样的记录：某些海洋微生物在形成其由碳酸钙组成的外壳时，包含了当时的 $^{18}O/^{16}O$ 比例。这些微生物死亡后，外壳沉入海洋底部，成为沉积层的一部分。因此，可通过分析埋在深海沉积层的某些微生物壳中的氧同位素的比例来确定冰川的活动时期。

$^{18}O/^{16}O$ 比例还随着气温变化，气温高时，从海中蒸发的 ^{18}O 多；气温低时，从海中蒸发的 ^{18}O 少。因此，暖期的重同位素在降水中比较充足，在冷期则较少。根据这一原理，科学家通过研究冰川中的冰雪层，就可得出过去气温变化的记录。

14.2.3 冰川中的气候变化记录

冰芯是重建过去气候不可或缺的数据来源（见图 14.5）。针对格陵兰和南极冰原冰芯的研究，改变了我们对气候系统运作方式的认识。

科学家是采用缩小版的石油钻井设备——钻机来采样的。空心钻杆随钻头进入冰层，随后取出冰芯。采用这种方法，有时可以取出长 2000 多米长的冰芯，可用来研究 20 万年以上的气候历史 [见图 14.6(a)]。

冰芯提供了气温变化和降雪的详细资料。冰芯中的气泡记录了大气组成成分的

图 14.5　科学家正在切割来自南极的冰芯样品。他穿着保护服，戴着面具，以最大限度地减少对样品的损坏。冰芯的化学分析可以提供有关过去气候的重要信息

变化。二氧化碳和甲烷的变化与气温的波动有关。同时，这些冰芯中包含大气中的沉降物，如扬尘、火山灰、花粉及当代的污染物等。

氧同位素分析可以确定过去的温度。采用这些方法，科学家可以建立过去气温变化的记录序列。图 14.6(b)就是这样的一个例子。

(a)

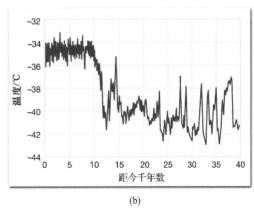

(b)

图 14.6　(a)美国国家冰芯实验室是存储和研究取样于世界各地的冰芯的物理实验室。这些冰芯代表了大气中物质的长期记录。实验室为科学家提供了进行冰芯实验的条件，同时保证用于全球气候变化研究和过去环境状况研究的样本的完整性。(b)由格陵兰冰原冰芯氧同位素分析重建的过去 4 万余年的温度变化序列

14.2.4 树轮——环境历史档案

当我们观察木头的一端时，会看到由一系列同心环组成的图案——树轮。树轮从中心开始向外，直径逐渐变大［见图 14.7(a)］。每年，当温度适宜时，树木的树皮下面就会长出一层新木，形成一层新的树轮。每层树轮的特点（如大小和密度）反映了树轮形成年份的主要环境，尤其是气候特征。有利的生长环境产生较宽的树轮，而不利的生长环境则产生较窄的树轮。在同一时间和同一区域生长的树木，表现出相似的树轮形态。

因为每年只增长一个树轮，所以我们可以通过树轮的数量来确定树的年龄。如果一棵树被砍伐的年份已知，那么这棵树和每个树轮形成的年份就可通过从外层树轮依次向内计数来确定。确定树轮及其定年的研究被称为树轮年代学。科学家并不限于研究这些被砍伐的树木，从正在生长的树上也可提取小型且完整的树芯样品［见图 14.7(b)］。

图 14.7 (a)正在生长的树每年都在树皮下方产生一层新的细胞。研究躯干截面发现，每年长出的部分都可视为一个环。因为生长量（环的厚度）与降水量和温度有关，因此树轮是过去气候的很好记录。(b)除了使用被砍伐的树进行研究，科学家还可从正在生长的树中提取小树轮样本进行研究

为了有效地利用树轮，需要进一步建立树轮年表。科学家通过比较同一区域的树轮结构来进行研究。假设在两个样本中发现了同一种类型，若其中的一个样本已被定年，则另一个样本就可通过匹配相同的树轮类型来定年。科学在在某些区域建立了几千年前的树轮年表。要确立一个树轮样本的年龄，可将其树轮类型与参考年表进行对比匹配。

树轮年表是环境历史的独特档案，在很多领域，如气候、地质学、生态学和考古学，都有重要的应用。例如，树轮可用于重建某个地区在有人类历史记录数千年前的气候变化，这样的长期变化记录对有关现代气候变化记录的判断具有重要价值。

14.2.5 其他类型的代用资料

用来研究过去气候的代用资料还有化石花粉、珊瑚和历史文献。

化石花粉 气候是影响植被分布的主要因素，因此一个区域的植物群落的特征反映了该区域的气候特征。花粉和孢子是很多植物生命周期的一部分。因为它们具有保护性外壁，所以在沉积物中通常是容易辨认、保存完好且非常多的植物残体（见图 14.8）。通过分析已在沉积物中准确定年的孢粉，就可获得一个地区

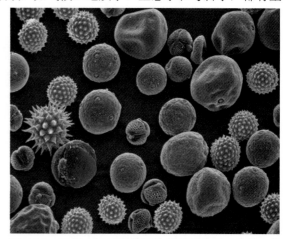

图 14.8 这幅电子显微镜下的伪彩图展示了花粉颗粒的分类。每种类型的大小、形状和表面特征都不尽相同。针对湖底沉积物和泥炭矿床中花粉类型和丰度的分析，为过去气候变化的研究提供了有用的参考

关于植物变化的高分辨率记录。由这些信息，我们就可以重建过去的气候。

珊瑚 珊瑚礁包括生活在温暖浅水中的珊瑚群及在顶部由过去的珊瑚留下的坚硬物质。珊瑚使用从海水中汲取的碳酸钙（$CaCO_3$）形成自己坚硬的骨架。碳酸盐中的氧同位素可用来确定珊瑚曾于其中生长的海水的温度。由于生长速度与气温和其他环境因素有关，冬天形成的珊瑚骨架的密度与夏天形成的珊瑚骨架的不同。因此，珊瑚可以显示出季节性生长带，与树轮非常相似。通过将珊瑚记录与同期的现代观测仪器的记录进行比较，可以从珊瑚中提取准确可靠的气候记录。针对珊瑚生长圈的氧同位素分析可以作为降水量的代用资料，尤其是在一些降水量年际变化较大的区域。

将珊瑚作为古温度计，可以帮助我们回答有关全球海洋气候变化的某些重要问题。图 14.9 是在对厄瓜多尔群岛的珊瑚样本进行氧同位素后，得出的时间长度为 350 年的海表温度记录。

历史资料 历史文献中有时也包含有用的信息。尽管这样的记录看上去似乎可以直接用于气候分析，但实际上并非如此。大多数历史文献是为一定的目的撰写的，而不是专门为描述气候撰写的。此外，作者往往会很自然地忽略了风调雨顺的时期，只记载干旱、强风暴、暴风雪和其他极端事件。不过，针对农作物、洪水和人口迁移的记录却为变化气候的可能影响提供了有用的证据。

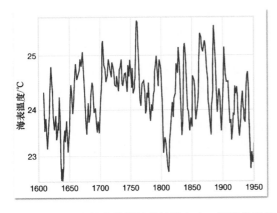

图 14.9 珊瑚生长在热带温暖的浅水中。无脊椎动物从海水中汲取碳酸钙，形成其坚硬部分，并在此前形成的坚硬珊瑚体上生长。珊瑚礁成分随深度变化的化学分析可提供过去海表温度的有用资料。这幅图是在对厄瓜多尔群岛珊瑚样本进行氧同位素分析后，得出的时间长度为 350 年的海表面温度记录

图 14.10 历史记载有时可以帮助人们分析过去的气候。秋天葡萄开始收获的日期是对生长季节温度和降水量的综合度量。这些已在欧洲记录了多个世纪的收获日期，为人们提供了逐年气候变化的有用记录

概念回顾 14.2

1. 什么是代用资料？研究气候变化时为何需要它们？
2. 研究过去的气候时为何海底沉积物有用？
3. 说明过去的温度是如何用氧同位素分析确定的。
4. 列出除海底沉积物外的四种代用气候资料的来源。

14.3 气候变化的自然原因

人们提供出多种假设或理论来解释气候变化。有的假设得到了人们的广泛支持，有的理论最初被人们否认，但后来又被人们认可。关于气候变化原因，有的解释争议不断，这可以理解，因为地球大气过程的尺度很大且很复杂，很难通过实验室物理上再现。因此，气候及其变化必须借助超级计算机采用数值（模型）方法来模拟。

本节验证几个已被科学界广泛认可的假设。这些假设描述了与人类活动无关的气候变化的"自然"机制，包括：

- 板块构造（大陆位置变化，接近或远离赤道和极地）。
- 火山活动（改变大气的反射率和组成成分）。
- 地球轨道的变化（地球轨道的偏心率、黄赤交角及进动的周期性变化）。
- 太阳活动（太阳辐射输出是否变化，以及太阳黑子是否影响这种变化）。

后面将解释人类活动引起的气候变化，包括主要化石燃料燃烧引起的二氧化碳浓度的上升。

解释同一气候变化的假设有多种。事实上，气候波动是由多种相互作用的机制引起的。同时，一种假设不可能解释所有时间尺度上的气候变化：可能解释百万年尺度上的气候变化，但不能解释百年尺度上的气候波动。如果我们完全了解大气圈及其变化，就会看到气候变化是由本章讨论的多种机制引起的，或许还可以加上某些新的设想。

14.3.1 板块构造与气候变化

在过去的几十年间，地质学领域出现了一个革命性的想法：板块构造理论。这个理论已获科学界的广泛认可。这个理论认为，地球的外层由多个称为板块的巨大硬板组成。这些板块在脆弱的塑性岩石层上缓慢移动，板块之间相对移动的平均速率大约与人的指甲的生长速度相当——每年约几厘米。

大部分最大的板块都包括一个大陆和许多海床。因此，当板块笨拙地移动时，陆地的位置也会变化。这个理论不仅使地质学家认识和解释了许多大陆和海洋的过程与特征，也为气候学家解释某些至今无法解释的气候变化提供了可能。

例如，非洲、澳大利亚、南美洲和印度的剧烈冰川活动的证据表明，这些区域大约 2.5 亿年前经历了一个冰期。这个发现困扰了科学家多年：为什么现在这些较为温暖的纬度带曾像格陵兰和南极洲一样寒冷？

在板块构造理论出现之前，人们无法合理地解释这一现象。如今，科学家意识到，这些包含古冰川的区域曾在南极附近合并为一个"超级大陆"。后来，随着板块的分离，这个大陆的不同部分分开移动，直到缓慢地移动到如今的位置。因此，分布在广阔副热带地区的大范围冰川地貌消失了［见图 14.11(b)］。

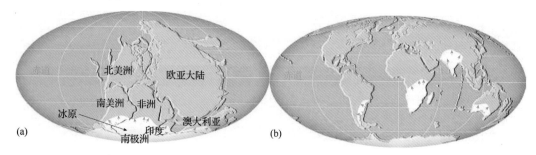

图 14.11　(a)盘古超级大陆，显示了 3 亿年前被冰川覆盖的区域；(b)如今的大陆，白色区域表示从前出现冰原的地方

今天，我们认为在过去的地质时期，板块之间的相对移动及它们向不同纬度的移动，导致了很多剧烈的气候变化。同时，海洋环流也发生变化，改变了热量、水汽的传输，进而影响了气候。

板块运动的速度很慢，大陆位置的较大变化只能在很长的地质时间尺度上看出。因此，板块移动带来的气候变化非常缓慢，而且只能在百万年时间尺度上表现出来，所以板块构造论不大适合解释小时间尺度上的气候变化，如十年、百年和千年时间尺度上的气候变化。因此，对这类小时间尺度的气候变化，我们必须找出其他合理的解释。

14.3.2 · 火山活动与气候变化

虽然活火山喷发改变地球气候的理论很多年前就已提出，但如今依然似乎可以解释气候变化的某些方面。活火山喷发时，会向大气中释放大量气体和微小颗粒物（见图 14.12）。最严重的火山喷发甚至可以强大到将物质喷入平流层，然后物质在平流层中扩散到整个地球，持续存在几个月甚至几年。

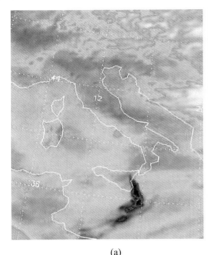 

(a)　　　　　　　　　　　　　　　(b)

图 14.12　2002 年 10 月下旬喷发的西西里埃特拉火山，埃特拉火山是欧洲最大且最活跃的火山。(a) 这幅图来自 NASA 的 Aqua 卫星上的大气红外探测仪，紫黑色区域为二氧化硫（SO2）。大量二氧化硫进入大气后，会对气候产生影响。(b)国际空间站上的一名宇航员拍摄的埃特拉火山，显示了向东南方向流动的火山灰

悬浮在空中的火山喷发物过滤部分入射太阳辐射，降低对流层的温度。200 多年前，本杰明·富兰克林曾用这个观点证明，1783—1784 年的寒冬成因是巨大冰岛火山的喷发物将太阳辐射反射回了太空。

最引人注目的与火山喷发有关的寒冷时期，也许是印度尼西亚坦博拉火山喷发后的 1851 年，这一年被称为 "无夏之年"。坦博拉火山喷发是近代最剧烈的一次火山爆发。1851 年 4 月 7 日至 4 月 12 日，这座近 4000 米高的火山剧烈地释放了 100 立方千米以上的火山灰。火山气溶胶对气候的影响扩展到了整个北半球。从 1816 年 5 月到 9 月，一系列史无前例的寒冷事件影响了美国的东北部及加拿大与美国毗邻的地区。这里 7 月出现了暴雪，7 月和 8 月还出现了霜冻。欧洲西部也经历了类似的反常寒冷事件。

三个重要的火山爆发事件，为 "火山对全球气温影响的研究" 提供了大量数据和新认识。1980年美国华盛顿州的圣海伦火山爆发、1982 年墨西哥的厄·奇冲火山爆发、1991 年菲律宾的皮纳图博火山爆发，为科学家提供了深入研究火山爆发对气候的影响的机会。卫星图像和遥感仪器可让科学家近距离地观察这些火山爆发的火山灰和气云。

圣海伦火山　当圣海伦火山爆发时，立刻就有人推测它可能会影响气候。这样的爆发会导致气候发生变化吗？毫无疑问，爆发式喷发释放的大量火山灰短时间内会显著地影响区域和局地气候。进一步的研究表明，任何长期且持续的降温都可以忽略，因为这种降温非常微弱——不超过0.1℃，甚至很难区别于其他的气温自然变化。

厄·奇冲火山　1982 年厄·奇冲火山爆发后，两年的监控和研究表明，它将全球的平均气温降

低了 0.3℃~0.5℃，大于圣海伦火山的降温作用。实际上，厄·奇冲火山喷发并不像圣海伦火山喷发那么剧烈，为什么它对全球气温的影响更大呢？原因是圣海伦火山在相对较短的时间内释放了大量火山灰，而厄·奇冲火山喷出了更多的二氧化硫（是圣海伦火山喷出的二氧化硫的 40 多倍）。这种气体与平流层中的水汽结合，形成了由微小硫酸颗粒组成的浓云［见图 14.13(a)］。称为气溶胶的这些颗粒需要几年的时间才能完全沉降。气溶胶会将太阳辐射反射回太空，降低对流层的平均温度［见图 14.13(b)］。

今天，我们认识到在平流层停留一年或更长时间的火山云主要由硫酸气溶胶而非火山灰组成。因此，一次火山爆发喷出的火山灰量并不是预测火山爆发影响全球气候的准确标准。

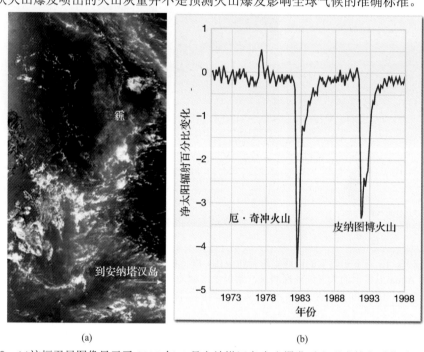

(a)　　　　　　　　　　　　　(b)

图 14.13　(a)这幅卫星图像显示了 2005 年 4 月安纳塔汉岛火山爆发后，形成的白雾像毯子那样覆盖了部分菲律宾海。然而，白雾的成分不是火山灰，而是二氧化硫与对流层中的水汽结合后形成的微小硫酸颗粒。这种雾很亮，且将阳光反射回太空。(b)夏威夷莫纳罗亚观测站相对于 1970 年（图中的零值）的太阳净辐射变化。厄·奇冲火山和皮纳图博火山的爆发使得到达地面的太阳辐射迅速减少

皮纳图博火山　1991 年 6 月，菲律宾皮纳图博火山剧烈爆发，向平流层喷入了约 2500 万吨到 3000 万吨的二氧化硫。在这次火山爆发期间，科学家可以使用 NASA 的星载地球辐射收支实验（ERBE）来研究剧烈火山爆发对气候的影响。次年，微小气溶胶形成的烟雾增大了反照率，使得全球平均温度降低了约 0.5℃。

影响　虽然厄·奇冲和皮纳图博火山爆发对全球气温的影响相对较小，但是许多科学家认为它们导致降温可在一定时间内改变大气环流模式，进而影响某些区域的天气。然而，预测甚至确定它们对具体区域的影响仍是大气科学家面临的大挑战。

上面的例子表明，无论火山的规模有多大，一座火山爆发对气候的影响都相对较小，且影响的时间较短，图 14.13(b)中的曲线证实了这一点。因此，如果要对气候产生更长时间的显著影响，就要更多的火山相对集中地喷发大量的二氧化硫；发生这种情况时，平流层中就会出现足够的火山灰和二氧化硫气体，进而大量减少达到地球表面的太阳辐射。然而，目前还未发现历史上出现过这样的火山喷发，因此通常只作为史前气候变化的一个可能的因素。知识窗 14.1 中介绍了火山爆发影响气候的另一种方式。

白垩纪是中生代的最后一个时期，而中生代又称恐龙时代，它始于大约 1.45 亿年前，终于大约 6500 万年前恐龙（和其他生命）的灭绝。

白垩纪的气候是地球历史上最暖的时期之一。生活在温暖气候下的恐龙，分布在北极圈附近。热带森林在格陵兰和南极洲生长，珊瑚礁在比如今更靠近两极 15°的地方生长。泥炭沉积物最终在高纬度地区形成了广泛分布的煤层。海平面大概要比如今高约 200 米，这意味着那时没有两极冰盖。

白垩纪气候温暖的原因是什么？最显著的原因之一可能是大气中二氧化碳含量的上升使得温室效应增强。

导致白垩纪变暖的二氧化碳来自哪里？许多地质学家认为火山活动可能是来源之一。二氧化碳是火山活动释放的一种气体，并且业已证明在白垩纪中期的一段时间里火山活动非常频繁。在这个时期，西太平洋洋底开成了几个巨大的海洋熔岩高原，它们与热点区域有关——地球内部深处的物质上升到了地球表面。几百万年大规模的熔岩上涌，释放出了大量二氧化碳，增强了大气的温室效应。因此，白垩纪的温暖气候特征可能来自地球内部深处。

原因之二可能与火山活动有关。例如，白垩纪较高的全球温度和增加的二氧化碳导致海洋中浮游生物（微观植物，如藻类）和其他生命形式的数量与种类增加。这种海洋生命的繁盛与白垩纪广泛的白垩沉积有关（见图 14.A）。白垩沉积是指包含微小海洋有机体的碳酸钙。石油和天然气源于生物遗迹（主要是浮游植物）的变化。全球一些最重要的石油和天然气产地都在白垩纪的海洋沉积物中，因为那时有着丰富的海洋生物。

图 14.A　称为"多佛白崖"的著名白垩纪沉积，与白垩纪温暖时期海洋生命的扩长有关

这里列举的与白垩纪火山频发有关的后果虽然不全面，但是可用来解释地球系统各部分之间的相互关系：初看之下完全不相关的物质与过程，彼此之间竟然是有联系的。由此可以看出，源于地球内部深处的过程是如何直接或间接与大气、海洋及生物圈联系在一起的。

是的，这是可能的。例如，恐龙和许多其他有机体于 6500 万年前灭绝就可能与这样一个事件相关。当大陨石（直径约为 10 千米）撞击地球时，大量的碎屑会被抛入大气中。几个月内，环绕地球的大气尘埃将限制到达地表的光量。由于光合作用没有足够的阳光，导致食物链中断。当阳光重新普照大地时，地球上半数以上的物种（包括恐龙和许多海洋生物）已经灭绝。

14.3.3　地球轨道变化

地质证据表明，始于大约 300 万年前的冰期特征是，冰川的进退与全球降温与升温的周期性有关。如今，科学家认识到以冰期为特征的气候波动与地球轨道的变化有关。这个假设最初由塞尔维亚科学家米卢廷·米兰科维奇（Milutin Milankovitch）提出，其基础与前提是，入射太阳辐射是控制地球气候的主要因素。

米兰科维奇根据下述因素（见图 14.14），建立了一个复杂的数学模型：

（1）地球公转轨道形状（偏心率）的变化。

（2）黄赤交角的变化，即地球自转轴与地球轨道平面所成夹角的变化。

（3）地球自转轴的振动，称为岁差（进动）。

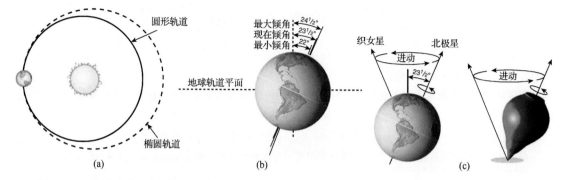

图 14.14　轨道变化。(a)地球轨道在 10 万年时间尺度上的变化：从接近圆形逐渐变为椭圆形，最后变为接近圆形，图中放大了实际变化。(b)如今自转轴相对于地球轨道平面轴倾斜了 23.5°，在 4.1 万年内，这个倾角从 21.5°变化到 24.5°。(c)进动，地球自转轴像陀螺那样摆动，因此，其轴在约 2.6 万年内是指向天空中的不同点的

　　米兰科维奇使用这些因素计算了地球接收的太阳辐射变化，并与地球表面温度的变化时间进行了对比，试图将冰期的气候波动与这些变化联系起来。值得注意的是，这些因素并不改变或者很少改变到达地球的太阳辐射总量，而只是造成能够感觉到的季节差异。也就是说，在中高纬度地区，温暖的冬季可能意味着更多的降雪，而较冷的夏季融雪量减少。

　　在所有的相关研究中，对深海沉积物的研究使得这个假设更加令人可信。该研究通过氧同位素分析和对气候敏感的微生物的统计分析，建立了一个可以追溯到 50 万年前的气温变化年代表。然后，将这个年表的气候变化时间尺度与偏心率、黄赤交角和进动的天文学计算进行比较，以确定是否确实存在相关性。

　　尽管这一研究涉及复杂的数学计算，但其结论非常简单。研究者发现，过去几十万年气候的主要变化与地球轨道参数变化紧密相关。气候变化的周期与黄赤交角、进动和轨道离心率的周期有着密切的对应关系。他们认为"地球轨道参数变化是造成第四纪冰期回旋的根本原因"。

　　这一研究还对未来气候趋势做出了这样的预测：北半球将变得更冷，冰原将会扩大。但这个预测结果有两个先决条件：①预测只针对气候变化的自然部分，未考虑任何人类的影响；②这是一个长期趋势预测，仅与 2 万年以上时间尺度的影响因素有关（即只与地球轨道尺度参数有关）。因此，即使这个预测是正确的，由于时间尺度太大，对我们认识十年或百年短时间尺度上的气候变化意义不大。自这个研究开始以来，后续研究支持了其基本结论，即

　　轨道变化是研究得最全面的万年时间尺度上的气候变化机制，且到目前为止，是太阳辐射变化直接影响地球低层大气的。

　　如果地球轨道变化可以解释冰期-间冰期周期的回旋，就会出现这样一样问题：在地球历史的大部分时间里为何没有冰川？在板块构造理论被提出之前，对此没有可被普遍接受的答案。但是，现在我们有似乎有一个合理的解释。冰原只能在陆地上形成，而陆地必须在冰期开始前位于较高的纬度，因此，只有当地球上移动的地壳板块将陆地从热带带到靠近极地时，冰期才可能开始。

14.3.4　太阳活动与气候

　　一直以来，最持久的有关气候变化原因的假设，都基于太阳是一颗变化的恒星——其输出的能量是随时间变化的。这些变化的影响看起来很直接，也很容易理解：太阳辐射输出的增加使得大气变暖，而输出的减少则使得大气变冷。这一假设很受人们的欢迎，因为它可解释任何时长与强度的气候变化。然而，人们并未观测到大气层外太阳辐射总强度的长期变化特征。在卫星技术

出现前，这样的测量几乎不可能实现。然而，现在可以实现这种测量，但需要很多年的记录来确定太阳能量究竟是如何变化的或者不变的。

根据太阳的变化而提出的有关气候变化的设想与太阳黑子周期有关。众所周知的太阳表面特征是被称为太阳黑子的暗斑（见图 14.15）。太阳黑子是从太阳表面深入内部的巨大磁暴。此外，太阳黑子还与太阳巨大的粒子团的喷射有关，这些粒子可以到达地球上层大气并与那里的气体相互作用产生极光（见图 1.26）。

随着其他太阳活动的进行，太阳黑子的数目有规律地增多或减少，形成了约 11 年的周期。图 14.16 中的曲线是从 18 世纪初开始的年平均太阳黑子数。然而，并不总是发生这种形态，有的时段几乎没有太阳黑子。除了著名的 11 年周期，还有一个 22 年周期，出现这个较长周期的原因是，每个 11 年周期之后都会出现太阳黑子群磁极的反转。

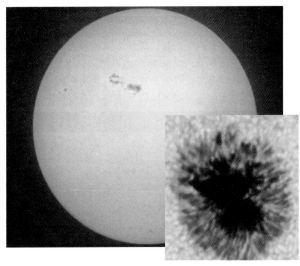

图 14.15　(a)太阳上的大黑子群；(b)太阳黑子的可见本影（中央暗区）和半影（本影周围较浅的区域）

长期以来，人们一直对太阳-气候关系感兴趣，不懈地寻找从几天到几万年时间尺度上二者之间的相关性。这里简单介绍两种广受争议的情形。

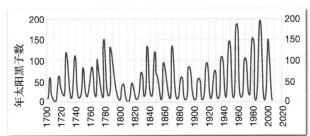

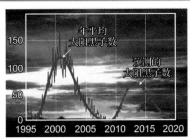

图 14.16　年平均太阳黑子数

太阳黑子与温度　研究表明，当太阳黑子消失或几乎消失时，其周期就延长，而这一时期与欧洲和北美的寒冷时期有着较好的对应性。反过来，太阳黑子多的时段与这些地区的温暖时期有着较好的相关性。

根据这种一致性，有些科学家认为这些相关性清楚地说明太阳活动是气候变化的重要原因。然而，其他科学家对这个观点提出了质疑，因为来自其他地方的不同气候记录的研究未能发现太阳活动和温度变化之间的显著相关性。

太阳黑子与干旱　与前述情形的时间尺度不同，第二个可能的太阳-气候关系与降水变化而非温度变化有关。关于树轮的深入研究表明，美国西部干旱的周期约为 22 年，这个周期与太阳 22 年的磁极周期相吻合。

针对这个可能的关系，美国国家研究委员会的一个专家组指出：

还未发现将如此细微的太阳特征与有限区域的干旱类型联系在一起的可信证据。此外，从树轮中发现的这种干旱循环类型本身自有的细微特征来自广大研究区域内的地点变化。

如果研究人员能够确定太阳和低层大气之间的物理联系，就可能确定太阳活动和气候之间的关系。然而，尽管做了很多研究，仍然未能很好地建立太阳活动和天气之间的关系。当进行严格的统计检验或者用不同的数据验证时，看似显然的相关性几乎总是被否定，因此这已成为一个始终充满争议和争论的话题。

聚焦气象

日本的雾岛火山于 2011 年 1 月 26 日开始喷发。在这张照片中，火山喷发物的高度达 1500 米，这是自 1959 年以来最大的一次喷发。熟悉这个火山区域的科学预测这次喷发将持续一年以上。

问题 1　这次喷发的火山灰是如何影响空气温度的？

问题 2　这种影响会持续多长时间？为什么？

问题 3　与火山灰相比，哪种不可见的火山喷发物对大气的影响更大？

问与答：太阳亮度的变化与全球变暖有关联吗？

使用卫星数据进行的近期研究表明，太阳的亮度变化与全球变暖无关。进行这一分析的科学家声称，自 1987 年以来的测量变化，在过去 30 多年间，不足以影响加速的全球变暖。

14.4　人类对全球气候的影响

　　前面介绍了导致气候变化的自然因素。本节讨论人类是如何影响全球气候变化的。第一个影响很大程度上来自大气中二氧化碳和其他温室气体的增加，第二个影响与人类活动增加大气中的气溶胶有关。

　　人类对全球和区域气候的影响并不是从现代工业时期的初期开始的。研究表明，人类几千年来一直在大面积地改变环境。刀耕火种及在农牧过渡带的过度放牧都极大地减少了植被的多样性和分布。人类对土地覆盖的改变影响了某些非常重要的气候因素，如地表反照率、蒸发率和地表风场。在评论人类对气候的影响时，某个研究的科学家指出："与只有现代人类可以改变气候的观点不同，我们更相信人类可能从钻木取火时代开始就在持续不断地影响气候。"

　　从南极冰芯获得的数据证实了这个观点。这项研究表明，人类可能在几千年前就开始显著影响大气的组成成分和全球温度：从 8000 年前砍伐森林来发展农业、5000 年前种植水稻起，人类就开始慢慢影响温度；这些活动释放的温室气体二氧化碳和甲烷可能让全球变暖了。

问与答：图 14.17 显示了作为一种可再生能源的生物质团，什么是生物质团？

　　生物质团是指可以直接作为燃料燃烧或转换为不同形式后能够燃烧的有机物质。对于最古老的人类燃料来说，生物质团是一个相对较新的名称。生物质团的例子包括木柴、木炭、作物残渣和动物粪便。在新经济中，生物质团燃烧很重要。

聚焦气象

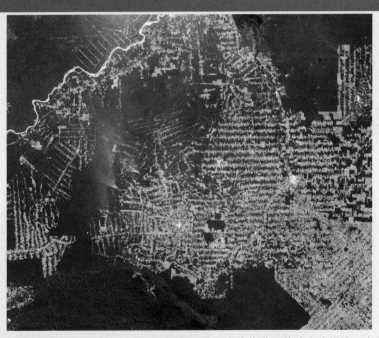

　　拍摄于 2007 年的这幅卫星图像显示了巴西西部亚马孙盆地热带雨林砍伐的影响。未被砍伐的森林是暗绿色的，被砍伐的区域是棕色的（裸地）或亮绿色的（作物和牧场）。注意图像中心左侧的浓密烟雾。
　　问题 1　热带雨林的破坏是如何影响大气成分的？
　　问题 2　描述热带雨林砍伐是如何影响全球变暖的。

问与答：什么是联合国政府间气候变化专门委员会？

　　认识到潜在的全球气候变化问题后，世界气象组织和联合国环境规划署于 1988 年成立了政府间气候变化专门委员会（PPCC），其职责是评估与理解人类导致的气候变化相关的科学、技术和社会经济信息。

这个权威机构定期为各个国家和地区提供评估气候变化原因的报告。来自全球 130 多个国家和地区的超过 1250 名专家和 2500 名科学评论员负责起草 IPCC 最新发布的报告《2007 后气候变化：第四次评估报告》。

概念回顾 14.4

1. 几千年前人类是如何改变气候的？

14.4.1 二氧化碳、微量气体和气候变化

第 1 章说过，二氧化碳（CO_2）只占干洁空气的 0.039%，而在气象学意义上它却是非常重要的大气成分。二氧化碳的重要性在于，对短波太阳辐射它几乎是透明的，而对有些来自地球的长波辐射它是不透明的。部分来自地表的能量被二氧化碳吸收，这些能量重新发射后，一部分再次回到地表。因此，存在二氧化碳时地面附近的空气温度就要比没有二氧化碳时高一些。

因此，二氧化碳和水汽都对大气的温室效应有着很大的贡献。二氧化碳是一个重要的热量吸收器，因此空气中二氧化碳含量的任何变化都会改变低层大气的温度。

14.4.2 二氧化碳含量增加

在过去两个世纪，工业化通过燃烧化石燃料（煤、天然气和石油）使得社会迅速发展。这些化石燃料的燃烧大大增加了大气中的二氧化碳（见图 14.17）。

煤和其他燃料的使用是人类向大气排放二氧化碳最主要的方式，但不是唯一的方式。森林的减少也是一种持续的方式，因为植被燃烧或腐烂时释放出 CO_2。牧场、农场的扩大和商业采伐的加大，使得热带地区的森林退化非常突出。分布在南美、非洲、东南亚和印度尼西亚的大片热带雨林正在消失。根据联合国估计，20 世纪 90 年代的 10 年间，每年有近 1020 万公顷热带雨林永久消失。从 2000 年到 2005 年，这项数据增长到每年 1040 万公顷。图 14.18 是巴西亚马孙流域热带雨林砍伐的例子。

一些过量的 CO_2 可被植物吸收或溶解到海洋中。据估计，约 45% 的二氧化碳停留在大气中。图 14.19 所示是过去 40 万年间大气中 CO_2 变化的记录曲线。在这段时间内，大气中 CO_2 浓度的自然变化值为 180～300ppm（百万分之一）。由于人类活动的影响，目前大气中的 CO_2 浓度比过去 60 万年间的最高浓度还要高 30%。工业革命以来，大气中 CO_2 浓度的快速增加非常显著。大气中二氧化碳浓度的年增长率在过去几十年间一直在增加。

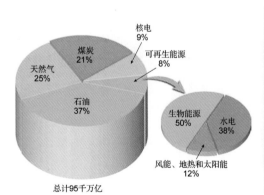

图 14.17　自 19 世纪以来，随着工业化的快速推进，化石燃料的燃烧使得大量二氧化碳进入大气。饼状图显示了美国 2009 年的能源消耗情况。消耗总量为 95 万亿英热单位［万亿（1012）是美国能源使用的简捷单位，1 英热单位（btu）= 1054.350 焦耳］。化石燃料（石油、煤和天然气）约占总能源消耗的 83%

图 14.18　热带雨林的消失是严重的环境问题。除了损失生物多样性，热带雨林砍伐还会增大空气中二氧化碳的含量。人们频繁地用火来清理土地。图中所示的场景是巴西亚马孙河流域

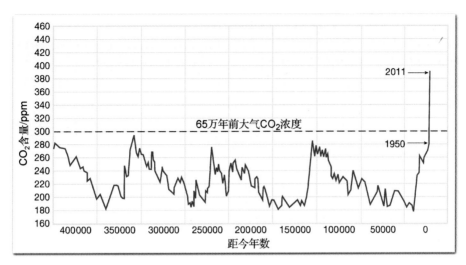

图 14.19　过去 40 万年的二氧化碳浓度，大部分数据来自冰芯中的气泡分析。1958 年后的记录来自夏威夷莫纳罗亚观测站对大气中的二氧化碳的直接观测。工业革命以来，二氧化碳浓度的增加非常明显

14.4.3　大气响应

如果大气中的二氧化碳含量增加，全球温度确实会升高吗？答案是肯定的。IPCC（政府间气候变化委员会）的 2007 年报告是这样论述的："气候系统变暖很明确，全球平均大气和海洋温度升高、积雪和冰川的大范围融化、海平面的上升等观测事实证实了这一点。" 20 世纪中期以来观测到的大部分全球平均气温上升，很可能是由观测到的人类产生的温室气体浓度的增加引起的。这里的"很可能"是指概率为 90%～99%。自 20 世纪 70 年代以来，全球温度升高了约 0.6℃，而过去一个世纪温度共升高了约 0.8℃。图 14.20(a)给出了地面的温度上升趋势。图 14.20(b)所示为 2010 年地面温度与 1951—1980 年这 30 年的温度平均值之差，可以看出最大的增温出现在北极和相邻的高纬度地区。下面给出一些相关的事实：

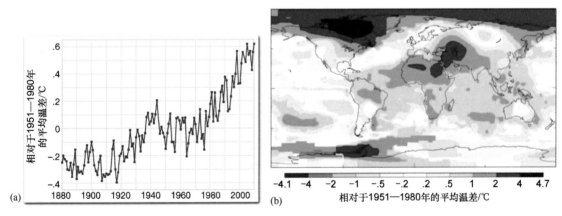

图 14.20　2005 年与 2010 年是有仪器观测以来最热的两年。(a)图中显示了自 1880 年以来的全球温度变化（单位为℃）；(b)显示了 2010 年温度与 1951—1980 年温度平均值之差的世界地图。北半球的高纬度地区增温明显

- 自有仪器观测记录以来（始于 1850 年），过去 16 年（1995—2010 年）间有 15 年是整个有数据观测时间中最热的年份。
- 如今的全球平均温度至少要比过去 500～1000 年内的任何时候的温度都高。

- 至少深度低于 3000 米的全球海洋平均温度都升高了。

这些温度趋势是由人类活动导致的吗？还是它们无论如何总会发生？IPCC 的科学结论是，自 20 世纪 50 年代以来气温升高的绝大部分"很可能"是由人类活动导致的。

未来会怎样？对未来的预测一定程度上取决于温室气体的排放量。图 14.21 中给出了不同情景下全球变暖的最佳预测。2007 年的 IPCC 报告指出，如果二氧化碳浓度从工业化前的 280ppm 加倍到 560ppm，那么未来可能的温度增加范围是 2℃～4.5℃。这一增加小于 1.5℃以下是"很不可能的"（1%～10%的概率），且不排除超过 4.5℃的可能性。

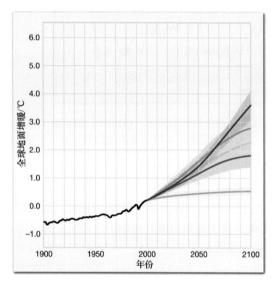

图 14.21　图左（黑线）表示 20 世纪全球温度的变化。图右表示不同排放情形下的全球增温预测。不同颜色线条的阴影区域表示对应情形下的误差范围。参照基础是 1980—1999 年全球温度平均值（纵坐标的 0.0 处），黄线代表二氧化碳浓度一直保持为 2000 年的值

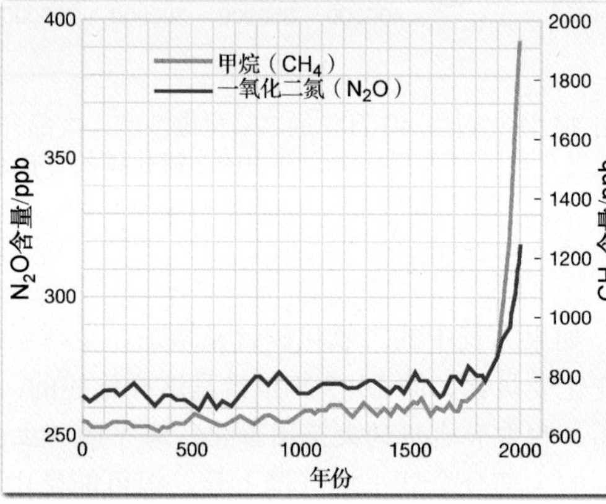

图 14.22　影响全球变暖的两种微量气体——甲烷（CH_4）和一氧化二氮（N_2O）的浓度。工业化时期二者都增加得很快

14.4.4　微量气体的作用

二氧化碳不是导致全球增温的唯一气体。近年来大气科学家意识到，人类的工业和农业活动可能增加了大气中对全球增温具有重要作用的微量气体。之所以称这些气体为微量气体，是因为它们的浓度远小于二氧化碳的浓度。这些微量气体中最重要的是甲烷（CH_4）、一氧化二氮（N_2O）和氟化物（CFCs）。这些气体吸收地球放出的长波辐射，使这些地球辐射无法进入太空。尽管一种气体的作用很小，但这些气体的共同作用会明显影响对流层的增温。

大气中的甲烷含量远小于二氧化碳，但相对于其较小的浓度 1.7ppm，其发挥的增温作用要远大于看上去的浓度值，因为甲烷吸收地球发射红外辐射的效率约是二氧化碳的 20 倍。

甲烷（CH_4）是由氧气很少的潮湿环境中的厌氧细菌产生的。这些地方包括沼泽、湿地及白蚁和食草动物如牛和羊的内脏等。甲烷还会在种植水稻的人工梯田等水田中产生（见图 14.23）。煤、石油和天然气的开采也是甲烷的来源之一，因为甲烷是由它们的产物。

大气中甲烷浓度的增加一直与人口的增长同步。这种关系表明甲烷的形成与农业密切相关，当人口增长时，牲畜和稻田的数量也会增长。

一氧化二氮（N_2O）又称笑气，它在大气中的含量也在增加，尽管增加的速度不如甲烷。这种增加主要也由农业活动引起。当农民使用氮肥来促使庄稼增产时，有的氮会以 N_2O 的形式进入

大气。这种气体还来自化石燃料的燃烧。尽管每年排放到大气中的总量很小，但 N_2O 分子在大气中滞留的周期约为 150 年！如果氮肥的使用量和化石燃料以一定的速率增长，那么 N_2O 对温室气体增温效应的贡献约为甲烷的一半。

与甲烷和一氧化二氮不同，氟化物（CFCs）在大气中并不自然存在。第 1 章说过，CFCs 是为各种用途而人为生产的化学物质，它因使平流层臭氧减少而恶名昭著。CFCs 在全球变暖中的作用很少有人知道，但它们是非常有效的温室气体。这些气体研制于 20 世纪 20 年代，并在 20 世纪 50 年代以后大量投入使用，但它们的温室效应已与甲烷相同。尽管《蒙特利尔议定书》采取措施改变了这一状况，但 CFCs 的水平并未很快降下来（见第 1 章）。CFCs 在大气中会滞留几十年，因此即使立刻停止所有的CFCs排放，大气中的CFCs仍会存在多年。

二氧化碳显然是导致全球变暖的最重要原因，但不是唯一的原因。人类产生的所有温室气体（除了二氧化碳）对全球变暖的累加作用，将远超二氧化碳的单独作用。

复杂的计算机模型表明，由二氧化碳和微量气体造成的低层大气变暖在不同位置是不同的。两极地区的温度变化为全球平均的 2～3 倍，原因

图 14.23　煤、石油和天然气的开采都是甲烷的来源。甲烷由厌氧细菌在氧气缺乏的湿地产生。这些地方包括沼泽、泥塘、湿地、白蚁和家畜（如牛和羊）。甲烷同样可在种植水稻的梯田中产生

之一是极地的对流层非常稳定，抑制了垂直方向的对流混合，限制了地面向上传输的总热量。此外，海冰的减少也有助于提升温度，详见下一节的讨论。

概念回顾 14.5
1. 近 200 年来为什么大气中的二氧化碳含量一直在增加？
2. 随着二氧化碳含量的持续增加，低层大气中的温度是如何变化的？
3. 除了二氧化碳，还有哪些痕量气体会让全球温度变化？

问与答：如果地球大气中没有温室气体，那么地球表面的温度如何变化？
答案是变冷。地球表面的平均温度会是−18℃，而不是今天相对舒适的 14.5℃。

14.5　气候反馈机制

气候系统是一个非常复杂的相互作用的自然系统。因此，气候系统的任何一个组成成分发生变化，科学家就必须考虑许多可能发生的结果，这些可能的结果称为气候反馈机制，它们使气候模拟更加复杂，增大了气候预测的不确定性。

14.5.1　气候反馈机制的种类

什么样的气候反馈机制与二氧化碳和其他温室气体有关？一种非常重要的机制是较暖的表面

温度会增大蒸发率，因此大气中的水汽会增加。注意到水汽是比二氧化碳更强大的地球发射辐射的吸收体，因此当空气中的水汽增加时，二氧化碳和微量气体引起的温度升高就会增强。

图 14.20(b)显示了 2010 年高纬度地区比低纬度地区更暖的情况，这不仅是发生在 2010 年的个例，很多年份同样如此。从事全球气候变化模拟的科学家指出，高纬度地区的气温增加约为全球平均气温增加的 2～3 倍。这一估计部分考虑了随着温度的升高，海冰覆盖的区域减小。冰面比开阔水面反射的入射太阳辐射更多，因此海冰的融化使得原来的高反照率区域被低反照率区域取代（见图 14.24），使得地表吸收的太阳能量增加，进而反馈到大气中，放大了由较高温室气体浓度引起的初始增温。

前面讨论的是气候反馈机制放大了由二氧化碳引起的增温，这种机制增强了其初始变化，因此这个过程就称为正反馈机制。相反，其他与初始变化相反且可能抵消初始变化的过程称为负反馈机制。

全球气温升高的一种可能结果是，大气中水汽含量的增加导致云量增加。大多数云是太阳辐射的良好反射体，同时又能有效地吸收地球表面发射的辐射，因此云就产生了两种相反的作用：一种是负反馈机制，因为它们增加了反照率而减少了加热大气的太阳辐射能量；另一方面，云又扮演着正反馈机制的角色，它通过吸收和反射来自地面的长波辐射而减少对流层的辐射损失。

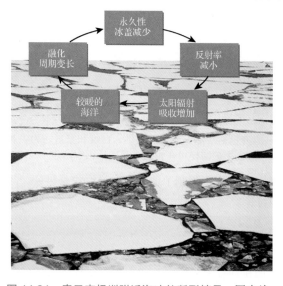

图 14.24　春天南极洲附近海冰的断裂情景。图中给出了一个循环反馈过程。海冰的减少是正反馈过程，因为地表反照率减小，地表吸收的能量增加

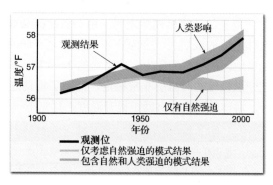

图 14.25　蓝色带状区域表示气候模型模拟的全球平均温度的自然变化。红色带状区域表示人类和自然共同作用下模型的预测值。黑线表示实际观测的全球平均气温。如蓝色带状区域所示，如果没有人类活动，那么过去半个世纪的气温实际上会首先增长，然后在最近几十年缓慢下降。色带宽度表示不确定性的范围

那么究竟云的哪种作用更强呢？科学家目前还不能确定云产生的是正反馈还是负反馈。尽管最近的研究未解决这个问题，但人们倾向于这样一种观点——云不会抑制全球变暖，总体而言反而会产生较小的正反馈效应。

人类引起大气成分的变化带来的全球变暖问题一直是气候变化研究最多的方向之一。尽管目前没有哪个模型能够包含所有可能的影响因素和反馈机制，但科学家比较一致的看法是，大气中持续增加的二氧化碳和微量气体含量会带来具有不同气候特征分布的更暖地球。

14.5.2　气候的计算机模型：重要但尚不完善的工具

地球气候系统非常复杂。最精细且最新的气候模型是用来发展可能的气候变化情景的基本工具。大气环流模型（GCMs）以物理和化学基本定理为基础，包括了人类和生物的相互作用。GCMs可用来模拟很多变量，包括全球范围内季节到几十年内的温度、降水、雪盖、土壤湿度、风、云、海冰和海洋环流等。

在许多其他研究领域，一些假设和理论可通过在实验室直接进行实验或者在野外进行观测来检验。但是，这些方法在气候研究中一般不可取。因此，科学家必须建立研究地球气候系统变化的计算机模型。如果我们正确地认识了气候系统并且建立了适当的计算机模型，那么模型气候系统就可以模拟地球气候系统的状态和变化。

是什么因素影响了气候模型的准确性？显然，数学模型是真实地球的简化版，它不能完全反映地球的复杂性，尤其是在较小的地理尺度上。此外，当用计算机模型来模拟未来的气候变化时，所做的许多假设会明显地影响输出结果。这些模型必须全面考虑未来的人口变化、经济增长、化石燃料消费、技术发展、能源效率变化等。

尽管有许多困难，但我们使用超级计算机来模拟气候变化的能力一直在提高。虽然现在的模型还不是绝对可靠的，但仍然是我们揭示未来地球气候可能变化情景的强大工具。

概念回顾 14.6

1. 区分正、负气候反馈机制。
2. 至少给出每类反馈机制的一个例子。
3. 哪些因素会影响计算机气候模型的准确性？

14.6　气溶胶对气候的影响

大气中的二氧化碳和其他温室气体的增加是人类对全球气候最直接的影响，但不是唯一的影响。全球气候还受到人类活动引起的大气气溶胶含量变化的影响。前面讲过，气溶胶是悬浮在大气中的微小液滴或固态颗粒。与云滴不同，气溶胶存在于相对较干的空气中。大气气溶胶由很多不同的物质（包括土壤、烟雾、海盐和二氧化硫等）组成，其自然来源非常广泛，包括山火、沙尘暴、海浪浪花和火山等。

大多数人类产生的二氧化硫都来自化石燃料燃烧和秸秆焚烧。大气中的化学反应将二氧化硫转换为能够导致酸雨的硫酸气溶胶。

气溶胶是如何影响气候的？大多数气溶胶直接将太阳辐射反射回太空，间接地使云变为更有效的反射体。第二种效应使得很多气溶胶（如由盐和二氧化硫组成的气溶胶）吸收水分而形成云的凝结核，因此人类活动（尤其是工业排放）产生的大量气溶胶导致云中云滴数量的增加，更多的小云滴增加云的亮度，使得更多的太阳辐射被反射回太空。

一种气溶胶被称为黑炭气溶胶，它由燃烧过程中的煤灰形成。与其他气溶胶不同的是，黑炭气溶胶会加热大气，因为它可有效地吸收入射太阳辐射。此外，当其沉降到冰雪表面上时，会降低地表反照率，增加地表吸收太阳辐射的总量。尽管如此，大气气溶胶的总体效果仍是使地球表面降温。

研究表明，人类产生的气溶胶的降温作用部分地抵消了大气中因温室气体增加而导致的升温作用。但是气溶胶降温作用的量级和程度暂时还无法确定，这种不确定性也是我们认识人类如何改变地球气候的难题之一。

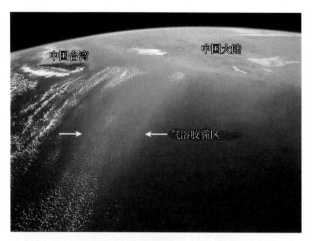

图 14.26　人类产生的气溶胶聚集产生它们的地点附近。气溶胶减少了到达气候系统的太阳辐射量，因此其净效应是降温。这幅卫星图像中显示了中国大陆沿海上空形成的厚污染层正离开海岸，污染区域宽约 200 千米、长约 600 千米

需要指出的是，温室气体引起的全球变暖和气溶胶引起的降温之间有着显著的差异。温室气体（如二氧化碳）排放到大气中后，会滞留在大气中多年；相反，释放到对流层中的气溶胶在被降水"冲刷"前，在大气中只能停留几天，或者最多几周。因为在对流层中停留的时间较短，所以气溶胶在全球的分布是不均匀的。就像预想的那样，气溶胶会在它们产生的地点附近聚集，如化石燃料燃烧的工业区和植被燃烧的地区（见图 14.26）。

因为气溶胶在大气中停留的周期很短，所以对现代气候的影响也由一两周内的排放总量决定。相反，排放到大气中的二氧化碳和其他微量气体会持续更长的

时间，因此会在更长的时间内影响气候。

概念回顾 14.7

1. 人为气溶胶的主要来源是什么？
2. 炭黑对大气温度有何影响？
3. 气溶胶对对流层的温度有什么影响？
4. 气溶胶消失之前会在大气中存在多长时间？与二氧化碳相比，是长还是短？

14.7　全球变暖的可能后果

大气中的二氧化碳含量达到 20 世纪初期的 2 倍时会产生什么后果？因为气候系统非常复杂，要预测某个地方特定影响的发生比较困难，现在还不能指出这样的变化。但是，我们可以得到较大时间和空间尺度上的假设情景。

如前所述，温度升高的幅度在不同地方是不同的。气温升高可能在热带地区最小，两极地区最大。就降水而言，计算机模型的结果显示，有的地区出现降水和地表径流的显著增加，而有些地区则可能因为降水减少或高温引起的蒸发量增加而使地表径流减少。

表 14.1 总结了最可能的气候变化及可能的结果，还给出了 IPCC 对每种结果可能性的估计。这些预测的置信区间从可信（67%～90%）到非常可信（90%～99%），直到几乎确定。

表 14.1　21 世纪全球变暖的变化和影响预估

变化的预测和概率估计	预计影响的例子
最高温度升高，陆地地区炎热天数增多，更多热浪（基本确定）	老年人和城市贫困人群的死亡率和发病率增大 牲畜和野生动物受到严重的高温威胁 农作物受到严重破坏的威胁 电力降温需求增加，能源供应减少
更高的最低温度；几乎所有陆地地区的寒冷天数、霜冻天数和寒潮减少（几乎确定）	与寒冷有关的发病率和死亡率降低 对部分农作物的威胁降低，但对其他农作物的威胁升高 有些害虫和疾病的范围扩大，活动性增强 供热能源的需求减少

变化的预测和概率估计	预计影响的例子
更多地区极端降水的频率增高（很有可能）	洪水、山体滑坡、雪崩及泥石流的危害增加 土壤侵蚀增加 由于地表径流增加，洪积平原被淹没的可能性增加 政府、洪水保险公司及救灾的压力增大
受干旱影响的面积增加（可能）	农作物减产 地面收缩，对建筑物地基的危害增加 水资源的质量和数量下降 火灾的发生频率增高
强热带气旋活动增加（可能）	对生命的威胁增加，传染病流行的风险增大，其他威胁增加 海岸侵蚀严重，沿海建筑和楼房的破坏增加 对沿海生物圈（如珊瑚礁和红树林）的破坏增加

14.7.1 海平面上升

人类活动引发的全球变暖的显著影响之一是海平面上升。因此，沿海城市、湿地和低矮岛屿频繁发生洪水，海岸线侵蚀增加，海水对海岸附近河流和水域出现倒灌等。

研究表明，海平面过去一个世纪上升了10～25厘米，且这一趋势还在加速。有的模型结果是，21世纪末海平面上升可能达到或超过50厘米。这样的变化看起来比较小，但科学家指出，任何沿小坡度海岸线的海平面上升，如沿美国的大西洋海岸和墨西哥湾海岸，都将导致显著的海岸侵蚀和严重且永久的内陆洪涝（见图14.27）。发生这种情况时，许多海滩和湿地将消失，沿海文明将遭到严重破坏。

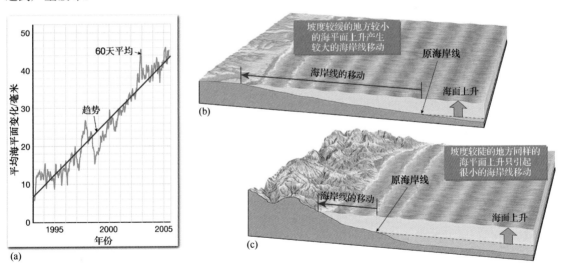

图14.27　(a)利用卫星和浮标数据，发现海平面在1993—2005年期间平均每年上升了3毫米。研究人认为原因之一是冰川融化，原因之二是热膨胀。上升的海平面会影响到地球上人口最密集的区域。(b)海岸的坡度是决定海平面变化影响程度的关键。坡度平缓时，海平面的较小变化也会引起海岸线较大的移动。(c)陡峭的海岸如果经历同样的海平面变化，只会导致很小的海岸线移动

变暖的大气如何与海平面上升相联系？一个重要的因素是热膨胀。更高的空气温度将加热与空气层接触的海水层的温度，导致海水膨胀，使海平面上升。

1941

2004

图 14.28 美国阿拉斯加州冰川湾国家公园内同一地点相隔 63 年的两张照片。在 1941 年的照片中，缪尔冰川很清楚，但在 2004 年的照片中这个冰川已消失。此外，里格斯冰川（右上）正在变薄和后退

也许更直接导致海平面上升的原因之一是冰川的融化。在过去的半个世纪里，除了个别情况，全球冰川一直都在以不可想象的速度退缩，有些高山冰川已完全消亡（见图 14.28）。最近约 20 年的卫星资料研究表明，格陵兰和南极冰盖正在以平均 4750 亿吨/年的速度减少，释放的水量足以使海平面每年上升 1.5 毫米。虽然冰川的消失并不稳定，但在此时期内其减少的速度正在增加。在同一时期内，高山冰川和冰盖正以略大于平均 4000 亿吨/年的速度减少。

由于海平面上升缓慢，沿海居民很容易忽略可能导致海岸侵蚀等很多问题的重要因素。当然，这些问题也可由其他因素如风暴活动等引起。然而，虽然风暴可能是直接因素之一，但它的破坏程度可能与海平面上升有关，海平面上升可能使风暴的破坏力影响到更大范围的内陆地区。

问与答：什么是情景？为何要使用情景？

情景是特定假设下可能发生的例子。使用情景是了解不确定未来的问题的一种方式。例如，石油使用和其他人类活动的未来趋势是不确定的。因此，科学家根据各种变化的可能性为气候变化假设了许多不同的情景。

14.7.2 不断变化的北极

2005 年关于北极气候变化的研究始于下面这条语句：

在最近的 30 年内，北极海冰的范围和厚度一直在显著下降，永久冻土的温度在升高，面积在减小，高山冰川和格陵兰冰原在缩小。证据表明，我们正在见证由人类引起的全球变暖与自然循环相叠加的早期阶段，这个阶段正被北极冰的减少强化。

北极海冰 气候模型得出的全球变暖的最强信号是北极海冰的减少，而这确实正在发生。图 14.29(a)比较了 2010 年 9 月的平均海冰范围和 1979—2000 年的多年平均海冰范围。9 月代表融化阶段结束，海冰覆盖量达到最小。卫星数据记录的 2010 年 9 月北极海冰范围是自 1979 年以来的第三个小值。这种减小趋势在图 14.29(b)的曲线中也十分明显。这种趋势可能成为自然周期的一部分吗？答案是也许可能，但海冰的减少更可能反映的是自然变化与人类活动导致的全球变暖的综合结果，而后者的作用在今后几十年内将更加明显。前面说过，海冰的减少是增强全球变暖效应的正反馈机制。

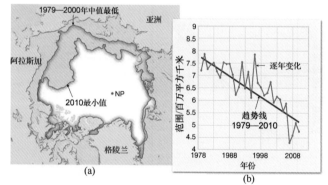

图 14.29 (a)海冰是冻结的海水。北冰洋的冬天全部被冰雪覆盖。夏季，部分冰雪融化。该图比较了 2010 年夏末融化期间的海冰范围与 1979—2000 年的多年平均海冰范围。2010 年的海冰范围大概比 1979—2000 年海冰的平均范围小 31%。(b)1979—2010 年夏末融化期间被北冰洋海冰覆盖的面积正在减小。2010 年的最小值出现在 9 月 19 日。在其他年份，最小值出现在 9 月的其他日期。最小值出现后，因为秋季开始降温，海冰范围开始增长

永久冻土 在过去十年内，北半球的永久冻土范围正在减少的证据越来越多，这是在长期变

暖大环境的必然结果。图 14.30 所示为冻土减少的一个例子。

在北极地区，短暂的夏季只会溶解冻结地面的顶层。位于这个活动层下方的冻土层就像泳池的坚固水泥底部一样。夏季，水无法透过底部，所以会使永冻层上面的土壤饱和，形成无数的湖泊。然而，随着北极气温的上升，"泳池"底部行将"破裂"。卫星图像显示，在约 20 年的时间内，大量湖泊缩小，有的甚至完全消失，原因是永冻层溶解，湖水渗入了地下。

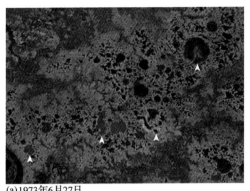
(a)1973年6月27日

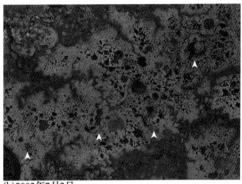
(b)2002年7月2日

图 14.30　这两幅伪彩色图像显示了 1973 年和 2002 年西伯利亚北部冻原上的湖泊。冻原植被的颜色是深红色，湖泊是蓝色或青蓝色。许多湖泊在 1973 年与 2002 年之间消失，或者显著缩小。在科学家研究西伯利亚北部 50 万平方千米区域内约 1 万个大型湖泊的卫星图像后，算出湖泊的数量减少了 11%，至少有 125 个湖泊永久消失

融化的永冻层代表潜在的正反馈机制，可以强化全球变暖。植被死亡后，北极的低温抑制了它们的分解。因此，在超过几千年的时间里，大量有机物存储到永冻层中。当冻土层融化时，冰冻了上千年的有机物开始分解，释放二氧化碳和甲烷等温室气体，使得全球变暖。

聚焦气象

这艘破冰船正在北冰洋的海冰中破冰。冬天，被海冰覆盖的海域面积增大，夏天海域面积则减小，9月被海冰覆盖的面积最小。

问题 1 这张照片中出现的是气候系统的哪些部分？

问题 2 自 1979 年以来，北冰洋中最少的夏季海冰是如何变化的（见图 14.29）？

问题 3 问题 2 中的趋势是如何与北冰洋的气候变化相关联的？

14.7.3 增大的海水酸性

人类引起的大气中二氧化碳含量的增加会对海洋化学和海洋生物产生影响。人类产生的二氧化碳最终约有一半溶解在海洋中。大气中的二氧化碳（CO_2）融入海水（H_2O）后，形成碳酸（H_2CO_3），降低海洋的 pH 值，改变海水中某些天然化学物的平衡。事实上，自工业革命以来，海洋已吸收了足量的二氧化碳，使得 pH 值降低了 0.1，未来其 pH 值可能继续降低。此外，如果二氧化碳排放继续保持目前的趋势，那么到 2100 年海洋的 pH 值至少会再降低 0.3，这意味着海洋化学可能经历了过去数百万年以来不曾发生过的变化，海洋酸化和海洋化学变化的这种趋势将增加某些海洋生物使用碳酸钙形成其外壳的难度。pH 值的降低将威胁到多种微生物和珊瑚这类分解方解石的海洋生物，进而潜在地影响依赖于这些微生物生存的其他海洋生物。

14.7.4 意想不到的后果

我们已经看到，21 世纪的气候似乎不像上个千年的气候那样稳定。然而，变化是非常正常的。未来气候变化的程度和速度主要取决于现在和将来人类向大气排放的温室气体和颗粒物的状况。许多变化可能是缓慢的逐年环境变化。尽管如此，这些作用经过数十年的积累后，也会产生巨大的经济、社会和政治后果。

尽管我们已尽最大努力去认识未来气候的变化，但仍然可能出现让我们"大吃一惊"的结果。这意味着，由于地球气候系统的复杂性，我们可能会经历相对突然的、始料不及的气候变化，或者看到气候以意想不到方式发生某些变化。报告《气候变化对美国的影响》中描述了这样的情景：

"这些惊讶挑战着人们的适应能力，因为它们会迅速发生且不可预料。例如，若太平洋以这种方式变暖，厄尔尼诺事件是否会变得更加极端？可能减少东海岸飓风的频率，但不会改变其强度；而在西海岸，冬季强风暴、极端降水事件和破坏性大风将更加频繁。如果目前冻结在北极荒原和沉积物中的大量温室气体（甲烷）随着温度的升高而开始释放到大气中，那么是否产生一个放大的"反馈回路"而使气候更暖？在以某种意想不到方式做出响应之前，我们根本不知道气候系统或其他系统的影响在什么时候扑面而来。

这样意想不到的例子可能很多，且每个例子都会有一系列后果。这些后果的大部分都未在这个研究报告或其他地方被提及。即使任何令人惊讶事件发生的概率都很小，但至少有一个事件发生的概率很大。换句话说，当我们不知道具体发生这些事件中的哪个事件时，其中的一个或多个事件最终还是会发生。"

大气中二氧化碳和微量气体的增加对气候的影响已被某些不确定性掩盖。气候学家一直在研究人类对气候系统的潜在影响，以及全球气候变化的可能后果。由于认识的局限性，决策者正面临着如何应对温室气体排放带来的风险。但是，他们同样也面临着这样的事实：由于气候系统的长时间尺度效应，要迅速扭转气候带来的环境变化是不可能的。

概念回顾 14.8

1. 列出并描述导致海平面上升的因素。
2. 全球变暖是更接近赤道还是更接近两极？为什么？
3. 根据表 14.1，什么样的预测变化与温度以外的东西有关？

01. 图14.1中显示了气候系统的五个圈层，列举图中每个圈层的例子。

02. 参考显示了地球气候系统各个圈层的图14.2。方框表示气候系统中出现的相互作用或变化。选取三个方框并给出与每个方框相互作用或变化的一个例子。说明这些相互作用是如何影响温度的。

03. 描述生物圈中的变化影响气候系统变化的一种方法，给出气候系统其他圈层的变化影响生物圈的一种方法，并指出生物圈记录气候系统中的变化的一种方法。

04. 近期的火山事件，如厄·奇冲火山和皮纳图博火山喷发，与全球温度下降相关。而在白垩纪，火山活动与全球变暖有关。请解释这一矛盾。

05. 附图是加拿大洛基山脉中阿萨巴斯卡冰川2005年的照片。背景上的巨石线标记了1992年冰川的外缘。图中显示的阿萨巴斯卡冰川行为在世界上的其他冰川中典型吗？描述这类行为的重要影响。

06. 要是没有某些类型的空气污染物，过去40年的全球变暖可能更甚，为什么？

07. 在谈话中，一位熟人表示他对全球变暖持怀疑态度。当你问他为什么这样认为时，他说："过去二十多来来我记得一直都非常冷。"尽管你说质疑科学发现是有用的，但你还是会说他的认识可能是错误的。根据你对气候的理解，结合本章中的几幅图，说服此人重新评估他的认识。

术语表

climate system　气候系统

climate-feedback mechanism　气候反馈机制

eccentricity　离心率

negative-feedback mechanism　负反馈机制

obliquity　黄赤夹角

oxygen-isotope analysis　氧同位素分析

paleoclimatology　古气候学

plate-tectonics theory　板块理论

positive-feedback mechanism　正反馈机制

precession　进动

proxy data　代用资料

sunspot　太阳黑子

第15章 世界气候

　　地球表面的多样性（海洋、山脉、平原、冰原）以及许多发生在大气过程中的相互作用，使得地球上的每一处都有其独特的（有时唯一的）气候。然而，我们无法描述无数地区的气候特征，因为这需要大量篇幅。本章的目的是介绍世界的主要气候区。我们将考察大面积的区域并放大特定地点来说明这些主要气候区的特征。此外，对于你可能不熟悉的区域（热带、沙漠、极地地区），我们将简要描述其地貌景观。

南极洲英国和美国的一个研究站。南极洲属于冰原气候——地球上最冷的气候

本章导读

- 解释研究世界气候时分类是必要过程的原因。
- 讨论柯本气候分类系统所遵循的原则及气候边界的性质。
- 列出并简要探讨气候的主要控制因素。
- 综述与柯本气候分类系统中的五个主要气候带相关的性质。
- 识别五个主要气候带的子类型。
- 分析和分类气候数据。
- 根据涉及的主要控制因素了解世界地图上的气候分布。

第 1 章说过气候只是大气的平均状态这个常见误解。平均状态对气候描述无疑是重要的，但是为了准确地表征一个地区的气候特征，还应包括气候变化和极端事件。

温度和降水是气候描述中最重要的要素，因为它们对人和人类活动的影响最大，对植被的分布与土壤的形成也有重要影响。然而，其他因素对完整的气候描述也很重要。在可能的情况下，也会用这些因素讨论全球气候。

15.1　气候的分类

温度、降水量、气压和风场的全球分布非常复杂。由于时间和地点的诸多差异，任何两个相隔很短距离的地方拥有完全相同的天气几乎是不可能的。实际上，地球上有无数个不同的区域，因此必然存在大量不同的气候类型。处理如此多样的信息并不是大气研究所独有的，而是所有科学的一个基本问题（例如要处理数以亿计星球的天文学、研究成千上万复杂生物体的生物学）。为了应对这样的多样性，我们必须制定一些对大量研究数据进行分类的方法。通过建立具有共同特征的项目组，可对其进行排序和处理。对大量数据信息进行排序，不仅有助于理解和认知气候，而且有利于分析和解释气候。

古希腊人首次对气候分类进行了尝试，他们将每个半球都分为三个区域：热带、温带和寒带（见图15.1）。这个简单方案的基础是地球-太阳的关系。边界线是天文学中四条重要的纬线：北回归线（北纬23.5°）、南回归线（南纬23.5°）、北极圈（北纬66.5°）和南极圈（南纬66.5°）。因此，全球被分成全年高温而没有冬季的气候、全年寒冷而没有夏季的气候，以及兼有这两类气候特征的中间型气候。

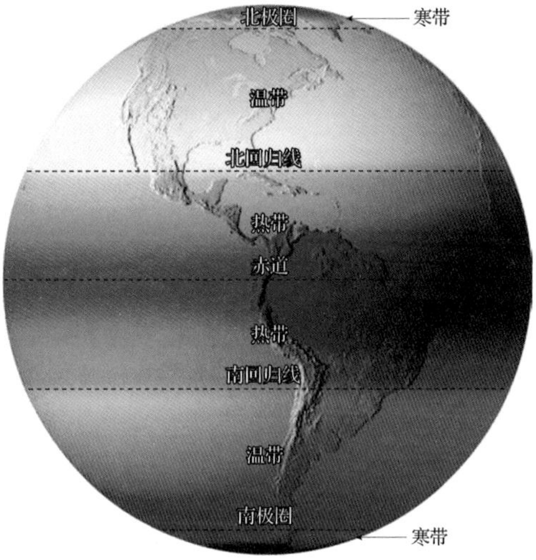

20 世纪初，出现了其他的分类尝试。以后，人们制定了许多气候分类方案。需要注意的是，气候分类（或任何事物的分类）不是一种自然现象，而是人类创造力的产物。任何特定的分类系统的价值，很大程度上由其预期用途决定。专为某个目的设计的体系不一定能够很好地用于另一个目的。

本章采用德国气候学家弗拉迪米尔·柯本（1846—1940 年）提出的气候分类法。作为展现世界气候总

图 15.1　古希腊人首次进行了气候分类。他们将每个半球都分为三个区域：全年高温而没有冬季的热带、全年寒冷而没有夏季的寒带，以及兼有这两个区域特点的温带

布局的工具，柯本气候分类法几十年来一直是最著名和最常用的分类法。柯本气候分类法被广泛接受的原因有多个，其中之一是它使用的是容易获得的数据——月平均温度和年平均温度以及降水量。此外，它的标准明确，应用相对简单，可现实地将世界分为不同的气候区。

柯本认为自然植被的分布是总体气候的最佳体现。因此，他选择的气候分界线主要基于特定植物生长的区域范围。他将全球气候分为五个主要的气候带，分别用一个大写字母表示：

- A：潮湿热带。全年高温，月平均温度在18℃以上。
- B：干旱带。潜在蒸发量大于降水量，长期缺水的气候。
- C：暖温带（湿润的中纬度地区），冬季较暖。最冷的月平均温度为3℃～18℃。
- D：冷温带（湿润的中纬度地区），冬季寒冷。最冷的月平均温度低于3℃，最热的月平均温度超过10℃。
- E：极地带。全年寒冷，没有夏季，最热的月平均温度低于10℃。

注意，在这些主要的气候带中，四个气候带（A、C、D、E）是根据温度划分的，而干旱带（B）是根据降水量划分的。

五个气候带由图15.2中给出的标准和符号进一步细分。

字母符号				
第一级	第二级	第三级		
A			最冷的月平均温大于18℃	
	f		月平均降水量大于6厘米	
	m		有短期的旱季；最干燥月份的降水量小于6厘米，但大于等于10-R/25（R是年降水量，单位为厘米）	
	w		冬季有明显的旱季；最干燥月份的降水量小于10-R/25	
	s		夏季有明显的旱季（罕见）	
B			潜在蒸发量大于降水量。干湿分界线由以下准则定义（R是年平均降水量，单位为厘米；T是年平均温度，单位为℃）	
			$R < 2T + 28$　70%以上的降水集中在较暖的6个月	
			$R < 2T$　70%以上的降水集中在较冷的6个月	
			$R < 2T + 14$　任何一个半年都无70%以上的降水	
	S		草原　　BS-BW的分界线是干湿分界线的一半	
	W		沙漠	
		h	年平均温度大于18℃	
		k	年平均温度小于18℃	
C			最冷的月平均温度为-3℃～18℃	
	w		夏季月份的降水量至少是冬季月份的降水量的10倍	
	s		夏季月份的降水量不到4厘米，且不到冬季月份降水量的1/3	
	f		降水不足上述比例者	
		a	最热月平均温度超过22℃；至少4个月的月平均温度超过10℃	
		b	月平均温度不超过22℃；至少4个月的月平均温度超过10℃	
		c	1～3个月的月平均温度超过10℃	
D			最冷的月平均温度不到-3℃，最热的月平均温度超过10℃	
	w		与C相同	
	s		与C相同	
	f		与C相同	
		a	与C相同	
		b	与C相同	
		c	与C相同	
		d	最冷的月平均温度不到-3℃	

E	最热的月平均温度不到10℃	
T	最热的月平均温度为0℃～10℃	
F	最热的月平均温度低于0℃	

图 15.2　柯本气候分类法。这种分类法使用容易获得的数据——月平均温度、年平均温度和降水量。使用该图进行气候数据分类时，首先要确定数据是否满足气候带 E 的条件。若站点不属于极地气候，则继续考察气候带 B 的条件。若数据不符合气候带 E 和 B，则按序对照气候带 A、C 和 D 的条件

柯本分类法的一个优点是边界的确定相对容易。然而，这些边界不是固定不变的。相反，所有气候边界的位置每年都会移动（见图 15.3）。显示在气候地图上的边界，仅是基于多年来收集的数据的平均位置。因此，气候边界应被视为广阔的过渡带，而不是一条细线（见知识窗 15.1）。

根据柯本分类法得出的气候世界分布图如图 15.4 所示，后面在介绍地球气候时将多次使用这幅图。

知识窗 15.1　气候图

本章描述气候时都提供对应的气候图。气候图是在世界气候研究中对所用基本数据进行描述的有用工具。图 15.A 展示了俄勒冈州波特兰的典型气候示意图。图中有 12 列，每列代表一年中的一个月。左侧是温度坐标，红线为月平均温度；右侧是降水量坐标，蓝柱表示月平均降水量。

气候图一目了然地反映了温度年较差的大小和降水的季节分布。站点是在北半球还是在南半球？是否在赤道附近？它是受季风性降水控制还是具有地中海气候特征？在任何关于世界气候的讨论或对比中，这些信息都是最基本的。

本章的气候图中包含背景和其他信息的位置地图，包括纬度、经度和站点气候分类，但气候图必不可少的要素只有温度和降水数据。

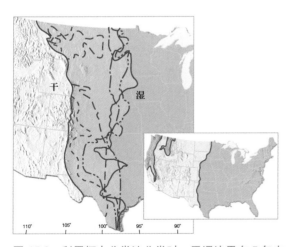

图 15.3　利用柯本分类法分类时，干湿边界在 5 年内的年度波动。插图显示了 5 年内干湿边界的平均位置

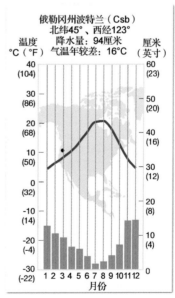

图 15.A　气候示意图是非常有用的工具。例如，这幅代表美国俄勒冈州波特兰地区的示意图，一目了然地展示了重要的气候细节。温度曲线图表明了站点是在北半球、南半球还是在赤道附近。曲线图和柱状图概括了气候特征，因此我们能够很容易地识别温度和降水的年特征

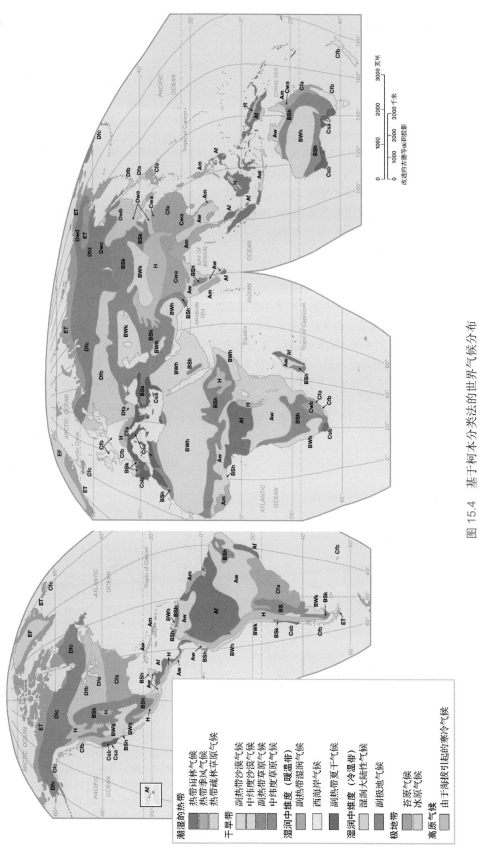

图 15.4 基于柯本分类法的世界气候分布

图例：

潮湿的热带
- 热带雨林气候
- 热带季风气候
- 热带稀树草原气候

干旱带
- 副热带沙漠气候
- 中纬度沙漠气候
- 副热带草原气候
- 中纬度草原气候

湿润中纬度（暖温带）
- 副热带湿润气候
- 西海岸气候
- 副热带夏干气候

湿润中纬度（冷温带）
- 湿润大陆性气候

极地带
- 苔原气候
- 冰原气候

高原气候
- 由于海拔引起的寒冷气候

15.2 气候控制因素

如果地球的表面完全均匀，那么世界气候图将很简单：环绕地球的一系列纬度带，且在赤道两侧对称地分布（见图 15.1）。然而，事实并非如此——地球是不均匀的球体，而且许多因素破坏了上述对称性。

乍看之下，世界气候图（见图 15.4）似乎杂乱无章，类似的气候类型零散地分布在世界各地。然而，仔细研究就会发现，虽然它们可能相距甚远，但相似的气候类型通常都有相似的纬度和大陆位置。这种一致性表明，气候要素的分布是有一定规律的，气候类型的分布也不是偶然的。事实上，气候类型的分布反映了主要气候控制因素有规律且可靠的作用。因此，在我们研究地球的主要气候之前，回顾气候的主要控制因素是有益的：纬度、海陆分布、地理位置与盛行风向、山脉与高原、洋流、气压、风。

15.2.1 纬度

地球表面接收的太阳辐射的变化是地表温度存在差异的最大原因。虽然云量和空气中的灰尘浓度等因素的变化可能影响局地的温度，但是太阳高度角和日照时长的季节性变化才是控制全球温度分布的最重要的因素。因为所有位于相同纬度的地点拥有相同的太阳高度角和日照时长，所以接收太阳辐射的变化量主要是纬度的函数。此外，太阳直射点每年都在北回归线和南回归线之间移动，温度也在有规律地纬向移动。热带持续高温的原因是太阳直射点始终离热带不远。然而，越靠近极地，温度年较差就越大，表明太阳能的接收具有更大的季节性波动。

15.2.2 海陆分布

海陆分布是重要性仅次于纬度的温度控制因素。我们知道，水的比热容大于岩石和土壤，因此陆地比海水升温快，达到的温度更高，冷却速度更快，且温度比海水更低。因此，陆地的温度变化要比海洋的大得多。这种地表的热力性质差异使得气候被分为两大类——海洋性气候和大陆性气候。

海洋性气候相对所在的纬度来说更温和，海水的调节效应使得夏季温暖但不炎热、冬天凉爽但不寒冷。相比之下，大陆性气候更极端。在中纬度地区，处于同一纬度的海洋和大陆站点虽然年平均温度可能相似，但大陆站点的温度年较差远大于海洋站点。

海陆的热力性质差异也会对风和气压系统产生重要影响，进而影响降水的季节分布。夏季，大陆温度高，形成低压区，使海洋上的空气携带水汽流入；相反，冬季，在寒冷的大陆内部形成高压，使得干冷空气流向海洋。

15.2.3 地理位置与盛行风向

要充分了解海陆分布对一个地区的气候的影响，就必须考虑该地区在大陆上的相对位置，以及其与盛行风向的关系。在大陆的迎风面，海水的调节作用更明显，盛行风可能携带大量海洋气团深入内陆；而在大陆的背风面，盛行风从陆地吹向海洋，可能更具大陆性温度分布。

15.2.4 山脉与高原

山脉和高原对气候分布起着重要的作用，这种作用可通过考察北美西部来说明。因为盛行风是西风，所以南北走向的山脉是主要屏障，它们会阻碍海洋气团的调节作用到达内陆。因此，尽管站点位于距太平洋仅几百千米的范围内，但其温度特征本质上还是大陆性的。

同时，这些地形屏障会在迎风坡引发地形降雨，在背风坡形成干燥的雨影区。在南美和亚洲，也有类似的现象——安第斯山脉和庞大的喜马拉雅山脉都是主要的屏障。相比之下，西欧则没有高山阻挡来自北大西洋海上空气的自由流动，因此整个区域的主要气候特征是适宜的温度和充足的降水。

广阔的高原地区也有自己的区域气候特征。随着海拔的升高，温度下降，有些地区如青藏高原、玻利维亚高原和东非高地，比只考虑纬度位置因素的情况下更寒冷、干燥。

15.2.5 洋流

洋流对沿海陆地区域的温度有着显著的影响。流向极地的洋流，如北半球的墨西哥湾流、黑潮（日本暖流）和南半球的巴西洋流与东澳大利亚洋流，使得温度比所在纬度的预期温度更高。这种影响在冬季尤其明显。相反，北半球的加那利洋流、加利福尼亚洋流和赤道以南的秘鲁洋流、本格拉洋流等冷流使沿海区域的温度降低。此外，这些冷流的冷却效应会增加经过上空的气团的稳定度，造成显著的干旱，甚至带来大范围的平流雾。

15.2.6 气压与风

全球的降水分布与地球大气风压系统的分布关系密切。虽然这些系统的纬向分布一般不是简单的"带状"形式，但从赤道到两极仍然可以看出降水是纬向分布的（见图 7.27）。

在赤道附近的低纬度热带地区，温暖、潮湿和不稳定空气的辐合使得这一地区的雨量集中。在副热带高压控制的地区，一般干旱盛行，形成大沙漠。更靠近极地的中纬度地带以副极地低压为主，许多移动的气旋性扰动增加降水。最后，极地地区的温度较低，空气中只能容纳少量的水汽，降水总量下降。

跟随太阳直射点移动的风压带的季节性迁移，大大影响了中纬度地区。这样的地区一年中受到两个不同风压系统的交替影响。例如，位于赤道低压和副热带高压之间的站点，在赤道低压向极地移动时会经历夏季多雨期，而在副热带高压向赤道移动时则经历冬季枯水期。这种气压带的纬向移动是许多地区出现季节性降水的主要原因。

概念回顾 15.2

1. 列出主要的气候控制因素并简述它们的影响。
2. 哪种控制因素对全球温差的影响最大？
3. 对比大陆性气候与海洋性气候。
4. 气压系统和全球降水分布之间有什么联系？

15.3 世界气候综述

下面按顺序列出全球不同地区的气候：

- 沿赤道出现的是潮湿热带地区（气候带 A），本章介绍它们的温度和降水特征。
- 潮湿热带地区的北部和南部是热带干湿季气候（仍是气候带 A），包括季风区。
- 热带干湿季气候的北部和南部是干旱型气候（气候带 B），包括副热带的大部分地区，以及延伸到中纬度内陆的地区，沙漠和草原几乎覆盖了地球上三分之一的陆地表面。
- 从干旱的副热带朝极地方向移动，是潮湿的中纬度气候地区（气候带 C 的一种）。这些气候盛行于纬度25°至40°之间的大陆东部；美国的东南部就是这样的一个例子。
- 接下来是大陆迎风岸的西海岸（温带海洋性）气候（也是气候带 C），如西欧。

- 了解副热带夏干旱气候或地中海气候后，如意大利、西班牙和加利福尼亚州的部分地区，就完成了对气候带 C 的了解。
- 在大陆延伸到中高纬度的北半球，气候带 C 变为气候带 D，称为湿润大陆性气候，这里是适合谷物生长并向世界提供绝大部分肉类的"粮仓"。
- 极地边缘地区是副极地气候。位于加拿大和西伯利亚的拥有广阔针叶林的地区以其漫长而严寒的冬季而闻名。
- 围绕极点的是极地气候（气候带 E），包括没有夏季的苔原、永久冻土或冰原地区。
- 最后介绍不在两极附近但因高海拔而很冷的地方。高原气候甚至出现在赤道附近的山顶，是落基山脉、安第斯山脉、喜马拉雅山脉和其他山脉地区的气候特点。

下面首先介绍潮湿的热带气候。

概念回顾 15.3

1. 简述从赤道非洲、欧洲中部到斯堪的纳维亚和北极的气候。

15.4　潮湿的热带气候（Af，Am）

在潮湿的热带地区，持续的高温和常年降雨产生了所有气候带中最繁茂的植被——热带雨林（见图 15.5）。不同于生活在中纬度地区的人们熟知的森林，热带雨林是由常绿阔叶林组成的。此外，热带雨林的物种是多样的，几百个不同的物种共存于 1 平方千米森林内的情景不足为奇。因此，同一种树木散布在广阔的范围内。

站在森林下方向上看，可看到表皮光滑、藤蔓缠绕的高大树木，树干下部三分之二的部分没有分支，上面则是由树叶形成的密不透光的树冠。再仔细看，就会发现树冠的三层结构。离地面 5～15 米以上的是细长的窄冠树；在这些相对较矮的森林上空，20～30 米的高度是浓密的树冠；最后，透过第二层树冠的缝隙，偶尔能够看到森林顶端的第三层树冠，其高度达 40 米以上。

潮湿的热带地区几乎覆盖了地球陆地面积的 10%（见知识窗 15.2）。

图 15.5　每平方千米内拥有数百个不同物种的热带雨林是常绿阔叶林，主要出现在潮湿的热带地区。图中显示了婆罗洲（加里曼丹岛）塞加马河穿过原始热带雨林的场景

图 15.4 表明，Af 和 Am 气候形成了横跨赤道的断续气候带，且通常在每个半球上延伸 5°～10°。极向边界主要由降水减少界定，偶尔也用温度降低来界定。因为对流层中的温度随高度升高而降低，所以这种气候区域只出现在海拔 1000 米以下。因此，赤道附近的气候带大多会在较冷的高原地区中断。

知识窗 15.2　热带雨林砍伐对土壤的影响

厚厚的红壤在潮湿的热带和副热带很常见，它们是强烈的化学风化作用的产物。因为茂密的热带雨林生长在这些土壤中，我们可能认为它们是肥沃的，有着巨大的农业发展潜力。然而，事实恰好相反——它们是最不适合发展农业的土壤之一。怎么会这样？

雨林土壤是在高温和暴雨条件下形成的，因此淋溶作用严重。淋溶作用除去可溶性物质（如碳酸钙），大量地下水带走了大部分二氧化硅；因此，不易溶解的铁、铝氧化物就富集在土壤中，而铁氧化物使土壤呈红色。因为热带地区的细菌活性很高，热带雨林土壤中几乎不含腐殖质。此外，淋溶作用降低了土壤肥力，因为大量渗透水带走了大部分植物的营养成分。因此，尽管植被浓密茂盛，但土壤本身包含的养分却很少。

大多数维持雨林的养分都存储在树木本身中。植物死亡和腐烂后，树根会在养分于土壤中被淋溶之前，快速吸收它们。随着树木的死亡和分解，营养物质不断循环再生。

因此，当森林被砍伐以提供耕地或收获木材时，大部分养分就被带走了（见图15.B），剩下的土壤中只含有少量农作物所需的养分。

热带雨林的砍伐不仅会带走植物的养分，而且会加速土壤侵蚀。植物生长时，其根系固定土壤中，其枝叶形成的冠层可减小频繁暴雨的冲击，进而保护了土壤。

植被的破坏也使得地面直接暴露在强烈的阳光下，在太阳的炙烤下，热带土壤因板结而变得坚硬，水和作物的根系都无法进入。这样，短短几年内，新砍伐区的土壤就不适合耕种。

这种土壤常被称为"砖红壤"，是从拉丁语"四边形"演变而来的，意思是"砖块"。印度和柬埔寨使用这种土壤制砖时，首次使用了这个名称。当时，制砖很简单——挖出土壤并使之成型后，在太阳底下晒硬即可。古老但保护完好的砖红壤建筑迄今仍然屹立在潮湿的热带地区（见图15.C）。这些建筑之所以能够经受几个世纪的风化作用，是因为所有的可溶性物质已被化学风化，进而从这些土壤消失。因此，砖红壤非常稳定，几乎不再可溶。

总之，在高温高湿的热带地区，一些雨林土壤在极端的化学风化作用下变成了高度淋溶的产物。虽然它们可能与茂密的热带雨林息息相关，但当植被破坏后，这些土壤就变成了不毛之地。更严重的是，植被消失后土壤侵蚀加速，会被太阳晒得像砖一样坚硬。

图15.B　砍伐苏里南的亚马孙雨林。厚红色土层被淋溶　　图15.C　用砖红壤建造的吴哥窟

还要注意的是，在大陆东部（尤其是南美）和热带沿海地区，多雨的热带区域往往存在更大程度的南北延伸，主要原因是这些地区处在较弱的副热带高压西侧的迎风位置，受中性或不稳定大气控制。在其他地区，如中美洲东部沿海，内陆高原阻挡信风，地形的抬升作用大大增加了降水量。

表15.1和图15.6(b)所示为湿润热带地区的代表性台站数据与图形。简单分析这些数据，就可揭示这些地区最明显的气候特征：

（1）月平均温度一般大于25℃，年平均温度较高，温度年较差很小［见图15.6(a)和图15.6(b)中平缓的温度曲线］。

（2）年降水量大，经常超过2000毫米。

（3）虽然一年内的降水量分布不均匀，但热带雨林中的站点在所有月份基本上都是湿润的，即使出现了旱季，也很短暂。

表 15.1　潮湿热带地区的站点数据

月份	1	2	3	4	5	6	7	8	9	10	11	12	年
新加坡，北纬 1° 21'；海拔 10 米													
温度/℃	26.1	26.7	27.2	27.6	27.8	28.0	27.4	27.3	27.2	27.2	26.7	26.3	27.1
降水量/毫米	285	164	154	160	131	177	163	200	122	184	236	306	2282
巴西贝伦，南纬 1°18'；海拔 10 米													
温度/℃	25.2	25.0	25.1	25.5	25.7	25.7	25.7	25.9	25.7	26.1	26.3	25.9	25.7
降水量/毫米	340	406	437	343	287	175	145	127	119	91	86	75	2731
喀麦隆杜阿拉，北纬 4°；海拔 13 米													
温度/℃	27.1	27.4	27.4	27.3	26.9	26.1	24.8	24.7	25.4	25.9	26.5	27.0	26.4
降水量/毫米	61	88	226	240	353	472	710	726	628	399	146	60	4109

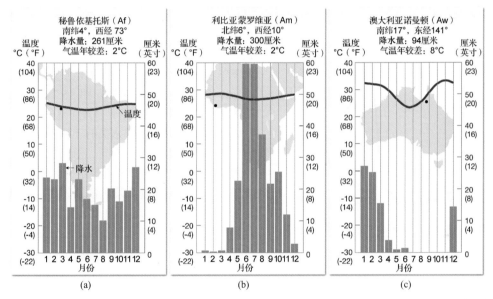

图 15.6　比较三个地区的气候示意图，可以看出气候带 A 中各种气候类型的主要差异：(a)伊基托斯，Af 站，全年多雨；(b)蒙罗维亚，Am 站，旱季短暂；(c)诺曼顿，旱季更长，温度年较差比其他类型的更大，这是所有 Aw 气候的特征

问与答：丛林不是热带雨林的另一个说法吗？

不是。尽管二者都指温热带的植物，但含义不同。在热带雨林中，高树冠的叶子不会让太多的阳光射到地面上。因此，在光线昏暗的森林地面上，植物的叶子相对稀疏。相比之下，只要有充足的光线到达地面，比如河岸或空地上，就会出现缠绕在一起的藤蔓、灌木和矮树。丛林一词就用于描述这种地区。

15.4.1　温度特征

Af 或 Am 气候出现在赤道附近，其温度几乎不变的原因很明显：持续且强烈的日照。这里的阳光几乎是垂直照射的，且全年的昼长变化很小，因此温度的季节变化很小。最冷月和最热月温度的微小差异往往反映的是云量而非太阳位置的变化。以巴西的贝伦为例，最高温度出现在降水（因而也是云量）最少的月份。

潮湿热带地区温度的一个显著特点是，温度的日变化远超其季节变化，因此温度年较差在潮湿热带地区很少超过 3℃，温度日较差则是前者的 2～5 倍。因此，白天和夜晚之间的温度变化比季节温度变化更大。有趣的是，在热带地区，月、日平均温度并不比美国很多城市夏天的温度高。例如，在印度尼西亚雅加达超过 78 年的记录和巴西贝伦超过 20 年的记录中，最高温度仅为 36.6℃，而芝加哥和纽约的最高温度分别为 40.5℃ 和 41.1℃。

潮湿热带地区独特的温度特征是，温度循环往复，天天相同、月月相同。尽管温度计并未显示出异常或极端的温度，但高温、高湿与无风结合，使得体感温度特别高。

15.4.2 降水特征

以 Af 和 Am 气候为主的地区，正常年降水量为 1750～2500 毫米。由表 15.1 中的数据大致可以看出，降水量的季节和地区差异变化大于温度变化。赤道地区的多雨特性一定程度上与该地区大量的加热及由此引起的热对流有关。此外，这里还是常被称为热带辐合带（ITCZ）的信风辐合带。热对流加上辐合，导致温暖、潮湿和不稳定空气的大范围上升，进而使得赤道附近具有十分理想的降水条件。

在这些地区，每年超过一半的天数通常会有降水，事实上，有些站点一年内的降水天数达到全年天数的四分之三。许多地方的降水存在明显的日变化规律。积云一般在中午或午后形成，发展持续到下午 3～4 点，此时温度最高，热对流强度最大；然后，积雨云开始形成阵雨。图 15.7 中马来西亚吉隆坡降水的逐时分布很好地体现了这一特征。

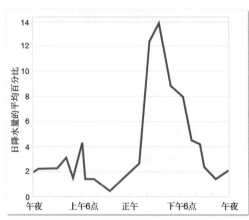

图 15.7 马来西亚吉隆坡降水的逐时分布，午后达到最大值，体现了多数潮湿热带站点的典型机制

许多海洋站点的降水具有不同的日变化特征，它们的最大降水发生在夜间。这时的大气环境直减率最大，因此大气的最大不稳定性出现在夜晚而非下午。环境直减率晚上增大的原因是，这时 600～1500 米高度的大气辐射热损失大于近地面。而在地面附近，热传导和暖水加热空气产生的低层湍流会使得地表的空气保持较高的温度。

部分多雨的热带地区终年气候潮湿。根据柯本分类法，每月至少有 60 毫米的降雨。然而，大范围地区（属于 Am 气候）都有一或两个月的短暂旱季。除去短暂的旱季，Am 气候地区的年降水量与全年潮湿多雨地区（Af）的年降水量几乎相当。干旱时间太短而不会导致土壤水分供应中断，因此雨林得以生长。

在潮湿的热带地区，降水的季节性分布相当复杂，人们对此的认识还不全面。月与月之间的降水量变化至少要部分归因于太阳直射点和赤道辐合带的季节性移动。

概念回顾 15.4

1. 热带雨林与典型的中纬度森林有何不同？
2. 解释如下湿热气候的特征：a. 气候限制在海拔 1000 米以下；b. 月和年平均温度高，温度年较差较小；c. 气候全年多雨。
3. Af 气候和 Am 气候有何不同？

15.5　热带干湿季气候（Aw）

在多雨的热带和亚热带沙漠之间存在一种过渡性气候区，称为热带干湿季气候。在这个区域中，靠近赤道一侧的边缘一年内具有短暂的旱季，向极一侧的边缘持久旱季，环境特征逐渐融入半干旱带。热带干湿季气候和热带多雨气候之间的界限很难定义。

在热带干湿季气候下，热带雨林变为热带疏林草原，即一种稀疏的落叶树林热带草原（见图 15.8）。

事实上，热带干湿季气候常被称为热带草原气候。从专业角度看，这个名称可能不是很恰当，因为一些生态学家不能确定这些草原是否是由气候原因形成的。这个地区曾以森林为主，但因人们的季节性焚烧而逐渐变成了疏林草原。

图 15.8　热带疏林草原。矮小、耐旱的树木散布在季节性焚烧后的草地上。照片所示为坦桑尼亚的塞伦盖蒂国

15.5.1　温度特征

表 15.2 中的温度数据表明潮湿热带气候和热带干湿季气候区之间差别很小。因为大多数热带干湿季气候站点的纬度更高，所以年平均温度略低。此外，温度年较差更大，从 3℃变为约 10℃。然而，温度日较差仍然超过年较差。

因为湿度和云量的季节性变化在热带干湿季气候区域更明显，所以一年中温度的日变化差异明显。一般来说，雨季湿度和云量最大，温度日变化小；旱季天空晴朗、空气干燥，温度日变化大。此外，由于夏季的云层更持久，夏至之前，许多热带干湿季气候站点在干旱季节结束时温度会达到最高。因此，在北半球的热带干湿季气候区，3～5 月的温度通常比 6 月和 7 月的高。

表 15.2　热带干湿季气候的站点数据

月份	1	2	3	4	5	6	7	8	9	10	11	12	年
印度加尔各答，北纬 22°32′；海拔 6 米													
温度/℃	20.2	23.0	27.9	30.1	31.1	30.4	29.1	29.1	29.9	27.9	24.0	20.6	26.94
降水量/毫米	13	24	27	43	121	259	301	306	290	160	35	3	1582
巴西库亚巴，南纬 15°30′；海拔 165 米													
温度/℃	27.2	27.2	27.2	26.6	25.5	23.8	24.4	25.5	27.7	27.7	27.7	27.2	26.5
降水量/毫米	216	198	232	116	52	13	9	12	37	130	165	195	1375

15.5.2　降水特征

气候带 A 内的温度变化规律相似，因此区分气候带 Aw 和 Af、Am 的主要因素是降水。热带干湿季气候站点每年常有 100～150 厘米的降水量，降水量略小于潮湿热带地区。然而，这种气候最鲜明的特征是存在明显的季节性降水，夏季湿润，冬天干旱，如图 15.6(c)所示。

干湿季的交替是由热带干湿季气候区的特定纬度造成的。因为它正好处在两个半球夏季的赤道辐合带之间，所以具有闷热的天气、对流性雷雨和副热带高压稳定的下沉气流。春分后，热带辐合带和其他风压带随着太阳直射点的迁移向北极方向移动（见图 15.9）。随着热带辐合带进入这些区域，典型的潮湿热带天气特征开始出现而进入夏季的雨季；此后，随着热带辐合带向赤道撤退，副热带高压进入该区域，带来极度的干旱。

旱季，干旱景观开始出现，自然系统似乎进入休眠状态，因为缺水，树木的树叶脱落，大量茂密的草被变得枯萎发黄。旱季的持续时间主要取决于与赤道辐合带之间的距离。一般来说，热带干湿季气候的站点离赤道越远，受热带辐合带控制的时间就越短，受稳定副热带高压影响的时间就越长。因此，纬度越高，旱季越长，雨季越短。

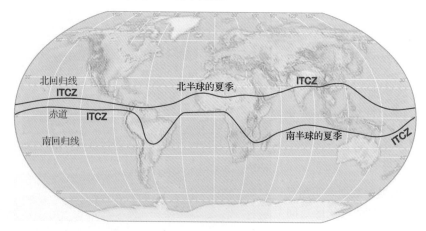

图 15.9   热带辐合带的季节性迁移极大地影响了热带地区的降水分布

了解赤道辐合带的移动是理解热带降水分布的关键，表 15.3 中非洲六个站点的降水资料就是佐证。在迈杜古里（最北）和弗朗西斯敦（最南），一年内只有一个降水量极大值（粗体），它出现在赤道辐合带离极地最近的位置（月）。在这两个站点之间的各站，一年内都有两个降水量极大值（双极大值，粗体），代表赤道辐合带以自己的方式到达和离开这些极端位置。注意，这些统计数字代表的是长期平均情况，逐年上看赤道辐合带的移动时，则毫无规律可言。因此，毫无疑问，在热带地区的"降雨跟着太阳走"。

表 15.3   非洲热带辐合带的移动与降雨季节特征

月份	1	2	3	4	5	6	7	8	9	10	11	12
尼日利亚迈杜古里，北纬 11°51′												
降水量/毫米	0	0	0	7.6	40.6	68.6	180.3	220.9	106.6	17.7	0	0
喀麦隆雅温德，北纬 3°53′												
降水量/毫米	22.8	66.0	147.3	170.1	195.6	152.4	73.7	78.7	213.4	294.6	116.8	22.9
刚果民主共和国基桑加尼，北纬 0°26′												
降水量/毫米	53.3	83.8	177.8	157.5	137.2	114.3	132.0	165.1	182.9	218.4	198.1	83.8
刚果民主共和国卡南加，南纬 5°54′												
降水量/毫米	137.2	142.2	195.6	193.0	83.8	20.3	12.7	58.4	116.8	165.1	231.1	226.0
马拉维松巴，南纬 15°23′												
降水量/毫米	274.3	289.6	198.1	76.2	27.9	12.7	5.1	7.6	17.8	17.8	134.6	279.4
博茨瓦纳弗朗西斯敦，南纬 21°13′												
降水量/毫米	106.7	78.7	71.7	17.8	5.1	2.5	0	0	0	22.9	58.4	86.4

15.5.3   季风

在东南亚、印度和澳大利亚的部分地区，热带干湿季气候周期性降雨和干旱交替出现的特征与季风有关。夏季，潮湿、不稳定的空气从海洋向陆地流动，有利于降水；冬季，情况相反，发源于大陆的干燥气流吹向海洋。

季风环流系统一定程度上是由大陆和海洋之间的年温度变化差异产生的。这个过程与季风的联系与海陆风过程的机理（第 7 章）类似，只是季风在时间和空间上的尺度要大得多。

在北半球的春季，热量分布的区域不均匀性使得热低压在亚洲南部的内陆地区逐渐发展，且由于热带辐合带向极地的推进而进一步加强（见图15.9）。因此，夏季环流从海洋高压到大陆低压，冬季热带辐合带南迁，风向反向，反气旋在寒冷的大陆生成与发展。冬至时，干燥的风从大陆向南辐合于澳大利亚和南非。

15.5.4 气候类型的变型 Cw

在毗邻热带干湿季气候区的非洲南部、南美洲、印度东北部和中国，一些地区的气候有时被称为 Cw 气候。虽然用 C 代替 A 表明这些区域是副热带而非热带，但 Cw 气候仍是热带干湿季气候 Aw 的一种变体，因为其主要差别只是温度稍低。在非洲和南美洲，Cw 气候是热带干湿季气候 Aw 在高原的延伸。这些地区的高度较高，因此温度要比相邻热带干湿气候地区的低。在印度和中国，Cw 气候区是热带季风特征在中纬度的扩展。有些情况下，特别是在印度，Cw 气候区几乎不可能向极地方向扩展，因此其冬季温度一般不低于气候带 A 的温度。

> **概念回顾 15.5**
> 1. 区分 Aw 气候与 Af 气候和 Am 气候的主要因素是什么？
> 2. 热带干湿季气候的另一个名称是什么？
> 3. 描述 ITCA 及 Aw 气候中副热带高压对降水年分布的影响。

15.6 干旱气候（B）

世界上干旱地区的面积约为 4200 万平方千米，约占地球陆地面积的 30%。任何其他气候类型都不会覆盖这么大的陆地面积（见图 15.10）。

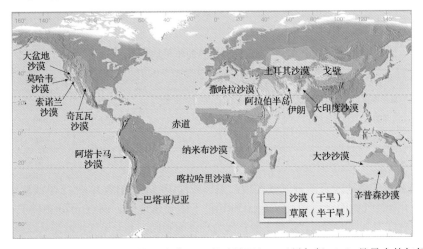

图 15.10　干旱和半干旱气候覆盖了地球 30% 的陆地面积。干旱气候（B）是最大的气候类型

干旱气候的特征是年降水量很少且非常不稳定。一般来说，年平均降水量越小，变化就越大。因此，年平均降水量经常让人误解。

例如，在的时段内，秘鲁特鲁希略 7 年内的年平均降水量为 61 毫米。然而，仔细观察发现，在前 6 年又 11 个月的时间里，该站点的降水量不到 35 毫米（年平均 5 毫米多一点）。而在第 7 年的第 12 个月，降水量却达 390 毫米，其中 3 天内的连续降水量达 230 毫米。

这种极端的例子表明，大多数干旱地区的降水很不规律。另外，总降水量低于均值的年份通常要比高于均值的年份多。如上例所示，偶尔的湿润期会提高平均值。

15.6.1 "干旱"意味着什么

干旱与任何原因的缺水有关。气候学家定义干旱的气候条件是，年降水量小于蒸发量。干旱不仅与年降水量有关，而且与蒸发有关，而蒸发又与温度密切相关。温度上升，蒸发量增加。

例如，250 毫米的降水可能足以维持斯堪的纳维亚北部森林的生长，因为那里的气候凉爽、潮湿，蒸发过程很弱，土壤中仍然保留着充足的水分。然而，同样的降水量在内华达州和伊朗却只能维持一片稀疏植被的生长，因为那里炎热、干燥，蒸发量很大。显然，定义干旱气候的降水量标准是不固定的。

为建立干旱和潮湿气候带的边界，柯本气候分类法所用的公式中含有三个变量：①年平均降水量；②年平均温度；③降水的季节分布。

采用年平均降水量的原因很简单——它与蒸发量有关；决定干湿分界线的降水量与温度有关，年平均温度越高的地方，降水量越大，反之降水量越小。第三个变量即降水的季节分布，也与这一概念相关。雨水集中在最热的月份与集中在较冷的月份相比，蒸发量更大，因此气候带 B 内不同站点的降水量存在很大的差异。

表 15.4 中小结了这些差异。例如，若一个站点的年平均温度为 20℃，夏季为雨季（"冬干"），年降水量不到 680 毫米，则它被归类为干旱的。然而，若降水主要出现在冬季（"夏干"），则站点的降水量只要达到 400 毫米或以上，就被认为是湿润的。若降水分布均匀，则定义湿润与干旱边界的数值介于二者之间。

表 15.4　BS 湿润边界的年平均降水量

年平均温度/℃	年平均降水量/毫米			年平均温度/℃	年平均降水量/毫米		
	夏季旱季	均匀分布	冬季旱季		夏季旱季	均匀分布	冬季旱季
5	100	240	380	20	400	540	680
10	200	340	480	25	500	640	780
15	300	440	580	30	600	740	880

在普遍缺水的干旱地区有两种气候类型：干旱或沙漠气候（BW）；半干旱或草原气候（BS）。图 15.11 给出了两类气候的示意图。站点(a)和(b)位于副热带地区，站点(c)和(d)位于中纬度地区。沙漠和草原有着许多共同的特点，差异主要体现为程度的不同。半干旱气候区是从沙漠干旱气候区向湿润气候区转变的过渡带，它分为干旱区与其周围广阔的潮湿气候区。干旱区与半干旱区的界限一般设为湿润区和干旱区年降水量标准的中间值。因此，若湿润气候和干旱气候的边界值恰好是 400 毫米的年降水量，则草原气候与沙漠气候的界限就是 200 毫米。

15.6.2 副热带沙漠气候（BWh）和草原气候（BSh）

低纬度干旱气候的中心地区位于南、北回归线附近。图 15.10 中从北非的大西洋海岸到印度西北部的干旱大陆，出现了一个长度超过 9300 千米的沙漠。除了这片区域，在北半球的墨西哥北部和美国西南部，存在另一种面积更小的副热带沙漠气候（BWh）和草原气候（BSh）。在南半球，澳大利亚以干旱气候为主，近40%的陆地是沙漠，其余的大部分地区是草原。

此外，干旱和半干旱气候区也出现在非洲南部，在智利和秘鲁的沿岸，其范围则很小。这种干旱副热带气候之所以呈带状分布，主要是因为这些地区受副热带高压的稳定下沉气流控制。

降水 在副热带沙漠中，少量的降水也是罕见和毫无规律的。事实上，副热带沙漠没有确定的季节性降水特征，原因是这些地区离赤道太远而不受赤道辐合带的影响，且离极地太远而无法获得中纬度气旋锋面降水。即使是在夏季，白天加热也会产生很强的环境直减率和相当可观的对流，天空仍然保持晴朗，因为在这种情况下，高空的下沉气流阻止了低层含有一定水汽的空气抬升到凝结高度。

在沙漠周围的半干旱过渡带，情况则有所不同——这里会较好地体现季节性降水特征。如表15.5中的数据所示，对低纬度沙漠靠近赤道一侧的达喀尔来说，当热带辐合带离赤道最远时，夏季会出现短暂但相对较强的降水期。这种降水特征看上去与相邻热带干湿季气候区的相同，不过其降水量更小，干旱的持续时间更长。

在热带沙漠靠近极地的边缘一侧的草原地区，降水的季节特征正好相反。马拉喀什站点的数据表明（见表15.5），较冷季节几乎集中了所有降水。在每年的这个时候，中纬度气旋的路径更靠近赤道，因此偶尔会带来降水期。

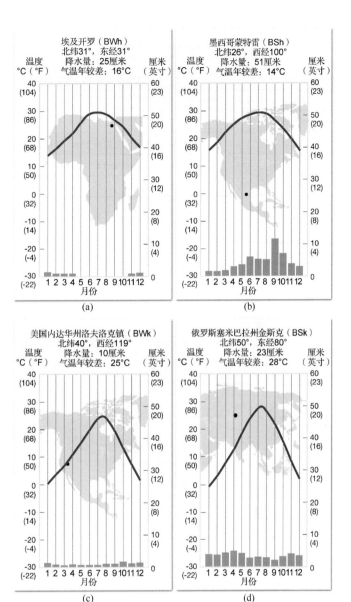

图15.11 干旱和半干旱气候代表性站点的气候示意图。开罗和洛夫洛克为沙漠，蒙特雷和塞米巴拉金斯克为草原。站点(a)和(b)位于副热带地区，而站点(c)和(d)位于中纬度地区

温度 了解沙漠环境温度的关键是湿度和云量。晴朗的天空和低湿度使得白天大量的太阳辐射到达地面，夜间地面又快速发射辐射，因此可以预计其全年的相对湿度较低，内陆地区中午的典型相对湿度为10%～30%。

表15.5 副热带草原和沙漠气候的站点数据

月份	1	2	3	4	5	6	7	8	9	10	11	12	年
摩洛哥马拉喀什，北纬31°37′；海拔458米													
温度/℃	11.5	13.4	16.1	18.6	21.3	24.8	28.7	28.7	25.4	21.2	16.5	12.5	19.9
降水量/毫米	28	28	33	30	18	8	3	3	10	20	28	33	242

月份	1	2	3	4	5	6	7	8	9	10	11	12	年
塞内加尔达喀尔，北纬 14°44'；海拔 23 米													
温度/℃	21.1	20.4	20.9	21.7	23.0	26.0	27.3	27.3	27.5	27.5	26.0	25.2	24.49
降水量/毫米	0	2	0	0	0	15	88	249	163	49	5	6	578
澳大利亚艾丽斯斯普林，南纬 23°38'；海拔 570 米													
温度/℃	28.6	27.8	24.7	19.7	15.3	12.2	11.7	14.4	18.3	22.8	25.8	27.8	20.8
降水量/毫米	43	33	28	10	15	13	8	8	8	18	30	38	252

沙漠地区的天空几乎总是晴朗的（见图 15.12）。例如，在墨西哥和美国的索诺兰沙漠地区，大多数站点年平均晴天的天数比例接近 85%，亚利桑那州尤马的年平均晴天的天数比例为 91%，1 月为 83%，6 月则高达 98%。撒哈拉沙漠的冬季平均云量约为 10%，夏季则下降到 3%。

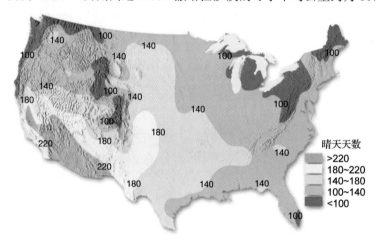

图 15.12　年平均晴天天数。除了少数例外，沙漠的天空几乎总是无云，因此接收的太阳辐射更多，美国西南部沙漠地区尤其如此

晴天天数
>220
180~220
140~180
100~140
<100

夏季，沙漠表面在日出后迅速升温，因为晴朗的天空使得几乎所有的太阳辐射都到达地面，就如前面的例子中那样。下午 3 点左右，地表温度可能达到 90℃！这时，世界上的最高温度记录出现在副热带沙漠也就不足为奇。许多站点在炎热季节的日温度最大值总接近绝对最大值（一个站的最高温度记录）也不意外。在伊朗的阿巴丹，7 月的日平均最高温度达到 44.7℃，仅比该站的最高记录低 8.3℃。亚利桑那州菲尼克斯的情况与此类似，7 月记录的日平均最高温度为 40.5℃，而该地的绝对最大值为 47.7℃。

地面和空气温度很高的原因之一是几乎没有能量用于蒸发。因此，几乎所有的能量都用于加热地表。相反，潮湿地区不太可能出现这样极端的地面和空气温度，因为太阳辐射中更多的能量用于蒸发水分，余下的较少能量用于加热地面。

夜间，温度通常迅速下降，部分原因是空气中的水汽含量较低，但地表温度是另一个因素。回顾第 2 章中讨论的辐射问题可知，辐射体的温度越高，其失去热量的速度就越快。因此，将该原理用于沙漠，这种环境下不仅白天升温快，夜晚冷却也快。

因此，低纬度大陆内部沙漠有地球上最大的温度日较差。通常温度日变化幅度为 15℃～25℃，偶尔会达到更高的值。最大的温度日较差记录出现在撒哈拉沙漠中阿尔及利亚的因萨拉，1927 年 10 月 13 日，该地 24 小时内经历的温度变化达 55.5℃——从 52.2℃到 3.3℃。

大部分副热带沙漠气候（BWh）和草原气候（BSh）位于气候带 A 靠近极地的一侧，因此在所有热带气候中温度年较差最大。在太阳高度角较小的时段，月平均温度通常为 16℃～24℃，低于热带其他地区的温度；夏季，温度则高于潮湿的热带地区。因此，许多副热带沙漠和草原性气候站点的年平均温度类似于气候带 A。

表 15.6 西海岸热带沙漠站点的数据

月份	1	2	3	4	5	6	7	8	9	10	11	12	年
南非诺洛斯港，南纬 29°14'；海拔 7 米													
温度/℃	15	16	15	14	14	13	12	12	13	13	15	15	14
降水量/毫米	2.5	2.5	5.1	5.1	10.2	7.6	10.2	7.6	5.1	2.5	2.5	2.5	63.4
秘鲁利马，南纬 12° 02'；海拔 155 米													
温度/℃	22	23	23	21	19	17	16	16	16	17	19	21	19
降水量/毫米	2.5	T	T	T	5.1	5.1	7.6	7.6	7.6	2.5	2.5	T	40.5

15.6.3 西海岸副热带沙漠气候

在沿大陆西岸的副热带沙漠地区，冷流对气候的影响显著。主要的西海岸沙漠有南美的阿塔卡马沙漠及非洲南部和西南部的纳米布沙漠，以及下加利福尼亚半岛索诺兰沙漠的一部分、非洲西北部撒哈拉沙漠的沿海地区。

另一种沙漠 西海岸的副热带沙漠明显与我们脑海中有关副热带沙漠的图像相去甚远。冷流最明显的影响就是降低温度，如秘鲁利马和南非诺洛斯港的数据所示（见表 15.6）。与相似纬度的其他站点相比，这些地方有着较低的年平均温度和较小的温度年较差与温度日较差。例如，诺洛斯港的年平均温度只有 14℃，其温度年较差仅为 4℃；而南非另一侧德班的年平均温度为 20℃，温度年较差是诺洛斯港的 2 倍。

虽然这些站点邻近海洋，但它们的年降水量却是世界上最少的。低层大气被海岸附近的海水冷却，变得更加稳定，加剧了这些海岸地区的干旱。此外，冷流常使温度达到露点，使得这些地区具有相对湿度高、多平流雾和密集层云覆盖的气候特征。

注意，并非所有的副热带沙漠都是湿度低、晴朗和炎热的地方。实际上，冷流的存在使得西海岸的热带沙漠地区常被低云或雾覆盖，成为相对凉爽、潮湿的地方。

最干旱的智利阿塔卡马沙漠 在智利北部绵延近 1000 千米的阿塔卡马沙漠的西面是太平洋，东面是高耸的安第斯山脉（见图 15.10）。这个狭长干旱区向内陆方向的延伸距离平均仅为 50~80 千米，最宽距离仅为 160 千米。

阿塔卡马沙漠是世界上最干旱的沙漠（见图 15.13）。在许多地方，几年才会出现可以观测的降水。在阿塔卡马沙漠最湿润的地点，年平均降水量不超过 3 毫米。在智利和秘鲁边境附近的沿海小镇阿里卡，年平均降水量仅为 0.5 毫米。

图 15.13 智利的阿塔卡马沙漠是西海岸的副热带沙漠，是地球上最干旱的沙漠。这里最湿润地点的年平均降水量不超过 3 毫米

在内陆地区，有的站点甚至从来没有降水记录。

为什么这个狭窄的地带这么干旱？首先，该地区受南太平洋东部半永久性高压系统（见图 7.10）的干燥下沉气流的控制；其次，秘鲁冷流沿海岸向北流动，低层空气被冷却而变得稳定，加剧了干旱（见图 7.21）；第三，安第斯山脉阻挡了湿空气从东部进入太平洋沿岸。

如其他西海岸热带沙漠那样，阿塔卡马沙漠相对凉爽，平流雾常见。这两种现象都与秘鲁冷流有关，当湿空气越过冷流且将温度冷却至露点以下时，就会形成称为卡门却加雾的浓湿平流雾。

15.6.4 中纬度沙漠气候（BWk）和草原气候（BSk）

不同于低纬度的类似气候，中纬度沙漠气候和草原气候不由下沉的副热带高压气团控制。相反，这些干旱地区主要位于大陆深处，远离主要的水汽来源——海洋。此外，山脉横穿盛行风路径，隔离了这些地区与携带水汽的海洋气团（见图 15.14）。在北美的海岸地区，内华达山脉和喀斯喀特山脉是主要屏障；亚洲的喜马拉雅山脉阻挡了潮湿的夏季季风从印度洋进入内陆深处。

由图 15.10 可以看出，中纬度沙漠和草原气候主要分布在北美和欧亚大陆。南半球中纬度缺乏广阔的陆地，所以气候 BWk 和 BSk 区域很小，只出现在南美洲的南端和安第斯山脉的雨影区。

类似于热带沙漠气候和草原干旱气候，中纬度干旱地区的降水极少且很不稳定。然而，不同于低纬度的干旱地区，这些地区更靠近极地，冬季温度低得多，因此年平均温度较低，温度年较差较大。

表 15.7 中的数据很好地说明了这一点。数据还显示，温暖月份的降水量最丰沛。虽然 BWk 和 BSk 气候区中并非所有站点的降水量都最大，但大多数站点的降水量是最大的，因为冬季大陆往往被高压和低温控制，阻碍了降水。然而，在夏季，反气旋从加热的大陆上方消散，出现较高的地面温度和更大的混合比，更利于云的形成和降水。

图 15.14　山脉通过形成雨影区，加剧中纬度沙漠和草原的干旱。地形抬升导致迎风坡降水，空气到达山脉的背风面时，大部分水汽已失去。大盆地沙漠是一个雨影沙漠，覆盖了整个内华达州和部分相邻的州

表 15.7　中纬度草原和沙漠站点的数据

月份	1	2	3	4	5	6	7	8	9	10	11	12	年
蒙古乌兰巴托，北纬 47° 55′；海拔 1311 米													
温度/℃	−26	−21	−13	−1	6	14	16	14	9	−1	−13	−22	−3
降水量/毫米	1	2	3	5	10	28	76	51	23	7	4	3	213

月份	1	2	3	4	5	6	7	8	9	10	11	12	年
科罗拉多州丹佛，北纬 39° 32'；海拔 1588 米													
温度/℃	0	1	4	9	14	20	24	23	18	12	5	2	11
降水量/毫米	12	16	27	47	61	32	31	28	23	24	16	10	327

概念回顾 15.6

1. 降水量为何由干湿边界变量定义？
2. 干旱亚热带地区存在的主要原因是什么？
3. 在亚热带沙漠地区，为什么地面温度和空气温度会达到这么高的值？
4. 导致中纬度沙漠和草原的主要因素有哪些？
5. 在南半球的中纬度地区为什么沙漠和草原不常见？

15.7　冬季温和湿润的中纬度气候带（C）

柯本分类法归纳了两类湿润中纬度地区的气候：一类具有温和的冬天（气候带 C），另一类具有严寒的冬天（气候带 D）。下面介绍 C 类温和冬季气候，图 15.15 所示为气候带 C 中的三类气候示意图。

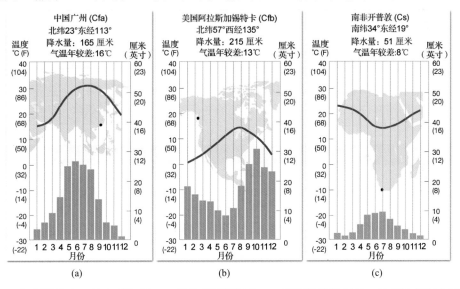

图 15.15　每幅图代表一种 C 类气候：(a)副热带湿润气候；(b)西岸海洋性气候；(c)副热带夏季干旱气候

15.7.1　副热带湿润气候（Cfa）

副热带湿润气候出现在大陆东边纬度 25°～40°的区域，主要包括美国东南部和其他类似的地区：乌拉圭的全部地区，阿根廷的部分地区，南美巴西南部的部分地区，亚洲中国东部、日本南部和澳大利亚东海岸。

在湿润副热带的夏季，游客会体验到多雨热带常有的湿热天气。白天的温度一般略高于 30℃，有时也会超过 35℃，下午有时高达 40℃。由于混合比和相对湿度较高，夜晚这种状况不会出现明显的缓解。下午或傍晚很可能出现雷雨，每年出现雷雨的天数为 40～100，主要出现在夏季。

在 Cfa 气候带，出现夏季热带天气的主要原因是受热带海洋气团控制的影响。夏季，暖湿但不稳定的空气从海洋上空副热带反气旋的西部区域向内陆移动。当热带海洋气团（mT）经过被加热的大陆时，不稳定性增大，产生常见的对流性阵雨和雷暴。

夏秋之交，湿润的副热带不再具有多雨的热带气候特征。虽然冬季温和，但在较高纬度的 Cfa 气候带，霜冻比较常见，偶尔还会出现在热带边缘地区。冬季的降水特征也有差别，有时以降雪的形式出现，大多数发生在频繁经过这些区域的中纬度气旋的锋面附近。

由于陆地表面比海洋气团冷，气团向极运动时，低层空气变冷。于是，稳定的热带海洋气团（mT）只在被迫抬升时才产生云和降水，因此对流性阵雨很少。

根据表 15.8 中两个副热带湿润气候站点的数据，可以归纳出 Cfa 气候的一般特征。年降水量通常超过 1000 毫米，全年降水分布均匀。正常情况下夏季的降水量最大，但变化很大。例如，在美国，墨西哥湾各州的降水分布非常均匀，但向北或向西进入较干旱的地区时，夏季降水大大减少。出现热带气旋时，某些沿海台站在夏末或秋季的降水量达到最大。在亚洲，强季风环流会带来夏季最大的降水量［见图 15.15(a)中的中国站点］。

表 15.8　副热带湿润气候站点的数据

月份	1	2	3	4	5	6	7	8	9	10	11	12	年
路易斯安那州新奥尔良，北纬 29° 59'；海拔 1 米													
温度/℃	12	13	16	19	23	26	27	27	25	21	15	13	20
降水量/毫米	98	101	136	116	111	113	171	136	128	72	85	104	1371
阿根廷布宜诺斯艾利斯，南纬 34° 35'；海拔 27 米													
温度/℃	24	23	21	17	14	11	10	12	14	16	20	22	17
降水量/毫米	104	82	122	90	79	68	61	68	80	100	90	83	1027

温度资料显示，夏季温度与热带地区的比较接近，但冬季温度明显降低。这是可以预料的，因为副热带地区的纬度较高，太阳高度角和昼长的变化较大，加之冬季偶尔（甚至频繁）有极地大陆气团（cP）的入侵。

问与答：沙漠的大部分都是沙丘吗？

关于沙漠的常见误解是，它们由连绵的沙丘组成。一些地区确实存在堆积物，这可能是沙漠的显著特征。但是，令人惊奇的是，全世界的泥沙堆积只是全球沙漠地区的一小部分。例如，在撒哈拉沙漠，泥沙堆积只占该地区面积的十分之一。在所有沙漠中，含沙量最高的是阿拉伯沙漠，其三分之一都由沙组成。

聚焦气象

这幅地球照片由阿波罗宇宙飞船上的宇航员于 1968 年 12 月摄于太空。图中显示了西半球，北美洲上空覆盖着浓云，南美洲上空的大部分也覆盖着云层。然而，南美洲西海岸晴空无云。

问题 1 南美洲西海岸这片无云的狭长沙漠叫什么名字？

问题 2 一股洋流就在这个沙漠地区的近海流动，它叫什么名字？它是暖流还是冷流？

问题 3 这片沙漠靠近太平洋，太平洋对它有什么影响？

问题 4 这个沙漠与撒哈拉和阿拉伯这样的沙漠有什么不同？说出一个与此类似的沙漠。

15.7.2 西岸海洋性气候（Cfb）

大陆西侧（迎风面）南北纬 40°～65°的地区是以海洋气团流向大陆为主的气候区。海洋气团的盛行意味着冬季温和、夏季凉爽，全年降水量充沛。在北美地区，西岸海洋性气候（Cfb）区从美国和加拿大边境附近向北带状延伸到阿拉斯加南部（见图 15.16）。类似的狭长气候带出现在南美智利沿岸。在这两种情况下，高耸的山脉平行于海岸，阻止海洋性气候侵入内陆。欧洲是 Cfb 气候最多的地区，那里没有高山阻挡来自北大西洋的冷空气。其他地区包括新西兰的大部分区域以及南非和澳大利亚的狭长地带。

图 15.16 华盛顿州奥林匹克国家公园岩石发育的太平洋沿岸常被大雾笼罩。这个地区属于西岸海洋性气候。顾名思义，海洋有着很大的影响

表 15.9 和图 15.15(b)中西岸海洋性气候的站点数据未显示出明显的旱季，但夏季月降水量有所下降。夏季降水量的减少是因为海洋副热带高压向极地推进。虽然西岸海洋性气候区比较靠近极地，这些干燥的反气旋并不起主要作用，但它们的影响足以减少暖季的降水量。图 4.D 中奎纳尔特护林站和雷尼尔天堂站的两幅降水图很好地说明了这一点。

表 15.9 西岸海洋性气候站点的数据

月份	1	2	3	4	5	6	7	8	9	10	11	12	年
加拿大温哥华，北纬 49°11′；海拔 0 米													
温度/℃	2	4	6	9	13	15	18	17	14	10	6	4	10
降水量/毫米	139	121	96	60	48	51	26	36	56	117	142	156	1048
英国伦敦，北纬 51°28′；海拔 5 米													
温度/℃	4	4	7	9	12	16	18	17	15	11	7	5	10
降水量/毫米	54	40	37	38	46	46	56	59	50	57	64	48	595

伦敦和温哥华降水资料的比较（见表 15.9）也表明，沿海山地对年降水量的影响显著。温哥华的年降水量约为伦敦的 2.5 倍。温哥华的年降水量较大，不仅因为地形抬升的影响，而且因为山脉减缓了气旋风暴的通过，使其停留并产生大量降水。

离海洋越近，冬季就越温和，夏季就越凉爽。因此，西岸海洋性气候的一个特征就是温度年较差较小。因为极地大陆气团（cP）一般在西风带中向东移动，在严冬的冷期很少出现。西岸和极地大陆气团发源地之间的高山阻挡了寒冷极地大陆气团入侵北美的西部边缘，而欧洲因为没有这样的高山屏障，寒潮较为频繁。

海洋对温度的控制可通过考察温度梯度（单位距离的温度变化）进一步证实。虽然这种气候的纬度跨度较大，但从沿海到内陆的温度变化却比南北向的变化急剧，因为来自海洋的热量输送远超所接收太阳能的纬向变化。例如，1 月和 7 月，从沿海的西雅图到内陆的斯波坎，距离约为 375 千米，温度变化范围相当于西雅图和阿拉斯加朱诺之间的温差。朱诺的纬度与西雅图的纬度相差 11°，相当于 1200 千米。

15.7.3 副热带夏季干旱（地中海）气候（Csa，Csb）

副热带夏季干旱气候通常出现在纬度 30°～45° 的大陆西侧，位于靠近极地的西岸海洋性气候和靠近赤道的副热带草原气候之间。这个气候带具有过渡性质，是唯一具有显著最大冬季降水量的湿润气候，这个特点由其所处的中间位置决定［见图 15.15(c)］。

夏季，该地区受稳定海洋副热带高压的东侧控制。冬季，当风压系统跟随太阳移向赤道时，就进入极锋气旋性风暴活动范围内。因此，这些地区一年内在干旱热带的一部分和湿润中纬度延伸部分之间交替变化。虽然冬季具有中纬度的变化特征，但夏季为不变的热带特征。

与西岸海洋性气候类似，山脉的分布将副热带夏季干旱气候限制在南北美洲相对狭窄的海岸带内。澳大利亚和南部非洲几乎不可能延伸夏季干旱气候的纬度，因此在这些大陆上该气候的范围是有限的。

由于大陆和山脉的位置分布，这种气候在内陆的发展仅限于地中海盆地（见图 15.17）。夏季下沉气流区可向东扩展得很远；冬季海洋是气旋性扰动的主要路径。因为夏季干旱气候在这一地区的扩展范围特别大，所以地中海气候常被人们视为副热带夏季干旱气候的别称。

图 15.17 副热带夏季干旱气候在地中海地区特别明显。意大利的托斯卡纳区就是一个例子

温度　根据夏季的温度，可将地中海气候分为两类。第一类是凉爽的夏季气候（Csb），美国

的旧金山、智利的圣地亚哥（表 15.10）是典型的例子，仅限于沿海地区。这里夏季的凉爽气温得益于迎风的海岸，且由冷流进一步强化。第二类是温暖的夏季气候（Csa），代表性地区是土耳其的伊兹密尔和加利福尼亚州的萨克拉门托。在这两个地方，冬季的温度与 Csb 气候区的没有太大差别。萨克拉门托位于加利福尼亚州的中央谷地，远离海岸，而伊兹密尔靠近中海的温暖水域，夏季温度明显升高。因此，温度年较差也大于 Csa 气候区。

表 15.10　副热带夏季干旱气候站点的数据

月份	1	2	3	4	5	6	7	8	9	10	11	12	年
加利福尼亚州旧金山，北纬 37° 37'；海拔 5 米													
温度/℃	9	11	12	13	15	16	17	17	18	16	13	10	14
降水量/毫米	102	88	68	33	12	3	0	1	5	19	40	104	475
加利福尼亚州萨克拉门托，北纬 38° 35'；海拔 13 米													
温度/℃	8	10	12	16	19	22	25	24	23	18	12	9	17
降水量/毫米	81	76	60	36	15	3	0	1	5	20	37	82	416
土耳其伊兹密尔，北纬 38° 26'；海拔 25 米													
温度/℃	9	9	11	15	20	25	28	27	23	19	14	10	18
降水量/毫米	141	100	72	43	39	8	3	3	11	41	93	141	695
智利圣地亚哥，南纬 33° 27'；海拔 512 米													
温度/℃	19	18	17	13	11	8	8	9	13	13	16	19	14
降水量/毫米	3	3	5	13	64	84	76	56	30	13	8	5	360

降水　副热带夏季干旱气候的年降水量为 400～800 毫米。在许多地区，这样的降水量意味着站点几乎被归类为半干旱型气候。因此，有些气候学家将夏季干旱气候归类为半湿润气候而非湿润气候。靠近赤道一侧的区域更相符，因为降水量极向逐渐增大。例如，洛杉矶的年降水量为 380 毫米，而以北 400 千米的旧金山的年降水量为 510 毫米；再向北，俄勒冈州波特兰的年平均降水量超过 900 毫米。

概念回顾 15.7

1. 描述并解释湿润亚热带（Cfa）夏季和冬季降水的差别。
2. 为什么西海岸海洋性气候仅由北美洲和南美洲仅有的狭长地带代表，而它也存在于西欧？
3. 温度梯度（北-南与东-西）是如何揭示北美洲西海岸受海洋强烈影响的？
4. 夏季亚热带干旱性气候的另一个名称是什么？
5. 旧金山的夏季温度为何低于萨克拉门托？

问与答：不同气候下的土壤有差异吗？

有差异。气候是对土壤形成影响最大的因素之一。温度和降水量的变化决定可能出现的天气类型，进而影响土壤形成的速率。例如，湿热气候会产生厚厚的化学风化土壤，干冷气候则产生薄薄的机械风化碎片。此外，降水量会影响土壤中各种物质的淋滤程度，进而影响土壤肥沃度。最后，气候是动植物种类的重要控制因素，而动植物对所形成土壤的性质也有影响。

15.8　冬季寒冷的湿润大陆气候（D）

气候带 C 的冬天温暖，气候带 D 的冬天寒冷。本节和下一节讨论气候带 D 的两类气候——湿润大陆性气候和副极地气候，代表性地点的气候示意图如图 15.18 所示。这个气候带受极锋控制，是热带气团和极地气团的"战场"。其他气候都不经历如此迅速的非周期性天气变化。寒潮、热浪、干旱、暴风雪和倾盆大雨都是湿润大陆地区的年度必经事件。

15.8.1 湿润大陆性气候（Dfa）

顾名思义，湿润大陆性气候（Dfa）是一种受大陆控制的气候，它形成于中纬度的广阔大陆上。大陆性是基本特征之一，南半球的中纬度地带以海洋为主，因此这种气候不会出现在南半球，只出现在北美中部和东部，以及欧亚大陆北纬 40°～50° 的范围内。

乍看之下，大陆性气候向东延伸到海岸是不可能的，但由于盛行风来自西边，所以海洋性气团从东边持久深入大陆是不可能的。

温度 湿润大陆性气候的冬季温度和夏季温度对比强烈，因此温度年较差较大，如表 15.11 中站点数据的对比所示。7 月的平均温度通常接近并且经常超过 20℃，夏季的温度同样如此。虽然北方的温方比南方的低，但没有明显的差异。

图 15.19(a) 所示的美国东部温度分布图可用来说明这一点。可以看出，夏季温度图上只有几条间隔很宽的等温线，表明夏季的温度梯度小。但是，冬季的温度图显示了较大的温度梯度 [见图 15.19(b)]。随着纬度的升高，仲冬的温度下降明显。表 15.11 中确认了这一点，温尼伯和奥马哈冬季的温度变化范围是夏季的 2 倍多。

由于冬季的温度梯度大，寒冷季节风向的变化常导致温度的巨大变

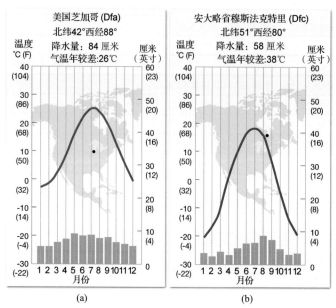

图 15.18　气候带 D 与北半球中高纬地区的大陆性相关。尽管(a)湿润大陆性气候（Dfa）下美国的芝加哥冬季寒冷，但(b)副极地气候（Dfc）下加拿大安大略省的穆斯法克特里更冷

化。夏季的情况不同，温度在整个区域的分布更加均匀。

表 15.11　湿润大陆性气候站点的数据

月份	1	2	3	4	5	6	7	8	9	10	11	12	年
内布拉斯加州奥马哈，北纬 41° 18'；海拔 330 米													
温度/℃	−6	−4	3	11	17	22	25	24	19	12	4	−3	10
降水量/毫米	20	23	30	51	76	102	79	81	86	48	33	23	652
纽约，北纬 40° 47'；海拔 40 米													
温度/℃	−1	−1	3	9	15	21	23	22	19	13	7	1	11
降水量/毫米	84	84	86	84	86	86	104	109	86	86	86	84	1065
加拿大温尼伯，北纬 49° 54'；海拔 240 米													
温度/℃	−18	−16	−8	3	11	17	20	19	13	6	−5	−13	3
降水量/毫米	26	21	27	30	50	81	69	70	55	37	29	22	517
中国哈尔滨，北纬 45° 45'；海拔 143 米													
温度/℃	−20	−16	−6	6	14	20	23	22	14	6	−7	−17	3
降水量/毫米	4	6	17	23	44	92	167	119	52	36	12	5	577

在同种气候下，温度年较差也有所不同，其值从南到北、从沿海向内陆逐渐增大。对比奥马哈和温尼伯的数据可以说明第一种情况，对比纽约和奥马哈的数据可以说明第二种情况。

降水 表 15.11 中 4 个站点的记录揭示了湿润大陆性气候的一般降水季节特征。每个站点都在夏季出现降水量最大值，但东海岸的纽约因为全年更易受海洋气团的影响而不明显。同理，纽约在 4 个站点中的降水总量也最高。另一方面，中国东北的哈尔滨有最明显的夏季降水最大值，之后则是冬季干旱期。这是大多数中纬度地区东亚站点的特点，反映了季风的巨大影响。

数据显示的另一个特点是，从海洋到大陆内部、从南到北，随着到热带海洋气团源地的距离的增大，降水量逐渐减少。此外，更北的站点在一年内的大部分时间还受更干极地气团的影响。

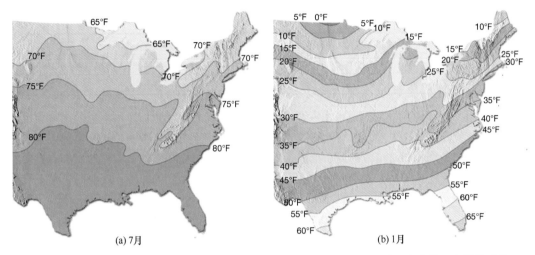

(a) 7月　　　　　　　　　　　　(b) 1月

图 15.19 (a)夏季，美国东部南北的温度变化小，温度梯度小；(b)冬季，南北的温度差异明显

冬季降水主要与中纬度气旋的锋面过境有关。降水量中的一部分是降雪，降雪所占的比例随着纬度的升高而增加。虽然寒冷季节的降水量往往很小，但通常比夏季较大的降水量更引人注目，因为积雪存留在地面上的时间比雨水长。此外，夏季降雨往往是相对短时的对流性阵雨，而冬季降雪的持续时间更长。

15.8.2 副极地气候（Dfc，Dfd）

副极地气候分布于湿润大陆性气候以北和极地苔原以南的广阔区域，包括北美（阿拉斯加西部到纽芬兰）和欧亚大陆（挪威到俄罗斯太平洋海岸）连绵不断的广大地区。副极地气候常称针叶林气候，因为它很好地对应着同名的北方针叶林区（见图 15.20）。虽然树干看上去很细，但这些针叶林中的云杉、冷杉、落叶松和桦林等却构成了地球上连绵不断的最大森林。

温度 图 15.18(b)中的气候示意图，以及表 15.12 中俄罗斯雅库茨克站点和加拿大育空地区道森站点的数据，可以很好地描述副极地气候。这里是极地大陆气团（cP）的源

图 15.20 北方针叶林又称针叶林。图示为阿拉斯加得纳利国家公园

地，以冬季气候特征为主，不仅冬季时间长，而且极其寒冷。除了格陵兰岛和南极洲的冰盖，冬季的最低温度就出现在这里。事实上，多年来世界上最冷的地方是西伯利亚中东部的上扬斯克，其温度在 1892 年 2 月 5 日和 7 日达到68℃。曾经在 23 年内，这个站点 1 月的平均最低气温只有62℃。虽然存在例外，但这些温度记录说明了冬季包围着针叶林的是极度的严寒。

表 15.12　副极地气候站点数据

月份	1	2	3	4	5	6	7	8	9	10	11	12	年
俄罗斯雅库茨克，北纬 62° 05'；海拔 103 米													
温度/℃	−43	−37	−23	−7	7	16	20	16	6	−8	−28	−40	−10
降水量/毫米	7	6	5	7	16	31	43	38	22	16	13	9	213
加拿大育空地区道森，北纬 64° 03'；海拔 315 米													
温度/℃	−30	−24	−16	−2	8	14	15	12	6	−4	−17	−25	−5
降水量/毫米	20	20	13	18	23	33	41	41	43	33	33	28	346

相比之下，副极地气候带的夏季非常温暖，但持续时间较短。然而，与更远的南方相比，这个短暂的季节仍然较凉；虽然日照时间较长，但太阳在天空不会升得很高，太阳辐射不强。针叶林带极端严寒的冬季和相对温暖的夏季形成了地球上最大的温度年较差。雅库茨克拥有世界上最大的平均温度年较差63℃。如道森站的数据所示，北美副极地地区的寒冷程度要弱于雅库茨克。

降水　这些最北的内陆地区是极地大陆气团（cP）的源区，全年的水汽含量有限，因此全年的降水量较小，很少超过 500 毫米，最大的降水量来自零星的夏季对流性阵雨。降雪量比南部湿润大陆性气候地区的少，但会给人降雪量更多的错觉。原因很简单：每次降雪后，积雪好几个月都不融化，因此整个冬天的积雪量非常可观（厚度达 1 米）。此外，在暴风雪中，大风卷起干燥的粉状雪花形成飞雪，造成降雪更多的假象。

概念回顾 15.8

1. 为什么潮湿的大陆性气候仅限于北半球？
2. 为什么像纽约这样的沿海城市主要经历大陆性气候状况？
3. 使用表 15.11 中的四个站，描述潮湿大陆性气候的一般模式。
4. 描述并解释针叶林地带的年温度变化范围。

15.9　极地气候（E）

根据柯本分类法，极地气候带的最高月平均温度在 10℃ 以下。极地气候分为两类：苔原气候（ET）和冰原气候（EF），代表性站点的气候示意图如图 15.21 所示。

就像热带地区以全年炎热而为人所知那样，北极圈以其持久的寒冷出名，是地球上年平均温度最低的地区。北极的冬季是极夜或者几乎接近极夜，温度很低理所当然。夏季，尽管白天的时间变长，但仍然较冷，因为太阳在天空中升起的高度较低，倾斜照射产生的热量很少。此外，大量太阳辐射被冰雪反射，或者用于融化积雪。这两种情况都会丧失本可加热地面的热量。虽然夏季较冷，但温度仍比严冬高很多，因此温度年较差非常大。

虽然极地气候被归类为湿润型气候，但降水量通常很少，许多陆地站点的年降水量不到 25 毫米，但蒸发量也很有限。根据该地区的温度特性，降水很少的原因是低温必定伴随着低混合比，空气中的水汽含量始终很少；此外，温度直减率始终比较平缓。在较暖的夏季，当空气中的水汽含量最高时，降水量通常也是最大的。

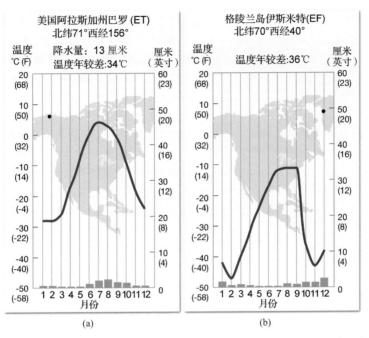

图 15.21　这些气候图代表了两种基本的极地气候特征。(a)阿拉斯加巴罗角，代表苔原气候（ET）；(b)格陵兰岛伊斯米特，站点位于巨大的冰盖上，代表冰原气候（EF）

15.9.1　苔原气候（ET）

　　陆地上的苔原气候几乎只出现在北半球，位于北冰洋海岸边缘的北极群岛、冰岛北部和格陵兰岛南部的无冰海岸地区。在南半球，苔原气候盛行的纬度没有大范围的陆地，因此，除了南半球海洋中的一些小岛，苔原气候只出现在南美的西南端和南极洲帕默半岛的北部。

　　10℃夏季等温线是苔原地区的赤向界限，也是极向树木生长的极限位置。因此，苔原是没有树木的区域，只有草、莎草科植物、苔藓和地衣等（见图 15.22）。在漫长的寒冷季节，植物处于休眠状态，短暂且凉爽的夏季一旦到来，这些植物很快就会成熟并结籽。

图 15.22　苔原地区几乎没有树木，沼泽湿地较为常见，植物往往由苔藓、低矮的灌木和开花植物组成

夏季较凉且短暂，苔原地区冻土的融化深度一般小于1米。大部分苔原以永久冻土为特征，深层土壤常年保持冻结（见图15.23）。永久冻土不局限于苔原，在副极地寒带针叶林地区也很常见。严格地说，永久冻土仅是基于温度定义的：温度连续两年或以上持续低于0℃的土层。土壤的冰冻程度强烈地影响地表状况。了解地下冰冻的深度和位置，对修建道路、建筑物和永久冻土区的其他项目非常重要。

当人类活动干扰地表（如移除隔热植被层或者修建道路和建筑物等）时，敏感的热平衡就会受到影响，进而冻土可能融化。融化导致地面不稳定，可能出现断层、滑坡、塌陷，并且发生严重的冻胀。当加热设施直接建在含冰丰富的冻土上时，融化会使土层变湿而软化，进而导致建筑物下沉。

位于冰冻北冰洋海岸的阿拉斯加巴罗角的数据（见表15.13），体现了典型的苔原气候，这里以大陆性特征为主。高纬度和大陆性使得冬天严寒，夏季凉爽，温度年较差大，年降水量小，最大降水量出现在夏季。

虽然巴罗角代表了常见的苔原气候类型，但格陵兰岛昂马沙利克的数据（表15.13）表明，有些站点的苔原气候是不同的。两个站点的夏季温度相当，但是冬季昂马沙利克要温暖得多，年降水量比巴罗角的大6倍，原因是昂马沙利克位于格陵兰岛东南部海岸，受海洋的影响较大。温暖的北大西洋暖流使得冬季相对温暖，且极地海洋（mP）气团全年提供水汽。由于在像昂马沙利克这样的站点冬季不那么严寒，所以温度年较差比主要受大陆性控制的站点（如巴罗角）小得多。

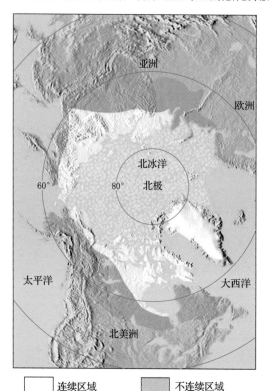

图 15.23　北半球永久冻土分布图。阿拉斯加80%以上的陆地和加拿50%的陆地被永久冻土覆盖。图中分为两个区域，一个是连续区域，唯一的无冰区位于深水湖或河流下面。在更高纬度的不连续区域，只有零散融化的岛状分布。往南，未冻结土地的百分比逐渐增加，直到所有土地都未冻结

表 15.13　极地台站的资料

月份	1	2	3	4	5	6	7	8	9	10	11	12	年
格陵兰岛伊斯米特，北纬70°53'；海拔2953米													
温度/℃	-42	-47	-40	-32	-24	-17	-12	-11	-11	-36	-43	-38	-29
降水量/毫米	15	5	8	5	3	3	3	10	8	13	13	25	111
格陵兰岛昂马沙利克，北纬65°36'；海拔29米													
温度/℃	-7	-7	-6	-3	2	6	7	7	4	0	-3	-5	0
降水量/毫米	57	81	57	55	52	45	28	70	72	96	87	75	775
阿拉斯加巴罗角，北纬71°18'；海拔9米													
温度/℃	-28	-28	-26	-17	-8	0	4	3	-1	-9	-18	-24	-12
降水量/毫米	5	5	3	3	3	10	20	23	15	13	5	5	110
厄瓜多尔克鲁兹古堡，南纬0°08'；海拔3888米													
温度/℃	6.1	6.6	6.6	6.6	6.6	6.1	6.1	6.1	6.1	6.1	6.6	6.6	6.4
降水量/毫米	198	185	241	236	221	122	36	23	86	147	124	160	1779

注意，苔原气候并不限于高纬度地区，也会出现在高海拔地区。即使是在热带地区，如果到

达足够高的地方，也会发现苔原气候。然而，与北极苔原气候相比，这些低纬度地区的冬季温度更高，与夏季的区别更小，如厄瓜多尔克鲁兹古堡的数据所示（见表 15.13）。

15.9.2 冰原气候（EF）

在柯本分类法中，冰原气候被命名为 EF，其月平均温度全部低于 0℃。因为所有月份的月平均温度都低于冰点，所以终年冰雪覆盖，植被无法生长。这种永冻气候覆盖的面积超过 1550 万平方千米，约占地球陆地面积的 9%。除了零星出现在高山地区，大部分位于格陵兰岛和南极洲的冰原。

这种气候类型的年平均温度极低。例如，格陵兰岛伊斯米特（见表 15.13）的年平均温度为-29℃，南极洲伯德站的年平均温度为-21℃，俄罗斯南极洲沃斯托克气象站的年平均温度为-57℃。1960年 8 月 24 日，沃斯托克经历了有记录以来的最低温度-88.3℃。

除了纬度，这种温度出现的主要原因是存在永久冰原。冰的反射率很高，可将高达 80% 照射到冰面的微弱阳光反射回去。未被反射的能量主要用于融化冰，因此没有能量可用于提高空气的温度。

对许多冰原气象站来说，另一个影响因素是海拔高度。在格陵兰冰原中心，伊斯米特的海拔高度约为 3000 米，南极洲的大部分地区甚至更高。因此，永久性冰原和高海拔使得极地本已很低的温度进一步降低。

接近冰原的极度寒冷的空气常常形成强烈的地面逆温。近地面的温度可能比几百米上方的空气温度低 30℃以上。重力会使寒冷且浓密的空气沿坡下行，常常产生强风和暴风雪环境。这种空气流动称为重力风（或下降风），是很多地方冰原天气的重要特征。坡度很大时，重力引起的空气运动会大到沿压力梯度相反的方向流动。

概念回顾 15.9

1. 尽管两极地区夏季的光照时间延长，但是温度仍然很低，为什么？
2. 10℃夏季等温线的意义是什么？
3. 为什么冻土带景观的特点是排水不良、土壤泥泞？
4. 冻土带气候不限于高纬度地区。在什么情况下可以在低纬度地区发现 ET 气候？
5. EF 气候系统在哪里发展最广泛？

15.10　高原气候

众所周知，山地气候明显不同于相邻低洼地带的气候。高原气候带较凉爽，通常也较湿润。前面介绍的世界气候类型主要出现在相对平坦的广阔区域，而高原气候的特点是小范围内的气候条件具有多样化。因为在短的距离内出现很大的差异，所以山地的气候格局就像是复杂的万花筒，甚至无法在世界地图上描绘。

北美的落基山脉、内华达山脉、喀斯喀特山脉和墨西哥内陆高原山脉都属于高原气候。南美的安第斯山脉形成了带状的连续高原气候分布，延伸近 8000 千米。高原气候的最大跨度从中国西部开始，横跨欧亚大陆南部，到达西班牙北部，即从喜马拉雅山脉延伸到比利牛斯山脉。非洲的高原气候出现在阿特拉斯山脉北部和埃塞俄比亚高原东部。

高度增加带来的气候影响之一是温度下降，但在海拔更高的地区，由于地形抬升，会产生更大的降水量。内华达州的降水量（见图 15.24）就很好地说明了这一点。最大降水量的细长区域与山地地形一致。尽管高山站点比低海拔地点更冷、更湿润，但高原气候与相邻低地往往在季节性温度循环和降水分布方面非常相似，图 15.25 说明了这种关系。

菲尼克斯（凤凰城）海拔 338 米，位于亚利桑那州南部的沙漠低地。相比之下，弗拉格斯塔夫海拔 2100 米，位于亚利桑那州科罗拉多高原的北部。当菲尼克斯的夏季平均温度上升到 34℃时，弗拉格斯塔夫的温度是宜人的 19℃，低了 15℃。虽然这两个城市的温度有很大的不同，但全年的温度变化进程是相似的，月平均最小值和最大值都出现相同的月份。分析降水数据时，两地也有

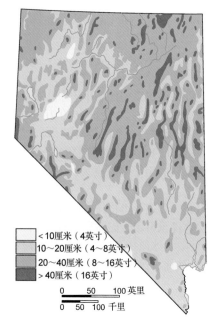

图 15.24 内华达州降水图。内华达州以盆地和山脉著称，存在许多比盆地高900~1500 米以上的小山脉。山区的降水量更大，盆地的降水量更小

类似的季节性特征，但弗拉格斯塔夫的月降水量更大。此外，弗拉格斯塔夫的冬季降水大多为降雪，而菲尼克斯只有降雨。

由于山地地形变化显著，与阳光有关的坡度变化会形成不同的小气候。在北半球，朝南山坡温暖干燥的原因是，与朝北的山坡和山谷开始学习，它们受到的阳光照射更多。山上的风向和风速易变，这与相邻平原上方的空气运动不同。高山会阻碍风的运动，就其局部特征来说，风经过山谷时汇集，经过山脊及其周围时抬升。天气晴朗时，地形会形成山谷风。

气候对植被的影响很大，这是柯本分类法的基础。因此，在有气候垂直差异的地方，应该可以看到垂直方向上植被的带状分布。攀登高山可以看到植被分布的戏剧性变化，否则可能需要极向行进数千千米才能看到这种变化。因为在某些方面，高度对温度的影响要比纬度大，进而影响植被类型的分布。然而，其他因素，如坡向、开阔度、风和地形的作用，也在高原气候中发挥着作用。因此，虽然垂直生长带的概念适用于广大的区域，但区域内的细节变化很大。降水或者山脉两侧接收太阳辐射的差异都会造成一些明显的变化。

图 15.25 亚利桑那州两个站点的气候示意图大致说明了海拔高度对气候的影响。弗拉格斯塔夫凉爽且多雨，因为它位于科罗拉多高原上，比菲尼克斯高出近 1800 米。(a)只有很少的耐旱植被能够在炎热干燥的亚利桑那州南部菲尼克斯附近生长；(b)在亚利桑那州弗拉格斯塔夫附近，与凉爽潮湿高地相关的自然植被与沙漠低地的自然植被完全不同

总之，多样性和可变性是描述高原气候的最佳形容词。大气条件随海拔和光照的变化而变化，因此山区的气候有无数种。封闭山谷与开阔山峰的气候截然不同；山脉迎风坡与背风侧的气候对比明显，向阳坡的气候也不同于背阴坡的气候。

极端灾害性天气 15.1　干旱——代价高昂的大气灾害

干旱是由天气持续异常干燥造成的水循环不平衡时间段，它会使得作物受损、水资源供应短缺等。干旱的严重性取决于水分亏缺的程度、持续的时间和影响区域的大小。

2011 年夏季，从亚利桑那州南部横跨新墨西哥州，直到得克萨斯州、佐治亚州和佛罗里达州的广大区域发生了极端罕见的干旱。图 15.F 的旱情图显示了 7 月 12 日干旱严重程度的分布。干旱发生的原因是几个月来缺少降水，并且伴随出现了接近历史记录的夏季高温和干热风。在受灾最严重的地区，作物死亡，牧草干枯，许多农场主不得被迫出卖牲畜。

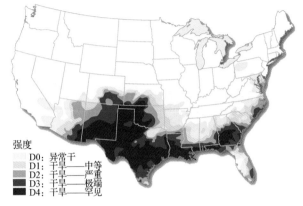

强度
- D0：异常干
- D1：干旱——中等
- D2：干旱——严重
- D3：干旱——极端
- D4：干旱——罕见

图 15.F　2011 年 7 月 12 日的旱情分布图。2011 年 7 月美国大范围遭受干旱，监测表明这是 12 年来最严重的干旱。全国 18% 的面积极端干旱或异常干旱。得克萨斯州全境遭受干旱，3/4 的地区为异常干旱。该图是根据多种不同的指标综合制作的，包括降水、土壤湿度、水库水位、观测员报告和植被状况图等

虽然洪水、飓风这些自然灾害更受关注，但干旱也是一种具有毁灭性和潜在经济损失的灾害。平均而言，美国每年由干旱造成的损失高达 60～80 亿美元，而洪水造成的损失和相关费用是 24 亿美元，飓风造成的损失是 12～48 亿美元。1988 年发生的严重干旱造成的直接经济损失估计高达 400 亿美元。

许多人认为干旱是很少且偶尔发生的事件，但实际上却是常见和反复出现的气候特征之一。干旱几乎可以发生在所有气候区域内，但其在各地的表现特征有所不同。干旱不同于干燥。干旱随时可以发生，而干燥是指那些降水较少地区固有的气候特征。

干旱与其他自然灾害有所不同。首先，干旱是逐渐发生的，很难确定其开始与结束时间。干旱的影响是在较长时间内慢慢积累起来的，其影响在干旱结束后还会延续数年之久。其次，干旱没有严格和被普遍接受的定义。这样，我们是否就难以确定实际发生干旱？如果能够确定，其严重程度又如何？最后，干旱很少损坏建筑物，因此其社会和经济影响不如其他自然灾害明显。

干旱不存在适用于所有情形的定义。因为气候特征不同，大多数干旱定义只适合特定的地区。因此，我们通常很难将一个地区的定义用到另一个地区。这些定义体现了测定干旱的不同方法：气象的、农业的和水文的。气象干旱主要根据降水量偏离正常值的情况和干期持续的时间来确定干燥的程度。农业干旱通常与土壤缺水有关。植物的需水情况取决于当时的天气条件、特定作物的生物学性质、植物的生长状态和土壤的性质。水文干旱则与地表和地下水的短缺相关，可以通过测量流量及湖泊、水库和地下水的水位来确定（见图 15.G）。干旱情况的开始与流量的减小或湖泊、水库和地下水水位的下降之间存在时间上的滞后，因此水文干旱的测量值并不是最早的干旱指标。与气象干旱、农业干旱和水文干旱有关的影响是有一定顺序的（见图 15.H）。

当气象干旱开始时，农业通常是第一个受到影响的行业，因为农业极大地依赖于土壤水分。干旱发展期间，土壤水分很快减少。如果降水量持续不足，河流、水库、湖泊和地下水就可能都受到影响。

当降水量恢复正常时，气象干旱就会结束。这时，首先重新充满的是土壤水分，然后是河流、水库和湖泊，最后地下水水位恢复。因此，干旱对农业的影响在土壤水分恢复后很快就会消失，但对其他依赖于地表水和地下水供给的行业，其影响可能要持续几个月或数年。气象干旱开始后，地下水用户往往是最后一个受

到影响的，但也是最后一个需要等到恢复正常水位的。恢复时间的长短，取定于气象干旱的强度、持续时间和干旱结束后的降水量。

干旱的影响是由气象事件和社会对降水不足时段的脆弱性共同决定的。随着人口增长和区域性人口迁徙带来的对水资源需求的增长，无论气象干旱的强度或频率是否增加，未来干旱都可能产生更大的影响。

图 15.G 水文干旱的一个指标是流量的显著减小。美国地质调查局（USGS）积累了全美 7000 多个水文站的连续流量记录。本图所示为美国新墨西哥州格兰德河上的南陶斯流量站

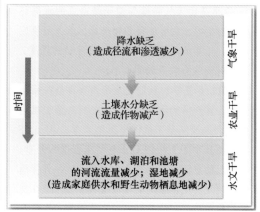

图 15.H 干旱的影响顺序。气象干旱开始后，农业首先受到影响，接着是流量的减少，以及湖泊、水库和地下水水位的降低。气象干旱结束后，土壤水分重新恢复后农业干旱即告结束，但水文干旱结束需要较长的时间

聚焦气象

下面这些图像是横贯阿拉斯加的部分输油管的鸟瞰图和特写。1300 千米长的管道建于 20 世纪 70 年代，其作用是将石油从阿拉斯加北坡的普拉德霍湾向南输送到阿拉斯加湾无冰港口瓦尔迪兹。这个地区的温度从凉爽到寒冷变化，因此原油必须加热后才能输送。沿途的泵站使原油通过管道移动。

问题 1 管道通过亚北极（Dfc）和冻土气候带，这些照片是在哪个气候带拍摄的？为什么？

问题 2 在这些照片中，管道悬在地面上。根据你掌握的气候和区域地理知识，给出管道悬在地面上的原因。

概念回顾 15.10

1. 亚利桑那州的旗杆城与凤凰城彼此很近，但有不同的气候。a. 它们的气候有什么不同？b. 简要说明出现这一差别的原因。
2. 参考图 15.24 中的内华达州降水图，降水量最大的地区看起来是孤立的和不相连的区域，为什么？

思考题

01. 知识窗15.2中介绍的热带土壤的肥沃度很低。然而，这些土壤却如照片所示的那样支撑着茂密的雨林植被。解释贫瘠土壤中为何会生长茂盛的植物。

02. 如下气候下的哪种年降水量可能是最稳定的？

是BSh、Aw、BWh还是Af？哪种气候下的年降水量年变化最大？

03. 新墨西哥州阿尔伯克基的年降水量为20.7厘米，按照柯本分类，阿尔伯克基属于沙漠。俄罗斯的维尔霍扬斯克位于西伯利亚北极圈附近，其

年降水量为15.5厘米，比阿尔伯克基还要低5厘米，但是被分类为湿润性气候，如果解释这种差别？

04. 本题涉及邻近撒哈拉沙漠的两个北非地点，它们均被分类为亚热带草原（BSh）气候。一个地点位于撒哈拉沙漠南缘，另一个地点位于靠近地中海的沙漠北缘。a. 哪个季节两个地点的降水量都最大？为什么？b. 如果两个地点都不满足草原性气候的条件，那么哪个地点可能有更低的降水量？为什么？

05. 参考显示世界气候的图15.4，大陆性湿润气候（Dfb和Dwb）和亚北极气候（Dfc）通常由陆地控制，即海洋对它们的影响很小。然而，在北大西洋和北太平洋的边缘也发现了这些气候，为什么？

06. 在夏季干旱的副热带，降水总量随着纬度的增加而增长，但湿润性大陆气候的情形正好相反，为什么？

07. 尽管亚北极气候下的降雪量相对较少，但冬季游客离开时可能会给人留下降雪量很大的印象，为什么？

08. 参考非洲三个城市的月降水量数据（单位为毫米），它们的位置如附图所示。将每个城市的数据与图上的正确位置（1、2和3）关联起来。你是如何做到这一点的？提示：在解释或演示这些位置为什么有最大和最小降水量时，选取第7章中的一幅图可能尤其有用。

	1月	2月	3月	4月	5月	6月
城市A	81	102	155	140	133	119
城市B	0	2	0	0	1	15
城市C	236	168	86	46	13	8
	7月	8月	9月	10月	11月	12月
城市A	99	109	206	213	196	122
城市B	88	249	163	49	5	6
城市C	0	3	8	38	94	201

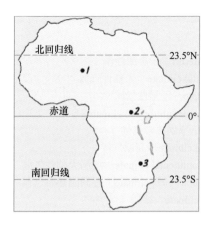

09. 在下面的这幅地图中标识三个沙漠，简要解释这些区域如此干旱的原因。在图中识别两种其他的主要气候。你能解释图中赤道上方云带的成因吗？

10. 当20世纪40年代在阿拉斯加乡村建设轨道时，地势相对平坦。铁路建成后不久，地面发生沉降和移动，使得铁轨变成了"过山车道"。因此，必须弃用这条轨道。为何地面会发生沉降和移动？

术语表

arid, or desert　干旱或沙漠
continental climate　大陆性气候
dry climate　干旱性气候
dry-summer subtropical climate
　夏季干旱副热带气候
highland climate　高原气候
humid continental climate　湿润大陆性气候
humid subtropical climate　湿润副热带气候
ice-cap climate　冰原气候
intertropical convergence zone (ITCZ)
　热带辐合带
Köppen classification　柯本分类

marine climate　海洋性气候
marine west coast climate　西海岸海洋性气候
Mediterranean climate　地中海气候
monsoon　季风
permafrost　永冻层
polar climate　极地气候
savanna　热带稀树草原
semiarid, or steppe　半干旱地区或草原
subarctic climate　副极地气候
taiga climate　针叶林气候
tropical rain forest　热带雨林
tropical wet and dry　热带干湿季
tundra climate　苔原气候

习题

01. 使用图 15.2 求下表中位置 a、b 和 c 的合适气候类别。

02. 根据图 15.19，求佛罗里达州陆地南端和明尼苏达州–北达科他州与加拿大接壤位置之间 1 月和 7 月的温度梯度。假设两个位置之间的距离为 3100 千米。

	1月	2月	3月	4月	5月	6月	7月	8月	9月	10月	11月	12月	全年
位置a													
温度/℃	−18.7	−18.1	−16.7	−11.7	−5.0	0.6	5.3	5.8	1.4	−4.2	−12.3	−15.8	−7.5
降水量/毫米	8	8	8	8	15	20	36	43	43	33	13	12	247
位置b													
温度/℃	24.6	24.9	25.0	24.9	25.0	24.2	23.7	23.8	23.9	24.2	24.2	24.7	24.4
降水量/毫米	81	102	155	140	133	119	99	109	206	213	196	122	1675
位置c													
温度/℃	12.8	13.9	15.0	16.1	17.2	18.8	19.4	22.2	21.1	18.8	16.1	13.9	15.9
降水量/毫米	53	56	41	20	5	0	0	2	5	13	23	51	269

第 16 章　大气的光学现象

　　地球上最壮观、最有趣的自然现象之一是彩虹，令人惊讶的这种现象及其色彩成为无数诗人和艺术家的创作题材，更不用说随身携带相机的摄影爱好者。除了彩虹，大气中还会发生其他令人惊奇的光学现象。本章介绍人们熟悉的大气光学现象是如何发生的。知道何时何地找到这些大气光学现象，可让你识别它们的类型，进而更多地发现和欣赏它们。

彩虹是最常见、最壮观的大气光学现象之一

本章导读

- 解释反射定律。
- 探讨折射是如何将白光分离为彩色光谱的。
- 定义内反射。
- 描述海市蜃楼是如何形成的。
- 画出雨滴的结构及阳光是如何穿过雨滴形成彩虹的。
- 区分阳光和六角冰晶相互作用产生的三种不同的光学现象。
- 描述彩光环是如何形成的。
- 比较彩光环和彩虹。
- 区分华和光晕。

16.1 光和物质的相互作用

白色的阳光（可见光）与大气相互作用，会在天空中产生无数的光学现象。第 2 章中介绍过光的一些性质以及它们的表现形式，如蓝色的天空、红色的落日等。本章介绍阳光与大气中的气体、冰晶和水滴相互作用产生的其他光学现象，首先介绍光线与物质相互作用的基本方式——反射与折射。

16.1.1 反射

光线从太阳到地球是匀速直线传播的。当光线遇到透明物质如水体时，一部分被表面返回，另一部分以较慢的速度穿过物质。从表面返回的光是被反射的光。反射光可让我们在镜子中看到自己，我们在镜子中看到的像是我们对着镜子时，镜子反射的光线产生的——光线从镀银或镀铝的镜子反射到人眼。当光线被反射时，光线以与到达反射面相同的角度从反射面返回的（见图 16.1）。这一原理称为反射定律。该定律指出，入射光线与垂直于入射面的直线的夹角，与光线的反射角相等。

对于光滑的高反射面如镜子来说，约 90%的平行入射光以平行光离开反射面。然而，当光线遇到不规则的表面时，就会向多个方向反射，这种情况称为漫反射（见图 16.2）。即使是本书的页面，也粗糙到足以向所有方向散射光线。这种类型的反射可让我们以任何角度来阅读本书的内容。漫反射可让我们看到周围的绝大多数物体。

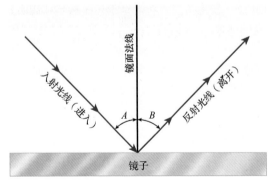

图 16.1 镜子对光线的反射。当光线被反射时，它以与入射时相同的角度被镜面发射

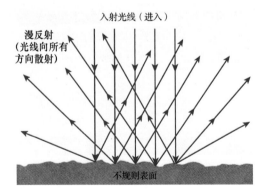

图 16.2 阳光照射粗糙表面时，会被漫射（散射）到不同的方向

当光线被非常粗糙的表面反射时，我们看到的像通常是变形的，或者看到的是多个像。例如，海面反射的太阳通常不是圆盘，而呈狭长的带状，如图 16.3 所示，原因是我们看到的不是太阳的

一个像，而是单个光源的多个变形的像。之所以产生这种明亮的光带，是因为入射到波浪上的阳光只有一部分能够反射到我们的眼中。

光学现象的另一类重要反射是内反射。当光线在透明介质（如水）中传播到前方的表面时，会被反射回这种透明介质中，这时的反射就是内反射。我们很容易验证这种现象：将一杯水举过头顶，透过水杯向上观察，此时因为光线垂直到达透明介质表面，只发生很少的内反射；继续将水杯举过头顶，向下移动水标，以便以不同的角度透过水杯进行观察，此时水面下方就像是镀银的镜面。这时，我们看到的就是内反射，它发生在光线以大于48°的入射角到达表面时。内反射在彩虹等光学现象的形成中具有重要作用。

图 16.3　阳光被水面反射后，形成了太阳的狭长变形光带

16.1.2　折射

光线进入透明介质时，未被反射的部分透过介质，发生折射。折射是指光线从一种透明介质中倾斜进入另一种透明介质时，所发生的方向改变的现象。光线在真空中以光速（$3.03×10^{10}$ 厘米/秒）传播，而在空气中的传播速度要稍慢一些，在水、冰或玻璃中传播的速度更慢。

当光线不以 90° 的入射角进入透明介质时，就会像图 16.4(a)和(b)那样弯曲。折射可通过观察玩具车从光滑地板进入地毯的实验来演示。当玩具车以 90° 从地板进入地毯时，虽然速度变慢，但方向不变；然而，当玩具车的前轮不以 90° 接触地毯时，不但速度变慢，而且方向变化，如图 16.4(c)所示。在这个模拟实验中，方向之所以发生变化，是因为当玩具车的一个前轮首先接触地毯而开始变慢时，另一个前轮仍在光滑的地板上原速前进，这就使得玩具车突然转向。现在用玩具车的路径代表光线的路径，用光滑地板和地毯分别代表空气和水。当光线从空气进入水时，速度变慢，但其路径向垂直于水面的法线偏转［见图 16.4(a)］；当光线从水进入空气时，偏转方向正好相反——偏离法线。

折射还可通过将一支铅笔的一半插入盛水的玻璃杯来验证：观察倾斜的铅笔，注意它与水面不要成 90° 角［见图 16.5(a)］。图 16.5(b)解释了折射是如何产生铅笔弯曲现象的。在该示意图中，实线表示光线的实际传播路径，虚线表示人脑感知的光的直线路径。向下看铅笔时，显示的点要比实际的点离水面更近，因为人脑感知的光线是沿虚线表示的直线路径而非实际弯曲的路径传播的。所有来自水下铅笔部分的光线都被同样弯曲，因此铅笔的这部分显得更加接近水面。因此，铅笔入水的部分就像向水面弯曲了。

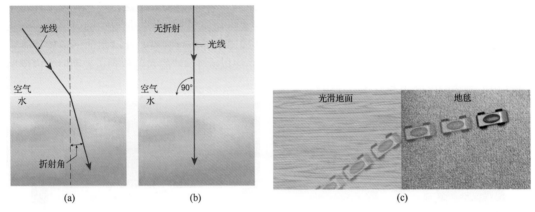

图 16.4 折射。(a)光线从一种透明介质进入另一种透明介质时，方向发生变化（弯曲）。光在水中的速度要比在空气中的速度慢，导致光线弯向水面；(b)光线以 90° 角进入水面时不发生折射；(c)折射概念示例：玩具车从光滑的地面进入地毯

光线除了从一种透明介质倾斜进入另一种透明介质时路径发生弯曲，在密度变化的介质内传播时也发生路径逐渐弯曲的现象。随着介质密度的变化，光的传播速度也发生变化。例如，在地球大气中，空气的密度一般随着高度的降低而增大。这种密度渐变使得光线同样逐渐变慢和弯曲。光线在空气中从较低密度区域向较高密度区域传播时，其方向产生与地球曲率相同的弯曲。

图 16.5 折射。(a)浸入水中的铅笔的折射现象；(b)铅笔看上去弯曲了，因为人眼感知的光线似乎是沿虚线而非实线传播的

折射导致的光线弯曲与许多常见的光学现象有关。之所以产生这些光学现象，原因是大脑将弯曲的光线感知为仍沿原来的直线传播到人眼。假设我们俯视一束弯曲光线，以观察拐角附近的光源。如果能看到目标，那么大脑可能已将该目标移出"平面视觉"的拐角。我们偶尔会看到"拐角附近"的东西，落日就是这样一个例子——太阳实际下落到地平线下方几分钟后，我们仍可看到完整的太阳，如图 16.6 所示，原因是光线弯曲使得太阳仍然出现在地平线之上。

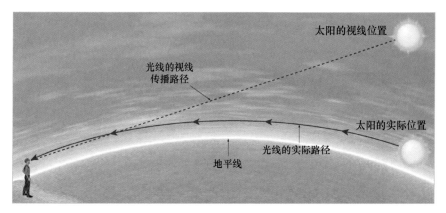

光线的视线传播路径

太阳的视线位置

太阳的实际位置

光线的实际路径

地平线

图 16.6　光线穿越不同密度大气层时的折射，使得太阳出现的位置发生明显变化

概念回顾 16.1

1. 陈述反射定律。
2. 简述内反射。
3. 当光从一种透明介质斜穿另一种透明介质时，会发生什么？
4. 举例说明折射是如何改变我们感知物体的方式的。

16.2　海市蜃楼

最有趣的大气光学现象之一是**海市蜃楼**。这种现象在沙漠地区最常见，但也可能出现在任何地方（见知识窗 16.1）。一种海市蜃楼发生在非常炎热的天气下，此时地面附近的空气密度要比上层空气的密度小得多。如前所述，空气密度的变化导致光线的渐变弯曲。当光线通过近地面密度较低的空气时，光线朝地球曲率相反的方向弯曲。由图 16.7 可以看出，这一弯曲使得远处物体反射的光线从眼睛平面的下方到达观察者。大脑感知的光线是沿直线路径行进的，因此看到的物体低于其原本的位置，且常为倒立像，如图 16.7 中的棕榈树所示。显示棕榈树的倒立像的原因是，来自树顶的光线要比来自树根的光线弯曲得更厉害。在沙漠海市蜃楼中，迷路和饥渴旅行者看到的是由棕榈树绿洲和闪光水面组成的景象，在水面上旅行者能够看到棕榈树的反射。虽然棕榈树是真实的，但水面和反射的棕榈树则是海市蜃楼的一部分。通过上空较冷空气到达观察者的光线，产生了棕榈树的实像；被反射的棕榈树的像由来自树的向下传播的光线产生，且随着其通过近地面较热（密度较小）的空气，逐渐向上弯曲；水面的像由天空向下传播的光线形成，并且向上弯曲。因此，水面的像实际上是天空。这种海市蜃楼称为下蜃景，因为看到的像低于被观察物体的实际位置。

知识窗 16.1　高速公路海市蜃楼是真的吗？

在酷热夏季的下午，当你在高速公路上行驶时，可能看到过海市蜃楼。普通的高速公路海市蜃楼以"潮湿区"的形式出现在柏油路面上，当你接近它时，它就会消失（见图 16.A），因此许多人认为它是一种光学错觉。事实并非如此。高速公路海市蜃楼，以及其他形式的海市蜃楼，与我们在镜子中看到的像一样真实。如图 16.A 所示，高速公路海市蜃楼可被拍摄下来。

是什么造成了干燥路面上的"潮湿区"？炎热的夏季，靠近地面的空气比上层的空气热得多。阳光从较冷的区域（密度较大）进入近地面较热区域的空气（密度较小）时，将沿与地球曲率相反方向弯曲（见图 16.7）。因此，当光线从天空开始向下传播时，就会被向上折射，而观察者看到的东西则来自前方的路面。观察者看到的类似于水的物质实际上是天空的倒立像。当你下次观察高速公路海市蜃楼时，如果仔细观察与"潮湿区"距离大致相同区域的任何其他车辆，就会看到汽车下面有其倒立像，这个倒立像的形成方式与天空倒立像的相同。

图 16.A　典型高速公路海市蜃楼

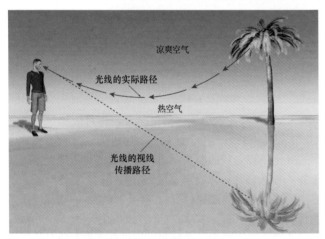

图 16.7　在这幅典型沙漠海市蜃楼示意图中，光线在近地面的热空气中传播得更快，因此，向下传播的光线进入较暖的空气时，向上弯曲（折射），到达低于眼睛高度的观察者

除了沙漠海市蜃楼，另一种常见的海市蜃楼发生在地面附近的空气比上层空气冷得多的情况下。这种情况在极地地区或较冷的洋面上最常见。当地面附近的空气明显比上层空气冷时，光线以与地球相同的曲率弯曲。如图 16.8 所示，这个效应可让观察者看到被地球曲率遮挡的船舶。这种现象称为幽影，当光线的折射足以使物体悬浮在地平线上方显示时，就会发生这种现象。与沙漠海市蜃楼相比，幽影显现在其实际位置之上，因此被称为上蜃景。

除了容易解释的下蜃景和上蜃景，人们还观察到了几种更复杂的海市蜃楼。这些蜃景发生的条件是，大气中形成了温度随高度迅速变化的温度廓线，导致空气密度出现对应的变化。这时，每层热空气就像是玻璃镜片。每层空气都会使光线轻微弯曲，因此透过这些热空气层看到的物体的大小和形状就会出现明显的畸变。在狂欢节上，你可能见过哈哈镜：一面镜子使你看上去更高一些，而其他镜子可能拉长或压扁你的身体。海市蜃楼同样会使物体变形，并且有时还能在荒寂冰原或开阔洋面上形成山丘般的像。

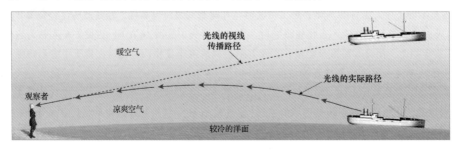

图 16.8　当光线进入较冷的空气时，其传播速度变慢，并且向下弯曲，使得物体被显示的位置高于其实际位置

改变所见物体大小的海市蜃楼称为高耸蜃景。高耸蜃景造成比原物体更大的像。这种光学现象在海岸附近特别常见，因为这里经常出现强烈的温度对比。一种有趣的高耸蜃景是魔法城堡，它源于传说中亚瑟王的妹妹，人们认为她具有神奇的魔力，可以建造高耸云天的城堡。除了生成魔法城堡，海市蜃楼还能解释早年北极探险家看到但从无资料证实的高耸山脉。

附图所示是被称为"绿闪"的光学现象，它看起来是在日落或日出时出现于太阳上方的绿色帽子。绿闪是由大气密度变化导致阳光从上层的稀薄空气中进入地表附近的浓密大气时弯折形成的。绿闪由光谱的蓝/绿端比红/橙端弯曲得更厉害导致。因此，地面上的观察者仍然能够看到来自落日上端的蓝光，而红光则被地球的曲率模糊。因此，我们应能在日落时看到蓝/绿光。天气晴朗时，日落一览无余，此时会产生最清晰的绿闪。然而，绿闪并不常见，因为几乎所有的蓝光和大部分绿光都被散射产生的阳光遮蔽（见第2章）。

　　问题1　当光在有不同密度的透明介质中行进时，光发生弯曲的现象称为什么？

　　问题2　绿闪最常在日落时于海洋上空拍摄，为什么？

概念回顾 16.2

1. 如果光通过的空气密度随高度变化，那么光会发生什么？
2. 当光从暖空气进入冷空气时，其路径是曲线。光的弯折方向与地球的曲率相同吗？
3. 术语下蜃景是什么意思？
4. 下蜃景与上蜃景有什么不同？

问与答：月球在地平线上与在头顶上相比，为何更大？

　　这种现象是一种光学错觉，它与光的折射无关。月球的大小在其上升到地面平上方时，实际上是不变的。

16.3 彩虹

　　最壮观的大气光学现象可能是**彩虹**（见图16.9），即穿过天空的拱形彩色条带。虽然每道彩虹的颜色深浅和清晰程度不同，但观察者通常能够看清组成色带的六种颜色。最外面为红色，然后依次是橙色、黄色、绿色、蓝色，最后是紫色。太阳位于身后而雨滴位于身前时，就能看到这种壮观的现象。瀑布或喷湿器产生的细小雾状水滴也能形成小彩虹。

　　下面回顾折射的相关知识，以便了解雨滴是如何将阳光变成彩虹的。当光线从空气倾斜进入水时，其传播速度变慢，发生折射（改变方向）。此外，不同颜色的光线在水中的传播速度是不同的，因此，不同颜色光线的弯曲度存在细微的差别。紫色光线传播得最慢，折射最大，红色光线传播最快，弯曲最小。因此，当（由所有颜色组成的）阳光进入水时，折射以各自的速度分开不同颜色的光线。

图 16.9　阿拉斯加山脉北部针叶林带云杉树上空的彩虹

　　17 世纪，艾萨克·牛顿使用三棱镜演示了分色现象。光线穿过三棱镜叶出现两次折射——光线从空气进入棱镜时，以及光线离开棱镜进入空气时。牛顿发现，阳光被棱镜折射两次后，明显地分成各个颜色分量（见图 16.10）。我们称这种由折射引起的色彩分离现象为**色散**。

图 16.10　阳光通过三棱镜后形成的色谱，注意不同波长（颜色）的光线的弯曲是不同的

　　彩虹形成的原因是水滴具有类似于三棱镜的作用，也可将阳光分成多色光谱。阳光进入水滴时会被折射，紫色光线弯曲最大，红色光线弯曲最小；然后，当光线到达水滴的另一边时，在水滴内会被反射回来，并从一边离开水滴。离开水滴时的再次折射会增大色散量，进而完全分离不同的颜色。

　　入射光线与组成彩虹的不同颜色光线之间的夹角，红色光线是 42°，紫色光线是 40°，其他颜色（橙色、黄色、绿色和蓝色）光线则在 42°和 40°之间。每个雨滴都会色散所有颜色的光谱，但观察者从一个雨滴只能看到一种颜色。例如，如果红色光线从一个特定的雨滴到达观察者的眼睛，那么来自从同一个雨滴的紫色光线则只能被不同位置的另一名观察者看到［见图 16.11(a)］。这样，每名观察者就只能看到自己的彩虹，它们由不同的雨滴群和不同的光线形成。实际上，彩虹是阳光与无数雨滴相互作用产生的，每个雨滴都是一个微型三棱镜。

　　彩虹之所以呈拱形弯曲，是因为彩虹的光线总以与阳光路径约 42°的夹角到达观察者，因此我们看到的是穿过天空的一个 42°彩色半圆，即弧形的彩虹。如果太阳高度角大于 42°，那么地面上的观察者就看不到彩虹。特定条件下，飞机上的乘客或许能够看到圆形的彩虹。

　　出现壮观的彩虹时，观察者有时还能看到较暗的副虹。这条弯弧出现在比主虹高 8°的位置，且以更大的弧形穿过天空。弧形副虹的色带比主虹的稍窄，且色彩顺序相反——红色在内而紫色在外。副虹的形成方式与主虹非常相似，主要差别是，分离的光线在离开雨滴前会被反射两次，如图 16.12 所示。多出的一次内反射使得红色光线的分离角度变成 50°（比主虹中红色光线的分离角度大 8°），并且色彩排列顺序相反。

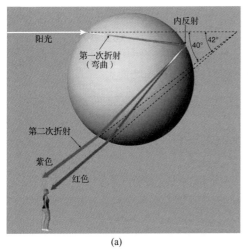

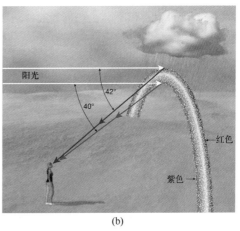

(a)

(b)

图 16.11　主虹的形成。(a)阳光进入雨滴然后离开雨滴时发生折射，使颜色分离，形成彩虹的不同颜色；(b)彩虹由无数的雨滴产生，每名观察者只能从每个雨滴看到一种颜色

　　多出的一次反射是使得弧形副虹比主虹弱的原因（见图16.13）。每次光线入射雨滴的内表面时，部分光线就会透过反射面离开水滴，因此这部分光线就"丢失"了，不再影响彩虹的亮度。虽然副虹总会形成，但看到它的人很少。人们曾用彩虹预测过天气。下面是关于天气的著名谚语："东虹日头西虹雨；早虹雨，晚虹晴。"

　　这条谚语的依据是，中纬度地区的天气系统通常从西向东移动。记住，观察者需要背对太阳、面向雨区才能看到彩虹，因此上午看到彩虹时，太阳在观察者的东

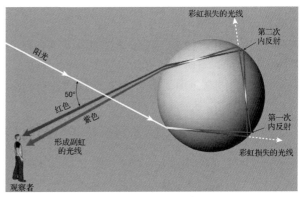

图 16.12　副虹（霓）的形成。比较本图与图16.11可知，红色光线和紫色光线的位置相反，因此决定了不同颜色的排列顺序

图 16.13　双彩虹。副虹比主虹弧更暗，且颜色的排列顺序相反

边，而形成彩虹的雨云和雨滴在观察者的西边。于是，当我们上午看到彩虹时，就可提前预报恶劣天气，因为雨云在西边且正向观察者移动。下午的情况正好相反：雨云在观察者的东边，下午看到彩虹时，雨早就过去了。虽然这条谚语有其科学基础，但有时云中的间隙可让阳光通过而在下午较晚时形成彩虹。在这种情况下，彩虹之后可能很快出现更多的降雨。

概念回顾 16.3

1. 从外部边缘到内部边缘列出彩虹的主要颜色。
2. 如果你正在寻找清晨的彩虹，你会看向哪个方向？为什么？
3. 为什么副虹比主虹暗？
4. 用于描述光从一种透明介质进入另一种透明介质时发生折射而分色的术语是什么？

16.4 光晕、幻日和日柱

虽然光晕是一种常见的现象，但粗心的观察者很少发现它们。当你发现光晕时，会看到以太阳为中心的光晕是很窄的白环，或者出现在月球周围，但不常见（见图 16.14）。当天空被薄薄的卷云或卷层云覆盖时，就会出现光晕。清晨或傍晚太阳接近地平线时，光晕出现得更多。太阳高度角较小且经常出现卷云的极地地区的居民，经常看到光晕及相关的现象。最常见的光晕是 22°光晕，它得名于半径为 22 度。很少出现的是 46°光晕。类似于彩虹，光晕也是由阳光的色散产生的。然而，这时反射阳光的是冰晶而非雨滴。因此，高云常与光晕一起出现。由于卷云通常是由冷锋抬升形成的，因此光晕是恶劣天气的前兆，就像如下天气谚语所说的那样：

"月球带环，大雨行船。"

图 16.14　卷层云折射阳光产生的 22°光晕

形成光晕的四种六边形冰晶的基本形状是片状、柱状、冠柱状和子弹头状（见图 16.15）。由于冰晶的排列方向是随机的，所以漫射光线产生以发光体（如太阳或月球）为中心的近圆形光晕。

22°光晕和 46°光晕的主要差别是光线通过冰晶的路径不同。生成 22°光晕的散射光线只入射一个界面并从另一个界面离开冰晶，如图 16.16(a)所示。冰晶界面间的夹角为 60°，与普通玻璃三棱镜一样，因此冰晶以类似于三棱镜的方式将光线分离，产生 22°光晕。相比之下，46°光晕的形成方式是，光线首先通过晶体的一个界面，然后从晶体的顶部或底部离开晶体［见图16.16(b)］。这样，两条光线路径角度的变化是90°，可知通过两个晶体界面的光线的折射角是90°，相对于光源和光线通过冰晶界面改变了90°，其中心为46°，所以命名为46°光晕。我们还可观察到其他类型的光晕或局部光晕，所有这些光晕的形成都与大量冰晶的特殊形状和排列方向有关。

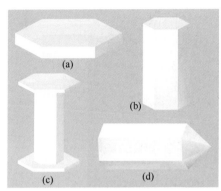
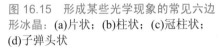

图 16.15　形成某些光学现象的常见六边形冰晶：(a)片状；(b)柱状；(c)冠柱状；(d)子弹头状

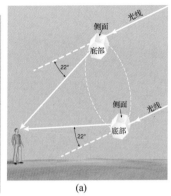
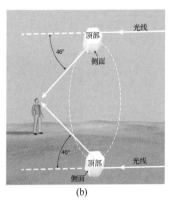

图 16.16　光线穿过六边形冰晶时，因折射而形成光晕。(a)当大多数阳光或月光入射冰晶的一个界面发生折射，然后从对面的另一个界面离开时，形成22°光晕；(b)当光线入射六边形冰晶的一个界面发生折射，然后从冰晶的顶部或底部离开时，形成46°光晕

虽然冰晶散射光线的方式与雨滴（或三棱镜）散射光线的方式相同，但光晕通常是白色的，而不是彩色的。导致这一差别的主要原因是，雨滴的大小和形状比较一致，而冰晶的大小变化很大且形状不规则。因此，虽然单个冰晶可与雨滴相同的方式形成各种颜色的彩虹，但是许多冰晶之间的颜色因互相重叠而失去色彩。偶然情况下也会出现由微红光带围绕白色环的现象。

与光晕有关的最壮观的景象之一是幻日。在22°光晕附近的太阳两边，可以看到两个常称为**幻日**的明亮区域（见图 16.17）。幻日的形成条件与日晕的相同且与日晕有关，唯一不同的是，幻日的出现需要有大量垂直方向排列的冰晶。当拉长的冰晶缓慢下降时，会出现这种特殊的情况。垂直排列的冰晶使得阳光集中在相距22°的太阳两边的两个不同区域。

图 16.17　幻日由卷云冰晶导致的阳光色散形成

另一个与冰晶下降有关的光学现象是日柱。垂直光柱大多数境况下可在日落之前或日出之后的短时间内从太阳向上延伸时看到（见图16.18）。当阳光从下降的冰晶底部向观察者反射时，也会出现这些光柱，这时它们呈片状，就像缓慢飘落的树叶。当太阳高度角很小时，直射阳光呈微红色，因此日柱也有相似的颜色。我们还可看到日柱向太阳下方延伸的景象。

图16.18　日柱是从高云内的冰晶底部反射的太阳光柱

概念回顾16.4

1. 光晕和彩虹有哪些相似之处？
2. 光晕和彩虹的哪两个方面不同？
3. 产生光晕的冰晶的方向是什么？
4. 如果太阳周围出现光晕，在哪里可找到幻日？

16.5　光环

光环是地面上的观察者很难看到的一种奇观。当你乘飞机时，如果坐在靠窗的位置寻找飞机在下方云层上的影子，就会发现飞机的影子常被一个或多个彩环包围，这些彩环就是光环。每个光环的颜色排列方式类似于彩虹，即红色在最外面，紫色在最里面。但是，光球的颜色不如彩虹那样容易区分。出现两组或多组的光环时，最里面的那个光环最亮且最薄。

虽然飞行员最常见到光环，但其却是由地面观察者起名的。登山者爬到云层或雾层上方的山上且背对太阳时，经常看到光环。这时，如果登山者的影子被投射到云层或雾峰上，光环就罩在登山者的头上（见图16.19）。如果两人或多人同时遇到这种情景，则他们只能看到自己的影子被自己的彩色光环包围的情形。

人们观察到光环已有几个世纪，光环的样子与宗教绘画中的人物光环十分相似，因此中国人常称这种现象为佛光；此外，在中国，因为这种现象在峨眉山比较常见，所以也称峨眉光。

光环的形成方式类似于彩虹，均由光线的后向散射形成。但是，形成光环的云滴要比形成彩虹的雨滴更小、更均匀。变为光环的光线投射到云滴的边缘，然后传播到云滴的另一个界面（一部分光线通过一次内反射）。这条路经使得光线直接后向散射到太阳方向。因为光环总出现在太阳的对面，所以观察者的影子总出现在彩色光环中。

图 16.19 "佛光"是投影到下方雾层上的围绕观察者影子的彩色光环

概念回顾 16.5

　1. 解释术语彩光环的来源。
　2. 什么物质与阳光相互作用会产生彩光环？

16.6 其他光学现象

　　前面介绍了光线通过介质时被反射或折射（弯曲）时产生的光学现象。当光线传播到接近水滴时，形成的衍射也会产生光学现象。像折射那样，衍射也能让白光色散，但过程更复杂。由衍射产生的两种光学现象分别是华和彩虹云。

16.6.1 华

　　华常以明亮的圆盘形式出现，且以太阳或月球为中心。当颜色可以分辨时，中间为白色圆盘的华有一个或多个环，这些环显示彩虹般的色彩（见图 16.20）。华的特点是，其颜色可能不断重复，且与在太阳附近出现的次数相比，是在月球附近出现得更多的少有光学现象之一。

　　当薄薄的云层（常常是由高层云或卷积云形成的云层）遮挡明亮物体（月球或太阳）时，就会形成华。当形成华的水滴（有时是冰晶）较小且大小基本相同时，光环很容易辨别，且色彩最清楚，而由大云滴形成的色环的颜色较淡或为白色。

　　华很容易与22°光区分，因为前者的颜色顺序是蓝白色在内、淡红色在外，而后者的顺序正好相反，且华到发光体的距离要比光晕更近。

16.6.2 彩虹云

　　彩虹云是一种更壮观和少见光学现象。在彩虹云层的边缘，会出现由明亮紫色、粉红色和绿色组成的彩色区域，常见于高层云、卷积云或荚状云（见图 16.21）。常见的彩虹云是由小水坑上由肥皂泡和汽油形成的薄层反射的彩色光谱。如图 16.20b 所示，彩虹云的颜色由均匀的小水滴（偶尔由小冰晶）折射阳光或月光产生的。欣赏彩虹云的最佳时间是在太阳躲在云层后面的时候，或者太阳正在建筑物或地形遮挡物后面下落时。

(a)

(b)

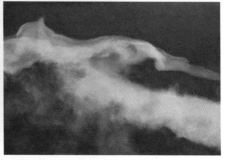

图 16.20　华。(a)最常见的华是以月球或太阳为中心的明亮白色圆盘；(b)以彩虹形式出现的华极其少见

图 16.21　彩虹云

聚焦气象

附图所示的夜光云图像 2010 年 7 月 15 日摄于丹麦比隆。夜光云是在高层大气（地球上方 80~85 千米）中形成的薄波浪云，仅能在日落后的短时间内观测到。由于夜光云仅能在高纬度地区观测到并且位于中间层，因此也称极地中层云。

问题 1　解释日落后观测者是如何看到夜光云的。

问题 2　夜光云是由水滴组成的还是由冰晶组成的？

概念回顾 16.6

1. 华和彩虹云的形成过程是什么？
2. 如何区分华和 22° 光晕？

思考题

01. 为什么观测者靠近海市蜃楼时，它会消失？

02. 与如下现象相关联的粒子是什么（云滴、雨滴或冰晶）：彩虹、光晕、华、海市蜃楼和幻日？

03. 附图说明了白光是如何分为彩虹的各种颜色的。将特征1至特征5与如下术语匹配起来：内反射、红光、紫光、入射光和折射光。

04. 如果你曾靠近大电影屏幕，可能会注意到屏幕不是非常光滑的平面，而是由面向不同角度的小玻璃颗粒组成的。根据你掌握的光从不同表面反射的知识，说明使用这种屏幕的原因。

05. 如果地球没有大气，阳光折射为何会使得白天的时间更长？

06. 内布拉斯加州林肯市（北纬41°）的某人在6月21日的正午为什么看不到彩虹？

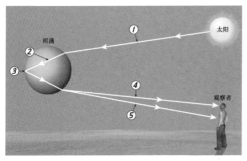

07. 给出附图所示光学现象的名称。

(a)

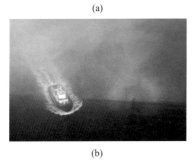

(b)

(c)

(d)

术语表

corona　华

dispersion　分散

glory　彩光环

halo　光晕

inferior mirage　下蜃景

internal reflection　内反射

iridescent cloud　彩虹云

law of reflection　反射定律

looming　幽影

mirage　海市蜃楼

rainbow　虹

refraction　折射

sun dogs　幻日

sun pillar　日柱

superior mirage　上蜃景

towering　高耸蜃景

反侵权盗版声明

　　电子工业出版社依法对本作品享有专有出版权。任何未经权利人书面许可，复制、销售或通过信息网络传播本作品的行为；歪曲、篡改、剽窃本作品的行为，均违反《中华人民共和国著作权法》，其行为人应承担相应的民事责任和行政责任，构成犯罪的，将被依法追究刑事责任。

　　为了维护市场秩序，保护权利人的合法权益，我社将依法查处和打击侵权盗版的单位和个人。欢迎社会各界人士积极举报侵权盗版行为，本社将奖励举报有功人员，并保证举报人的信息不被泄露。

举报电话：（010）88254396；（010）88258888

传　　真：（010）88254397

E-mail：　dbqq@phei.com.cn

通信地址：北京市万寿路 173 信箱
　　　　　电子工业出版社总编办公室

邮　　编：100036